Excel 的哪种本领是 **最厉害**的？

杨彬 ————

网名bin_yang168，微软全球最有价值专家（MVP），Excel Home免费在线培训中心院长，"数据透视表版"和"基础应用版"版主，会计师，20年制造业财务管理与分析经验，精通Excel数据分析，擅长Excel在会计日常工作中的应用与分析，致力于提高会计人员的工作效率。畅销图书"Excel应用大全"系列、"Excel实战技巧精粹"系列和"Excel数据透视表应用大全"系列的作者之一。

郗金甲 ————

网名taller，微软全球最有价值专家（MVP），Excel Home "程序开发版"版主，通信行业的资深专家。擅长以Excel为平台的程序设计工作，开发过多个解决方案，畅销图书《Excel实战技巧精粹》、《Excel VBA实战技巧精粹》和"Excel应用大全"系列的作者之一。

Excel Home 作者简介

朱明 ————

网名Jssy，微软全球最有价值专家（MVP），Excel Home "基础应用版"和"数据透视表版"版主，国际注册内部审计师（CIA）、会计师，长期从事财务、审计管理工作，擅长Excel以及用友、浪潮、SAP等多种ERP软件，对Excel在大型集团公司管理中的运用有着丰富的经验。畅销图书"Excel应用大全"系列、"Excel实战技巧精粹"系列和"Excel数据透视表应用大全"系列的作者之一。

吴满堂 ———

网名 wuxiang_123，Excel Home免费在线培训中心总干事，"数据透视表版"版主，文化办公设备行业多年从业经验，精通指纹考勤系统的维护和管理，擅长使用SQL语言与数据透视表结合对数据进行深度的分析挖掘。

韦法祥 ———

网名weifaxiang，Excel Home免费在线培训中心助教，数据分析师。多年从事医药和电子商务行业数据分析与数据挖掘工作，精通Excel、SPSS等软件，擅长使用Excel简化工作流程，对函数和数据透视表的应用有着丰富的经验。

○ Excel的哪种本领可以面对数百万行数据进行报表制作时，几秒钟就搞定，而且面不改色？

○ Excel的哪种本领可以让报表在眨眼间就更换统计视角，更换统计方法，真正七十二变？

○ Excel的哪种本领可以从不同工作表、甚至不同工作簿中提取数据制作报表，不费吹灰之力？

○ Excel的哪种本领可以让你在阅读报表时，想看汇总就看汇总，想看明细就看明细？

○ 最关键的是，施展这些本领的同时，甚至连一个公式、一行程序代码都不需要。

Excel 2010

数据透视表应用大全

Excel Home 编著

人民邮电出版社

北京

图书在版编目（CIP）数据

Excel 2010数据透视表应用大全 / Excel Home编著
. — 北京 : 人民邮电出版社，2013.1（2016.4 重印）
ISBN 978-7-115-30023-2

Ⅰ．①E… Ⅱ．①E… Ⅲ．①表处理软件 Ⅳ．
①TP391.13

中国版本图书馆CIP数据核字(2012)第273362号

内 容 提 要

本书全面系统地介绍了 Excel 2010 数据透视表的技术特点和应用方法，深入揭示数据透视表的原理，并配合大量典型实用的应用实例，帮助读者全面掌握 Excel 2010 数据透视表技术。

本书共 20 章，分别介绍了创建数据透视表、改变数据透视表的布局、刷新数据透视表、数据透视表的格式设置、在数据透视表中排序和筛选、数据透视表的切片器、数据透视表的项目组合、在数据透视表中执行计算、数据透视表函数的综合应用、创建动态数据透视表、创建复合范围的数据透视表、通过导入外部数据 “编辑 OLE DB 查询” 创建数据透视表、使用 “Microsoft Query” 数据查询创建透视表、利用多样的数据源创建数据透视表、PowerPivot 与数据透视表、数据透视表与 VBA、发布数据透视表、使用图形展示数据透视表、数据透视表打印技术及数据透视表技术的综合运用等内容。

本书适用于各个层次的 Excel 用户，既可以作为初学者的入门指南，又可作为中、高级用户的参考手册。书中大量的实例还适合读者直接在工作中借鉴。

Excel 2010 数据透视表应用大全

◆ 编　著　Excel Home

　　责任编辑　马雪伶

◆ 人民邮电出版社出版发行　　北京市丰台区成寿寺路 11 号
　　邮编　100164　　电子邮件　315@ptpress.com.cn
　　网址　http://www.ptpress.com.cn
　三河市海波印务有限公司印刷

◆ 开本：787×1092　1/16
　　印张：31.25　　　　　　彩插：2
　　字数：976 千字　　　　　2013 年 1 月第 1 版
　　印数：38 001-40 000 册　2016 年 4 月河北第 13 次印刷

ISBN 978-7-115-30023-2

定价：79.00 元（附光盘）

读者服务热线：**(010)81055410**　印装质量热线：**(010)81055316**
反盗版热线：**(010)81055315**
广告经营许可证：京东工商广字第 8052 号

前言

非常感谢您选择《Excel 2010 数据透视表应用大全》。

在高度信息化的今天，大量数据的处理与分析成为个人或企业迫切需要解决的问题。Excel 数据透视表作为一种交互式的表，具有强大的功能，在数据分析工作中显示出越来越重要的作用。

Excel 2010 问世以来，尽管有全新界面带来的习惯性问题，也有文件格式更新带来的兼容性问题，但仍不可否认这一版本的 Excel 所具有的里程碑级别的意义。与以往版本相比，Excel 2010 在功能、性能和易用性上更胜一筹，这是毋庸置疑的。

相较 Excel 2007，Excel 2010 的数据透视表增加了"切片器"、"PowerPivot for Excel"等功能，数据透视图和"值显示"功能也进行了改进。为了让大家深入了解和掌握 Excel 2010 中的数据透视表，我们组织了来自 Excel Home 网站的多位资深 Excel 专家和《Excel 2007 数据透视表应用大全》[1]的原班人马，充分吸取上一版本的经验，改进不足，精心编写了这本《Excel 2010 数据透视表应用大全》。

本书秉承上一版本的路线和风格，内容翔实全面，基于原理和基础性知识讲解，全方位涉猎 Excel 2010 数据透视表及其应用的方方面面；叙述深入浅出，每个知识点辅以实例来讲解分析，让您知其然也知其所以然；要点简明清晰，帮助用户快速查找并解决学习工作中遇到的问题。

《Excel 2010 数据透视表应用大全》面向应用，深入实践，大量典型的示例更可直接借鉴。我们相信，通过学习本书中精心挑选的示例，读者能更好地消化、吸收透视表的相关技术、原理，并使技能应用成为本能。

秉持"授人以渔"的传授风格，本书尽可能让技术应用走上第一线，实现知识内容自我的"言传身教"。此外，本书的操作步骤示意图多采用动画式的图解，有效减轻了读者的阅读压力，让学习过程更为轻松愉快。

读者对象

本书面向的读者群是所有需要使用 Excel 的用户。无论是初学者，中、高级用户还是 IT 技术人员，都可以从本书找到值得学习的内容。当然，希望读者在阅读本书以前至少对 Windows 7 操作系统有一定的了解，并且知道如何使用键盘与鼠标。

本书约定

在正式开始阅读本书之前，建议读者花上几分钟时间来了解一下本书在编写和组织上使用的一些惯例，这会对您的阅读有很大的帮助。

软件版本

本书的写作基础是安装于 Windows 7 专业版操作系统上的中文版 Excel 2010。尽管本书中的许多内容也适用于 Excel 的早期版本，如 Excel 2003 和 Excel 2007，或者其他语言版本的 Excel，如英文版、繁体中文版。但是为了能顺利学习本书介绍的全部功能，仍然建议读者在中文版 Excel

---

[1] 《Excel 2007 数据透视表应用大全》，人民邮电出版社于 2012 年 7 月出版，主要针对 Excel 2007 用户。

2010 的环境下学习。

菜单命令

我们会这样来描述在 Excel 或 Windows 以及其他 Windows 程序中的操作，例如在介绍用 Excel 打印一份文件时，会描述为：单击【文件】→【打印】。

鼠标指令

本书中表示鼠标操作的时候都使用标准方法："指向"、"单击"、"单击鼠标右键"、"拖动"和"双击"等，读者可以很清楚地知道它们表示的意思。

键盘指令

当读者见到类似<Ctrl+F3>这样的键盘指令时，表示同时按下 Ctrl 键和 F3 键。

Win 表示 Windows 键，就是键盘上标有▦的键。本书还会出现一些特殊的键盘指令，表示方法相同，但操作方法会有些不一样，有关内容会在相应的知识点中详细说明。

Excel 函数与单元格地址

本书中涉及的 Excel 函数与单元格地址将全部使用大写，如 SUM()、A1:B5。但在讲到函数的参数时，为了和 Excel 中显示一致，函数参数全部使用小写，如 SUM(number1,number2, ...)。

Excel VBA 代码的排版

为便于代码分析和说明，本书第 16 章中的程序代码的前面添加了行号。读者在 VBE 中输入代码时，不必输入行号。

图标

注意 ■■■■➔　表示此部分内容非常重要或者需要引起重视

提示 ▌▌➔　表示此部分内容属于经验之谈，或者是某方面的技巧

参考　表示此部分内容在本书其他章节也有相关介绍

深 入 了 解

为需要深入掌握某项技术细节的读者所准备的内容

本书结构

本书内容共计 20 章以及 3 个附录。

第 1 章　创建数据透视表：介绍什么是数据透视表以及数据透视表的用途，手把手教用户创建数据透视表。

第 2 章　改变数据透视表的布局：介绍通过对数据透视表布局和字段的重新安排得到新的报表。

第 3 章　刷新数据透视表：介绍在数据源发生改变时，如何获得数据源变化后最新的数据信息。

第 4 章　数据透视表的格式设置：介绍数据透视表格式设置的各种变化和美化。

第 5 章　在数据透视表中排序和筛选：介绍将数据透视表中某个字段的数据项按一定顺序进行排序和筛选。

第 6 章　数据透视表的切片器：介绍数据透视表的"切片器"功能，以及"切片器"的排序、格式设置和美化等。

第 7 章　数据透视表的项目组合：介绍数据透视表通过对数字、日期和文本等不同数据类型的数据项采取的多种组合方式。

第 8 章　在数据透视表中执行计算：介绍在不改变数据源的前提下，在数据透视表的数据区域中设置不同的数据显示方式。

第 9 章　数据透视表函数的综合应用：详细介绍数据透视表函数 GETPIVOTDATA 的使用方法和运用技巧。

第 10 章　创建动态数据透视表：介绍创建动态数据透视表的 3 种方法，定义名称法、表方法和 VBA 代码方法。

第 11 章　创建复合范围的数据透视表：介绍"单页字段"、"自定义页字段"、"多重合并计算数据区域"数据透视表的创建方法，并讲述如何对不同工作簿中多个数据列表进行汇总分析。

第 12 章　通过导入外部数据源"编辑 OLE DB 查询"创建数据透视表：介绍运用"编辑 OLE DB 查询"技术，将不同工作表，甚至不同工作簿中的多个数据列表进行合并汇总生成动态数据透视表的方法。

第 13 章　使用"Microsoft Query"数据查询创建透视表：介绍运用"Microsoft Query"数据查询，将不同工作表，甚至不同工作簿中的多个 Excel 数据列表进行合并汇总，生成动态数据透视表的方法。

第 14 章　利用多样的数据源创建数据透视表：讲述如何导入和连接外部数据源，以及如何使用外部数据源创建数据透视表。

第 15 章　PowerPivot 与数据透视表：介绍 PowerPivot 的安装、使用和可能遇到的问题及解决方案。

第 16 章　数据透视表与 VBA：介绍如何利用 VBA 程序操作和优化数据透视表。

第 17 章　发布数据透视表：介绍了 3 种发布数据透视表的方法，将数据透视表发布为网页、保存到 Web 和 SharePoint。

第 18 章　用图形展示数据透视表数据：介绍数据透视图的创建和使用方法。

第 19 章　数据透视表打印技术：介绍数据透视表的打印技术，主要包括：数据透视表标题的打印技术、数据透视表按类分页打印技术和数据透视表报表筛选字段快速打印技术。

第 20 章　数据透视表技术的综合运用：以多个独立的实际案例来展示如何综合各种数据透视表技术来进行数据分析和报表制作。

附录：包括 Excel 数据透视表常见问题答疑解惑、数据透视表中的快捷键和 Excel 常用 SQL 语句解析。

阅读技巧

不同水平的读者可以使用不同的方式来阅读本书，以求在相同的时间和精力之下能获得最大的回报。

Excel 初级用户或者任何一位希望全面熟悉 Excel 各项功能的读者，可以从头开始阅读，因为本书是按照各项功能的使用频度以及难易程度来组织章节顺序的。

Excel 中高级用户可以挑选自己感兴趣的主题来有侧重地学习，虽然各知识点之间有千丝万缕的联系，但通过我们在本书中提示的交叉参考，可以轻松地顺藤摸瓜。

如果遇到有困惑的知识点不必烦躁，可以暂时跳过，先保留个印象即可，今后遇到具体问题时再来研究。当然，更好的方式是与其他 Excel 爱好者进行探讨。如果读者身边没有这样的人选，可以登录 Excel Home 技术论坛（http://club.excelhome.net），这里有数百万 Excel 爱好者在积极交流。

另外，本书中为读者准备了大量的示例，它们都有相当的典型性和实用性，并能解决特定的问题。因此，读者也可以直接从目录中挑选自己需要的示例开始学习，就像查辞典那么简单，然后快速应用到自己的工作中。

致谢

本书由周庆麟策划并组织编写，第 1~2 章、第 4 章、第 6 章、第 8 章、第 13 章、第 15 章和附录 A 由杨彬编写，第 3 章、第 10~11 章和第 19 章由韦法祥编写，第 5 章、第 7 章、第 12 章、附录 B 和附录 C 由吴满堂编写，第 9 章和第 18 章由朱明编写，第 14 章和第 16~17 章由郗金甲编写，第 20 章由杨彬、朱明和吴满堂共同编写，最后由杨彬完成统稿。

在本书第 5 章和第 7 章的编写过程中得到了沈伟辉的大力支持，在此表示最真诚的感谢！

Excel Home 论坛管理团队和 Excel Home 免费在线培训中心教管团队长期以来都是 Excel Home 图书的坚实后盾，他们是 Excel Home 中最可爱的人。最为广大会员所熟知的代表人物有朱尔轩、林树珊、吴晓平、刘晓月、方骧、赵刚、黄成武、赵文竹、孙继红、王建民、周元平、陈军、顾斌等，在此向这些最可爱的人表示由衷的感谢。

衷心感谢 Excel Home 的百万会员，是他们多年来不断地支持与分享，才营造出热火朝天的学习氛围，并成就了今天的 Excel Home 系列图书。

后续服务

在本书的编写过程中，尽管我们的每一位团队成员都未敢稍有疏虞，但纰缪和不足之处仍在所难免。敬请读者能够提出宝贵的意见和建议，您的反馈将是我们继续努力的动力，本书的后继版本也将会更臻完善。

读者可以访问 http://club.excelhome.net，我们开设了专门的版块用于本书的讨论与交流。

也可以发送电子邮件到 book@excelhome.net，我们将尽力为您服务。

同时，欢迎您关注我们的官方微博，这里会经常发布有关图书的更多消息，以及大量的 Excel 学习资料。http://weibo.com/iexcelhome(新浪)，http://t.qq.com/excelhome（腾讯）。

目录

示例目录

第13章　使用"Microsoft Query"数据查询创建透视表

第14章　利用多样的数据源创建数据透视表

第15章　PowerPivot与数据透视表

第16章　数据透视表与VBA

第17章　发布数据透视表　344

第18章　用图形展示数据透视表数据

第19章　数据透视表打印技术

第20章　数据透视表技术的综合运用

第 1 章　创建数据透视表

本章主要针对初次接触数据透视表的用户，简要介绍什么是数据透视表以及数据透视表的用途，并且手把手指导用户创建自己的第一个数据透视表，然后逐步了解数据透视表的结构、相关术语、功能区和选项卡。

1.1　什么是数据透视表

数据透视表是用来从 Excel 数据列表、关系数据库文件或 OLAP 多维数据集等数据源的特定字段中总结信息的分析工具。它是一种交互式报表，可以快速分类汇总比较大量的数据，并可以随时选择其中页、行和列中的不同元素，以达到快速查看数据源的不同统计结果，同时还可以随意显示和打印出用户所感兴趣区域的明细数据。

数据透视表有机地综合了数据排序、筛选和分类汇总等数据分析方法的优点，可以方便地调整分类汇总的方式，灵活地以多种不同方式展示数据的特征。一张"数据透视表"仅靠鼠标指针移动字段位置，即可变换出各种类型的报表。同时，应用数据透视表也是解决 Excel 函数公式速度瓶颈的重要手段之一。因此，该工具是最常用、功能最全的 Excel 数据分析工具之一。

1.2　数据透视表的数据源

用户可以从 4 种类型的数据源中创建数据透视表。

● Excel 数据列表

如果以 Excel 数据列表作为数据源，则标题行不能有空白单元格或者合并的单元格，否则不能生成数据透视表，会出现错误提示，如图 1-1 所示。

图 1-1　错误提示

> 如果空白单元格或者合并的单元格出现在标题行的最后时，虽然可以生成数据透视表，但是数据透视表的数据并不准确，空白单元格或者合并单元格的最后部分将不参与数据透视表计算。

注意

● 外部数据源

外部数据源包括文本文件、Microsoft SQL Server 数据库、Microsoft Access 数据库、dBASE 数据库等，Excel 2000 及以上版本还可以利用 Microsoft OLAP 多维数据集创建数据透视表。

● 多个独立的 Excel 数据列表

多个独立的 Excel 数据列表，数据透视表在创建过程中可以将各个独立表格中的数据信息汇总到一起。

● 其他的数据透视表

创建完成的数据透视表也可以作为数据源来创建另外一个数据透视表。

1.3 自己动手创建第一个数据透视表

图 1-2 所示的数据列表是某公司各部门在一定时期内的费用发生额流水账。

	月	日	凭证号数	部门	科目划分	发生额
1026	12	28	记-0125	销售2部	出差费	3600
1027	12	14	记-0047	经理室	招待费	3930
1028	12	14	记-0046	经理室	招待费	4000
1029	12	04	记-0008	经理室	招待费	4576
1030	12	20	记-0078	销售2部	出差费	5143.92
1031	12	20	记-0077	销售2部	出差费	5207.6
1032	12	07	记-0020	销售2部	出差费	5500
1033	12	20	记-0096	销售2部	广告费	5850
1034	12	07	记-0017	经理室	招待费	6000
1035	12	20	记-0061	技改办	技术开发费	8833
1036	12	12	记-0039	财务部	公积金	19134
1037	12	27	记-0121	技改办	技术开发费	20512.82
1038	12	19	记-0057	技改办	技术开发费	21282.05
1039	12	03	记-0001	技改办	技术开发费	34188.04
1040	12	20	记-0089	技改办	技术开发费	35745
1041	12	31	记-0144	一车间	设备使用费	42479.87
1042	12	31	记-0144	一车间	设备使用费	42479.87
1043	12	04	记-0009	一车间	其他	62000
1044	12	20	记-0068	技改办	技术开发费	81137

图 1-2 费用发生额流水账

面对这个上千行的费用发生额流水账，如果需要分月份按部门统计费用的发生额，如图 1-3 所示，部分用户通常的情况就是利用函数和公式完成。

	月	一车间	二车间	技改办	人力资源部	财务部	销售1部	销售2部	经理室	总计
2	01	31,350.57	9,594.98	0.00	2,392.25	18,461.74	7,956.20	13,385.20	3,942.00	87,082.94
3	02	18.00	10,528.06	0.00	2,131.00	18,518.58	11,167.00	16,121.00	7,055.00	65,538.64
4	03	32,026.57	14,946.70	0.00	4,645.06	21,870.66	40,314.92	28,936.58	17,491.30	160,231.79
5	04	5,760.68	20,374.62	11,317.60	2,070.70	19,016.85	13,854.40	27,905.70	4,121.00	104,421.55
6	05	70,760.98	23,034.35	154,307.23	2,822.07	29,356.87	36,509.35	33,387.31	28,371.90	379,550.06
7	06	36,076.57	18,185.57	111,488.76	2,105.10	17,313.71	15,497.30	38,970.41	13,260.60	252,898.02
8	07	4,838.90	21,916.07	54,955.40	2,103.08	17,355.71	70,604.39	79,620.91	19,747.20	271,141.66
9	08	19.00	27,112.05	72,145.00	3,776.68	23,079.69	64,152.12	52,661.83	10,608.38	253,554.75
10	09	14,097.56	13,937.80	47,264.95	12,862.20	22,189.46	16,241.57	49,964.33	21,260.60	197,818.47
11	10	16.00	14,478.15	0.00	21,223.89	22,863.39	41,951.80	16,894.00	14,538.85	131,966.08
12	11	20,755.79	26,340.45	5,438.58	4,837.74	36,030.86	26,150.48	96,658.50	21,643.45	237,855.85
13	12	146,959.74	21,892.09	206,299.91	3,979.24	46,937.96	39,038.49	38,984.12	36,269.00	540,360.55
14	总计	362,680.36	222,340.89	663,217.43	64,949.01	292,995.48	383,438.02	493,489.89	198,309.28	2,681,420.36

图 1-3 费用发生额统计样表

首先，需要手工创建新报表，在工作表"函数公式"中输入行、列的表头（部门及月份），如图 1-4 所示。

	月	一车间	二车间	技改办	人力资源部	财务部	销售1部	销售2部	经理室	总计
2	01									
3	02									
4	03									
5	04									
6	05									
7	06									
8	07									
9	08									
10	09									
11	10									
12	11									
13	12									
14	总计									
15										

数据透视表 / 函数公式 / 数据源 / 修改后数据源 /

图 1-4 手工创建新报表

然后在 B2 单元格中输入公式=SUMPRODUCT((数据源!$A$2:$A$1044=函数公式!$A2)*(数据源!$D$2:$D$1044=函数公式!B$1)*(数据源!$F$2:$F$1044))，向右、向下填充至 I13 单元格，如图 1-5 所示。

图 1-5　利用 SUMPRODUCT 函数统计

最后，在 J2 单元格中输入公式=SUM(B2:I2)，向下拉至 J13 单元格，在 B14 单元格输入公式=SUM(B2:B13)，向右拉至 J14 单元格，完成后如图 1-6 所示。

图 1-6　利用 SUM 函数汇总

虽然完成了任务，但是输入数据、编辑公式还是要花费大量的时间；而且当费用发生额流水账进行部门调整时，如数据源中新增部门"开发办公室"，则无法自动在报表中反映出来，需要在报表的表头手工添加"开发办公室"，重新设置公式后才能得到计算结果，如图 1-7 所示。

图 1-7　数据调整后，新增部门"开发办公室"无法自动反映在手工创建的报表中

再者，即使数据源的字段没有发生变化，但是当费用发生额流水账的数据达到几万行或更多时，使用公式来执行报表分析计算的速度将会很慢，甚至达到令人无法容忍的地步。

如果用户使用数据透视表来完成这项任务，则只需单击鼠标几次，耗时不超过 10 秒钟。下面就来领略一下数据透视表的神奇功能吧。

示例 **1.1** 新手上路：创建自己的第一个数据透视表

步骤1 → 单击如图 1-2 所示数据列表区域中的任意一个单元格（如 A5），在【插入】选项卡中单击数据透视表图标，弹出【创建数据透视表】对话框，如图 1-8 所示。

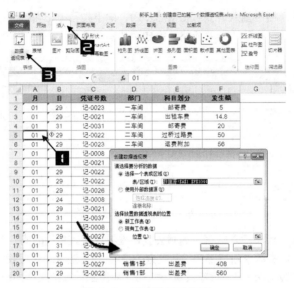

图 1-8 创建数据透视表

步骤2 → 保持【创建数据透视表】对话框内默认的选项不变，单击【确定】按钮后即可创建一张空的数据透视表，如图 1-9 所示。

图 1-9 创建空的数据透视表

步骤3 → 在【数据透视表字段列表】对话框中勾选"月"和"发生额"字段的复选框，被添加的字段自动出现在【数据透视表字段列表】的【行标签】区域和【Σ 数值】区域，同时，相应的字段也被添加进数据透视表中，如图 1-10 所示。

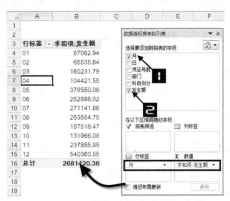

图 1-10 向数据透视表中添加字段

步骤**4** → 在【数据透视表字段列表】中单击"部门"字段并且按住鼠标左键将其拖曳至【列标签】区域，"部门"字段将作为列标签出现在数据透视表中，最终完成的数据透视表如图 1-11 所示。

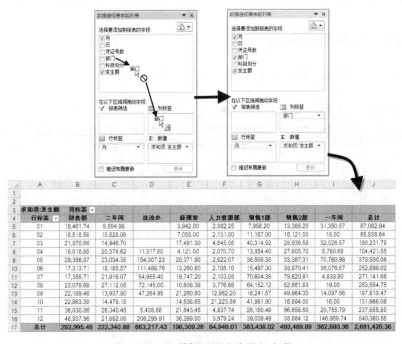

图 1-11 向数据透视表中添加字段

1.4 数据透视表的用途

数据透视表是一种对大量数据快速汇总和建立交叉列表的交互式动态表格，能帮助用户分析和组织数据，例如，计算平均数、标准差，建立列联表、计算百分比、建立新的数据子集等。建好数据透视表后，可以对数据透视表重新安排，以便从不同的角度查看数据。数据透视表的名字来源于它具有"透视"表格的能力，从大量看似无关的数据中寻找背后的联系，从而将纷繁的数据转化为有价值的信息，以供研究和决策所用。

总之，合理使用数据透视表进行计算与分析，能使许多复杂的问题简单化并且极大地提高工作效率。

1.5 何时使用数据透视表分析数据

如果用户要对海量的数据进行多条件统计，从而快速提取最有价值的信息，并且还需要随时改变分析角度或计算方法，那么使用数据透视表将是最佳选择之一。

一般情况下，如下的数据分析要求都非常适合使用数据透视表来解决。

(1) 对庞大的数据库进行多条件统计，而使用函数公式统计出结果的速度非常慢。

(2) 需要对得到的统计数据进行行列变化，把字段移动到统计数据中的不同位置上，迅速得到新的数据，满足不同的要求。

(3) 需要在得到的统计数据中找出某一字段的一系列相关数据。

(4) 需要将得到的统计数据与原始数据源保持实时更新。

(5) 需要在得到的统计数据中找出数据内部的各种关系并满足分组的要求。

(6) 需要将得到的统计数据用图形的方式表现出来，并且可以筛选控制哪些值可以用图表来表示。

1.6 数据透视表结构

从结构上看，数据透视表分为 4 个部分，如图 1-12 所示。

图 1-12 数据透视表结构

(1) 行区域：此标志区域中的字段将作为数据透视表的行标签。

(2) 列区域：此标志区域中的字段将作为数据透视表的列标签。

(3) 值区域：此标志区域中的字段将作为数据透视表显示汇总的数据。

(4) 报表筛选区域：此标志区域中的字段将作为数据透视表的报表筛选字段。

1.7 数据透视表字段列表

【数据透视表字段列表】对话框中清晰地反映了数据透视表的结构，利用它用户可以轻而易举地向数据透视表内添加、删除和移动字段，设置字段格式，甚至不动用【数据透视表工具】和数据透视表本身便能对数据透视表中的字段进行排序和筛选。

在【数据透视表字段列表】对话框中也能清晰地反映出数据透视表的结构，如图1-13所示。

1. 打开和关闭【数据透视表字段列表】对话框

在数据透视表中的任意单元格上（如A5）单击鼠标右键，在弹出的快捷菜单中选择【显示字段列表】命令即可调出【数据透视表字段列表】对话框，如图1-14所示。

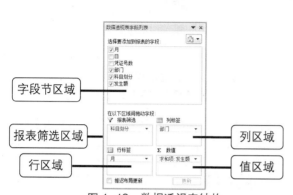

图1-13　数据透视表结构

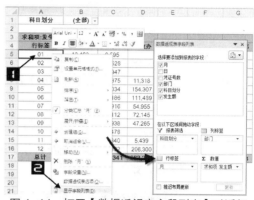

图1-14　打开【数据透视表字段列表】对话框

单击数据透视表中的任意单元格（如A5），在【数据透视表工具】的【选项】选项卡中单击【字段列表】按钮，也可调出【数据透视表字段列表】对话框，如图1-15所示。

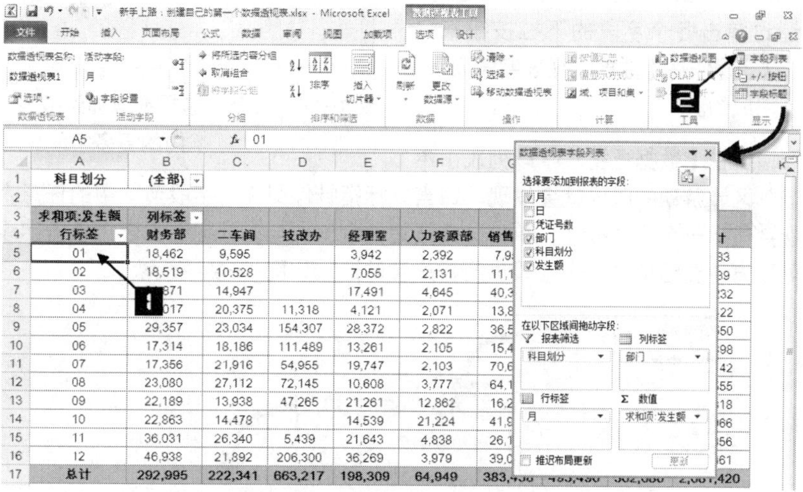

图1-15　打开【数据透视表字段列表】对话框

【数据透视表字段列表】对话框被调出之后，只要单击数据透视表就会显示。

单击【数据透视表字段列表】对话框标题栏上的下拉按钮将出现包含【移动】、【大小】和【关闭】菜单的下拉列表，选择它们可以分别移动【数据透视表字段列表】对话框、改变【数据透视表字段列表】对话框的大小和关闭【数据透视表字段列表】对话框，直接单击【数据透视表字段列表】对话框中的"关闭"按钮×也可关闭【数据透视表字段列表】对话框，如图1-16所示。

2. 在【数据透视表字段列表】对话框中显示更多的字段

如果用户采用超大表格作为数据源创建数据透视表，那么数据透视表创建完成后很多字段在【选择要添加到报表的字段】列表框内无法显示，只能靠拖动滚动条来选择要添加的字段，影响了用户创建报表的速度，如图1-17所示。

图1-16 关闭【数据透视表字段列表】对话框 　　图1-17 未完全显示数据透视表字段的

【数据透视表字段列表】对话框

单击【选择要添加到报表的字段】列表框右侧的下拉按钮，选择【字段节和区域节并排】命令即可展开【选择要添加到报表的字段】列表框内的更多字段，如图1-18所示。

3. 【数据透视表字段列表】对话框的排序和筛选功能

数据透视表排序和筛选的操作既可以通过数据透视表的专有工具来完成，也可以在数据透视表中通过单击各个字段的下拉按钮来完成，同样，这些操作在【数据透视表字段列表】中也是可以完成的。

图1-18 展开【选择要添加到报表的字段】列表框

内的更多字段

将鼠标指针在【数据透视表字段列表】中的"字段节"区域游动的时候就会发现，每当鼠标指针停留在"字段节"中的任意字段上时，在字段的右侧就会显示一个下拉按钮，单击这个按钮就会出现与在数据透视表中单击字段下拉按钮一样的菜单，可以方便灵活地对这个字段进行排序和筛选，如图1-19所示。

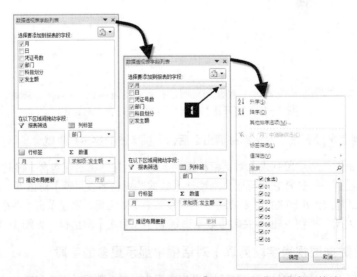

图1-19 在【数据透视表字段列表】对话框中进行排序和筛选

4. 更改【选择要添加到报表的字段】中字段的显示顺序

数据透视表创建完成后,【数据透视表
字段列表】对话框中【选择要添加到报表的
字段】列表框内的字段显示顺序默认为按"数
据源顺序排列",如图1-20所示。

如果用户希望将【选择要添加到报表的
字段】列表框内字段的显示顺序改变为"升
序"排序,可以参照以下步骤。

在数据透视表中的任意单元格上(如
A4)单击鼠标右键,在弹出的快捷菜单中
选择【数据透视表选项】命令调出【数据
透视表选项】对话框,单击【显示】选项
卡,【字段列表】选择【升序】单选钮,最
后单击【确定】按钮完成设置,如图1-21
所示。

图 1-20　默认的"按数据源顺序排序"字段

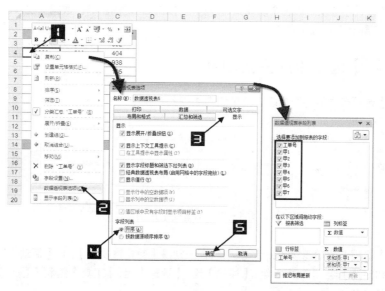

图 1-21　按"升序"排序字段

1.8　数据透视表中的术语

数据透视表中的相关术语如表1-1所示。

表 1-1　　数据透视表中的相关术语

术　语	术　语　说　明
数据源	从中创建数据透视表的数据列表或多维数据集
轴	数据透视表中的一维,如行、列和页
列标签	信息的种类,等价于数据列表中的列
行标签	在数据透视表中具有行方向的字段
报表筛选字段	数据透视表中进行分页的字段

术　语	术语说明
字段标题	描述字段内容的标志。可以通过拖动字段标题对数据透视表进行透视
项目	组成字段的成员。如图 1-11 中，01～12 各个月份就是组成行标签字段的项目
组	一组项目的集合，可以自动或手动地为项目组合
透视	通过改变一个或多个字段的位置来重新安排数据透视表
汇总函数	Excel 计算表格中数据的值的函数，文本和数值的默认汇总函数分别为计数和求和
分类汇总	数据透视表中对一行或一列单元格的分类汇总
刷新	重新计算数据透视表，反映最新数据源的状态

1.9 【数据透视表工具】

数据透视表创建完成后，单击数据透视表中的任意单元格，就会显示【数据透视表工具】，此工具为数据透视表所专有，【数据透视表工具】项下设有【选项】和【设计】子选项卡，可以分别显示【选项】和【设计】选项卡中各个功能组命令按钮并配以特定的图标，数据透视表的所有功能和特性都可以通过【数据透视表工具】来完成。

1.9.1 【选项】选项卡的主要功能

【选项】选项卡中的各个功能组菜单如图 1-22 所示。

图 1-22 【选项】选项卡

【选项】选项卡的功能按钮分为 9 个组，分别是【数据透视表】组、【活动字段】组、【分组】组、【排序和筛选】组、【数据】组、【操作】组、【计算】组、【工具】组和【显示】组。【选项】选项卡中按钮的功能如表 1-2 所示。

表 1-2　　　　　　　　　　　　　　【选项】选项卡按钮功能

组	按钮名称	按钮功能
数据透视表	选项	调出【数据透视表选项】对话框
	显示报表筛选页	创建一系列链接在一起的数据透视表，每张表显示报表筛选页中的一项
	生成 GetPivotData	调用数据透视表函数 GetPivotData，从数据透视表中获取数据
活动字段	展开整个字段	展开活动字段的所有项
	折叠整个字段	折叠活动字段的所有项
	字段设置	调出【字段设置】对话框
分组	将所选内容分组	对数据透视表进行手动分组

续表

组	按 钮 名 称	按 钮 功 能
	取消组合	取消数据透视表存在的组合项
	将字段分组	对日期或数字字段进行自动组合
排序和筛选	升序	将所选内容按由小到大的顺序排序
	降序	将所选内容按由大到小的顺序排序
	排序	调出【排序】对话框
	插入切片器	调出【插入切片器】对话框,使用切片器功能
数据	刷新	刷新数据透视表
	更改数据源	更改数据透视表的原始数据区域及外部数据的连接属性
操作	清除	清除数据透视表字段及设置好的报表筛选
	选择	选择数据透视表中的数据
	移动数据透视表	改变数据透视表在工作簿中的放置位置
计算	按值汇总	设置数据透视表数据区域字段的值汇总方式
	值显示方式	设置数据透视表数据区域字段的值显示方式
	域、项目和集	在数据透视表中插入计算字段、计算项以及集管理
工具	数据透视图	创建数据透视图
	OLAP 工具	基于 OLAP 多维数据集创建的数据透视表的管理工具
	模拟分析	基于 OLAP 多维数据集创建的数据透视表的分析工具,支持数据透视表中改动的数据回写至数据源
显示	字段列表	开启或关闭【数据透视表字段列表】对话框
	显示或隐藏	展开或折叠数据透视表中的项目
	字段标题	显示或隐藏数据透视表行、列的字段标题

1.9.2 【设计】选项卡的主要功能

【设计】选项卡中的各个功能组菜单如图 1-23 所示。

图 1-23　【设计】选项卡

【设计】选项卡的功能按钮分为 3 个组,分别是【布局】组、【数据透视表样式选项】组和【数据透视表样式】组。【设计】选项卡中按钮的功能如表 1-3 所示。

表 1-3　　　　　　　　　　　【设计】选项卡按钮功能

组	按 钮 名 称	按 钮 功 能
布局	分类汇总	将分类汇总移动到组的顶部或底部及关闭分类汇总
	总计	开启或关闭行和列的总计
	报表布局	使用压缩、大纲或表格形式的数据透视表显示方式
	空行	在每个项目后插入或删除空行

续表

组	按 钮 名 称	按 钮 功 能
数据透视表样式选项	行标题	将数据透视表行字段标题显示为特殊样式
	列标题	将数据透视表列字段标题显示为特殊样式
	镶边行	对数据透视表中的奇、偶行应用不同颜色相间的样式
	镶边列	对数据透视表中的奇、偶列应用不同颜色相间的样式
数据透视表样式	浅色	提供 29 种浅色数据透视表样式
	中等深浅	提供 28 种中等深浅数据透视表样式
	深色	提供 28 种深色数据透视表样式
	新建数据透视表样式	用户可以自定义数据透视表样式
	清除	清除已经应用的数据透视表样式

第 2 章　改变数据透视表的布局

本章详细介绍数据透视表创建完成后，通过对数据透视表布局和字段的重新安排得到新的报表来满足用户对不同角度的数据分析和报表结构变化的需求，还将向用户讲述数据透视表的移动和复制以及如何获取数据透视表的数据源信息。

2.1　改变数据透视表的整体布局

对于已经创建完成的数据透视表，用户在任何时候都只需在【数据透视表字段列表】中拖动字段按钮就可以重新安排数据透视表的布局，满足新的数据分析需求。

示例 2.1　按发生日期统计部门费用发生额

以图 2-1 所示的数据透视表为例，如果用户希望得到按发生日期统计、按科目名称反映各部门的费用发生额报表，请参照以下步骤。

	A	B	C	D	E	F
1	求和项:借方		部门 ▼			
2	科目名称 ▼	发生日期 ▼	七室	十室	一室	总计
3	工会经费	第一季	7,635.06	18,485.23	6,517.50	32,637.79
4		第二季	5,201.67	10,276.85	3,015.39	18,493.91
5		第三季	7,439.10	22,635.19	6,223.31	36,297.60
6		第四季	6,875.35	19,995.45	3,453.91	30,324.71
7	工会经费 汇总		27,151.18	71,392.72	19,210.11	117,754.01
8	公积金	第一季	47,349.00	49,518.00	28,296.00	125,163.00
9		第二季	43,516.00	51,465.00	28,296.00	123,277.00
10		第三季	51,386.00	63,405.00	35,181.00	149,972.00
11		第四季	63,232.00	85,286.00	39,428.00	187,946.00
12	公积金 汇总		205,483.00	249,674.00	131,201.00	586,358.00
13	教育经费	第一季	5,726.31	13,863.95	4,888.13	24,478.39
14		第二季	3,901.27	7,707.64	2,261.55	13,870.46
15		第三季	5,579.34	16,976.41	4,667.49	27,223.24
16		第四季	5,156.53	14,996.59	2,590.43	22,743.55
17	教育经费 汇总		20,363.45	53,544.59	14,407.60	88,315.64
18	失业保险	第一季	3,184.00	3,138.00	1,944.00	8,266.00
19		第二季	2,862.00	3,324.00	1,944.00	8,130.00
20		第三季	2,823.62	3,257.18	1,895.80	7,976.60
21		第四季	4,100.54	7,575.64	2,317.64	13,993.82

图 2-1　改变布局前的数据透视表

步骤 1 → 单击数据透视表区域中的任意单元格，在【数据透视表工具】的【选项】选项卡中单击【字段列表】按钮，调出【数据透视表字段列表】对话框。调出【数据透视表字段列表】对话框的多种方法请参阅 1.7 节。

步骤 2 → 在【数据透视表字段列表】对话框中的【行标签】区域内单击"发生日期"字段，在弹出的快捷菜单中选择【上移】命令即可改变数据透视表的布局，如图 2-2 所示。

此外，把字段在【数据透视表字段列表】对话框中的区域间拖动也可以对数据透视表进行重新布局。

以图 2-1 所示的数据透视表为例，如果用户想得到按部门统计、按科目名称反映各发生日期的费用发生额报表，请参照以下步骤。

步骤 1 → 在【数据透视表字段列表】对话框中的【列标签】区域内单击"部门"字段，并且按住鼠标左键不放，将其拖曳至【行标签】区域中，数据透视表的布局会发生改变，如图 2-3 所示。

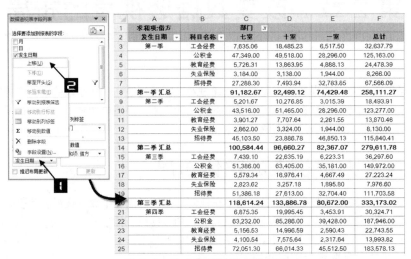

图 2-2 改变数据透视表的布局

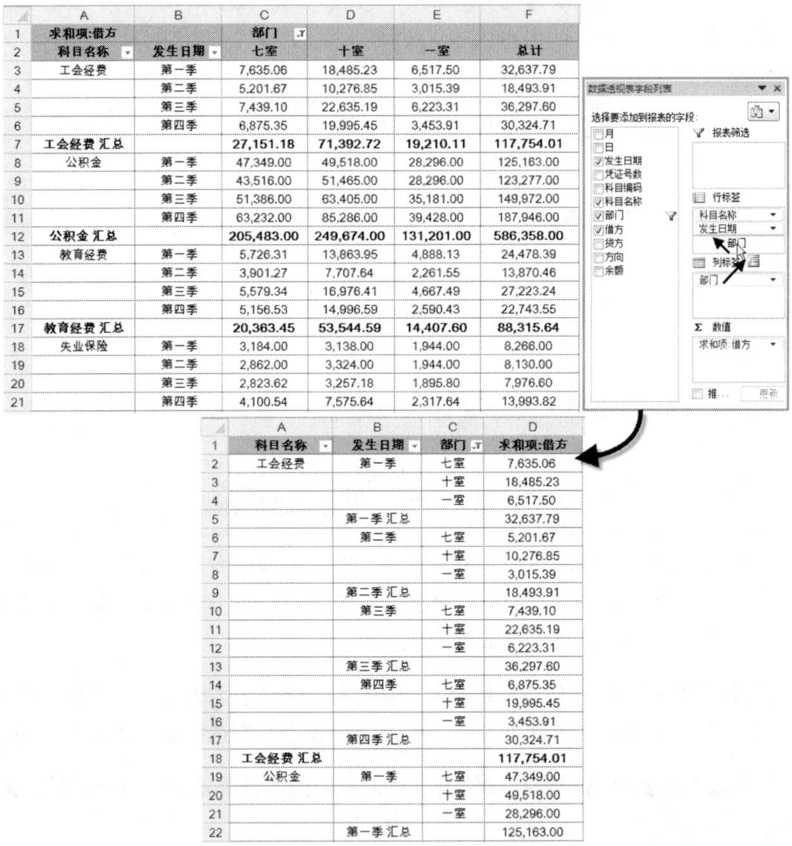

图 2-3 移动数据透视表字段

步骤**2**➝ 将【行标签】内的"发生日期"字段拖曳至【列标签】区域内，如图 2-4 所示。

步骤**3**➝ 将【行标签】内的"部门"字段拖曳至"科目名称"字段上方，完成设置后的数据透视表如图 2-5 所示。

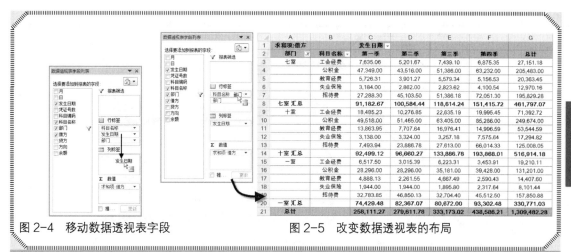

图 2-4　移动数据透视表字段

	A	B	C	D	E	F	G
1	求和项:借方		发生日期				
2	部门	科目名称	第一季	第二季	第三季	第四季	总计
3	七室	工会经费	7,635.06	5,201.67	7,439.10	6,875.35	27,151.18
4		公积金	47,349.00	43,516.00	51,386.00	63,232.00	205,483.00
5		教育经费	5,726.31	3,901.27	5,579.34	5,156.53	20,363.45
6		失业保险	3,184.00	2,862.00	2,823.62	4,100.54	12,970.16
7		招待费	27,288.30	45,103.50	51,386.18	72,051.30	195,829.28
8	七室 汇总		91,182.67	100,584.44	118,614.24	151,415.72	461,797.07
9	十室	工会经费	18,485.23	10,276.85	22,635.19	19,995.45	71,392.72
10		公积金	49,518.00	51,465.00	63,405.00	85,286.00	249,674.00
11		教育经费	13,863.95	7,707.64	16,976.41	14,996.59	53,544.59
12		失业保险	3,138.00	3,324.00	3,257.18	7,575.64	17,294.82
13		招待费	7,493.94	23,886.78	27,613.00	66,014.33	125,008.05
14	十室 汇总		92,499.12	96,660.27	133,886.78	193,868.01	516,914.18
15	一室	工会经费	6,517.50	3,015.39	6,223.31	3,453.91	19,210.11
16		公积金	28,296.00	28,296.00	35,181.00	39,428.00	131,201.00
17		教育经费	4,888.13	2,261.55	4,667.49	2,590.43	14,407.60
18		失业保险	1,944.00	1,944.00	1,895.80	2,317.64	8,101.44
19		招待费	32,783.85	46,850.13	32,704.40	45,512.50	157,850.88
20	一室 汇总		74,429.48	82,367.07	80,672.00	93,302.48	330,771.03
21	总计		258,111.27	279,611.78	333,173.02	438,586.21	1,309,482.28

图 2-5　改变数据透视表的布局

2.2　数据透视表页面区域的使用

当字段位于列区域或行区域中时，滚动数据透视表就可以看到字段中的所有项。当字段位于报表筛选区域中时，虽然也可以看到字段中的所有项，但多出了一个【选择多项】的复选框，如图 2-6 所示。

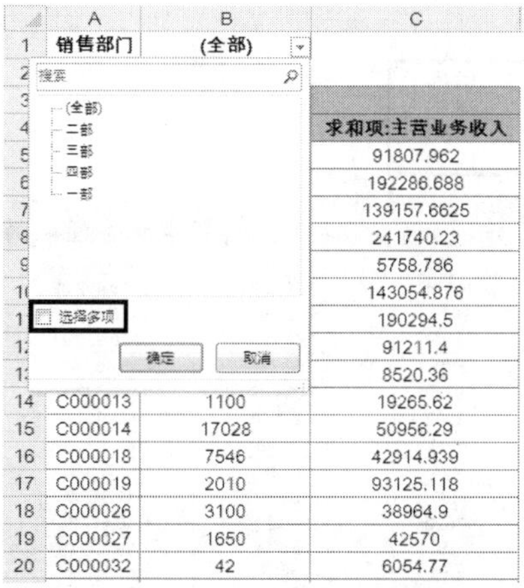

图 2-6　【选择多项】的复选框

2.2.1　显示报表筛选字段的多个数据项

虽然默认情况下报表筛选字段下拉列表框中没有勾选【选择多项】复选框，用户暂时不能对多个数据项进行选择，但只要勾选了【选择多项】复选框后便可以对多个数据项进行选择，从而显示特定数据的信息。

单击报表筛选字段“销售部门”的下拉按钮，在弹出的下拉列表框中勾选【选择多项】复选框，然后依次取消不需要显示的“三部”和“四部”两个选项前面的勾选，最后单击【确定】按钮完成设置，报表筛选字段“销售部门”的显示也由“(全部)”变为“(多项)”，如图 2-7 所示。

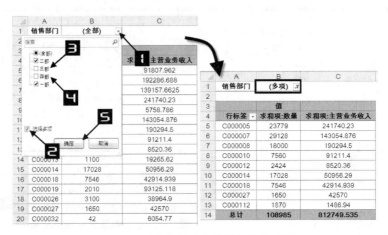

图 2-7　对报表筛选字段进行多项选择

2.2.2　水平并排显示报表筛选字段

示例 2.2　以水平并排的方式显示报表筛选字段

数据透视表创建完成后，报表筛选区域如果有多个筛选字段，系统会默认筛选字段的显示方式为垂直并排显示，如图 2-8 所示。

	A	B	C	D	E
1	工单号	(全部)			
2	销售类型	(全部)			
3	款式号	(全部)			
4	销售部门	(全部)			
5					
6		值			
7	行标签	求和项:数量	求和项:主营业务收入	求和项:主营业务利润	求和项:毛利
8	C000002	20708	91,807.96	83,910.17	7,897.80
9	C000003	15918	192,286.69	179,432.02	12,854.67
10	C000004	9675	139,157.66	126,917.90	12,239.77
11	C000005	23779	241,740.23	220,820.21	20,920.02
12	C000006	2008	5,758.79	5,463.91	294.88
13	C000007	29128	143,054.88	129,708.39	13,346.49
14	C000008	18000	190,294.50	171,911.05	18,383.45
15	C000010	7560	91,211.40	82,325.26	8,886.14
16	C000012	2424	8,520.36	7,758.32	762.04
17	C000013	1100	19,265.62	17,575.06	1,690.56
18	C000014	17028	50,956.29	46,517.66	4,438.63
19	C000018	7546	42,914.94	39,700.45	3,214.49
20	C000019	2010	93,125.12	84,726.61	8,398.51
21	C000026	3100	38,964.90	36,002.41	2,962.49
22	C000027	1650	42,570.00	38,567.00	4,003.00

图 2-8　报表筛选字段垂直并排显示

为了使数据透视表更具可读性和易于操作，可以采用以下方法水平并排显示报表筛选区域中的多个筛选字段。

步骤1　在数据透视表中的任意单元格上（如 B8）单击鼠标右键，在弹出的快捷菜单中选择【数据透视表选项】命令，如图 2-9 所示。

步骤2　在【数据透视表选项】对话框中的【布局和格式】选项卡中，单击【在报表筛选区域显示字段】的下拉按钮，选择"水平并排"；再将【每行报表筛选字段数】设置为 2，如图 2-10 所示。

步骤3　单击【确定】按钮完成设置，如图 2-11 所示。

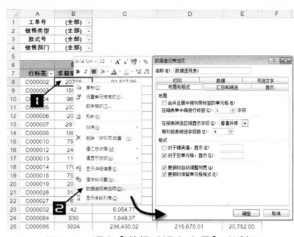

图 2-9 调出【数据透视表选项】对话框

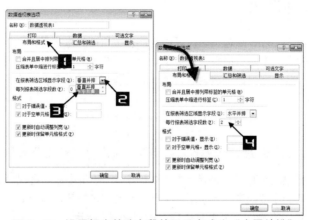

图 2-10 设置报表筛选字段的显示方式为"水平并排"

行标签	求和项:数量	求和项:主营业务收入	求和项:主营业务利润	求和项:毛利
C000002	20708	91,807.96	83,910.17	7,897.80
C000003	15918	192,286.69	179,432.02	12,854.67
C000004	9675	139,157.66	126,917.90	12,239.77
C000005	23779	241,740.23	220,820.21	20,920.02
C000006	2008	5,758.79	5,463.91	294.88
C000007	29128	143,054.88	129,708.39	13,346.49
C000008	18000	190,294.50	171,911.05	18,383.45
C000010	7560	91,211.40	82,325.26	8,886.14
C000012	2424	8,520.36	7,758.32	762.04
C000013	1100	19,265.62	17,575.06	1,690.56
C000014	17028	50,956.29	46,517.66	4,438.63
C000018	7546	42,914.94	39,700.45	3,214.49
C000019	2010	93,125.12	84,726.61	8,398.51
C000026	3100	38,964.90	36,002.41	2,962.49
C000027	1650	42,570.00	38,567.00	4,003.00

图 2-11 报表筛选字段水平并排显示的数据透视表

2.2.3 垂直并排显示报表筛选字段

如果要恢复数据透视表报表筛选字段的"垂直并排"显示，只需在【数据透视表选项】对话框的【布局和格式】选项卡中，将【在报表筛选区域显示字段】设置为"垂直并排"、【每列报表筛选字段数】选择为"0"即可，如图 2-12 所示。

图 2-12　设置报表筛选字段的显示方式为"垂直并排"

2.2.4　显示报表筛选页

虽然数据透视表包含报表筛选字段，可以容纳多个页面的数据信息，但它通常只显示在一张表格中。利用数据透视表的【显示报表筛选页】功能，用户就可以在按某一筛选字段的数据项命名的多个工作表上自动生成一系列数据透视表，每一张工作表显示报表筛选字段中的一项。

示例 2.3　快速显示报表筛选页中各个部门的数据透视表

对图 2-13 所示的数据透视表显示报表筛选页的方法，请参考以下步骤。

步骤 1→　选中数据透视表中的任意单元格（如 A5），单击【数据透视表工具】的【选项】选项卡，单击【数据透视表】组中【选项】的下拉按钮，选择【显示报表筛选页】命令，调出【显示报表筛选页】对话框，如图 2-14 所示。

图 2-13　用于显示报表筛选页的数据透视表

图 2-14　调出【显示报表筛选页】对话框

步骤 2→　单击【确定】按钮即可将"销售部门"字段中的每个部门的数据分别显示在不同的工作表中，并且按照"销售部门"字段中的各项名称对工作表命名，如图 2-15 所示。

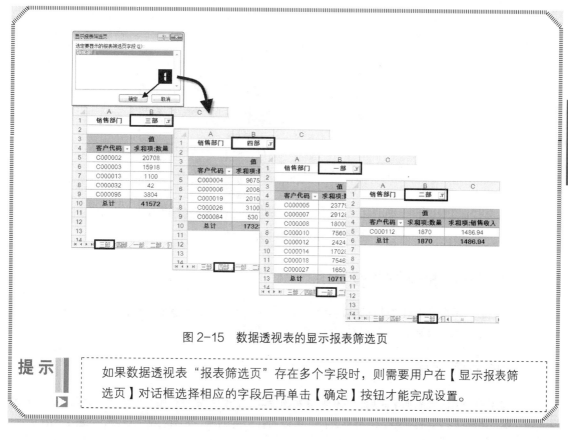

图 2-15 数据透视表的显示报表筛选页

提示

如果数据透视表"报表筛选页"存在多个字段时，则需要用户在【显示报表筛选页】对话框选择相应的字段后再单击【确定】按钮才能完成设置。

2.3 启用 Excel 2003 经典数据透视表布局

Excel 2010 版本的【数据透视表工具】和数据透视表的创建方式较之 Excel 2003 版本发生了天翻地覆的变化，如果用户希望运用 Excel 2003 版本的拖曳方式操作数据透视表，请参照以下步骤。

在已经创建完成的数据透视表任意单元格（如 A5）上单击鼠标右键，在弹出的快捷菜单中选择【数据透视表选项】命令，调出【数据透视表选项】对话框。单击【显示】选项卡，勾选【经典数据透视表布局（启用网格中的字段拖放）】复选框，最后单击【确定】按钮完成设置，如图 2-16 所示。

图 2-16 启用【经典数据透视表布局】

设置完成后，数据透视表界面切换到了 Excel 2003 版本的经典界面，如图 2-17 所示。

图 2-17 数据透视表经典界面

2.4 整理数据透视表字段

整理数据透视表的报表筛选区域字段可以从一定角度来反映数据的内容，而对数据透视表其他字段的整理，则可以满足用户对数据透视表格式上的需求。

2.4.1 重命名字段

当用户向值区域添加字段后，它们都将被重命名，例如"本月数量"变成了"求和项：本月数量"或"计数项：本月数量"，这样就会加大字段所在列的列宽，影响表格的美观，如图 2-18 所示。

行标签	求和项:本月数量	求和项:国产料	求和项:进口料	求和项:直接工资合计	求和项:制造费用合计
背包	5424	146,995.55	15,123.34	14,610.61	26,395.51
宠物垫	4460	37,437.06	35,181.58	8,745.91	15,800.35
服装	4016	121,478.29	3,200.94	15,815.90	28,572.98
警告标	3360	25,552.39	0.00	0.00	0.00
睡袋	11026	257,470.49	93,497.57	36,484.15	64,111.64
野餐垫	1815	43,448.87	0.00	7,584.71	13,702.52
总计	30101	632,382.65	147,003.43	83,241.30	148,583.01

图 2-18 数据透视表自动生成的数据字段名

示例 2.4 更改数据透视表默认的字段名称

下面介绍两种对字段重命名的方法，可以让数据透视表列字段标题更加简洁。

方法 1 直接修改数据透视表的列字段名称。

这种方法是最简便易行的，请参照以下步骤。

步骤 1 → 单击数据透视表中列字段的标题单元格（如 B3）"求和项：本月数量"。

步骤 2 → 在【编辑栏】中输入新标题"数量"，按下回车键，如图 2-19 所示。

步骤 3 → 依次修改其他字段，将"求和项：国产料"修改为"国产"，"求和项：进口料"修改为"进口"，"求和项：直接工资合计"修改为"直接工资"，"求和项：制造费用合计"修改为"制造费用"，完成后如图 2-20 所示。

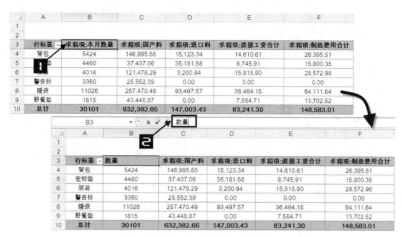

图 2-19　直接修改字段名称

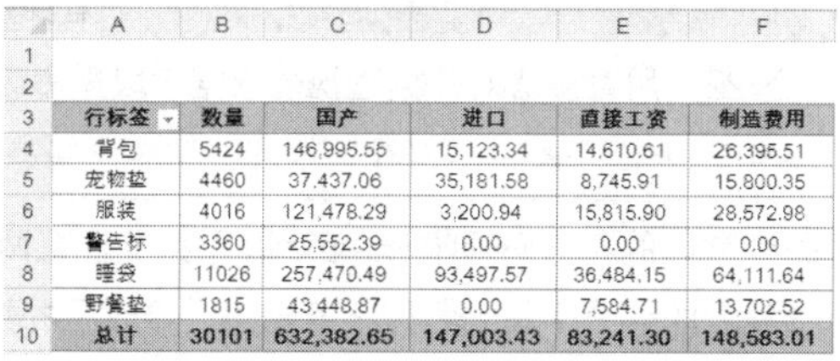

图 2-20　对数据透视表数据字段重命名

方法 2　替换数据透视表默认的字段名称。

如果用户要保持原有字段名称不变，可以采用替换的方法，以图 2-18 所示的数据透视表为例，请参照以下步骤。

步骤 1 → 选中数据透视表的列标题单元格区域（如 B3:F3），单击【开始】选项卡中的【查找和选择】按钮，在弹出的下拉菜单中选择【替换】命令，调出【查找和替换】对话框，如图 2-21 所示。

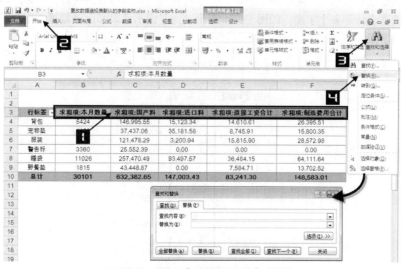

图 2-21　调出【查找和替换】对话框

步骤2→ 在【查找内容】文本框中输入"求和项:",【替换为】文本框中输入一个空格,单击【全部替换】按钮,单击【Microsoft Office Excel】对话框中的【确定】按钮关闭对话框,最后单击【查找和替换】对话框中的【关闭】按钮完成设置,如图 2-22 所示。

图 2-22　用替换法对数据透视表数据字段重命名

注意→ 数据透视表中每个字段的名称必须唯一,Excel 不接受任意两个字段具有相同的名称,即创建的数据透视表的各个字段的名称不能相同,修改后的数据透视表字段名称与数据源表头标题行的名称也不能相同,否则将会出现错误提示,如图 2-23 所示。

图 2-23　出现同名字段的错误提示

2.4.2　整理复合字段

如果数据透视表的值区域中垂直显示了"本月数量"、"制造费用合计"、"国产料"、"进口料"和"直接工资合计"多个字段,如图 2-24 所示,为了便于读取和比较数据,用户可以重新安排数据透视表的字段。

	A	B	C
1			
2			
3	产品码	值	
4	背包	本月数量	5,424.00
5		制造费用合计	26,395.51
6		国产料	146,995.55
7		进口料	15,123.34
8		直接工资合计	14,610.61
9	宠物垫	本月数量	4,460.00
10		制造费用合计	15,800.35
11		国产料	37,437.06
12		进口料	35,181.58
13		直接工资合计	8,745.91
14	服装	本月数量	4,016.00
15		制造费用合计	28,572.98
16		国产料	121,478.29
17		进口料	3,200.94
18		直接工资合计	15,815.90
19	警告标	本月数量	3,360.00
20		制造费用合计	0.00

图 2-24　值区域垂直显示的字段

示例 2.5 水平展开数据透视表的复合字段

在数据透视表"值"字段标题单元格（如 B3）上单击鼠标右键，在弹出的快捷菜单中选择【将值移动到】→【移动值列】命令，如图 2-25 所示。

此时，多个值字段成水平位置排列，如图 2-26 所示。

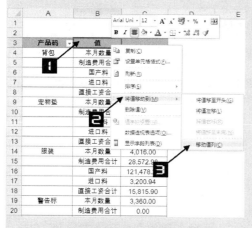

图 2-25　移动值字段

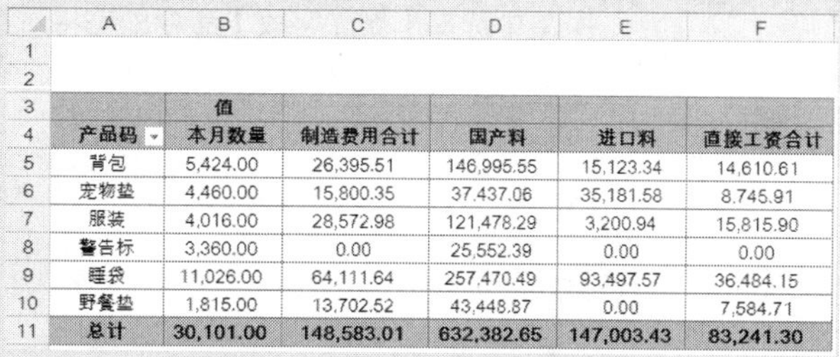

产品码	本月数量	制造费用合计	国产料	进口料	直接工资合计
背包	5,424.00	26,395.51	146,995.55	15,123.34	14,610.61
宠物垫	4,460.00	15,800.35	37,437.06	35,181.58	8,745.91
服装	4,016.00	28,572.98	121,478.29	3,200.94	15,815.90
警告标	3,360.00	0.00	25,552.39	0.00	0.00
睡袋	11,026.00	64,111.64	257,470.49	93,497.57	36,484.15
野餐垫	1,815.00	13,702.52	43,448.87	0.00	7,584.71
总计	30,101.00	148,583.01	632,382.65	147,003.43	83,241.30

图 2-26　多个值字段水平排列

此外，在【数据透视表字段列表】对话框中的【行标签】区域内单击【∑ 数值】字段，在弹出的快捷菜单中选择【移动到列标签】命令，也可水平展开数据透视表的复合字段，如图 2-27 所示。

图 2-27　利用【数据透视表字段列表】将多个值字段水平排列

2.4.3　删除字段

用户在进行数据分析时，对于数据透视表中不再需要显示的字段可以通过【数据透视表字段列表】对话框来删除。

示例 2.6 删除数据透视表字段

以图 2-28 所示的数据透视表为例，如果要将行字段"货位"删除，请参照以下步骤。

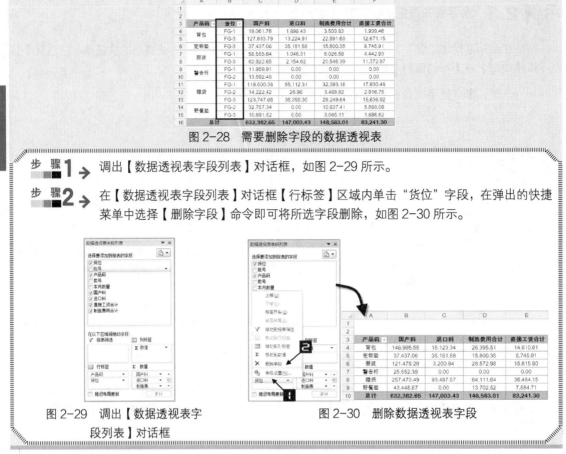

图 2-28 需要删除字段的数据透视表

步骤 1 → 调出【数据透视表字段列表】对话框，如图 2-29 所示。

步骤 2 → 在【数据透视表字段列表】对话框【行标签】区域内单击"货位"字段，在弹出的快捷菜单中选择【删除字段】命令即可将所选字段删除，如图 2-30 所示。

图 2-29 调出【数据透视表字   图 2-30 删除数据透视表字段
段列表】对话框

2.4.4 隐藏字段标题

如果用户不希望在数据透视表中显示行或列字段的标题，可以通过以下步骤实现对字段标题隐藏。

以图 2-31 所示的数据透视表为例，单击数据透视表中的任意单元格（如 A9），调出【数据透视表工具】，在【数据透视表工具】的【选项】选项卡中单击【字段标题】按钮，数据透视表中原有的行字段标题"产品码"和列字段标题"货位"将被隐藏。

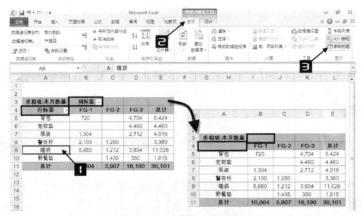

图 2-31 隐藏字段标题

如果再次单击【字段标题】按钮，可以显示被隐藏的"产品码"和"货位"行列字段标题。

2.4.5 活动字段的折叠与展开

数据透视表工具栏中的字段折叠与展开按钮可以使用户在不同的场合显示和隐藏一些较为敏感的数据信息。

示例 2.7 显示和隐藏敏感的数据信息

如果用户希望在图 2-32 所示的数据透视表中将"客户代码"字段折叠起来，在需要显示的时候再分别展开，可以参照以下步骤。

图 2-32 字段折叠前的数据透视表

步骤 1 → 单击数据透视表中的"客户代码"或"销售部门"字段，也可以单击字段下的各项单元格（如 C6），在【数据透视表工具】的【选项】选项卡中单击【活动字段】中的【折叠整个字段】按钮，将"客户代码"字段折叠隐藏，如图 2-33 所示。

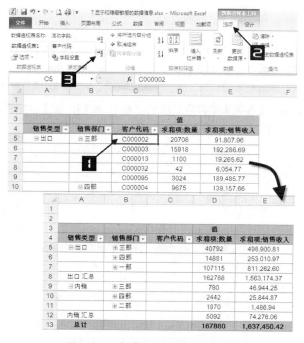

图 2-33 折叠"客户代码"字段

步骤2 → 分别单击数据透视表"销售部门"字段中的"三部"、"四部"和"一部"项的"+"
按钮可以将"销售部门"字段中的各"项"分别展开用以显示指定项的明细数据，如
图2-34所示。

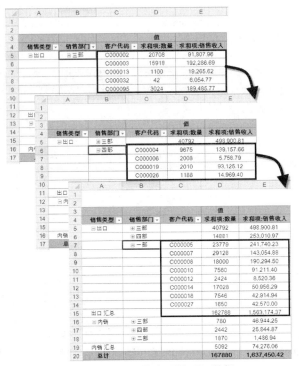

图2-34 显示指定项的明细数据

提 示 ▶

在数据透视表中各项所在的单元格上双击鼠标也可以显示或隐藏该项的明细
数据。

数据透视表中的字段被折叠后，在【数据透视表工具】的【选项】选项卡中单击【活动字段】
中的【展开整个字段】按钮即可展开所有字段。

如果用户希望去掉数据透视表中各字段项的"+/-"按钮，在【数据透视表工具】的【选项】
选项卡中单击【显示】中的【+/-按钮】按钮即可，如图2-35所示。

图2-35 显示或隐藏【+/-】按钮

2.5 改变数据透视表的报告格式

数据透视表创建完成后，用户可以通过【数据透视表工具】的【设计】选项卡【布局】中的按钮来改变数据透视表的报告格式。

2.5.1 改变数据透视表的报表布局

数据透视表为用户提供了“以压缩形式显示”、“以大纲形式显示”和“以表格形式显示”3 种报表布局的显示形式，特别值得一提的是 Excel 2010 数据透视表增加了“重复所有项目标签”功能，弥补了以前版本数据透视表的不足。

新创建的数据透视表显示形式都是系统默认的“以压缩形式显示”，如图 2-36 所示。

“以压缩形式显示”的数据透视表所有的行字段都堆积在一列中，虽然此种显示形式很适合【展开整个字段】和【折叠整个字段】按钮的使用，但数值化后的数据透视表无法显示行字段标题，没有分析价值，如图 2-37 所示。

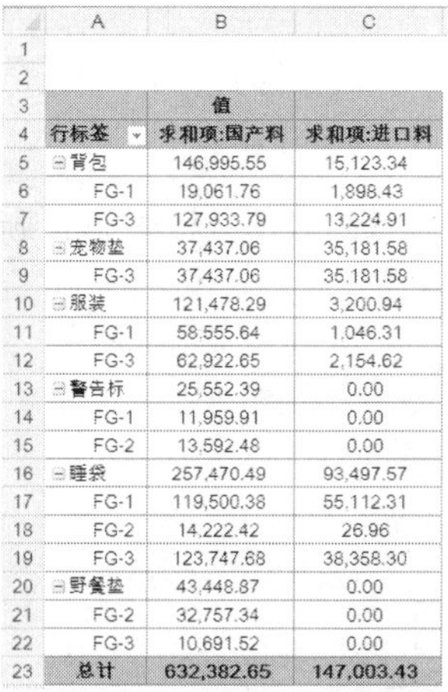

	A	B	C
1			
2			
3		值	
4	行标签	求和项:国产料	求和项:进口料
5	⊟背包	146,995.55	15,123.34
6	FG-1	19,061.76	1,898.43
7	FG-3	127,933.79	13,224.91
8	⊟宠物垫	37,437.06	35,181.58
9	FG-3	37,437.06	35,181.58
10	⊟服装	121,478.29	3,200.94
11	FG-1	58,555.64	1,046.31
12	FG-3	62,922.65	2,154.62
13	⊟警告标	25,552.39	0.00
14	FG-1	11,959.91	0.00
15	FG-2	13,592.48	0.00
16	⊟睡袋	257,470.49	93,497.57
17	FG-1	119,500.38	55,112.31
18	FG-2	14,222.42	26.96
19	FG-3	123,747.68	38,358.30
20	⊟野餐垫	43,448.87	0.00
21	FG-2	32,757.34	0.00
22	FG-3	10,691.52	0.00
23	总计	632,382.65	147,003.43

图 2-36 数据透视表以压缩形式显示

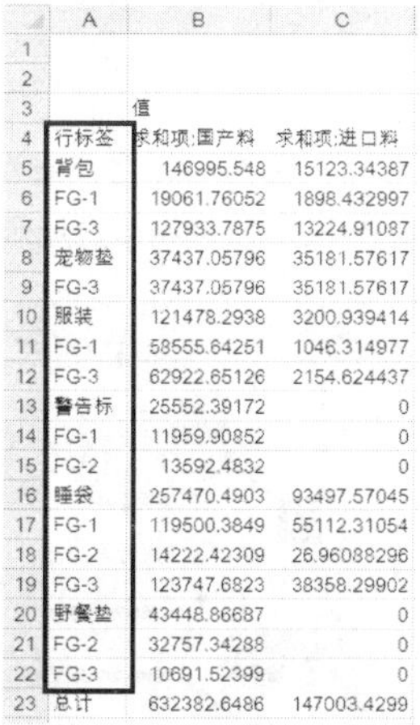

	A	B	C
1			
2			
3		值	
4	行标签	求和项:国产料	求和项:进口料
5	背包	146995.548	15123.34387
6	FG-1	19061.76052	1898.432997
7	FG-3	127933.7875	13224.91087
8	宠物垫	37437.05796	35181.57617
9	FG-3	37437.05796	35181.57617
10	服装	121478.2938	3200.939414
11	FG-1	58555.64251	1046.314977
12	FG-3	62922.65126	2154.624437
13	警告标	25552.39172	0
14	FG-1	11959.90852	0
15	FG-2	13592.4832	0
16	睡袋	257470.4903	93497.57045
17	FG-1	119500.3849	55112.31054
18	FG-2	14222.42309	26.96088296
19	FG-3	123747.6823	38358.29902
20	野餐垫	43448.86687	0
21	FG-2	32757.34288	0
22	FG-3	10691.52399	0
23	总计	632382.6486	147003.4299

图 2-37 以压缩形式显示的数据透视表复制结果

用户可以将系统默认的“以压缩形式显示”报表布局改变为“以大纲形式显示”，来满足不同的数据分析需求，请参照以下步骤。

以图 2-32 所示的数据透视表为例，单击数据透视表中的任意单元格（如 A12），在【数据透视表工具】的【设计】选项卡中单击【报表布局】按钮，在弹出的下拉菜单中选择【以大纲形式显示】命令，如图 2-38 所示。

在以上步骤的操作过程中，如果在【报表布局】的下拉菜单中选择【以表格形式显示】命令，将使数据透视表以表格的形式显示，如图 2-39 所示。

以表格形式显示的数据透视表数据显示直观、便于阅读，是用户首选的数据透视表布局方式。

如果希望将数据透视表中空白字段填充相应的数据，使复制后的数据透视表数据完整或满足特定的报表显示要求，可以使用【重复所有项目标签】命令。

以图 2-32 所示的数据透视表为例，单击数据透视表中的任意单元格（如 A12），在【数据透视表工具】的【设计】选项卡中单击【报表布局】按钮，在弹出的快捷菜单中选择【重复所有项目标签】命令，如图 2-40 所示。

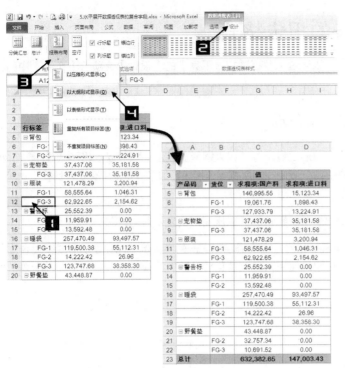

图 2-38 以大纲形式显示的数据透视表　　　　　图 2-39 以表格形式显示的数据透视表

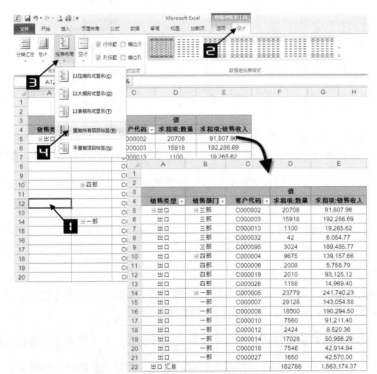

图 2-40 重复所有项目标签的数据透视表

提示

Excel 2007 版本之前的数据透视表要想达到重复显示所有项目标签的效果，需要在原始数据源添加比较复杂的辅助公式才能做到。

如果用户在【数据透视表选项】的【布局和格式】中勾选了【合并且居中排列带标签的单元格】复选框，则无法使用【重复所有项目标签】功能。

选择【不重复项目标签】命令可以撤销数据透视表所有重复项目的标签。

2.5.2　分类汇总的显示方式

在图 2-41 所示的数据透视表中，"产品码"字段应用了分类汇总，用户可以通过多种方法将分类汇总删除。

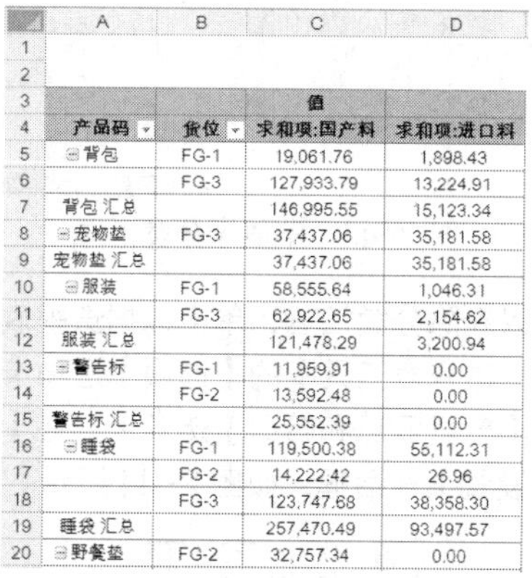

图 2-41　显示分类汇总的数据透视表

首先，可以利用工具栏按钮删除，单击数据透视表中的任意单元格（如 A7），在【数据透视表工具】的【设计】选项卡中单击【分类汇总】按钮，在弹出的下拉菜单中选择【不显示分类汇总】命令，如图 2-42 所示。

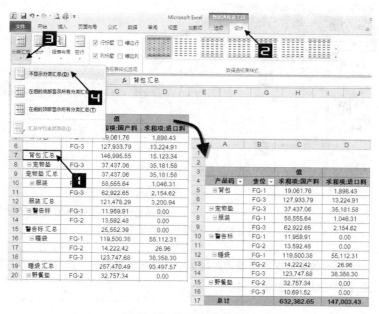

图 2-42　不显示分类汇总

再有，利用右键的快捷菜单也可以删除，在数据透视表中"产品码"字段标题或其项下的任意单元格（如 A5）中单击鼠标右键，在弹出的快捷菜单中选择【分类汇总"产品码"】命令，如图 2-43 所示。

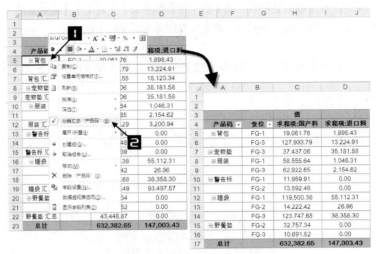

图 2-43　不显示分类汇总

此外，通过字段设置也可以删除分类汇总，单击数据透视表中"产品码"字段标题或其项下的任意单元格（如 A7），在【数据透视表工具】的【选项】选项卡中单击【字段设置】按钮，在弹出的【字段设置】对话框中单击【分类汇总和筛选】选项卡，在【分类汇总】中选择【无】单选钮，单击【确定】按钮关闭【字段设置】对话框，如图 2-44 所示。

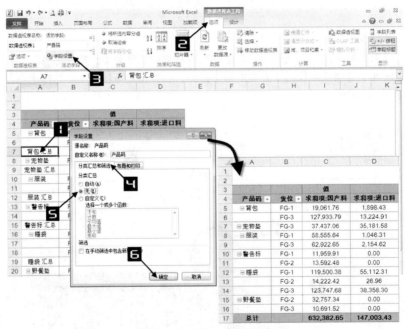

图 2-44　不显示分类汇总

提示　启用了经典数据透视表布局的数据透视表可以直接双击"产品码"字段调出【字段设置】对话框删除分类汇总。

对于以"以大纲形式显示"和"以压缩形式显示"的数据透视表，用户还可以将分类汇总显示在每组数据的顶部。单击数据透视表中的任意单元格，调出【数据透视表工具】，在【设计】选项卡中单击【分类汇总】按钮，在弹出的快捷菜单中选择【在组的顶部显示所有分类汇总】，如图 2-45 所示。

产品码	货位	值	
		求和项:国产料	求和项:进口料
□背包			
	FG-1	19,061.76	1,898.43
	FG-3	127,933.79	13,224.91
背包 汇总		146,995.55	15,123.34
□宠物垫			
	FG-3	37,437.06	35,181.58
宠物垫 汇总		37,437.06	35,181.58
□服装			
	FG-1	58,555.64	1,046.31
	FG-3	62,922.65	2,154.62
服装 汇总		121,478.29	3,200.94
□警告标			
	FG-1	11,959.91	0.00
	FG-2	13,592.48	0.00
警告标 汇总		25,552.39	0.00
□睡袋			

以大纲形式显示的数据透视表

产品码	货位	值	
		求和项:国产料	求和项:进口料
□背包		146,995.55	15,123.34
	FG-1	19,061.76	1,898.43
	FG-3	127,933.79	13,224.91
□宠物垫		37,437.06	35,181.58
	FG-3	37,437.06	35,181.58
□服装		121,478.29	3,200.94
	FG-1	58,555.64	1,046.31
	FG-3	62,922.65	2,154.62
□警告标		25,552.39	0.00
	FG-1	11,959.91	0.00
	FG-2	13,592.48	0.00
□睡袋		257,470.49	93,497.57
	FG-1	119,500.38	55,112.31
	FG-2	14,222.42	26.96
	FG-3	123,747.68	38,358.30
□野餐垫		43,448.87	0.00
	FG-2	32,757.34	0.00
	FG-3	10,691.52	0.00
总计		632,382.65	147,003.43

行标签	值	
	求和项:国产料	求和项:进口料
□背包		
FG-1	19,061.76	1,898.43
FG-3	127,933.79	13,224.91
背包 汇总	146,995.55	15,123.34
□宠物垫		
FG-3	37,437.06	35,181.58
宠物垫 汇总	37,437.06	35,181.58
□服装		
FG-1	58,555.64	1,046.31
FG-3	62,922.65	2,154.62
服装 汇总	121,478.29	3,200.94
□警告标		
FG-1	11,959.91	0.00
FG-2	13,592.48	0.00
警告标 汇总	25,552.39	0.00
□睡袋		

以压缩形式显示的数据透视表

行标签	值	
	求和项:国产料	求和项:进口料
□背包	146,995.55	15,123.34
FG-1	19,061.76	1,898.43
FG-3	127,933.79	13,224.91
□宠物垫	37,437.06	35,181.58
FG-3	37,437.06	35,181.58
□服装	121,478.29	3,200.94
FG-1	58,555.64	1,046.31
FG-3	62,922.65	2,154.62
□警告标	25,552.39	0.00
FG-1	11,959.91	0.00
FG-2	13,592.48	0.00
□睡袋	257,470.49	93,497.57
FG-1	119,500.38	55,112.31
FG-2	14,222.42	26.96
FG-3	123,747.68	38,358.30
□野餐垫	43,448.87	

图 2-45　在组的顶部显示所有分类汇总

2.5.3　在每项后插入空行

在以任何形式显示的数据透视表中，用户都可以在各项之间插入一行空白行来更明显地区分不同的数据行。

单击数据透视表中的任意单元格（如 A7），在【数据透视表工具】的【设计】选项卡中单击【空行】按钮，在弹出的下拉菜单中选择【在每个项目后插入空行】命令，如图 2-46 所示。

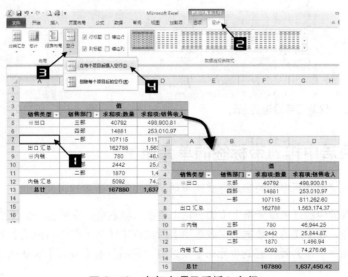

图 2-46　在每个项目后插入空行

选择【删除每个项目后的空行】命令可以将插入的空行删除。

2.5.4　总计的禁用与启用

单击数据透视表中的任意单元格，调出【数据透视表工具】，在【设计】选项卡中单击【总计】按钮，在弹出的下拉菜单中选择【对行和列启用】命令可以使数据透视表的行和列都被加上总计行，如图 2-47 所示。

选择【对行和列禁用】命令可以同时删除数据透视表的行和列上的总计行，如图 2-48 所示。

图 2-47　对行和列启用总计　　　　　　　　图 2-48　同时删除行和列总计

选择【仅对行启用】命令可以只对数据透视表中的行字段进行总计，如图 2-49 所示。

选择【仅对列启用】命令可以只对数据透视表中的列字段进行总计，如图 2-50 所示。

图 2-49　仅对行字段进行总计　　　　　　　　图 2-50　仅对列字段进行总计

2.5.5　合并且居中排列带标签的单元格

数据透视表"合并居中"的布局方式简单明了，也符合读者的阅读方式。

在数据透视表中的任意单元格上（如 B18）单击鼠标右键，在弹出的快捷菜单中选择【数据透视表选项】命令，在出现的【数据透视表选项】对话框中单击【布局和格式】选项卡，在【布局】中勾选【合并且居中排列带标签的单元格】复选框，最后单击【确定】按钮完成设置，如图 2-51 所示。

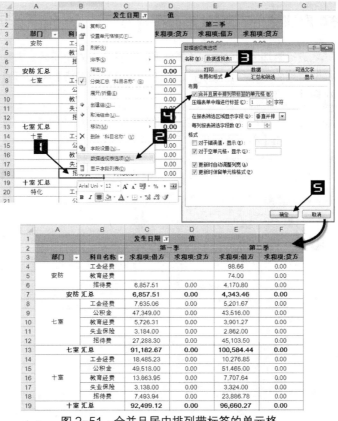

图 2-51　合并且居中排列带标签的单元格

> **提示**
>
> 本技巧仅适用于报表布局为“以表格形式显示”的数据透视表，而对于“以压缩形式显示”和“以大纲形式显示”的数据透视表设置效果不明显。

2.6　清除已删除数据的标题项

当数据透视表创建完成后，如果删除了数据源中一些不再需要的数据，数据透视表被刷新后，删除的数据从数据透视表中清除了，但是数据透视表字段的下拉列表中仍然存在着被删除了的标题项，如图 2-52 所示。

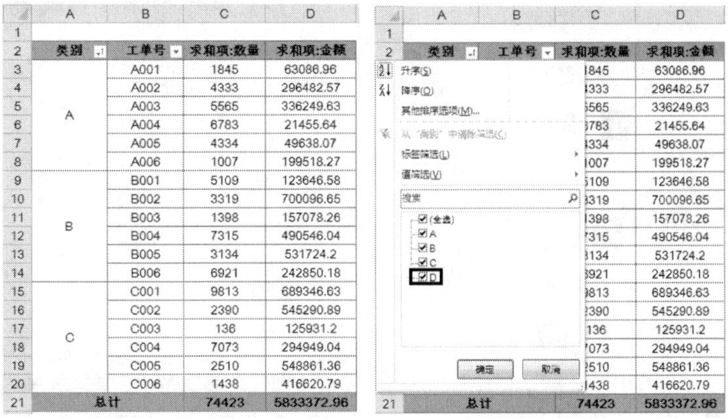

图 2-52　数据透视表字段下拉列表中的标题项

示例 **2.8** 清除数据透视表中已删除数据的标题项

当数据源频繁地进行添加和删除数据的操作时，数据透视表刷新后，字段的下拉列表项会越来越多，其中已删除数据的标题项造成了资源的浪费也会影响表格数据的可读性。清除数据源中已经删除数据的标题项的方法如下。

步骤 1 → 单击数据透视表中的任意单元格（如 B4），在弹出的快捷菜单中选择【数据透视表选项】命令，调出【数据透视表选项】对话框，如图 2-53 所示。

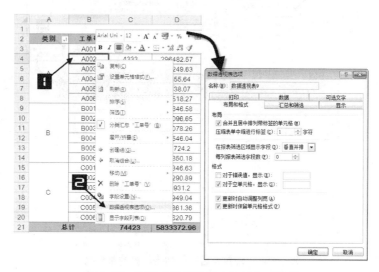

图 2-53 调出【数据透视表选项】对话框

步骤 2 → 在【数据透视表选项】对话框中单击【数据】选项卡，单击【每个字段保留的项数】的下拉按钮，在下拉列表中选择【无】选项，最后单击【确定】按钮关闭【数据透视表选项】对话框，如图 2-54 所示。

步骤 3 → 刷新数据透视表后，数据透视表字段的下拉列表中已经清除了不存在的数据的标题项，结果如图 2-55 所示。

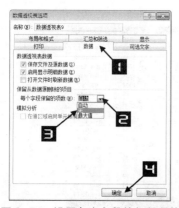

图 2-54 设置每个字段的保留项数

图 2-55 数据源中已经删除数据的标题项"D"被清除

2.7 数据透视表的复制和移动

2.7.1 复制数据透视表

数据透视表创建完成后，如果需要对同一个数据源再创建另外一个数据透视表用于特定的数据分析，那么只需对原有的数据透视表进行复制即可，免去了重新创建数据透视表的一系列操作，提高工作效率。

示例 2.9 复制数据透视表

如果要将图 2-56 所示的数据透视表进行复制，请参照以下步骤。

	A	B	C
1	批号	(全部)	
2			
3	货位	产品码	求和项:国产料
4		背包	19,061.76
5	FG-1	服装	58,555.64
6		警告标	11,959.91
7		睡袋	119,500.38
8	FG-1 汇总		209,077.70
9		警告标	13,592.48
10	FG-2	睡袋	14,222.42
11		野餐垫	32,757.34
12	FG-2 汇总		60,572.25
13		背包	127,933.79
14		宠物垫	37,437.06
15	FG-3	服装	62,922.65
16		睡袋	123,747.68
17		野餐垫	10,691.52
18	FG-3 汇总		362,732.70
19	总计		632,382.65

图 2-56 复制前的数据透视表

步骤 1 → 选中数据透视表所在的 A1:C19 单元格区域，单击鼠标右键，在弹出的快捷菜单中选择【复制】命令，如图 2-57 所示。

图 2-57 复制数据透视表

步骤 2 → 在数据透视表区域以外的任意单元格上（如 E1）单击鼠标右键，在弹出的快捷菜单中选择【粘贴】命令即可快速复制一张数据透视表，如图 2-58 所示。

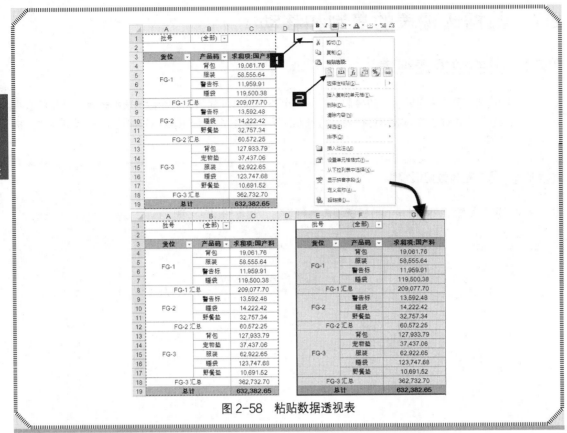

图 2-58　粘贴数据透视表

2.7.2　移动数据透视表

　　用户可以将已经创建好的数据透视表在同一个工作簿内的不同工作表中任意移动，还可以在打开的不同工作簿内的工作表中任意移动，以满足数据分析的需要。

示例 2.10　移动数据透视表

　　如果要将图 2-56 所示的数据透视表进行移动，请参照以下步骤。

步骤 1 ➜ 单击数据透视表中的任意单元格（如 B7）调出【数据透视表工具】，在【选项】选项卡中单击【移动数据透视表】按钮，调出【移动数据透视表】对话框，如图 2-59 所示。

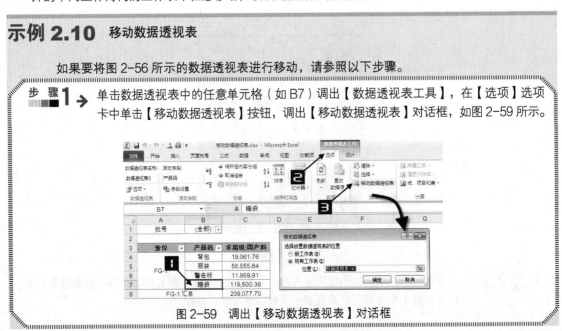

图 2-59　调出【移动数据透视表】对话框

步骤2 → 单击【移动数据透视表】对话框中【现有工作表】选项下【位置】的折叠按钮，单击"移动后的数据透视表"工作表的标签，单击"移动后的数据透视表"工作表中的 A3 单元格，如图 2-60 所示。

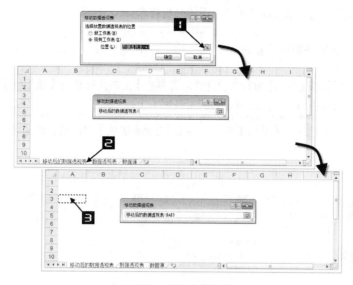

图 2-60　移动数据透视表

步骤3 → 再次单击【移动数据透视表】对话框中的折叠按钮，单击【确定】按钮，数据透视表被移动到"移动后的数据透视表"工作表中，如图 2-61 所示。

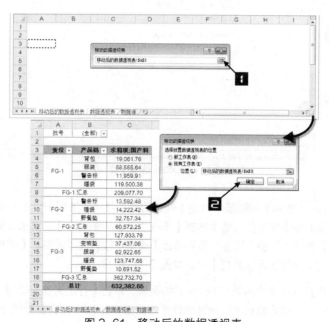

图 2-61　移动后的数据透视表

提示

如果要将数据透视表移动到新的工作表上，可以在【移动数据透视表】对话框中选择【新工作表】单选钮，单击【确定】按钮后，Excel 将把数据透视表移动到一个新的工作表中。

2.8 影子数据透视表

数据透视表创建完成后，用户可以利用 Excel 内置的"照相机"功能对数据透视表进行拍照，生成一张数据透视表图片，该图片可以浮动于工作表中的任意位置并与数据透视表保持实时更新，甚至还可以更改图片的大小来满足用户不同的分析需求。

示例 2.11 创建影子数据透视表

在 Excel 的默认设置中，【自定义快速访问工具栏】上并没有显示【照相机】按钮，用户可以将【照相机】按钮添加到【自定义快速访问工具栏】上。

步骤 1 → 单击【文件】→【选项】命令，调出【Excel 选项】对话框，如图 2-62 所示。

图 2-62 【Excel 选项】对话框

步骤 2 → 在【Excel 选项】对话框中单击【快速访问工具栏】选项卡，在右侧区域的【从下列位置选择命令】的下拉列表中选择【不在功能区中的命令】，然后找到【照相机】图标并选中，单击【添加】按钮，最后单击【确定】按钮完成设置，【照相机】按钮被添加到【自定义快速访问工具栏】上，如图 2-63 所示。

步骤 3 → 选中数据透视表中的 A1:D19 单元格区域，单击【自定义快速访问工具栏】中的【照相机】按钮，单击数据透视表外的任意单元格（如 F1），得到如图 2-64 所示的 A1:D19 单元格区域的图片。

当数据透视表中的数据发生变动后，图片也相应地发生变化，保持与数据透视表的实时更新，如图 2-65 所示。

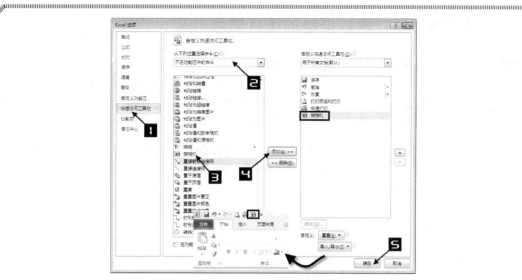

图 2-63　在【自定义快速访问工具栏】中添加【照相机】按钮

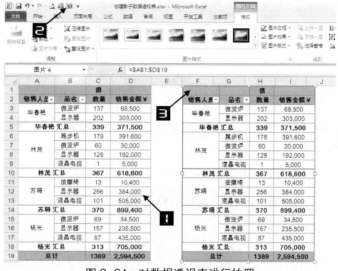

图 2-64　对数据透视表进行拍照

图 2-65　图片与数据透视表保持实时更新

2.9　获取数据透视表的数据源信息

数据透视表创建完成后，如果用户不慎将数据源删除了，还可以通过以下方法将数据源找回。

2.9.1　显示数据透视表数据源的所有信息

示例 2.12　显示数据透视表数据源的所有信息

步骤1 → 在数据透视表中的任意单元格上（如B5）单击鼠标右键，在弹出的快捷菜单中选择【数据透视表选项】命令，调出【数据透视表选项】对话框，如图2-66所示。

步骤2 → 单击【数据透视表选项】对话框中的【数据】选项卡，勾选【启用显示明细数据】复选框，如图2-67所示，单击【确定】按钮关闭对话框。

图 2-66　调出【数据透视表选项】对话框

图 2-67　启用显示明细数据

步骤3 → 双击数据透视表的最后一个单元格（如D21），即可在新的工作表中重新生成原始的数据源，如图2-68所示。

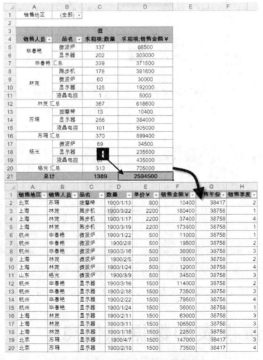

图 2-68　重新生成的数据源

2.9.2 显示数据透视表某个项目的明细数据

用户还可以只显示数据透视表某个项目的明细数据，用于特定数据的查询。

仍以图 2-68 所示的数据透视表为例，如果希望查询有关销售人员“林茂”的所有销售数据，只需双击数据透视表中“林茂汇总”行的最后一个单元格 D12 即可，如图 2-69 所示。

	A	B	C	D
1	销售地区	(全部)		
2				
3			值	
4	销售人员	品名	求和项:数量	求和项:销售金额￥
5	毕春艳	微波炉	137	68500
6		显示器	202	303000
7	毕春艳 汇总		339	371500
8	林茂	跑步机	178	391600
9		微波炉	60	30000
10		显示器	128	192000
11		液晶电视	1	5000
12	林茂 汇总		367	618600
13	苏珊	按摩椅	13	10400
14		显示器	256	384000
15		液晶电视	101	505000
16	苏珊 汇总		370	899400
17	杨光	微波炉	69	34500
18		显示器	157	235500
19		液晶电视	87	435000
20	杨光 汇总		313	705000
21	总计		1389	2594500

1

	A	B	C	D	E	F	G	H
1	销售地区	销售人员	品名	数量	单价￥	销售金额￥	销售年份	销售季度
2	上海	林茂	跑步机	1900/3/22	2200	180400	38758	1
3	上海	林茂	跑步机	1900/1/17	2200	37400	38758	4
4	上海	林茂	跑步机	1900/3/19	2200	173800	38758	1
5	上海	林茂	微波炉	1900/2/5	500	18000	38758	2
6	上海	林茂	微波炉	1900/1/24	500	12000	38758	4
7	上海	林茂	显示器	1900/1/15	1500	22500	38758	4
8	上海	林茂	显示器	1900/3/11	1500	106500	38758	3
9	上海	林茂	显示器	1900/2/11	1500	63000	38758	3
10	上海	林茂	液晶电视	1900/1/1	5000	5000	38758	2

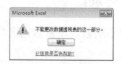

图 2-69　显示数据透视表某个项目的明细数据

2.9.3 禁止显示数据源的明细数据

用户如果不希望显示数据源的任何明细数据，可以在【数据透视表选项】对话框的【数据】选项卡中取消对【启用显示明细数据】复选框的勾选。

【启用显示明细数据】命令被关闭后，如果双击数据透视表以期获得任何明细数据时则会出现错误提示，如图 2-70 所示。

图 2-70　数据透视表错误提示

第3章　刷新数据透视表

用户在创建数据透视表后，经常会遇到数据源发生变化，数据透视表信息没有同步更新的问题。本章主要介绍在数据源发生改变时，如何对数据透视表进行数据刷新，从而获得最新的数据信息。

3.1　手动刷新数据透视表

当数据透视表的数据源发生变化时，用户可以选择手动刷新数据透视表，使数据透视表中的数据同步更新。手动刷新数据透视表有两种方法。

方法1　在数据透视表中的任意单元格上（如B3）单击鼠标右键，在弹出的快捷菜单中选择【刷新】命令，如图3-1所示。

方法2　单击数据透视表中的任意单元格（如B2），在【数据透视表工具】的【选项】选项卡中单击【刷新】按钮 ⌁ ，如图3-2所示。

图3-1　刷新数据透视表

图3-2　利用【刷新】按钮刷新数据透视表

3.2　打开文件时自动刷新

用户还可以设置数据透视表的自动刷新，设置数据透视表在打开时自动刷新的方法如下。

示例 3.1　打开工作薄时自动刷新数据透视表

步骤1→ 在数据透视表的任意单元格上（如B3）单击鼠标右键，在弹出的快捷菜单中选择【数据透视表选项】命令。

步骤2→ 在【数据透视表选项】对话框中单击【数据】选项卡，勾选【打开文件时刷新数据】复选框，单击【确定】按钮完成设置，如图3-3所示。

如此设置以后，每当用户打开数据透视表所在的工作簿时，数据透视表都会自动刷新数据。

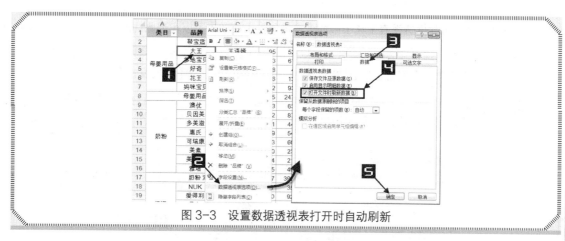

图 3-3　设置数据透视表打开时自动刷新

3.3　刷新链接在一起的数据透视表

当数据透视表用做其他数据透视表的数据源时，对其中任何一张数据透视表进行刷新，都会对链接在一起的数据透视表进行刷新。

3.4　刷新引用外部数据的数据透视表

如果数据透视表的数据源是基于对外部数据的查询，Excel 会在用户工作时在后台执行数据刷新。

示例 3.2　刷新引用外部数据的数据透视表

步骤1→ 单击数据透视表中的任意单元格（如 B3），在【数据】选项卡中单击【属性】按钮，弹出【连接属性】对话框。

步骤2→ 在【连接属性】对话框的【使用状况】选项卡的【刷新控件】选项区中勾选【允许后台刷新】复选框，单击【确定】按钮关闭【连接属性】对话框完成设置，如图 3-4 所示。

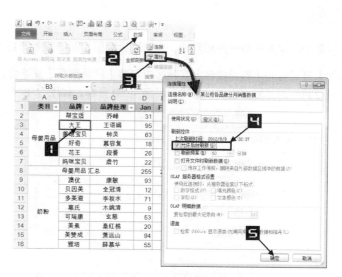

图 3-4　设置允许后台刷新（方法一）

此外，利用【数据透视表工具】中的【连接属性】按钮也可以实现此功能。

步骤1→ 单击数据透视表中的任意单元格（如A1），在【数据透视表工具】的【选项】选项卡中单击【刷新】下拉按钮，在弹出的下拉菜单中选择【连接属性】按钮。

步骤2→ 在【连接属性】对话框的【刷新控件】选项区中勾选【允许后台刷新】复选框，单击【确定】按钮关闭【连接属性】对话框完成设置，如图3-5所示。

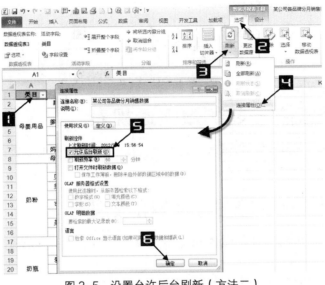

图 3-5　设置允许后台刷新（方法二）

注意→ 【连接属性】对话框只对由外部数据源创建的数据透视表可用，否则【数据】选项卡中的【属性】按钮为灰色不可用。

关于引用外部数据的数据透视表相关知识，请参阅第12章。

3.5　定时刷新

如果数据透视表的数据源来自于外部数据，还可以设置固定时间间隔的自动刷新频率。

在【连接属性】对话框的【刷新控件】选项区中勾选【刷新频率】复选框，并在右侧的微调框内选择以分钟为单位的刷新时间，本例设置时间间隔为10分钟，如图3-6所示。

图 3-6　设置定时刷新数据透视表

设置好刷新频率后，数据透视表会自动计时，每隔 10 分钟就会对数据透视表进行一次刷新。

3.6 使用 VBA 代码设置自动刷新

示例 3.3 使用 VBA 代码设置自动刷新

步骤 1 → 在数据透视表所在工作表的"数据透视表"标签上单击鼠标右键，在弹出的快捷菜单中选择【查看代码】命令进入 VBA 代码窗口，如图 3-7 所示。

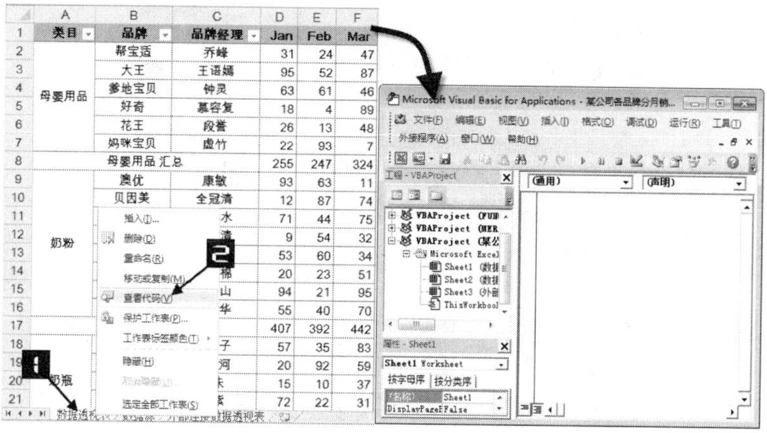

图 3-7 进入 VBA 代码窗口

步骤 2 → 在 VBA 编辑窗口中的代码区域输入以下代码。

```
Private Sub Worksheet_Activate()
        ActiveSheet.PivotTables("数据透视表 2").PivotCache.Refresh
End Sub
```

提示

括号中的数据透视表名称必须根据实际情况修改，如果用户不知道目标数据透视表的名称，可以在数据透视表中的任意单元格上单击鼠标右键，在弹出的快捷菜单中选择【数据透视表选项】命令，查看【数据透视表选项】对话框中的【名称】文本框内数据透视表的名称，如图 3-8 所示。

图 3-8 查看目标数据透视表名称

步骤3 → 按<Alt+F11>组合键切换到工作簿窗口，将当前工作表另存为"Excel 启用宏的工作簿"。

从现在开始，只要激活"数据透视表2"所在的工作表，数据透视表就会自动刷新数据。

3.7 全部刷新数据透视表

如果要刷新工作簿中包含的多张数据透视表，可以单击其中任意一张数据透视表中的任意单元格，在【数据透视表工具】的【选项】选项卡中单击【刷新】下拉按钮，在弹出的下拉列表中选择【全部刷新】命令，如图 3-9 所示。

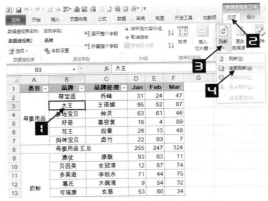

图 3-9 全部刷新数据透视表

此外，也可以直接在【数据】选项卡中单击【全部刷新】按钮 ，如图 3-10 所示。

图 3-10 全部刷新数据透视表

提示

这个按钮可以实现对工作簿中所有数据透视表的刷新，当工作簿中只有一个数据透视表时，手动刷新数据透视表也可以使用此方法。

3.8 共享数据透视表缓存

数据透视表缓存是数据透视表的内存缓冲区，每个数据透视表在后台都有一个唯一的内存缓冲区，多个数据透视表可以共用同一个内存缓冲区，这样可以大大提高性能，减小工作簿文件大小；同时，也会影响共享缓存的数据透视表相关操作。

(1) 刷新数据：刷新某一个数据透视表后，其他的数据透视表都将被刷新。

(2) 增加计算字段（或计算项）：在某一个数据透视表中创建计算字段（或计算项），新创建的计算字段（或计算项）也会出现在其他的数据透视表中。

(3) 字段组合或取消组合：在某一个数据透视表中进行字段组合或取消组合后，其他数据透视表中的字段也将被组合或取消组合。

在 Excel 2010 版本中，当用户依次按下<Alt>、<D>、<P>键调用【数据透视表和数据透视图向导-步骤1（共3步）】对话框创建数据透视表的时候，如果工作簿中已经创建了一个数据透视表，就会弹出【Microsoft Excel】提示框，单击【是】按钮可以节省内存并使工作表较小，即共享了数据透视表缓存；单击【否】按钮将使两个数据透视表各自独立，即非共享数据透视表缓存，如图 3-11 所示。

图 3-11　设置数据透视表缓存

示例 **3.4**　取消共享数据透视表缓存

如果用户希望取消多个数据透视表中已经共享的缓存，请参照以下步骤。

步骤 1 → 单击任意一个数据透视表中的任意单元格（如 B3），依次按下<Alt>、<D>、<P>键，调出【数据透视表和数据透视图向导—步骤 3（共 3 步）】对话框，单击【上一步】按钮，如图 3-12 所示。

步骤 2 → 在【数据透视表和数据透视图向导-步骤 2（共 3 步）】对话框中的【选定区域】文本框中重新选择数据源（\$A\$1:\$O\$20 单元格区域），单击【下一步】按钮，最后单击【完成】按钮，即可完成非共享数据透视表缓存的设置，如图 3-13 所示。

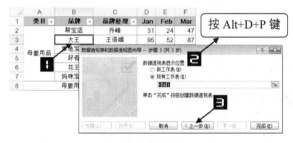

图 3-12　调出数据透视表和数据透视图向导

图 3-13　设置非共享数据透视表缓存

3.9　推迟布局更新

当用户进行数据分析时，每一次添加、删除和移动字段，都会使数据透视表刷新一次，如果数据量较大，每次进行数据刷新的时候用户都需要等候很长的时间，影响了进一步操作，此时用户可以使用"推迟布局更新"功能，来延迟数据透视表的更新，待所有字段布局完毕后再一并更新数据透视表的数据。

打开【数据透视表字段列表】，勾选【推迟布局更新】复选框，即可启用"推迟布局更新"功能，如图 3-14 所示。

图 3-14　推迟布局更新

注意 → 调整数据透视表结束时，一定要取消对【推迟布局更新】复选框的勾选，否则将无法使用数据透视表的排序、筛选和分组等其他功能。

3.10　数据透视表的刷新注意事项

● 海量数据源限制数据透视表的刷新速度

　　一般情况下对数据透视表的刷新可以在瞬间完成，但是基于海量数据源创建的数据透视表，受计算机性能及内存的限制刷新会非常慢，数据透视表被刷新时鼠标指针状态会变为"忙"，同时工作表的状态栏会出现数据透视表的刷新状态及完成进度："正在读取数据" → "更新字段" → "正在计算数据透视表"，如图 3-15 所示。

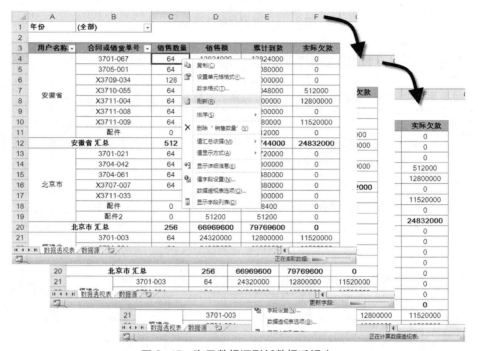

图 3-15　海量数据源刷新数据透视表

● 清除已删除数据的标题项

　　当数据透视表创建完成后，如果删除了数据源中的一些不需要的数据，数据透视表被刷新后，删除的数据也从数据透视表中清除了，但是数据透视表字段的下拉列表中仍然存在被删除的数据项，如图 3-16 所示。

图 3-16　数据透视表字段下拉列表中的标题项

　　本例中，某公司的组织结构发生了变化，取消了 4 个事业部的编制，并入了销售部。但是数据源发生改变之后，我们发现字段的下拉列表中仍然存在这些已经被删除了数据项。公司的人员也会不断变化，也会面临同样的问题。

　　当数据源频繁地进行添加和删除数据等变动时，数据透视表字段下拉列表项会越来越多，其中的无用的信息既造成资源的浪费，也影响表格数据的可读性，此时应该清除数据源中已经删除数据的标题项。详细操作请参阅示例 2.8。

第
3
章

第 4 章　数据透视表的格式设置

在前面的章节中，读者已经学习了如何创建数据透视表，并且掌握了一些基本的功能，可是，用户往往还是希望将自己的报表装扮得更加丰富多彩，得到更令人满意的效果。本章将介绍如何对数据透视表进行各种格式的设置和美化，帮助用户达到目标。

本章学习要点：

● 数据透视表的自动套用格式。

● 自定义数字格式。

● 数据透视表刷新后如何保持列宽。

● 修改数据透视表的数据格式。

● "数据条"与"图标集"。

● 突出显示数据透视表的特定数据。

4.1　设置数据透视表的格式

通常，用户在创建一张数据列表后，首先会对其进行各种各样的单元格格式设置，如字体、单元格背景颜色和边框等。而数据透视表除了可以运用这些常规设置之外，还提供了很多专用的格式控制选项供用户使用，下面逐一为读者介绍。

4.1.1　自动套用数据透视表样式

【数据透视表工具】的【设计】选项卡下的【数据透视表样式】样式库中提供了 85 种可供用户套用的表格样式，其中浅色 29 种、中等深浅 28 种和深色 28 种，用户可以根据需要快速调用。

1. 数据透视表样式

单击数据透视表中的任意单元格（如 A5），在【数据透视表工具】的【设计】选项卡中单击【数据透视表样式】的下拉按钮，在展开的【数据透视表样式】库中选择任意一款样式应用于数据透视表中，如图 4-1 所示。

【数据透视表样式】选项中还提供了【行标题】、【列标题】、【镶边行】和【镶边列】4 种复选方式。

(1)【行标题】为数据透视表的第一列应用特殊格式。

(2)【列标题】为数据透视表的第一行应用特殊格式。

(3)【镶边行】为数据透视表中的奇数行和偶数行分别设置不同的格式，这种方式使得数据透视表更具可读性。

(4)【镶边列】为数据透视表中的奇数列和偶数列分别设置不同的格式，这种方式使得数据透视表更具可读性。

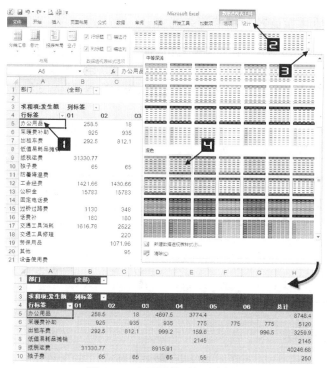

图 4-1　套用数据透视表样式

此外，单击数据透视表中的任意单元格(如 A5), 在【开始】选项卡中单击【套用表格格式】的下拉按钮，在展开的【表样式】库中也可以选择任意一款样式应用于数据透视表中，如图 4-3 所示，这些样式不仅适用于数据透视表，也适用于普通的数据列表。

图 4-2　镶边列和镶边行的样式变换

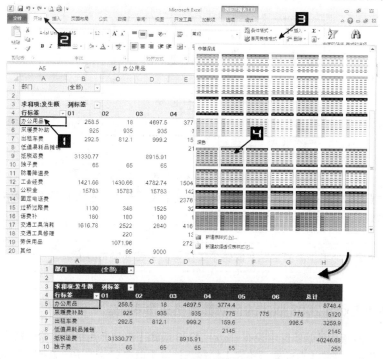

图 4-3　套用表格样式

2．利用文本主题修改数据透视表样式

Excel 2010 的文档主题中为用户提供了【内置】的 44 种主题样式，在【页面布局】选项卡中单击【主题】按钮，即可见内置的主题样式库，如图 4-4 所示，数据透视表完全可以调用它们，每个主题又可以通过【颜色】、【字体】和【效果】产生新的文档主题样式组合。

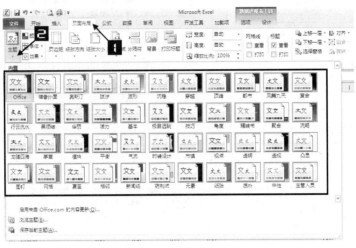

图 4-4　文档主题

此外，用户还可以通过【自 Office.com】调用 Office.Microsoft.com 上的文档主题，如图 4-5 所示。

图 4-5　"Office.Microsoft.com"上的其他主题

激活数据透视表所在的工作表，在【页面布局】选项卡的【主题】下拉列表中选择适当的文档主题即可为数据透视表套用该文档主题的样式。

注意 → 改变一个工作表的主题会使整个工作簿的主题都发生改变。

3．使用 Excel 2003 版本的自动套用格式命令

Excel 2010 版本的功能区中没有 Excel 2003 版本【自动套用格式】命令按钮，但是用户可以通过添加自定义按钮将【自动套用格式】按钮添加进【自定义快速访问工具栏】中供使用。

示例 4.1 使用 Excel 2003 版本的自动套用格式

步骤1→ 单击【自定义快速访问工具栏】的下拉按钮，在弹出的下拉列表中选择【其他命令】，弹出【Excel 选项】对话框，如图 4-6 所示。

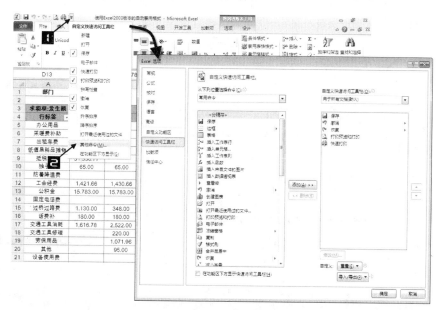

图 4-6 【Excel 选项】对话框

步骤2→ 在【快速访问工具栏】选项卡中，单击【从下列位置选择命令】的下拉按钮，在弹出的下拉列表中选择【不在功能区中的命令】，拖动滚动条选择【自动套用格式】命令图标，单击【添加】按钮将【自动套用格式】快捷按钮添加进【自定义快速访问工具栏】中，最后单击【确定】按钮完成设置，如图 4-7 所示。

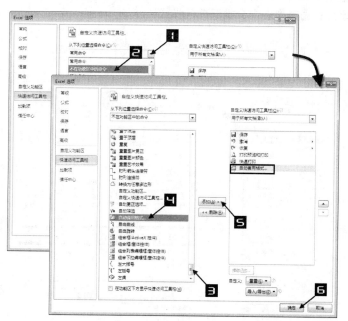

图 4-7 将【自动套用格式】按钮添加到【自定义快速访问工具栏】

第 4 章

步骤3→ 设置完成之后，在功能区的【自定义快速访问工具栏】中便出现了【自动套用格式】按钮。接下来，同在 Excel 2003 版本中一样，用户单击数据透视表中的任意单元格（如 A5），单击【自动套用格式】按钮，在弹出的【自动套用格式】对话框中选择一个样式，最后单击【确定】按钮完成设置，如图 4-8 所示。

完成设置后的数据透视表如图 4-9 所示。

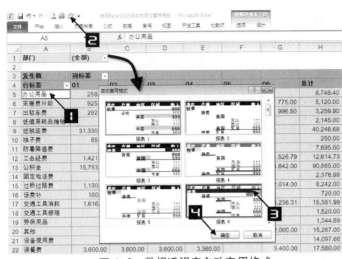

图 4-8　数据透视表自动套用格式

图 4-9　完成设置后的数据透视表

4. 自定义数据透视表样式

虽然 Excel 提供了以上诸多的默认样式可供选择，可是，如果用户还是习惯于自己的报表样式，可以通过【新建数据透视表样式】对数据透视表格式进行自定义设置，一旦保存后便存放于【数据透视表样式】样式库中自定义的数据透视表样式中，可以随时调用。

示例 4.2　自定义数据透视表中分类汇总的样式

图 4-10 所示的数据透视表使用了【数据透视表样式深色 3】样式。

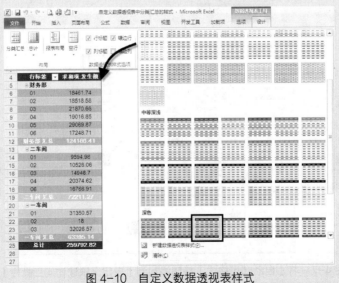

图 4-10　自定义数据透视表样式

　　该样式的缺陷是分类汇总项标记并不明显，如果用户希望在这种样式的基础上进行修改并定义为自己的报表样式，请参照以下步骤。

步骤1 → 单击数据透视表中的任意单元格（如 B9），在【数据透视表工具】的【设计】选项卡中的【数据透视表样式深色 3】样式上单击鼠标右键，在弹出的快捷菜单中选择【复制】命令，弹出【修改数据透视表快速样式】对话框，如图 4-11 所示。

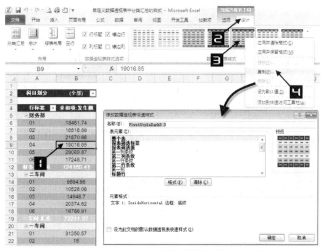

图 4-11　打开修改数据透视表样式对话框

步骤2 → 在【表元素】区域可以看到，数据透视表中已经应用的表元素均被加粗显示。选中【分类汇总行 1】，单击【格式】按钮，在弹出的【设置单元格格式】对话框中单击【字体】选项卡，单击【颜色】下拉按钮，在展开的"主题颜色"库中选择"白色"；单击【填充】选项卡，将【背景色】设置为橙色，单击【确定】按钮返回【修改数据透视表快速样式】对话框，单击【确定】按钮，如图 4-12 所示。

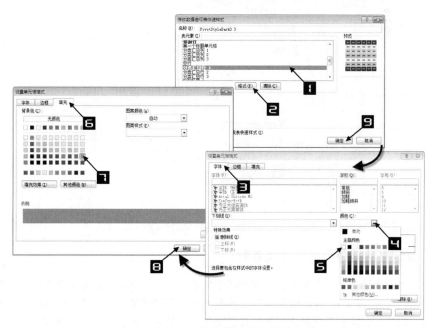

图 4-12　对分类汇总项进行格式设置

第 **4** 章

步骤**3** → 单击【数据透视表样式】下拉按钮，在展开的【数据透视表样式】库中可以看到在【自定义】中已经出现了用户自定义的数据透视表样式，单击此样式，数据透视表就会应用这个自定义的样式，如图4-13所示。

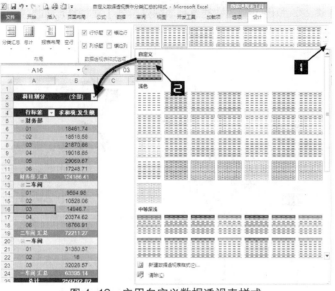

图4-13　应用自定义数据透视表样式

以上介绍了从现有的数据透视表样式上进行样式修改的操作步骤，如果想从一个空白的样式开始编辑，只需要单击【数据透视表样式】下拉按钮，在展开的数据透视表样式库的下方单击【新建数据透视表样式】按钮，在弹出的【新建数据透视表快速样式】对话框中进行相关格式设置即可，如图4-14所示。

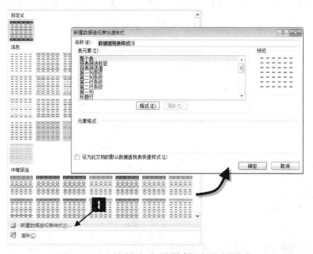

图4-14　编辑空白的数据透视表样式

5. 自定义数据透视表样式的复制

用户花费心思设计了一个自定义数据透视表样式后，自然希望可以套用到其他工作簿的数据透视表中使用，可是，Excel并不能将自定义的数据透视表样式复制到其他工作簿的【数据透视表样式】库中。事实上，用户只需要将自定义样式的数据透视表复制到其他的工作簿中，也就连同自定义的数据透视表样式一并复制了。

示例 4.3 自定义数据透视表样式的复制

将"自定义数据透视表中分类汇总的样式.XLSX"工作薄中的自定义数据透视表样式复制到"自定义数据透视表样式的复制.XLSX"工作薄中的具体操作步骤如下。

步骤1 → 在"自定义数据透视表中分类汇总的样式.XLSX"工作薄中单击数据透视表中的任意单元格（如 A6），在【数据透视表工具】的【选项】选项卡中单击【选择】的下拉按钮，在弹出的下拉列表中选择【整个数据透视表】命令，然后按下<Ctrl+C>组合键复制，如图 4-15 所示。

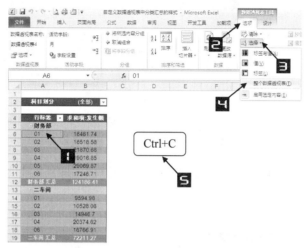

图 4-15　复制数据透视表

步骤2 → 单击"自定义数据透视表样式的复制.XLSX"工作薄中任意工作表的任意单元格（如"数据透视表"工作表中的 H2 单元格），按下<Ctrl+V>组合键粘贴数据透视表，如图 4-16 所示。

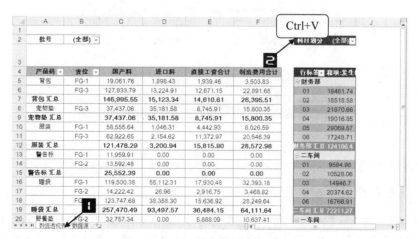

图 4-16　粘贴数据透视表

步骤3 → 单击"自定义数据透视表样式的复制.XLSX"工作薄中原来已经创建的数据透视表中的任意单元格（如 B5），在【数据透视表工具】的【设计】选项卡中单击【数据透视表样式】的下拉按钮，在展开的【数据透视表样式】库中单击已经复制的【自定义】样式，如图 4-17 所示。

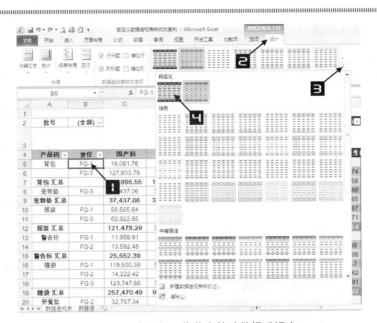

图 4-17　在目标工作薄中粘贴数据透视表

步骤4 → 完成上述操作后，删除 H:J 列辅助的数据透视表，最终完成的结果如图 4-18 所示。

图 4-18　完成设置后的数据透视表

6. 清除数据透视表中已经应用的样式

如果用户希望清除数据透视表中已经应用的样式，可以单击数据透视表中的任意单元格（如 A5），在【数据透视表工具】的【设计】选项卡中单击【数据透视表样式】的下拉按钮，在展开的下拉列表中选择【浅色】样式中的第一种样式"无"或者单击下方的【清除】按钮即可，如图 4-19 所示。

此外，在【数据透视表样式】库的【自定义】中的自定义样式上单击鼠标右键，在弹出的快捷菜单中选择【删除】命令也可以删除现有的数据透视表自定义样式，如图 4-20 所示。

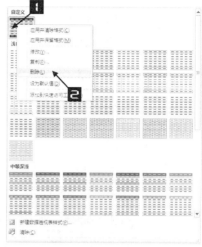

图 4-19　清除数据透视表套用格式　　　　　图 4-20　删除现有的数据透视表自定义样式

4.1.2　数据透视表刷新后如何保持调整好的列宽

使用数据透视表的用户可能经常碰到过这样的现象，好不容易对数据透视表设置好列宽，在刷新之后又变为原来未设置时的样式，无法保持刷新前手动设置的列宽。

示例 4.4　解决数据透视表刷新后无法保持设置的列宽问题

如图 4-21 所示，对数据透视表 B:E 列设置固定列宽后，在数据透视表的任意单元格上（如 F5）单击鼠标右键，在弹出的快捷菜单中单击【刷新】命令后，可以看到 B:E 列的列宽发生了明显变化。

图 4-21　刷新后无法保持设置的列宽

在默认情况下，数据透视表刷新数据后，列宽会自动调整为默认的"最适合宽度"，刷新前用户设置的固定宽度也会同时失效。为此，可通过修改【数据透视表选项】来解决此问题。

步骤1 → 在数据透视表中的任意单元格上（如 F5）单击鼠标右键，在弹出的快捷菜单中选择【数据透视表选项】命令，在弹出的【数据透视表选项】对话框中单击【布局和格式】选项卡，取消【格式】选项区中【更新时自动调整列宽】复选框的勾选，单击【确定】按钮，如图 4-22 所示。

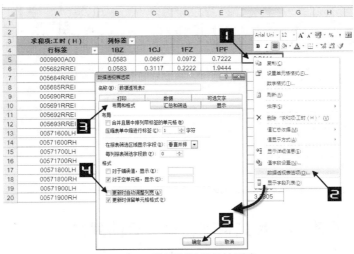

图 4-22　设置刷新后保持列宽

步骤2 → 当完成设置，用户再次对数据透视表的 B:E 列设置固定列宽后，刷新数据透视表，也将会保持设置好的固定列宽，如图 4-23 所示。

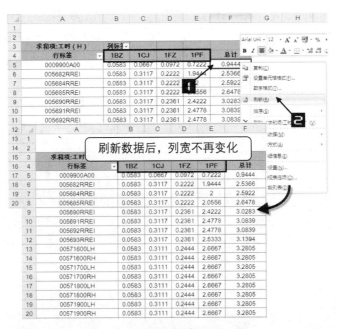

图 4-23　刷新后列宽不再改变

4.1.3 批量设置数据透视表中某类项目的格式

1. 启用选定内容

借助【启用选定内容】功能，用户可以在数据透视表中为某类项目批量设置格式。开启该功能的方法是：单击数据透视表中的任意单元格（如 A3），在【数据透视表工具】的【选项】选项卡中，单击【选择】→【启用选定内容】切换按钮，如图 4-24 所示。

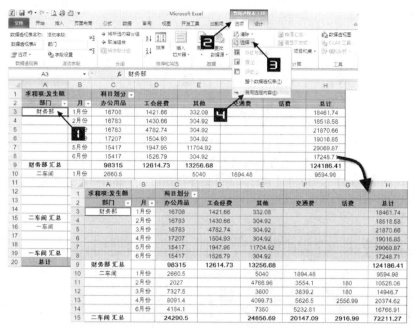

图 4-24　启用选定内容

通过单击【启用选定内容】切换按钮，用户可以选择是否"启用选定内容"，如图 4-25 所示。

判断是否已经"启用选定内容"最简便的方法是，将鼠标指针放置到数据透视表行字段和行号之间的交界处，如果鼠标指针变为 ➡ 图案则表示已启用了【启用选定内容】，如果鼠标指针仍为 ✛ 图案则表示尚未启用【启用选定内容】，如图 4-26 所示。

图 4-25　切换按钮状态　　　　图 4-26　快速判断功能是否启用

2. 批量设定数据透视表中某类项目的格式

示例 4.5 快速设定某类项目的格式

图 4-27 所示的数据透视表展示了某公司各部门上半年每月份各项开支的情况。如果用户希望

对各部门汇总后的开支情况重点关注，同时对1月、2月的数据突出显示，请参照以下步骤。

求和项:发生额		科目划分					
部门	月	办公用品	工会经费	其他	交通费	话费	总计
财务部	1月份	16708	1421.66	332.08			18461.74
	2月份	16783	1430.66	304.92			18518.58
	3月份	16783	4782.74	304.92			21870.66
	4月份	17207	1504.93	304.92			19016.85
	5月份	15417	1947.95	11704.92			29069.87
	6月份	15417	1526.79	304.92			17248.71
财务部 汇总		98315	12614.73	13256.68			124186.41
二车间	1月份	2660.5		5040	1894.48		9594.98
	2月份	2027		4766.96	3554.1	180	10528.06
	3月份	7327.5		3600	3839.2	180	14946.7
	4月份	8091.4		4099.73	5626.5	2556.99	20374.62
	6月份	4184.1		7350	5232.81		16766.91
二车间 汇总		24290.5		24856.69	20147.09	2916.99	72211.27
一车间	1月份	5			31345.57		31350.57
	2月份	18					18
	3月份	13		9000	23013.57		32026.57
一车间 汇总		36		9000	54359.14		63395.14
总计		122641.5	12614.73	47113.37	74506.23	2916.99	259792.82

图4-27　需要快速设定某类项目的格式的数据透视表

步骤1 → 启用【启用选定内容】功能后，将鼠标指针移动到行字段中分类汇总项所在的单元格（如A9）的左侧，当鼠标指针变为 ➡ 时单击鼠标左键选定分类汇总的所有记录，单击【开始】选项卡中【填充颜色】的下拉按钮，在弹出的【主题颜色】库中选择一个用户设定的颜色（本例使用橙色），如图4-28所示。

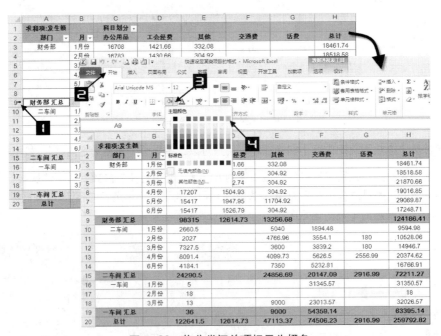

图4-28　将分类汇总项标示为橙色

步骤2 → 将鼠标指针移动至A3单元格右侧，当鼠标指针变成 ➡ 时按住鼠标左键并拖动到A4单元格，选定1月份和2月份所有的数据，单击【开始】选项卡中的【填充颜色】下拉按钮，在弹出的颜色库中选择一个用户设定的颜色（如本例使用茶色），如图4-29所示。

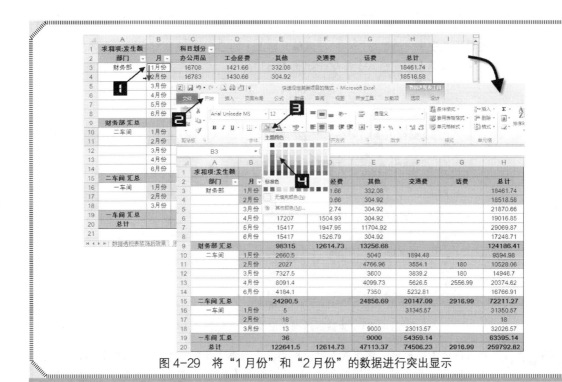

图 4-29 将 "1月份" 和 "2月份" 的数据进行突出显示

4.1.4 修改数据透视表中数值型数据的格式

数据透视表中的"值区域"中的数据在默认情况下显示为"常规"的单元格格式，不包含任何特定的数字格式，用户可根据需要进行设置。

1. 为销售金额加上货币符号

统计金额的时候，用户一般会希望在金额前面显示货币符号（如￥），以便体现金额的货币状态。

示例 **4.6** 为销售金额加上货币符号

图 4-30 所示的数据透视表展示了某公司一定时期内销售人员的销售业绩情况。如果要在"销售金额￥"汇总列（如 D 列）数字前面加上货币符号"￥"，请参照以下步骤。

	A	B	C	D
1	销售地区	(全部)		
2				
3	销售人员	品名	求和项:数量	求和项:销售金额￥
4	毕春艳	微波炉	137	68500
5		显示器	202	303000
6	毕春艳 汇总		339	371500
7		跑步机	178	391600
8	林茂	微波炉	60	30000
9		显示器	128	192000
10		液晶电视	1	5000
11	林茂 汇总		367	618600
12		按摩椅	13	10400
13	苏珊	显示器	256	384000
14		液晶电视	101	505000
15	苏珊 汇总		370	899400
16		微波炉	69	34500
17	杨光	显示器	157	235500
18		液晶电视	87	435000
19	杨光 汇总		313	705000
20	总计		1389	2594500

图 4-30 需要为销售金额加上货币符号的数据透视表

步骤**1** → 在数据透视表"值区域"中的任意单元格上（如 D4）单击鼠标右键，在弹出的快捷菜单中选择【数字格式】命令，如图 4-31 所示。

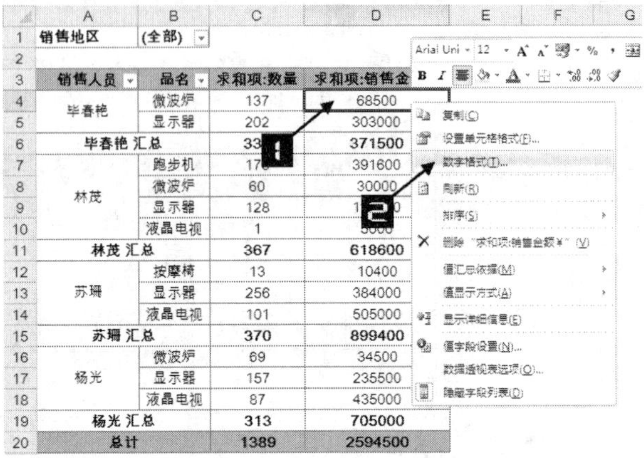

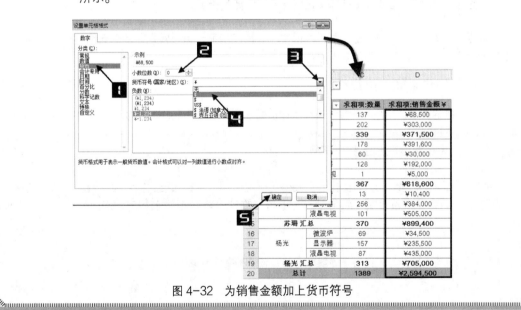

图 4-31 为数据透视表设置数字格式

步骤**2** → 在弹出的【设置单元格格式】对话框中的【分类】列表框中选择【货币】选项，设置小数位数为"0"、货币符号为"￥"，单击【确定】按钮完成设置，如图 4-32 所示。

图 4-32 为销售金额加上货币符号

2. 为数值型数据设置时间格式

示例 4.7 为数值型数据设置时间格式

图 4-33 所示数据透视表展示了各工作中心每天的工作时长。其中汇总的"工作时长"项采用了数据透视表默认的常规数字格式，如果用户希望显示为"X 小时 X 分"的时间格式，请参照以下步骤。

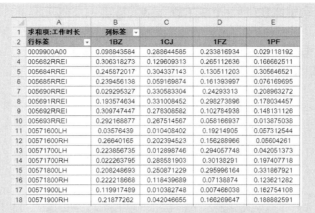

图 4-33 需要修改数值型数据格式的数据透视表

步骤1 → 在数据透视表"值区域"的任意单元格上（如 B3）单击鼠标右键，在弹出的快捷菜单中选择【数字格式】命令，如图 4-34 所示。

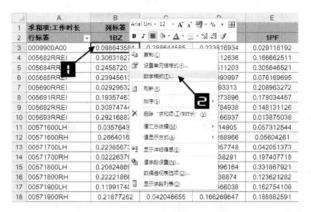

图 4-34 修改数值型数据的格式

步骤2 → 在弹出的【设置单元格格式】对话框中的【分类】列表框中选择【时间】选项，在【类型】列表框中选择用户需要的显示类型（如"13 时 30 分"），单击【确定】按钮完成设置，如图 4-35 所示。

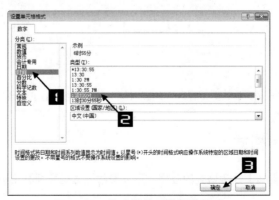

图 4-35 修改数值型数据的格式

可以看到，数据透视表中的"工作时长"已经设置为"X 时 X 分"的格式，如图 4-36 所示。

	A	B	C	D	E
1	求和项:工作时长	列标签			
2	行标签	1BZ	1CJ	1FZ	1PF
3	0009900A00	2时22分	6时55分	5时36分	0时41分
4	005682RREI	7时21分	3时06分	6时21分	4时00分
5	005684RREI	5时54分	7时18分	3时07分	7时20分
6	005685RREI	5时44分	1时25分	3时52分	1时49分
7	005690RREI	0时42分	7时56分	5时49分	5时00分
8	005691RREI	4时38分	7时56分	7时09分	4时16分
9	005692RREI	7时26分	2时28分	3时33分	
10	005693RREI	7时00分	6时25分	1时123	0时19分
11	00571600LH	0时51分	0时14分	4时36分	1时22分
12	00571600RH	6时23分	4时51分	3时145	1时00分
13	00571700LH	5时22分	0时18分	7时03分	1时00分
14	00571700RH	0时32分	6时55分	7时13分	
15	00571800LH	4时59分	6时01分	7时106分	7时57分
16	00571800RH	5时20分	2时50分	1时42分	2时58分
17	00571900LH	2时52分	0时14分	0时10分	3时154分
18	00571900RH	5时15分	1时00分	3时59分	4时31分

图 4-36 对数据透视表应用"时间"的数据格式

如果工作时长超过 24 小时，则需要在步骤 2 中应用【自定义】单元格格式，否则会出现统计错误。

在【设置单元格格式】对话框中的【分类】列表框中选择【自定义】选项，在【类型】文本框中输入"[h]"时"mm"分""，然后单击【确定】按钮完成设置，如图 4-37 所示。

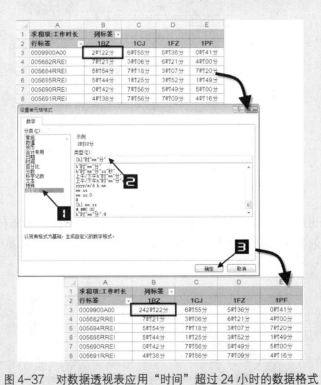

图 4-37 对数据透视表应用"时间"超过 24 小时的数据格式

4.1.5 自定义数字格式

用户通过对【自定义】数字格式的应用，可以使数据透视表拥有更多的数据表现方式。

1. 自定义数字格式代码组成规则

示例 4.8 用"√"显示数据透视表中的数据

图 4-38 所示展示了一张反映某小学课程安排的数据透视表。在值区域中使用"1"表示有课的情况。为了让数据更加直观，用户可以用自定义数字格式的方法，将"1"显示为红色的"√"，请参照以下步骤。

	A	B	C	D	E	F	G	H	I	J	K	L
1				XX小学2011年课程安排								
2	日期	2011/3/3		年级	四年级							
3												
4	计数项:课程			课程								
5	开始时间	时间	班级	地理	美术	数学	物理	信息	英语	语文	政治	总计
6	上午 8点	08:00-08:45	401	1								1
7			402						1			1
8	上午 9点	09:00-09:45	401							1		1
9			402							1		1
10	上午 10点	10:00-10:45	401					1				1
11			404	1								1
12	上午 11点	11:00-11:45	401			1						1
13			403			1						1
14	下午 2点	14:00-14:45	401			1						1
15			402								1	1
16	下午 3点	15:00-15:45	401				1					1
17			402					1				1
18	下午 4点	16:00-16:45	401				1					1
19			402				1					1

图 4-38 课程安排表

步骤 1 → 在数据透视表中值区域的任意单元格上单击鼠标右键，在弹出的快捷菜单中选择【数字格式】命令，弹出【设置单元格格式】对话框。

步骤 2 → 在弹出的【设置单元格格式】对话框中，选择【分类】列表框中的【自定义】选项，在【示例】中的【类型】文本框中输入"[=1][红色]√"自定义代码，最后单击【确定】完成设置，如图 4-39 所示。

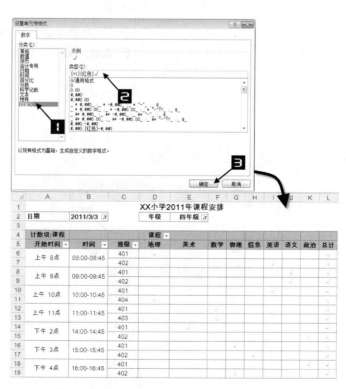

图 4-39 将数据透视表中的"1"显示为"√"

提示

自定义代码"[=1][红色]√"的含义是:如果单元格的值=1,那么就将它显示为红色的"√",自定义代码也可以写为"[红色][=1]√"或"[红色]"√""。

同时,单元格格式的设置并不改变数据透视表中的统计值,对数据透视表进行格式设置后选中单元格查看编辑栏,就会看到数据透视表中的值并未发生改变,还是显示为"1"。

2. 多个区间的自定义数字格式代码

示例 4.9 显示学生成绩是及格或者不及格

图4-40展示了一张由数据透视表创建的学生成绩统计表。如果希望将分数大于等于60的成绩显示为及格,否则显示为不及格,请参照以下步骤。

	A	B	C	D	E
1	班级	一(二)班			
2					
3	求和项:分数		科目		
4	学号	姓名	数学	英语	语文
5	110	刘忠诚	79	83	88
6	112	栾勇	68	68	91
7	118	徐晓明	92	98	95
8	121	王双	36	39	80
9	125	刘恩树	98	100	86
10	127	郜会坚	56	65	88
11	135	鄞旭	36	39	80
12	138	王兆贤	47	55	85
13	142	于洪亮	79	83	88
14	144	王玲	68	68	91
15	149	杨彬	92	98	95
16	151	袁馨	36	39	80
17	154	王薇	98	100	86
18	156	王冀勇	56	65	88

图4-40 学生成绩统计表

步骤1➔ 在数据透视表的值区域的任意单元格上单击鼠标右键,在弹出的快捷菜单中选择【数字格式】命令,弹出【设置单元格格式】对话框。

步骤2➔ 在【设置单元格格式】对话框中,选择【分类】列表框中的【自定义】选项,在【示例】中【类型】下方的文本框中输入"[>=60]及格;不及格"自定义代码,最后单击【确定】完成设置,如图4-41所示。

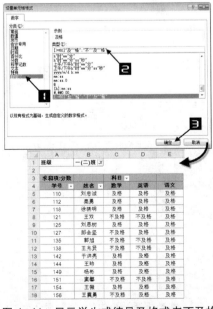

图4-41 显示学生成绩是及格或者不及格

> **提示**
>
> 格式代码"[>=60]及格;不及格"的含义是：如果单元格中的值大于等于 60 则显示为及格，否则显示为不及格。该代码还可以写为"[<60]不及格;及格"。

若是需要再增加一个判断条件，例如希望分数大于等于 85 分的显示"优秀"，小于 85 分且大于等于 60 分的显示为"及格"，否则显示为"不及格"，只需将自定义格式代码设置为"[>=85]优秀;[>=60]及格;不及格"即可。

> **注意** ➜
>
> 对于数字格式来说，条件判断区间最多不能超过 3 个。

4.1.6 设置错误值的显示方式

示例 4.10 设置错误值的显示方式

如果在数据透视表中添加了计算项或计算字段，有些时候就会出现错误值，影响了数据的显示效果，如图 4-42 所示。

规格型号	求和项:数量	求和项:合同金额	求和项:成本	求和项:利润率%
CCS-120	1	0.00	235,000.00	#DIV/0!
CCS-128	2	520,000.00	181,290.56	65.14%
CCS-192	2	600,000.00	216,185.26	63.97%
MMS-120A4	1	90,000.00	61,977.79	31.14%
SX-D-128	7	1,585,000.00	1,047,900.82	33.89%
SX-D-256	1	460,000.00	191,408.59	58.39%
SX-G-128	5	513,000.00	632,628.49	-23.32%
SX-G-192	4	375,000.00	358,559.18	4.38%
SX-G-192换代	1	0.00	32,427.60	#DIV/0!
SX-G-256	3	550,000.00	631,869.93	-14.89%
SX-G-256更换	1	0.00	177,625.24	#DIV/0!
销售零件	10	4,000.00	1,500.00	62.50%
总计	38	4,697,000.00	3,768,373.46	19.77%

图 4-42　数据透视表中的错误值

用户可以参照以下步骤对数据透视表中错误值的显示方式进行重新设置。

步骤 1 ➜ 在数据透视表中的任意单元格上（如 A6）单击鼠标右键，在弹出的快捷菜单中选择【数据透视表选项】命令，如图 4-43 所示。

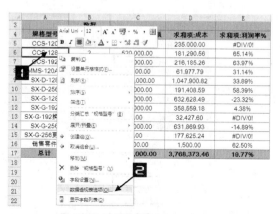

图 4-43　选择【数据透视表选项】命令

步骤2→ 在弹出的【数据透视表选项】对话框中单击【布局和格式】选项卡，勾选【格式】选项区中的【对于错误值，显示】的复选框，在右侧的文本框中输入"✗"，单击【确定】按钮完成设置，如图4-44所示。

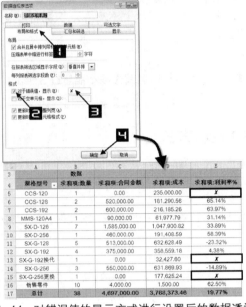

图4-44 对错误值的显示方式进行设置后的数据透视表

提示

在Excel中快速输入"✗"的方法是：先按住<Alt>键，然后在数字小键盘区域依次按下<4>、<1>、<4>、<0>、<9>数字键，最后松开<Alt>键。本例中使用的"✗"则是插入的子集为"丁贝符"的符号。

4.1.7 处理数据透视表中的空白数据项

如果数据源中出现了空白的数据项，创建数据透视表后，显示在数据透视表行字段中的空白数据项就会默认显示为"(空白)"字样，显示在数据透视表值区域中的空白数据项就会默认显示为空值，如图4-45所示。

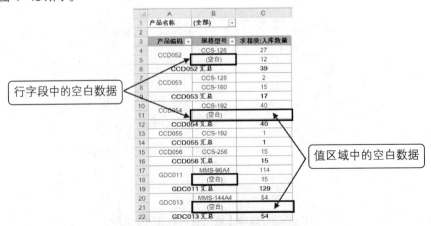

图4-45 包含空白数据的数据透视表

这种对空白数据项的默认显示方式使得数据透视表凌乱、不够美观，而且不利于阅读。

1. 处理行字段中的空白项

示例 4.11 处理数据透视表中的空白数据项

如果用户希望更改数据透视表中显示为"(空白)"字样的数据，可以采用查找和替换的方式来完成，请参照以下步骤。

步骤1 → 在数据透视表所在的工作表中按下<Ctrl+H>组合键，调出【查找和替换】对话框。

步骤2 → 在【查找和替换】对话框中的【查找内容】编辑框中输入"(空白)"，【替换为】编辑框中输入"规格型号不明"，单击【全部替换】按钮，单击【Microsoft Office Excel】对话框的【确定】按钮，最后单击【关闭】按钮完成设置，如图4-46所示。

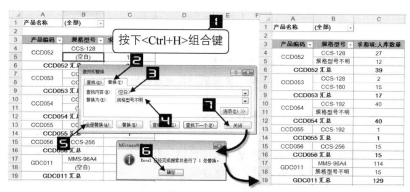

图4-46 查找替换数据透视表中的"(空白)"数据项

此外，用户也可以通过对数据透视表行字段的筛选来实现行字段中的"(空白)"数据项暂时隐藏，具体方法请参阅4.1.7小节。

2. 将值区域中的空白数据项填充为指定内容

数据透视表值区域中的空白数据项不能采用查找替换的方法进行处理，但是可以在【数据透视表选项】中进行设置，将空白数据项填充为指定内容。

用户只需在【数据透视表选项】对话框中勾选【对于空单元格，显示】的复选框，并在右侧的文本框中输入指定的内容（本例输入"待统计"），最后单击【确定】按钮完成设置，如图4-47所示。

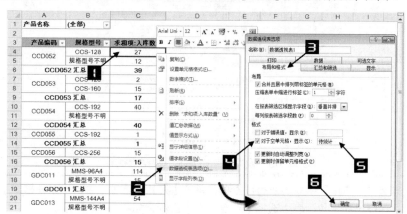

图4-47 处理数据透视表值区域中的空白数据项

完成的数据透视表如图 4-48 所示。

	A 产品编码	B 规格型号	C 求和项:入库数量
1	产品名称	(全部)	
3	产品编码	规格型号	求和项:入库数量
4	CCD052	CCS-128	27
5		规格型号不明	12
6	CCD052 汇总		39
7	CCD053	CCS-128	2
8		CCS-160	15
9	CCD053 汇总		17
10	CCD054	CCS-192	40
11		规格型号不明	待统计
12	CCD054 汇总		40
13	CCD055	CCS-192	1
14	CCD055 汇总		1
15	CCD056	CCS-256	15
16	CCD056 汇总		15
17	GDC011	MMS-96A4	114
18		规格型号不明	15
19	GDC011 汇总		129
20	GDC013	MMS-144A4	54
21		规格型号不明	待统计
22	GDC013 汇总		54
23	GDC014	MMS-168A4	98
24		规格型号不明	待统计
25	GDC014 汇总		98

图 4-48　完成后的数据透视表

4.2　数据透视表与条件格式

Excel 2010 版本中条件格式的"数据条"、"色阶"和"图标集"3 类显示样式完全可以应用于数据透视表，大大增强了数据透视表的可视化效果。

4.2.1　突出显示数据透视表中的特定数据

示例 4.12　突出显示"销售额"未达"计划目标"值的市区

图 4-49 所示数据透视表显示了某公司在各省市的销售额计划目标和现阶段完成情况。若要突出显示未达计划目标的市区，请参照以下步骤。

	A 省份	B 市区	C 计划目标	D 销售额
1	年份	2012		
3			数据	
4	省份	市区	计划目标	销售额
5	贵州	贵阳	60000	82618
6		遵义	50000	49594
7	贵州 汇总		110000	132212
8	湖北	武汉	900000	964050
9	湖北 汇总		900000	964050
10	湖南	长沙	150000	188291
11		湘潭	90000	90564
12	湖南 汇总		240000	278855
13	四川	成都	1000000	895502
14		绵阳	300000	326451
15		宜宾	40000	45812
16	四川 汇总		1340000	1267765
17	重庆	重庆	800000	674990
18	重庆 汇总		800000	674990

图 4-49　设置条件格式前的数据透视表

步骤1 选中"市区"字段的所有数据项，单击【开始】选项卡中的【条件格式】下拉按钮，在弹出的下拉列表中选择【新建规则】命令，如图 4-50 所示。

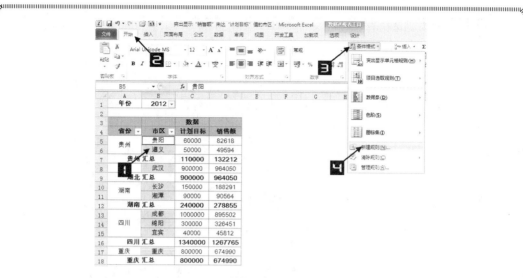

图 4-50　对数据透视表应用条件格式

步　骤2 → 在弹出的【新建格式规则】对话框的【选择规则类型】列表框中选择【使用公式确定要设置格式的单元格】规则类型，在弹出的【新建格式规则】对话框中的【为符合此公式的值设置公式】下方的文本框中输入"=D5<C5"，单击【格式】按钮，如图 4-51 所示。

图 4-51　新建格式规则

步　骤3 → 在弹出的【设置单元格格式】对话框中，单击【填充】选项卡，在【背景色】颜色库中选择"红色"背景色，单击【确定】按钮关闭【设置单元格格式】对话框，最后再次单击【确定】按钮完成设置，如图 4-52 所示。

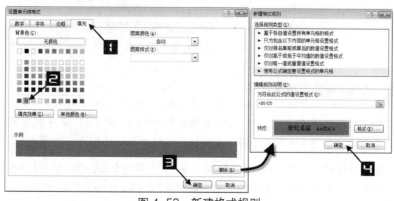

图 4-52　新建格式规则

最终完成的数据透视表如图 4-53 所示。

	A	B	C	D
1	年份	2012		
2				
3			数据	
4	省份	市区	计划目标	销售额
5	贵州	贵阳	60000	82618
6		遵义	50000	49594
7	贵州 汇总		110000	132212
8	湖北	武汉	900000	964050
9	湖北 汇总		900000	964050
10	湖南	长沙	150000	188291
11		湘潭	90000	90564
12	湖南 汇总		240000	278855
13	四川	成都	1000000	895502
14		绵阳	300000	326451
15		宜宾	40000	45812
16	四川 汇总		1340000	1267765
17	重庆	重庆	800000	674990
18	重庆 汇总		800000	674990

图 4-53 突出显示“销售额”未达“计划目标”值的市区

第4章

4.2.2 数据透视表与“数据条”

将条件格式中的“数据条”应用于数据透视表，可帮助用户查看某些项目之间的对比情况。“数据条”的长度代表单元格中值的大小，越长表示值越大，越短表示值越小。在观察比较大量数据时，此功能尤为有用，如图 4-54 所示。

	A	B	C	D	E
1	批号	(全部)			
2					
3	销售数量	列标签			
4	行标签	FG-1	FG-2	FG-3	总计
5	背包	720		4704	5424
6	宠物垫			4460	4460
7	服装	1304		2712	4016
8	警告标	2100	1260		3360
9	睡袋	5880	1212	3934	11026
10	野餐垫		1435	380	1815
11	总计	10004	3907	16190	30101

	A	B	C	D	E
1	批号	(全部)			
2					
3	销售数量	列标签			
4	行标签	FG-1	FG-2	FG-3	总计
5	睡袋	5880	1212	3934	11026
6	背包	720		4704	5424
7	宠物垫			4460	4460
8	服装	1304		2712	4016
9	警告标	2100	1260		3360
10	野餐垫		1435	380	1815
11	总计	10004	3907	16190	30101

图 4-54 数据透视表与数据条

示例 4.13 用数据条显示销量情况

步骤1 → 单击数据透视表行“总计”标题下的任意单元格（如 E5），在【数据透视表工具】的【选项】选项卡中单击【降序】按钮，完成对总计的排序，如图 4-55 所示。

步骤2 → 选中数据透视表中 E5:E10 单元格区域，在【开始】选项卡中单击【条件格式】→【数据条】→【实心填充】中的“橙色数据条”，如图 4-56 所示。

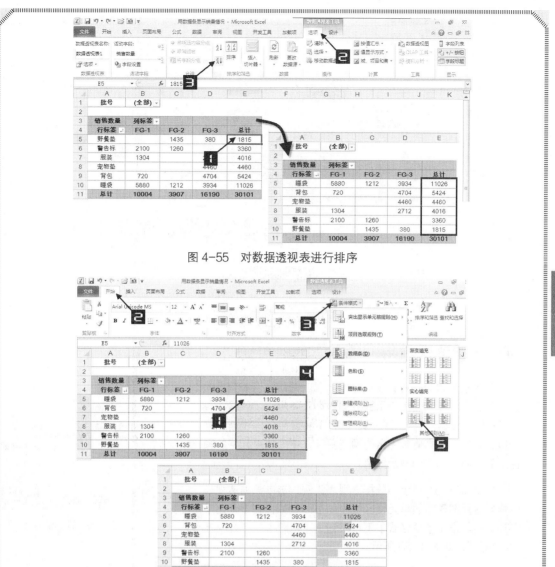

图 4-55 对数据透视表进行排序

图 4-56 数据透视表与"数据条"

4.2.3 数据透视表与"图标集"

利用条件格式中的"图标集"显示样式还可以将数据透视表的数据以图标的形式在数据透视表内显示，使数据透视表变得更加易懂和专业。在如图 4-57 所示的数据透视表中应用了"三向箭头（彩色）"的图标集，绿色的向上箭头代表较高值，黄色的横向箭头代表中间值，红色的向下箭头代表较低值。

仍以图 4-54 所示的数据透视表为例，选中数据透视表中需要应用图表集的单元格区域（如 E5:E10），在【开始】选项卡中单击【条件格式】的下拉按钮，在弹出的下拉列表中选择【图标集】→"三向箭头(彩色)"命令，如图 4-58 所示。

图 4-57 三向箭头（彩色）图标集

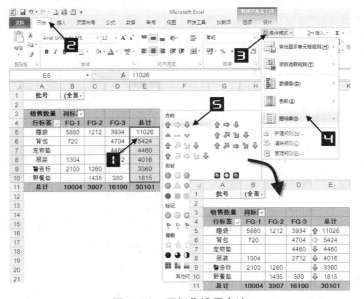

图 4-58 图标集设置方法

4.2.4 数据透视表与"色阶"

颜色渐变作为一种直观的指示，可以帮助您了解数据的分布和变化。图 4-59 所示的数据透视表中应用了"绿—黄—红色阶"，在色阶中，绿、黄和红 3 种颜色的深浅渐变表示值的高低，较高值单元格的颜色更绿，中间值单元格的颜色更黄，而较小值则显示红色。

仍以图 4-54 所示的数据透视表为例，选中数据透视表中需要应用图表集的单元格区域（如 E5:E10），在【开始】选项卡中单击【条件格式】下拉按钮→【色阶】→"绿—黄—红色阶"，如图 4-60 所示。

图 4-59 绿—黄—红色阶

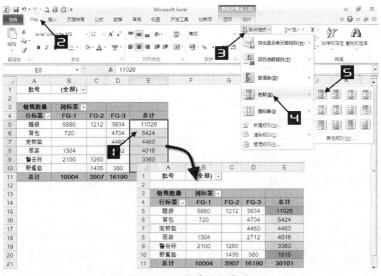

图 4-60 色阶设置方法

4.2.5 修改数据透视表中应用的条件格式

如果用户希望对数据透视表中已经应用的条件格式进行修改，可以通过使用【条件格式规则管理器】来进行。

步骤1→ 单击数据透视表中的任意单元格（如 A6），在【开始】选项卡中单击【条件格式】的下拉按钮，在出现的下拉列表中选择【管理规则】命令，如图 4-61 所示。

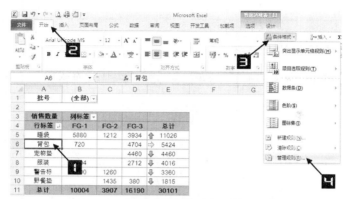

图 4-61 打开【条件格式规则管理器】

步骤2→ 在弹出的【条件格式规则管理器】对话框中，选中需要编辑的条件格式规则，然后单击【编辑规则】按钮，弹出【编辑格式规则】对话框，用户可以在对话框内对已经设置的条件格式进行修改，如图 4-62 所示。

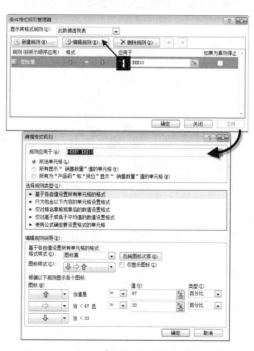

图 4-62 打开【编辑格式规则】对话框

若是同时在【条件格式规则管理器】中设有多个规则，可以通过【删除规则】按钮右方的【上

77

移】和【下移】两个按钮来调整不同规则的优先级，如图 4-63 所示。

单击【删除规则】按钮，可以将当前已经选定的条件格式规则删除，如图 4-64 所示。

图 4-63 调整不同规则的优先级 　　　　　　图 4-64 删除已经设定的条件格式规则

此外，也可以利用【清除规则】命令中的各种选项来删除条件格式规则，如图 4-65 所示。

图 4-65 清除已经设定的条件格式规则

第5章 在数据透视表中排序和筛选

在 Excel 中，数据透视表有着与普通数据列表十分相似的排序功能和完全相同的排序规则，在普通数据列表中可以实现的排序效果，大多在数据透视表上同样也可以实现。

5.1 数据透视表排序

5.1.1 使用手动排序

1. 利用拖曳数据项对字段进行手动排序

示例 5.1 利用拖曳数据项对字段进行手动排序

图 5-1 展示了一张由数据透视表创建的工资发放表。如果希望将"部门"字段下的"行政部"数据项排在"公共宣传科"之前，请参照以下步骤。

选中"部门"字段下"行政部"数据项的任意单元格（如 A5），将鼠标指针停靠在其边框线上，待出现 ✛ 时单击鼠标左键不放，将其拖曳到"公共宣传科"的上边框线上，松开鼠标即可完成对"行政部"数据项的排序，如图 5-2 所示。

图 5-1 排序前的数据透视表

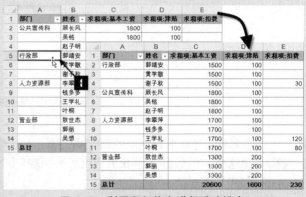

图 5-2 利用鼠标拖曳进行手动排序

2. 利用移动命令对字段进行手动排序

示例 5.2 利用移动命令对字段进行手动排序

仍以图 5-1 为例，如果希望将"部门"字段下的"公共宣传科"数据项排在最后位置，请参照以下步骤。

选中"部门"字段下的"公共宣传科"数据项的任意单元格（如 A2），单击鼠标右键，在弹出的快捷菜单中选择【移动】→【将"公共宣传科"移至末尾】命令，即可将"公共宣传科"数据项排在"部门"字段数据项的末尾位置，如图 5-3 所示。

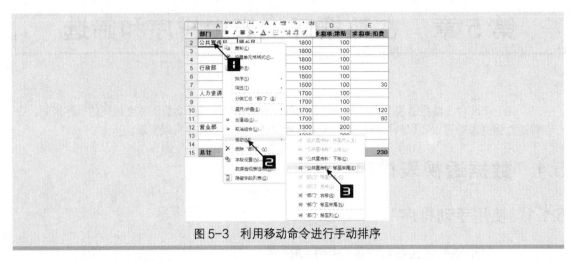

图 5-3 利用移动命令进行手动排序

5.1.2 使用自动排序

1. 利用【数据透视表字段列表】对话框进行排序

示例 5.3 利用数据透视表字段列表进行排序

图 5-4 所示展示了一张由数据透视表创建的"年度费用核算"表。如果希望对"月份"字段按月进行升序排序，请参照以下步骤。

	A	B	C	D
1	月份	求和项:预算额（万）	求和项:实际使用额（万）	求和项:结存额（万）
2	一月	11.99	10.7	1.29
3	十月	19.07	27.54	-8.47
4	十一月	29.93	12.52	17.41
5	十二月	15.9	17.57	-1.67
6	二月	24.46	29.71	-5.25
7	三月	28.33	17.38	10.95
8	四月	24.18	23.12	1.06
9	五月	19.46	21.77	-2.31
10	六月	24.09	20.18	3.91
11	七月	27.61	15.42	12.19
12	八月	11.64	21.08	-9.44
13	九月	10.57	16.72	-6.15
14	总计	247.23	233.71	13.52

图 5-4 年度费用核算

将鼠标指针停靠在【数据透视表字段列表】对话框中的"月份"字段上，将会出现一个下拉按钮，单击这个下拉按钮，在弹出的下拉菜单中选择【升序】命令，即可完成对"月份"字段的升序排序，如图 5-5 所示。

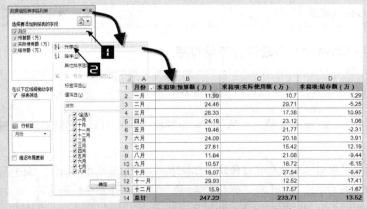

图 5-5 利用数据透视表字段列表进行排序

2. 利用字段的下拉列表进行排序

利用数据透视表行标签标题下拉菜单中的排序选项也可以进行排序。

示例 5.4 利用字段的下拉列表进行排序

仍以图 5-4 为例，对"月份"字段按月进行升序排序，请参照以下步骤。

单击数据透视表行标题"月份"字段的下拉按钮，在弹出的下拉菜单中单击【升序】命令，也可以完成对"月份"字段的升序排序，如图 5-6 所示。

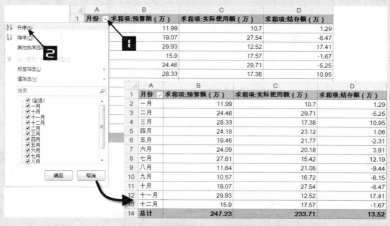

图 5-6 利用字段的下拉列表进行排序

3. 利用数据透视表专有工具栏进行排序

示例 5.5 利用数据透视表工具选项进行排序

仍以图 5-4 为例，对"月份"字段按月进行升序排序，请参照以下步骤。

单击需要排序字段的标题或任意数据项的单元格（如 A3），在【数据透视表工具】的【选项】选项卡中单击 ↓↑ 按钮，即可完成对选中字段的升序排序，如图 5-7 所示。

图 5-7 利用数据透视表工具进行排序

5.1.3 使用其他排序选项排序

1. 以数值字段对字段进行排序

示例 5.6 以数值字段对字段进行排序

图 5-8 所示展示了一张由数据透视表创建的物料报价表。如果希望对"物料编码"字段按"求和项：数量"字段汇总值升序排序，请参照以下步骤。

单击"物料编码"字段的下拉按钮，在弹出的快捷菜单中选择【其他排序选项】命令，在弹出的【排序（物料编码）】对话框中，单击【升序排序（A 到 Z）依据】单选钮，然后单击出现的下拉按钮，在弹出的下拉列表中选择【求和项:数量】选项，最后单击【确定】按钮返回数据透视表，完成对"物料编码"字段的排序，如图 5-9 所示。

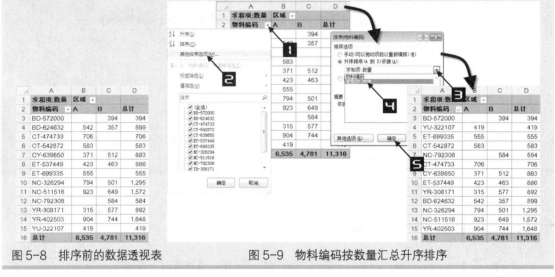

图 5-8 排序前的数据透视表　　　　图 5-9 物料编码按数量汇总升序排序

2. 以数值字段所在列进行排序

示例 5.7 以数值字段所在列进行排序

仍以图 5-8 所示的数据透视表为例，如果希望依据"区域"字段"A"区域的数量对"物料编码"字段进行升序排序，请参照以下步骤。

步骤1 → 单击"物料编码"字段的下拉按钮，在弹出的快捷菜单中选择【其他排序选项】命令，在弹出的【排序（物料编码）】对话框中，单击【升序排序（A 到 Z）依据】单选钮，然后单击出现的下拉按钮，在弹出的下拉列表中选择【求和项:数量】选项，单击【其他选项】按钮，打开【其他排序选项（物料编码）】对话框，如图 5-10 所示。

步骤2 → 在【其他排序选项（物料编码）】对话框中，单击【排序依据】选项的【所选列中的值】单选钮，然后在数据透视表中选择"区域"字段的"A"区域数据项对应的"数量"字段汇总项的任意单元格（如 B3），单击【确定】按钮返回【排序（物料编码）】对话框，再次单击【确定】按钮返回数据透视表，如图 5-11 所示。

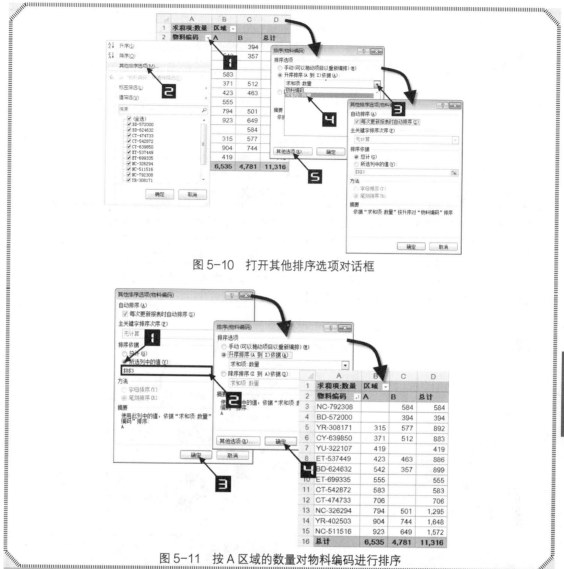

图 5-10　打开其他排序选项对话框

图 5-11　按 A 区域的数量对物料编码进行排序

3. 按笔画排序

在默认情况下，Excel 是按照汉字拼音字母顺序进行排序的。以中文姓名为例，首先根据姓氏的拼音首字母在 26 个英文字母中的位置顺序进行排序，如果同姓，再依次比较姓名中的第二和第三个字。

然而，在中国人的习惯中，常常是按照"笔划"的顺序来排列姓名的。这种排序的规则是：首先按姓字的笔划数多少排列，同笔划数的姓字则按起笔顺序（横、竖、撇、捺、折）排序，笔划数和笔形都相同的姓字，按字形结构排序，先左右、再上下，最后整体字。如果姓字相同，则依次再看姓名中的其他字，规则同姓字。

示例 **5.8**　按笔画顺序对工资条报表的姓名字段排序

图 5-12 所示展示了由数据透视表创建的工资条报表，如果希望根据笔画顺序对数据透视表的"姓名"字段升序排序，请参照以下步骤。

图 5-12　工资条数据列表

步骤1 → 单击 "姓名" 字段标题的下拉按钮，在弹出的快捷菜单中选择【其他排序选项】命令，在弹出的【排序（姓名）】对话框中依次单击【升序排序（A 到 Z）依据】单选钮和【其他选项】按钮，在弹出的【其他排序选项（姓名）】对话框的【自动排序】选项区中取消勾选【每次更新报表时自动排序】复选框，在【方法】选项中单击【笔画排序】单选钮，如图 5-13 所示。

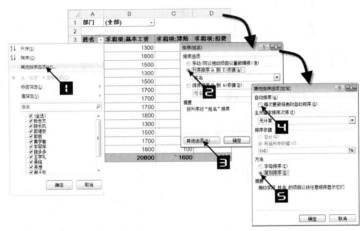

图 5-13　进入其他排序选项

步骤2 → 单击【其他排序选项（姓名）】对话框的【确定】按钮返回【排序（姓名）】对话框，再单击【确定】按钮返回数据透视表，完成对 "姓名" 字段按笔画排序，如图 5-14 所示。

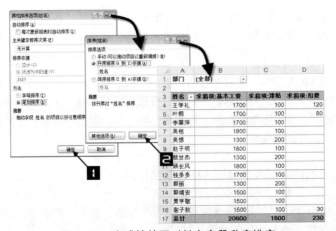

图 5-14　完成按笔画对姓名字段升序排序

注意 → Excel 中按笔划排序的规则并不完全符合前文所提到的中国人的习惯。对于相同笔划数的汉字，Excel 按照其内码顺序进行排列，而不是按照笔划顺序进行排列。对于简体中文版用户而言，相应的内码为代码页 936（ANSI/OEM－GBK）。

4. 自定义排序

Excel 排序功能在默认情况下仅包括数字的大小、英文或拼音字母顺序等有限的规则，但某些时候，用户需要依据超出上述范围以外的特定规则来排序。例如，公司存在"行政部"、"人力资源部"、"公共宣传科"和"营业部"等多个职能部门，如果要按照职能部门的性质来排序，那么利用 Excel 默认的排序规则是无法完成的。此时，可以通过"自定义序列"的方法来创建一个特殊的顺序，并要求 Excel 根据这个顺序进行排序。

示例 5.9　对职能部门按自定义排序

图 5-15 所示展示了一张由数据透视表创建的工资条数据列表，如果希望对"部门"字段按"行政部"－"人力资源部"－"公共宣传科"－"营业部"的顺序进行升序排序，请参照以下步骤。

图 5-15　排序前的数据透视表

在排序之前需要先创建一个自定义序列，将"部门"的排序规则信息传达给 Excel。

步骤 1 → 单击【文件】→【选项】，在弹出的【Excel 选项】对话框中单击【高级】选项卡，在【常规】中单击【编辑自定义列表】按钮，弹出【自定义序列】对话框，如图 5-16 所示。

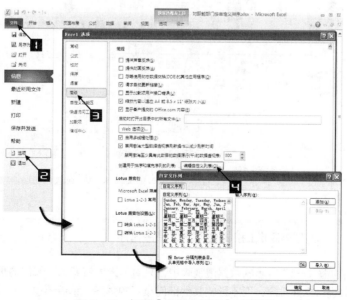

图 5-16　打开【自定义列表】对话框

步骤**2** → 在【自定义序列】对话框右侧的【输入序列】文本框中按部门顺序依次输入自定义序列的各个元素："行政部"、"人力资源部"、"公共宣传科"和"营业部",每个元素之间用英文半角逗号隔开,或者每输入一个元素后按<Enter>键。全部元素输入完成后单击【添加】按钮,最后单击【确定】按钮完成设置,此时,左侧的【自定义序列】列表中已经显示出用户自定义序列的内容,如图 5-17 所示,再次单击【确定】按钮关闭【Excel 选项】对话框。

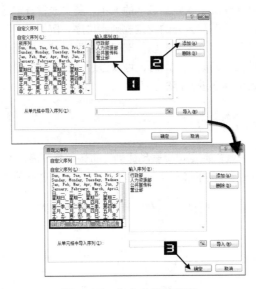

图 5-17 自定义部门顺序

自定义序列创建完成后,可以继续以下步骤,完成部门按自定义序列排序。

步骤**3** → 单击"部门"字段标题的下拉按钮,在弹出的快捷菜单中选择【升序】命令,此时,"部门"字段将按照对部门的自定义序列升序排序,如图 5-18 所示。

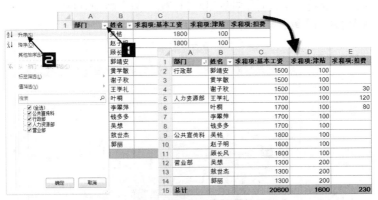

图 5-18 完成自定义排序的数据透视表

5. 按值排序

示例 5.10 对人力资源部员工按扣费汇总值降序排序

如果希望在如图 5-19 所示的数据透视表中,只对"人力资源部"部门的员工按"求和项:扣费"字段汇总值进行降序排序,而不影响其他部门员工的排序,请参照以下步骤。

图 5-19　排序前的数据透视表

步骤**1** → 选中"人力资源部"对应的"求和项：扣费"字段所在数值区域的任意单元格（如 E5），然后在【数据透视表工具】的【选项】选项卡中单击【排序】按钮，弹出【按值排序】对话框，如图 5-20 所示。

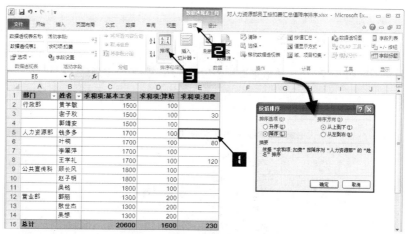

图 5-20　打开【按值排序】对话框

步骤**2** → 在【按值排序】对话框的【排序选项】中选择【降序】单选钮，单击【确定】按钮返回数据透视表，如图 5-21 所示。

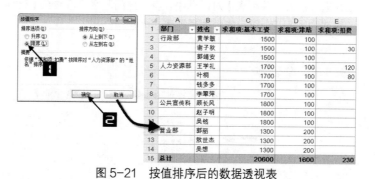

图 5-21　按值排序后的数据透视表

6. 关闭自动排序

如果用户希望关闭自动排序，可以在相应字段的【排序】对话框中的【排序选项】中选中【手动（可以拖动项目以重新编排）】单选钮，然后单击【确定】按钮关闭对话框，即可恢复到手动排序状态，如图 5-22 所示。

图 5-22　关闭自动排序

5.1.4　对报表筛选字段进行排序

在数据透视表中，用户不能直接对"报表筛选"字段进行排序，如希望对其进行排序，则需要先将"报表筛选"字段移动至"行标签"或"列标签"区域内进行排序，排序完成后再移动至"报表筛选"区域。

示例 5.11　对页字段进行排序

如果希望对如图 5-23 所示的数据透视表中的"部门"字段按降序进行排序，请参照以下步骤。

图 5-23　排序前的数据透视表

步骤 1➔ 在【数据透视表字段列表】对话框中，将"部门"字段移动至【行标签】区域内的首位，生成如图 5-24 所示的数据透视表。

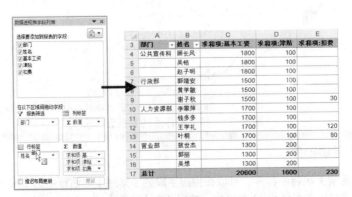

图 5-24　将"部门"字段移动至【行标签】区域内

步骤**2** → 单击"部门"字段标题的下拉按钮，在弹出的快捷菜单中选择【降序】命令，然后在【数据透视表数据列表】对话框中，将"部门"字段移动至【报表筛选】区域内，如图 5-25 所示。

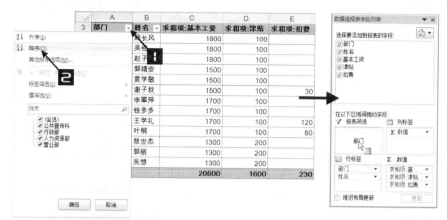

图 5-25　将"部门"字段移动至【报表筛选】区域内

最终完成的数据透视表如图 5-26 所示。

图 5-26　排序后的数据透视表

5.2　数据透视表筛选

5.2.1　利用字段的下拉列表进行筛选

示例 5.12　利用字段的下拉列表查询特定商品的报价

图 5-27 所示展示了一张由数据透视表创建的商品报价汇总表，如果希望查询"BJ-100"和"F-9051"两件商品以外的其他商品的报价情况，请参照以下步骤。

单击"商品名称"字段标题的下拉按钮，在弹出的快捷菜单中取消"BJ-100"和"F-9051"商品名称复选框的勾选，单击【确定】按钮完成对"商品名称"字段的筛选，如图 5-28 所示。

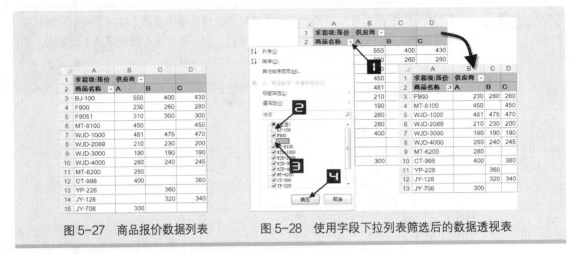

图 5-27 商品报价数据列表　　　　图 5-28 使用字段下拉列表筛选后的数据透视表

5.2.2 利用字段的标签进行筛选

示例 5.13 利用字段标签快速筛选字段的数据项

　　仍以图 5-28 所示的数据透视表为例，如果希望查询"商品名称"字段中以"WJD"开头的商品名称，请参照以下步骤。

　　单击"商品名称"字段标题的下拉按钮，在弹出的快捷菜单中选择【标签筛选】→【开头是】命令，在弹出的【标签筛选（商品名称）】对话框中的文本框中输入"WJD"，单击【确定】按钮完成对数据透视表的筛选，如图 5-29 所示。

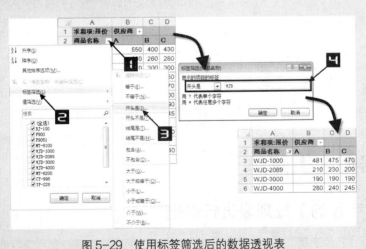

图 5-29 使用标签筛选后的数据透视表

5.2.3 使用值筛选进行筛选

1. 筛选最大前 5 项数据

示例 5.14 筛选累计金额前 5 名的业务员

　　如果希望对如图 5-30 所示的数据透视表中，筛选累计营业额前 5 名的营业员，请参照以下步骤。

求和项:金额	月份						
业务员	一月	二月	三月	四月	五月	六月	总计
敖世杰	160,219	83,608	184,334	156,546	159,859	152,404	896,970
顾长风	166,297	79,522	112,381	122,183	37,210	122,504	640,097
郭靖安	116,368	162,533	51,260	80,731	64,259	147,615	622,766
郭丽	121,965	44,378	44,615	106,023	110,913	51,598	479,492
何雪仪	41,522	124,751	70,480	34,678	98,288	123,368	493,087
黄学敏	50,449	124,044	147,706	145,604	83,415	122,355	673,573
李翠萍	40,861	195,463	135,102	91,311	132,801	176,379	771,917
钱多多	64,269	115,269	33,418	120,234	107,225	170,273	610,688
王学礼	45,619	54,876	165,783	159,001	95,713	111,930	632,922
吴铭	111,985	62,602	122,176	86,194	110,312	31,601	524,870
谢子秋	83,238	155,371	156,009	86,214	120,449	170,926	772,207
叶桐	33,373	48,798	97,228	163,849	133,385	123,668	600,301
张春豪	191,419	47,908	91,346	45,658	121,827	116,648	614,806
章子文	182,636	142,110	39,804	48,715	107,722	59,719	580,706
赵子明	93,739	180,717	76,168	178,595	146,188	126,258	801,665
总计	1,503,959	1,621,950	1,527,810	1,625,536	1,629,566	1,807,246	9,716,067

图 5-30　上半年营业额汇总数据列表

步骤1 → 单击"业务员"字段标题的下拉按钮，在弹出的快捷菜单中选择【值筛选】→【10个最大的值】命令，打开【前10个筛选（业务员）】对话框，如图5-31所示。

图 5-31　打开【前10个筛选】对话框

步骤2 → 在【前10个筛选（业务员）】对话框中，将【显示】的默认值10更改为5，单击【确定】按钮完成对累计营业额前5名业务员的筛选，如图5-32所示。

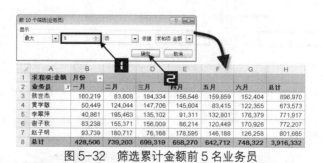

图 5-32　筛选累计金额前5名业务员

2. 筛选最小30%数据

示例 5.15　显示最小30%数据

仍以图5-30所示的数据透视表为例，如果希望查询累计金额最小30%的记录，请参照以下步骤。

步骤 1 → 重复操作示例 5.14 中的步骤 1。

步骤 2 → 在【前 10 个筛选（业务员）】对话框中左侧的下拉列表中选择【最小】，在中间的编辑框中输入 "30"，在右侧的下拉列表中选择 "百分比"，单击【确定】按钮完成筛选，如图 5-33 所示。

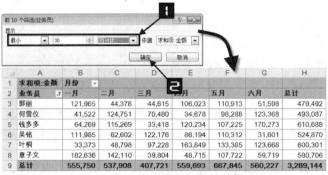

图 5-33　筛选最小 30% 的数据

5.2.4　使用字段的搜索文本框进行筛选

示例 5.16 筛选姓名中含 "子" 的业务员。

仍以图 5-30 所示的数据透视表为例，如果希望查询 "业务员" 字段中，姓名含 "子" 的业务员，请参照以下步骤。

单击 "业务员" 字段标题的下拉按钮，在弹出的快捷菜单中的【搜索】文本框里输入 "子"，单击【确定】按钮，完成对包含 "子" 业务员的筛选，如图 5-34 所示。

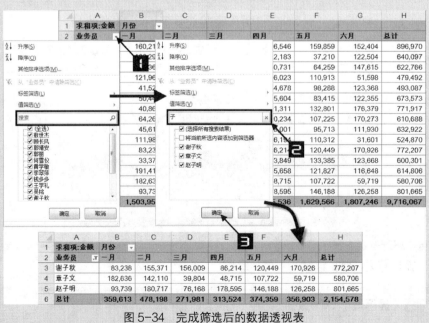

图 5-34　完成筛选后的数据透视表

5.2.5 自动筛选

示例 5.17　筛选一月金额超过 10 万的记录

仍以图 5-30 所示的数据透视表为例，如果希望查询一月份金额超过 10 万的记录，请参照以下步骤。

步骤 1 → 单击与数据透视表行总计标题（H2 单元格）相邻的单元格 I2，在【数据】选项卡中单击【筛选】按钮，如图 5-35 所示。

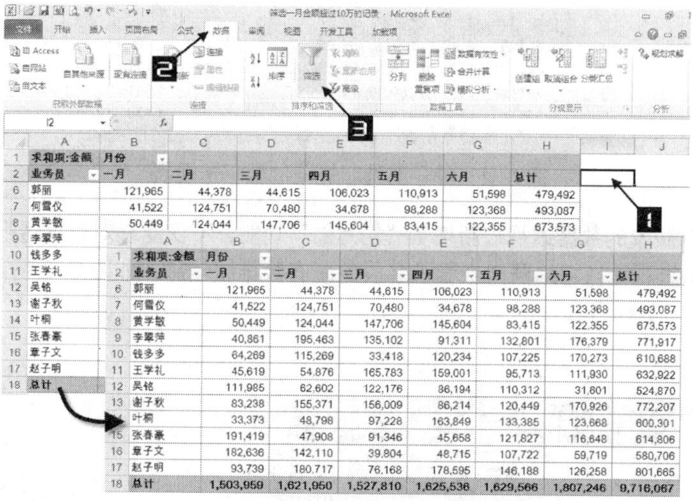

图 5-35　为数据透视表添加筛选按钮

步骤 2 → 单击"一月"的下拉按钮，在弹出的快捷菜单中选择【数字筛选】→【大于】命令，在弹出的【自定义自动筛选方式】对话框中的文本框中输入数值"100000"，单击【确定】按钮完成对数据透视表的筛选，如图 5-36 所示。

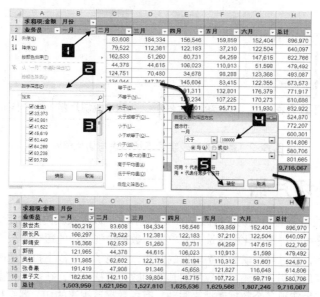

图 5-36　筛选一月金额超过 10 万的记录

第 6 章　数据透视表的切片器

在 Excel 2010 之前版本的数据透视表中，对某个字段进行筛选后，数据透视表显示的只是筛选后的结果，但如果需要看到对哪些数据项进行了筛选，只能到该字段的下拉列表中去查看，很不直观，如图 6-1 所示。

	A	B	C	D	E
1	国家/地区	美国			
2					
3	求和项:订单金额	列标签			
4	行标签	10月	11月	12月	总计
5	李小明	15416.45	15348.8	20848.1	51613.35
6	林彩瑜	17169.85	8221.3	9725	35116.15
7	潘金	24473.08	12075.71	27752.7	64301.49
8	总计	57059.38	35645.81	58325.8	151030.99

图 6-1　处于筛选状态下的数据透视表

Excel 2010 版本的数据透视表新增了"切片器"功能，不仅能够对数据透视表字段进行筛选操作，还可以非常直观地在切片器内查看该字段的所有数据项信息，如图 6-2 所示。

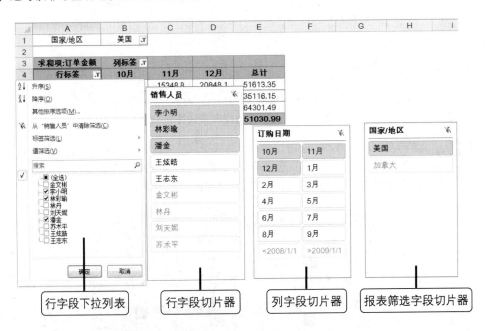

图 6-2　数据透视表字段下拉列表与切片器对比

6.1　什么是切片器

"切片"的概念就是将物质切成极微小的横断面薄片，以观察其内部的组织结构。数据透视表的切片器实际上就是以一种图形化的筛选方式单独为数据透视表中的每个字段创建一个选取器，浮动于数据透视表之上，通过对选取器中字段项的筛选，实现了比字段下拉列表筛选按钮更加方便灵活的筛选功能。共享后的切片器还可以应用到其他的数据透视表中，在多个数据透视表数据之间架起了一座桥梁，轻松地实现多个数据透视表联动。有关数据透视表的切片器结构如图 6-3 所示。

图 6-3　数据透视表的切片器结构

6.2　在数据透视表中插入切片器

在数据透视表中插入切片器可以通过两种方式来实现,一种方式是利用【数据透视表工具】来插入切片器,另一种方式是通过【插入】选项卡插入切片器。

示例 6.1　为自己的数据透视表插入第一个切片器

如果希望在如图 6-4 所示的数据透视表中分别插入"年份"和"用户名称"字段的切片器,请参照以下步骤。

步骤1 → 单击数据透视表中的任意单元格(如 B8),在【数据透视表工具】的【选项】选项卡下单击【插入切片器】下拉按钮,在弹出的下拉菜单中选择【插入切片器】命令,弹出【插入切片器】对话框,如图 6-5 所示。

图 6-4　数据透视表

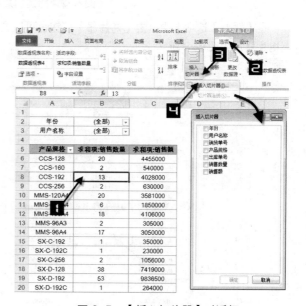

图 6-5　【插入切片器】对话框

步骤2 → 在【插入切片器】对话框内分别勾选"年份"和"用户名称"复选框,单击【确定】按钮完成切片器的插入,如图 6-6 所示。

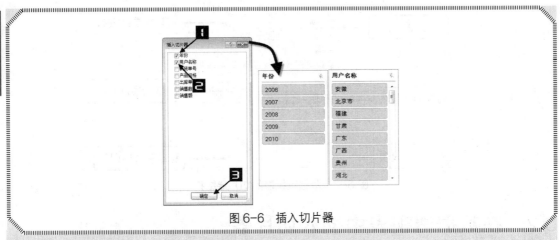

图 6-6　插入切片器

分别选择【年份】和【用户名称】切片器的字段项"2010"和"广西省"，数据透视表就会立即显示出筛选结果，如图 6-7 所示。

图 6-7　筛选切片器

在【插入】选项卡中单击【切片器】按钮也可以调出【插入切片器】对话框，为数据透视表插入切片器，如图 6-8 所示。

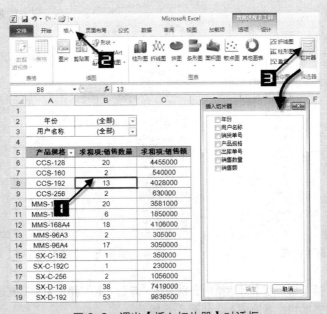

图 6-8　调出【插入切片器】对话框

6.3 筛选多个字段项

在切片器筛选框内，按下<Ctrl>键的同时可以选中多个字段项进行筛选，如图 6-9 所示。

图 6-9　切片器的多字段项筛选

6.3.1 共享切片器实现多个数据透视表联动

图 6-10 所示的数据透视表是依据同一个数据源创建的不同分析角度的数据透视表，对报表筛选字段"年份"在各个数据透视表中分别进行不同的筛选后，数据透视表显示出相应的结果。

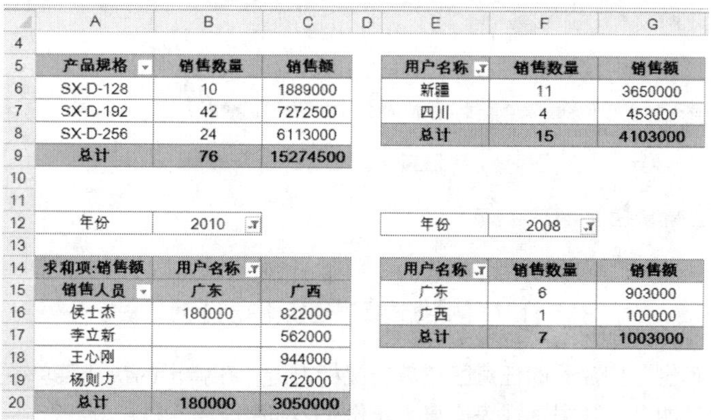

图 6-10　不同分析角度的数据透视表

示例 6.2 多个数据透视表联动

通过在切片器内设置数据透视表连接，使切片器实现共享，从而使多个数据透视表进行联动，每当筛选切片器内的一个字段项时，多个数据透视表同时刷新，显示出同一年份下的不同分析角度的数据信息，具体实现方法请参照以下步骤。

步骤1 → 在任意一个数据透视表中插入"年份"字段的切片器，如图 6-11 所示。

步骤2 → 在"年份"切片器的空白区域中单击鼠标，在【切片器工具】选项卡的【选项】子选项卡中单击【数据透视表连接】按钮，调出【数据透视表连接(年份)】对话框，如图 6-12 所示。

图 6-11 在其中一个数据透视表中插入切片器

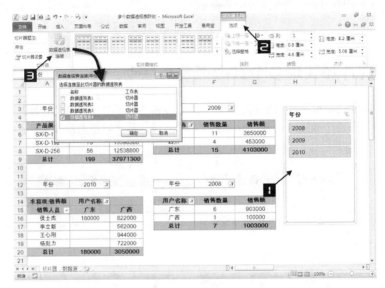

图 6-12 【数据透视表连接(年份)】对话框

此外，在"年份"切片器的任意区域单击鼠标右键，在弹出的快捷菜单中选择【数据透视表连接】命令，也可调出【数据透视表连接（年份）】对话框。

步骤3 → 在【数据透视表连接（年份）】对话框内分别勾选"数据透视表1"、"数据透视表2"和"数据透视表3"的复选框，最后单击【确定】按钮完成设置，如图 6-13 所示。

图 6-13 设置数据透视表连接

在"年份"切片器内选择"2008"字段项后，所有数据透视表都显示出 2008 年的数据，如图 6-14 所示。

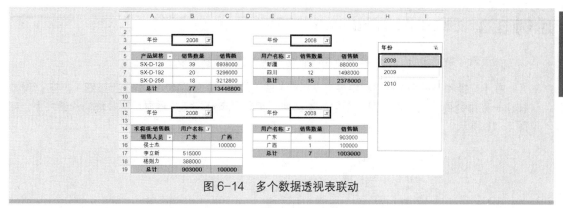

图 6-14 多个数据透视表联动

6.3.2 清除切片器的筛选器

清除切片器筛选器的方法较多，比较快捷的方法就是直接单击切片器内右上方的【清除筛选器】按钮，如图 6-15 所示。

或者，单击切片器，按下<Alt+C>组合键也可快速地清除筛选器。

此外在切片器内单击鼠标右键，在弹出的快捷菜单中选择【从"年份"中清除筛选器】命令也可以清除筛选器，如图 6-16 所示。

图 6-15 清除筛选器

图 6-16 清除筛选器

6.4 更改切片器的前后显示顺序

数据透视表中插入两个或两个以上的切片器后，切片器会被堆放在一起，有时会相互遮盖，最后插入的切片器将会浮动在所有切片器之上，如图 6-17 所示。

图 6-17 堆放在一起的切片器

示例 6.3　更改切片器的前后显示顺序

如果希望将"年份"切片器显示在所有切片器之上，请参照以下步骤。

在【选择和可见性】对话框中单击【年份】按钮，单击【重新排列】的向上按钮，将【年份】按钮一直排列到【工作表的图形】中的顶部即可实现"年份"切片器显示在其他切片器之上，如图 6-18 所示。

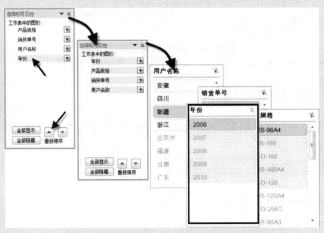

图 6-18　更改切片器的前后显示顺序

6.5　切片器字段项排序

在数据透视表中插入切片器后，用户还可以对切片器内的字段项进行排序，便于在切片器内查看和筛选项目。

6.5.1　对切片器内的字段项进行升序和降序排列

如图 6-19 所示的切片器字段项按年份升序排列，如果希望按年份进行降序排列，请参照以下步骤。

在切片器内的任意区域上单击鼠标右键，在弹出的快捷菜单中选择【降序】命令，即可对切片器内的年份字段项降序排列，如图 6-20 所示。

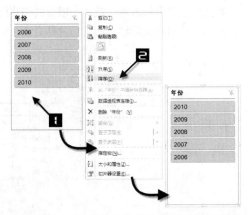

图 6-19　切片器内字段项按年份升序排列　　　图 6-20　对切片器内的字段项进行降序排列

另外，在【切片器设置】对话框内的【项目排序和筛选】选项区中选择【降序(Z 至 A)】选项，也可对切片器内年份字段项降序排列，如图 6-21 所示。

图 6-21 对切片器内的字段项进行降序排列

6.5.2 对切片器内的字段项进行自定义排序

切片器内的字段项还可以按照用户设定好的自定义顺序进行排序。如图 6-22 所示，切片器内"工作岗位"字段项包括了"总经理"、"副总经理"、"经理"等，如果要按照职位高低的顺序来排序，那么利用 Excel 默认的排序规则是无法完成的。

图 6-22 自定义排序前的切片器

示例 6.4 切片器自定义排序

通过"自定义序列"的方法来创建一个特殊的顺序，并要求 Excel 根据这个顺序进行排序就可以对切片器内的字段项进行自定义排序了，具体方法请参照如下步骤。

步骤 1 → 在工作表中添加"总经理"、"副总经理"、"经理"、"组长"和"员工"职务大小的自定义序列，如图 6-23 所示，添加方法请参阅示例 5.9。

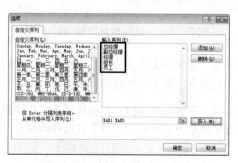

图 6-23 添加职务大小序列

步骤 2 → 在切片器内的任意区域上单击鼠标右键，在弹出的快捷菜单中选择【升序】命令，即可对切片器内"工作岗位"字段项按职务大小的自定义顺序进行排序，如图 6-24 所示。

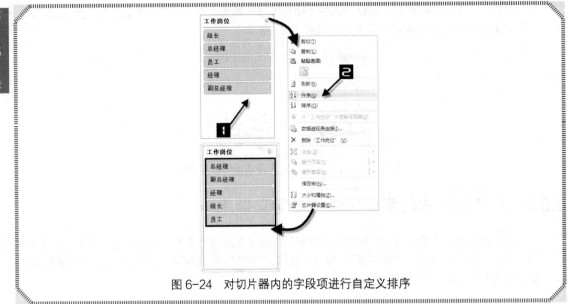

图 6-24　对切片器内的字段项进行自定义排序

6.5.3　不显示从数据源删除的项目

数据透视表插入切片器后，如果删除了数据源中一些不再需要的数据，数据透视表被刷新后，删除的数据也从数据透视表中清除了，但是切片器中仍然存在着被删除的数据项，这些字段项呈现灰色不可筛选状态，如图 6-25 所示。

当数据源频繁地进行添加、删除数据等变动时，切片器中的列表项会越来越多，不利于切片器的筛选，在切片器中不显示从数据源删除的项目的方法如下。

在切片器内单击鼠标右键，在弹出的快捷菜单中选择【切片器设置】命令，在弹出的【切片器设置】对话框中取消对【显示从数据源删除的项目】复选框的勾选，最后单击【确定】按钮完成设置，如图 6-26 所示。

注意 → 在切片器内进行的排序和不显示数据源删除项目的操作均不会影响数据透视表，如果希望数据透视表与切片器保持一致的操作结果，还需在数据透视表中进一步操作。

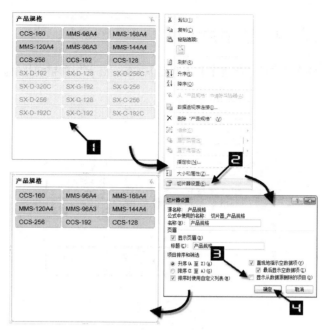

图 6-26　不显示从数据源删除的项目

6.6　设置切片器样式

6.6.1　多列显示切片器内的字段项

切片器内的字段项如果过多，筛选数据的时候必须借助切片器内的字段项滚动条来进行，不利于筛选，如图 6-27 所示。

此时，完全可以将字段项在切片器内进行多列显示，来增加字段项的可选性。

在切片器字段项外的任意区域中单击鼠标右键调出【切片器工具】，在【选项】选项卡中将【按钮】组中【列】的数字调整为 3，切片器内的字段项被排列为 3 列，如图 6-28 所示。

图 6-27　字段项很多的切片器

图 6-28　多列显示切片器内的字段项

第
6
章

6.6.2 更改切片器内字段项的大小

通过调整【按钮】组中的【高度】和【宽度】按钮，还可以调整切片器内字段项的高度和宽度的大小，如图6-29所示。

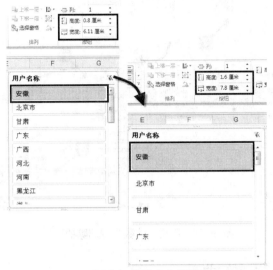

图6-29 更改切片器内字段项的大小

6.6.3 更改切片器的大小

通过拖动切片器边框上面的调整边框可以增大或缩小切片器的边界轮廓用于更改切片器的大小，如图6-30所示。

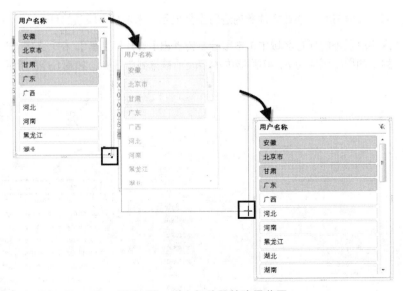

图6-30 增大切片器的边界范围

通过调整【大小】组中的【高度】和【宽度】按钮，也可以调整切片器边界轮廓的大小，如图6-31所示。

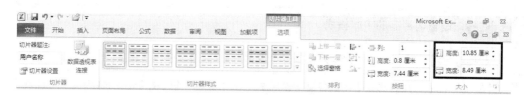

图 6-31　调整切片器的边界范围

6.6.4　切片器自动套用格式

【切片器工具】中的【选项】选项卡下的【切片器样式】样式库中提供了 14 种可供用户套用的切片器样式，其中浅色 8 种、深色 6 种，如图 6-32 所示。

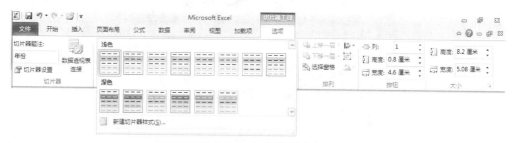

图 6-32　切片器样式库

在切片器字段项外的任意区域中单击鼠标右键调出【切片器工具】，在【选项】选项卡中单击【切片器样式】的下拉按钮，在弹出的下拉菜单中选择"切片器样式深色 6"样式，此时切片器就被套用了预设的深色 6 样式，如图 6-33 所示。

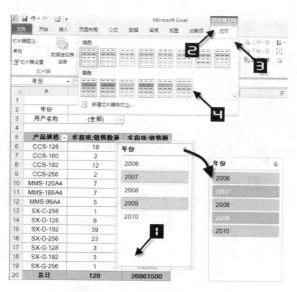

图 6-33　切片器自动套用格式

6.6.5　设置切片器的字体格式

切片器的字体格式、字体颜色、填充样式等样式设置不能直接通过【开始】选项卡上的命令按钮来进行设置，而是必须在【切片器工具】下的【切片器样式】中进行设置。

示例 6.5 设置切片器的字体格式

如果希望将切片器中的默认字体更改为"华文行楷",请参照以下步骤。

步骤1 → 在【切片器样式】中的任意一个样式上单击鼠标右键,在弹出的快捷菜单中选择【复制】命令,打开【修改切片器快速样式】对话框,如图 6-34 所示。

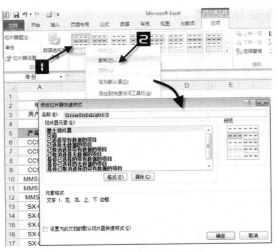

图 6-34 复制切片器样式

步骤2 → 在【修改切片器快速样式】对话框选中的【切片器元素】列表中的【整个切片器】选项,单击【格式】按钮,打开【格式切片器元素】对话框。单击【字体】选项卡,在【字体】下拉列表中选择"华文行楷",单击【确定】按钮完成"格式切片器元素"设置,如图 6-35 所示。

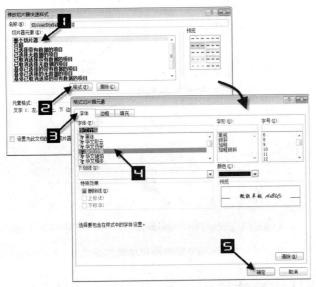

图 6-35 更改切片器中的默认字体为"华文行楷"

步骤3 → 单击【确定】按钮关闭【修改切片器快速样式】对话框,完成切片器自定义格式设置,如图 6-36 所示。

图 6-36　设置切片器的字体格式

步骤 4 → 单击【切片器样式】库中的【自定义】样式，套用自定义的切片器字体格式，如图 6-37 所示。

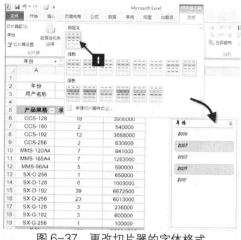

图 6-37　更改切片器的字体格式

6.7　更改切片器的名称

在【切片器工具】的【选项】选项卡下，单击【切片器设置】按钮，弹出【切片器设置】对话框，在【标题】文本框中将"年份"更改为"销售年份"即可更改切片器的名称为"销售年份"，如图 6-38 所示。

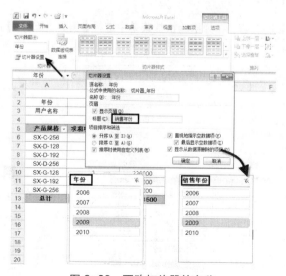

图 6-38　更改切片器的名称

在【切片器工具】的【选项】选项卡下的【切片器题注：】文本框中也可以直接将"年份"更改为"销售年份"，快速地改变切片器的名称，如图 6-39 所示。

6.8 隐藏切片器

当用户暂时不需要显示切片器的时候也可以将切片器隐藏，需要显示的时候再调出切片器。

在切片器字段项外的任意区域中单击鼠标调出【切片器工具】，在【选项】选项卡中单击【选择窗格】按钮调出【选择和可见性】对话框，在对话框中单击【全部隐藏】按钮，此时切片器被隐藏，【选择和可见性】对话框中【工作表的图形】中的"眼睛"图标变为白色的关闭状态，如图 6-40 所示。

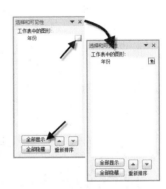

图 6-39　更改切片器的名称

调出【选择和可见性】对话框后也可以在对话框内直接单击"眼睛"图标隐藏切片器。

如果要显示切片器，在【选择和可见性】对话框中单击【全部显示】按钮或图标即可显示切片器，如图 6-41 所示。

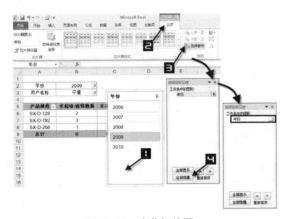

图 6-40　隐藏切片器

图 6-41　显示切片器

6.9 删除切片器

在切片器内单击鼠标右键，在弹出的快捷菜单中选择【删除"年份"】命令可以删除创建的切片器，如图 6-42 所示。

图 6-42　删除切片器

第 7 章 数据透视表的项目组合

虽然数据透视表提供了强大的分类汇总功能，但是由于数据分析需求的多样性，使得数据透视表常规的分类汇总方式不能适用所有的应用场景。为了应对这种情况，数据透视表还提供了一项非常有用的功能，即项目组合。它可以通过对数字、日期和文本等不同类型的数据项采取多种组合方式，大大增强了数据透视表分类汇总的适应性。

本章学习要点：

● 手动组合与自动组合。

● 取消项目组合。

● 利用函数辅助完成数据项组合。

7.1 手动组合数据透视表内的数据项

示例 **7.1** 将销售汇总表按商品大类组合

图 7-1 所示展示了一张由数据透视表创建的销售汇总表，其中"商品"字段数据项的名称命名规则为"商品品牌+型号+商品分类"。如果希望根据"商品"字段的数据项命名规则来生成"商品分类"，请参照以下步骤。

	A	B	C	D
1	商品	单价	数量	金额
12	密仕3200plus收款机	500	35	17,500
13	密仕MT-6100打卡钟	450	5	2,250
14	密仕MT-6200打卡钟	880	16	14,080
15	密仕MT-8100打卡钟	340	27	9,180
16	密仕MT-8800打卡钟	400	5	2,000
17	密仕S120碎纸机	760	9	6,840
18	密仕S320碎纸机	1,070	14	14,980
19	密仕S430碎纸机	740	20	14,800
20	中齐110收款机	610	12	7,320
21	中齐3000收款机	380	18	6,840
22	中齐310打卡钟	640	23	14,720
23	中齐350打卡钟	880	14	12,320
24	中齐868收款机	920	13	11,960
25	总计		364	233,460

图 7-1 销售汇总数据列表

步骤 1 → 单击"商品"字段标题的下拉按钮，在弹出的快捷菜单中依次选择【标签筛选】→【结尾是】命令，然后在弹出的【标签筛选(商品)】对话框中输入"打卡钟"，最后单击【确定】按钮返回数据透视表，如图 7-2 所示。

步骤 2 → 单击"商品"字段标题，在【数据透视表工具】的【选项】选项卡中单击【选择】按钮，在弹出的扩展菜单中单击【启用选定内容】命令，选中整个"商品"字段项，接下来单击【将所选内容分组】按钮生成"商品2"字段，如图 7-3 所示。

步骤 3 → 将"商品2"字段标题修改为"商品分类"，"数据组1"字段项名称修改为"打卡钟"。

步骤 4 → 重复步骤1、步骤2和步骤3的操作，对其余商品数据项进行分组，最后为"商品分类"字段添加分类汇总项，得到不同商品分类的销售汇总情况，最终完成后的数据透视表如图 7-4 所示。

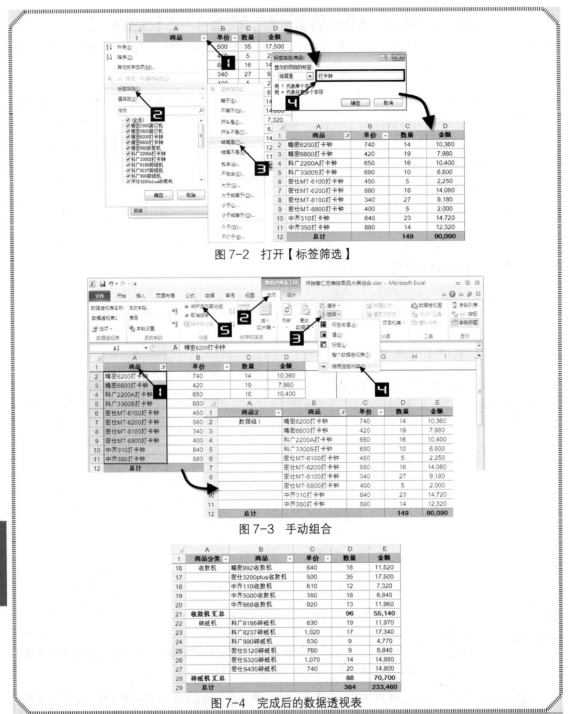

图 7-2 打开【标签筛选】

图 7-3 手动组合

图 7-4 完成后的数据透视表

　　手动组合方式使用比较灵活，主要适用于组合分类项不多的情况。缺点是如果数据记录太多则操作繁琐，且一旦有新增数据项不在已创建组合的范围内，则需要重新进行组合。

7.2 自动组合数据透视表内的数值型数据项

　　如果字段的组合有规律，使用数据透视表的自动组合往往比使用手动组合更快速、高效，适应性更强。

7.2.1 按等距步长组合数值型数据项

示例 7.2 按年龄分段统计在职员工人数

图 7-5 所示展示了一张在职员工年龄人数统计的数据透视表。如果希望对在职员工的年龄以 5 年为区间统计各阶段年龄人数，请参照以下步骤。

计数项:姓名	部门					
年龄	采购部	公共宣传科	人事部	设计部	营业部	总计
45			1			1
48	1				1	3
49	1					1
50				1		1
51			1		1	2
52			1			1
53			1			1
54	2			1		3
56					2	2
57		1			1	2
58				2		2
59					1	1
总计	9	7	9	8	7	40

图 7-5　待组合的数据透视表

步骤 1 → 选中"年龄"字段的字段标题或其任意的一个字段项（如 A19），单击鼠标右键，在弹出的快捷菜单中选择【创建组】命令，在弹出的【组合】对话框中保持【起始于】和【终止于】文本框的值不变，将【步长】值修改为 5，单击【确定】按钮完成对"年龄"字段的自动组合，如图 7-6 所示。

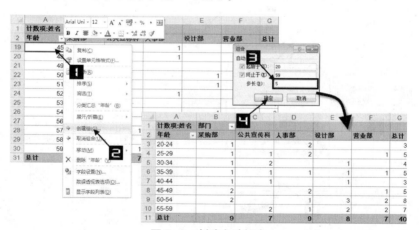

图 7-6　创建自动组合

步骤 2 → 修改组合后"年龄"字段的字段标题为"年龄段"，最终完成的数据透视表如图 7-7 所示。

计数项:姓名	部门					
年龄段	采购部	公共宣传科	人事部	设计部	营业部	总计
20-24	1		2			3
25-29	1	1	2		1	5
30-34	1	2		1		4
35-39	1		1		1	5
40-44	1	1		1		3
45-49	2		2		1	5
50-54	2		1	3	2	8
55-59		2	1	2	2	7
总计	9	7	9	8	7	40

图 7-7　最终完成的数据透视表

7.2.2 组合数据透视表内的日期数据项

对于日期型数据项，数据透视表提供了更多的自动组合选项，可以按日、月、季度和年等多种时间单位进行组合。

1. 按年月组合数据透视表中的日期字段

示例 7.3 按年月分类汇总销售日报表

图 7-8 所示展示了一张统计业务员业绩的数据透视表，如果希望查询不同年、月下业务员的业绩汇总情况，请参照以下操作步骤。

选中"日期"字段的字段标题或任意字段项（如A2），在【数据透视表工具】的【选项】选项卡中单击【将字段分组】按钮，在弹出的【分组】对话框中，保持【起始于】和【终止于】文本框的值不变，在【分组】对话框的【步长】选择框中，分别单击"月"和"年"选项，单击【确定】按钮完成"日期"字段自动组合，如图7-9所示。

	A	B	C	D	E	F
1	金额	业务员				
2	日期	李四	钱枫	王五	张三	总计
291	2012/7/25			190	1,200	1,390
292	2012/7/27	4,928		76		5,004
293	2012/7/28	2,430				2,430
294	2012/7/29	2,650				2,650
295	2012/7/30	4,760			1,950	6,710
296	2012/7/31			3,700		3,700
297	2012/8/1	5,020			9,640	14,660
298	2012/8/2				5,170	6,050
299	2012/8/3	8,000	7,800	125	3,830	19,755
300	2012/8/5	1,300				1,300
301	2012/8/6	50		1,240		1,290
302	2012/8/7	50		1,900		1,950
303	总计	416,974	199,228	330,255	485,442	1,431,898

图 7-8 待组合的数据透视表

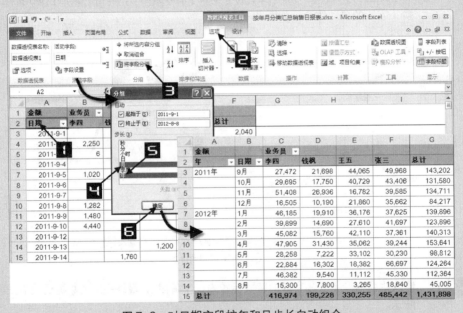

图 7-9 对日期字段按年和月步长自动组合

> **注意** ➜ 如果数据透视表中的日期是跨年度的，那么在数据透视表中按"月"进行组合时务必同时也按"年"进行组合，否则不同年份的相同月份的数据也将被组合到一起。

2. 按周组合数据透视表中的日期字段

数据透视表还允许按周对日期字段进行组合，形成数据分析周报。

示例 **7.4** 按周分类汇总销售日报表

如果希望在图 7-8 所示的销售日报表中，对 2012 年 1 月 2 日以后的数据进行按周显示，请参照以下步骤。

选中"日期"字段的任意一个字段项（如 A24），单击鼠标右键，在弹出的快捷菜单中选择【创建组】命令，在【分组】对话框中的【自动】选项区下的【起始于】文本框内输入"2012-1-2"，在【步长】选择框内通过单击"月"取消对"月"选项的默认选中，再单击"日"选项，然后在【天数】文本框中输入"7"，最后单击【确定】按钮完成日期字段的自动组合，如图 7-10 所示。

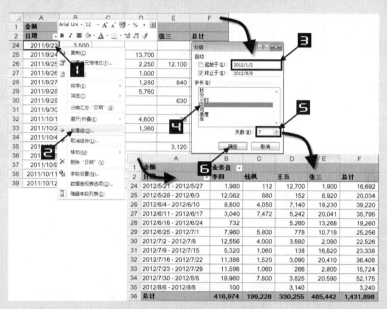

图 7-10　按周组合日期字段

提示

通常情况下，起始日期应设置为星期一。

注意 →

自动组合之前必须保证组合字段数据类型一致，如对日期组合，则组合字段中不能存在日期类型以外的数据类型（如文本或数字，但空值除外），否则【将字段分组】按钮为灰色不可用状态，此外，自动组合和计算项不能一起使用。

7.3　取消项目的组合

7.3.1　取消项目的自动组合

示例 **7.5** 取消销售报表中的自动组合

图 7-11 所示的数据透视表中的日期项是通过自动组合创建的，通过以下步骤可以取消对日期项的组合。

金额	业务员				
日期	李四	钱枫	王五	张三	总计
24	2012/5/21 - 2012/5/27	1,980	112	12,700	1,900	16,692
25	2012/5/28 - 2012/6/3	12,082	880	152	6,920	20,034
26	2012/6/4 - 2012/6/10	8,800	4,050	7,140	19,230	39,220
27	2012/6/11 - 2012/6/17	3,040	7,472	5,242	20,041	35,795
28	2012/6/18 - 2012/6/24	732		5,260	13,268	19,260
29	2012/6/25 - 2012/7/1	7,960	5,800	778	10,718	25,256
30	2012/7/2 - 2012/7/8	12,556	4,000	3,880	2,090	22,526
31	2012/7/9 - 2012/7/15	5,320	1,060	138	16,820	23,338
32	2012/7/16 - 2012/7/22	11,388	1,520	3,090	20,410	36,408
33	2012/7/23 - 2012/7/29	11,598	1,060	266	2,800	15,724
34	2012/7/30 - 2012/8/5	19,960	7,800	3,825	20,590	52,175
35	2012/8/6 - 2012/8/8	100			3,140	3,240
36	总计	416,974	199,228	330,255	485,442	1,431,898

图 7-11　包含自动组合的数据透视表

方法 1　单击数据透视表中"日期"字段的字段标题或其任意一个字段项（如 A24），在【数据透视表工具】的【选项】选项卡中单击【取消组合】按钮即可取消对日期项的组合，如图 7-12 所示。

图 7-12　通过功能区按钮取消选定字段的自动组合

方法 2　在数据透视表"日期"字段中任意一个字段项上（如 A24）单击鼠标右键，在弹出的快捷菜单中选择【取消组合】命令，也可以取消对日期项的组合，如图 7-13 所示。

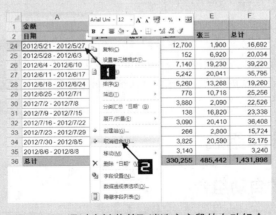

图 7-13　通过右键菜单取消选定字段的自动组合

7.3.2　取消手动组合

取消手动组合分为局部取消组合项和完全取消组合项两种，操作方法大致相同。

1. 局部取消手动组合项

图 7-14 所示的数据透视表对"商品分类"字段应用了手动组合，如果用户只希望取消"商品分类"字段中的"收款机"数据项的组合，请参照以下步骤。

选中"商品分类"字段中的"收款机"字段项（如 A16），单击鼠标右键，在弹出的快捷菜单中选择【取消组合】命令，如图 7-15 所示。

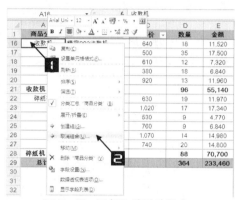

图 7-14　包含手动组合的数据透视表　　　　图 7-15　局部取消手动组合

注意 →　只有对手动组合的项目才能进行局部取消组合的操作。

2. 完全取消手动组合

如果希望完全取消手动组合，只需在应用组合的字段标题上（如 A1）单击鼠标右键，在弹出的快捷菜单中选择【取消组合】命令即可，如图 7-16 所示。

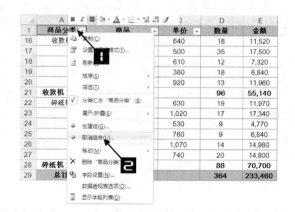

图 7-16　完全取消手动组合

7.4　在项目组合中运用函数辅助处理

使用分组功能对数据透视表中的数据项进行组合，存在着诸多的限制，有时不能按照用户的意愿进行组合，不利于对数据的分析整理，如果结合函数对数据源进行辅助处理，则可以大大增强数据透视表组合的适用性，通常可以满足各种分析需求。

7.4.1 按不等距步长自动组合数值型数据项

在数据透视表中对于不等距步长的数值型数据项的组合，往往需要用手动组合的方式来完成，如果数据透视表中需要手动组合的数据量很多则会带来操作上的繁琐。通过在数据源中添加函数辅助列的方式可以轻松解决这类问题。

示例 7.6 按旬分段统计每月出租单位人员的租住情况

图 7-17 所示展示了某街道办 2011 年辖区内出租人口登记数据列表，如果希望按上中下旬分段统计每月出租单位人员的租住情况，请参照以下步骤。

图 7-17　出租人口登记数据列表

步骤1 在"出租人口登记表"工作表中的 H1 单元格输入"旬"，在 H2 单元格中输入公式，并将公式复制到 H190 单元格，如图 7-18 所示。

$$H2=IF(DAY(A2)<=10,"上旬",IF(DAY(A2)<=20,"中旬","下旬"))$$

图 7-18　添加辅助公式

公式解析：该公式利用 DAY 函数返回日期的天数，再用 IF 函数将天数与旬段值比较，从而获得该日期所属的旬段。

步骤2 以添加"旬"辅助列的"出入人口登记表"工作表 A1:H190 单元格区域为数据源，创建如图 7-19 所示的数据透视表。

步骤3 对数据透视表的"日期"字段以步长为"月"进行自动组合，最终完成的数据透视表如图 7-20 所示。

	A	B	C	D	E
1	求和项:租住人数	旬			
2	日期	上旬	下旬	中旬	总计
145	2011/12/3	4			4
146	2011/12/5	4			4
147	2011/12/11			6	6
148	2011/12/12			4	4
149	2011/12/13			9	9
150	2011/12/14			2	2
151	2011/12/19			3	3
152	2011/12/20			3	3
153	2011/12/21		4		4
154	2011/12/22		1		1
155	2011/12/27		4		4
156					
157	总计	159	219	199	577

图 7-19　创建数据透视表

	A	B	C	D	E
1	求和项:租住人数	旬			
2	日期	上旬	下旬	中旬	总计
3	1月	12	4	16	32
4	2月	3	19	19	41
5	3月	23	21	26	70
6	4月	22	14	14	50
7	5月	12	13	24	49
8	6月	13	23	6	42
9	7月	23	28	12	63
10	8月	9	6	4	19
11	9月	19	35	18	72
12	10月	2	29	13	44
13	11月	9	18	17	44
14	12月	12	9	31	52
15	总计	159	219	199	577

图 7-20　最终完成的数据透视表

7.4.2　按条件组合日期型数据项

在数据透视表中，日期型字段可以使用年、月、日等多个日期单位进行自动组合，但对于需要跨月交叉进行组合的日期时，难以使用自动组合的方法来实现，下面介绍一种可以快速实现的方法解决这种情况。

示例 7.7　制作跨月月结汇总报表

图 7-21 展示了某企业与物流公司的业务往来数据列表，该企业与物流公司的结算方式为月结，结算周期为每月 26 日至其下月的 25 日，结算日为每月的 26 日，如果希望根据此月结方式来统计每月月结报表，请参照以下步骤。

	A	B	C	D
1	日期	单号	物流公司	运费
1222	2012/5/5	39852123	全路通快递	135
1223	2012/5/5	54431169	枫和货运	230
1224	2012/5/5	66031040	枫和货运	253
1225	2012/5/6	16172004	全路通快递	24
1226	2012/5/6	19001630	全路通快递	82
1227	2012/5/6	34127785	全通快递	196
1228	2012/5/6	52827795	全路通快递	142
1229	2012/5/6	53135799	路顺快递	58
1230	2012/5/6	53640807	路顺快递	292
1231	2012/5/7	01838047	日日通物流	183
1232	2012/5/7	03589092	科韵物流	293
1233	2012/5/7	35026855	富顺快递	250
1234	2012/5/7	70048239	科韵物流	200
1235	2012/5/7	70063223	全路通快递	42

图 7-21　货运记录数据列表

步骤 1　修改 E1 单元格内容为"年份"，在 E2 单元格输入以下公式，并复制到 E1235 单元格。

E2=IF(AND(MONTH(A2)=12,DAY(A2)>=26),YEAR(A2)+1,YEAR(A2))

修改 F1 单元格内容为"月份"，在 F2 单元格输入以下公式，并复制到 F1235 单元格，如图 7-22 所示。

F2=IF(AND(MONTH(A2)=12,DAY(A2)>=26),1,IF(DAY(A2)<=25,MONTH(A2),MONTH(A2)+1))

公式解析：第一个公式通过 YEAR 函数返回日期的年份值，MONTH 函数返回日期的月份值，再通过 IF 函数来判断，对于月份值等于 12，且日期的天数值大于等于 26 的日期记录，归纳到下一年，否则归纳到本年年份。同理，使用第二个公式将月份值等于 12，且日期的天数值大于等于 26 的日期记录归纳到下一月，否则归纳到本月中。

第 7 章

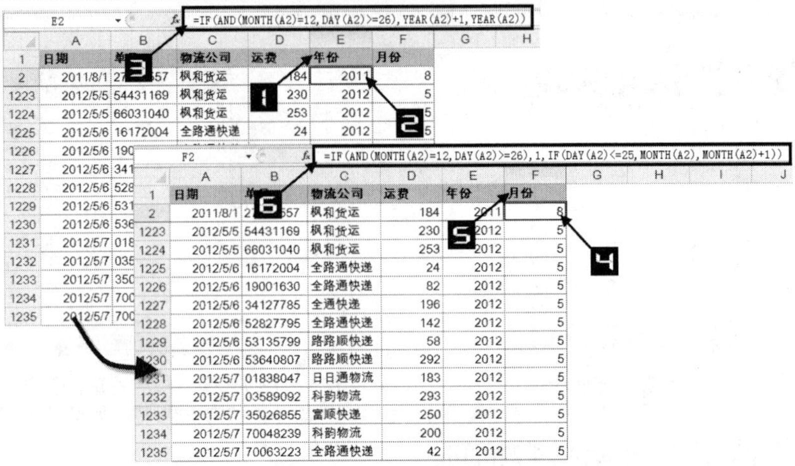

图 7-22　添加辅助公式

步 骤 2 → 以添加了"年份"和"月份"辅助列的"物流记录"工作表的 A1:F1235 单元格区域
为数据源创建如图 7-23 所示的数据透视表。

	A	B	C
1	物流公司	(全部)	
2			
3	年份	月份	求和项:运费
4	⊟2011	8	16495
5		9	18737
6		10	15864
7		11	18172
8		12	18487
9	⊟2012	1	20719
10		2	24801
11		3	20906
12		4	24731
13		5	9073
14	总计		187985

图 7-23　创建数据透视表

第 **7** 章

第 8 章　在数据透视表中执行计算

本章将介绍在不改变数据源的前提下，在数据透视表的数值区域中设置不同的值显示方式。另外，通过对数据透视表现有字段进行重新组合形成新的计算字段和计算项，还可以进行计算平均单价、奖金提成、账龄分析、预算控制和存货管理等多种数据分析。

8.1　对同一字段使用多种汇总方式

在默认状态下，数据透视表对数值区域中的数值字段使用求和方式汇总，对非数值字段则使用计数方式汇总。

事实上，除了"求和"和"计数"以外，数据透视表还提供了多种汇总方式，包括"平均值"、"最大值"、"最小值"和"乘积"等。

如果要设置汇总方式，可在数据透视表数值区域中的任意单元格上（如 C5）单击鼠标右键，在弹出的快捷菜单中选择【值汇总依据】→【平均值】命令，如图 8-1 所示。

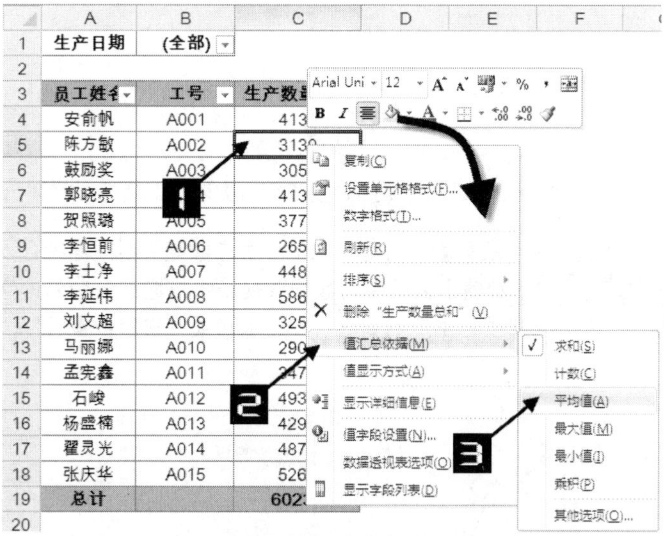

图 8-1　设置数据透视表值汇总方式

用户可以对数值区域中的同一个字段同时使用多种汇总方式。要实现这种效果，只需在【数据透视表字段列表】内将该字段多次添加进【∑数值】区中，并利用【值汇总依据】命令选择不同的汇总方式即可。

示例 8.1　多种方式统计员工的生产数量

如果希望对如图 8-2 所示的数据透视表进行员工生产数量的统计，同时求出每个员工的产量总和、平均产量、最高和最低产量，请参照以下步骤进行。

图 8-2 对同一字段应用多种汇总方式的数据透视表

步骤1 在数据透视表内的任意单元格上（如 A4）单击鼠标右键，在弹出的快捷菜单中选择
【显示字段列表】命令，如图 8-3 所示。

图 8-3 调出【数据透视表字段列表】对话框

步骤2 将【数据透视表字段列表】对话框内的"生产数量"字段连续 3 次拖入【数据透视表
字段列表】的【∑数值】区域中，数据透视表中将增加 3 个新的字段"求和项：生产
数量 2"、"求和项：生产数量 3"和"求和项：生产数量 4"，如图 8-4 所示。

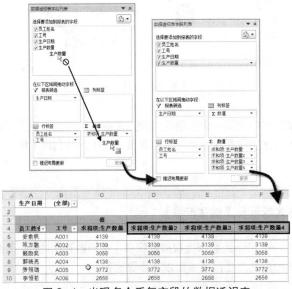

图 8-4 出现多个重复字段的数据透视表

步骤**3** → 在字段"求和项：生产数量2"上单击鼠标右键，在弹出的快捷菜单中选择【值字段设置】命令，弹出【值字段设置】对话框，在【值汇总方式】选项卡中选中"平均值"作为值字段汇总方式，在【自定义名称】文本框中输入"平均产量"，单击【确定】按钮关闭【值字段设置】对话框，如图8-5所示。

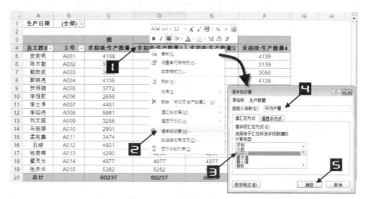

图 8-5　设置生产数量的汇总方式为平均值

步骤**4** → 值汇总方式变更后的数据透视表，如图8-6所示。

		值			
员工姓名	工号	求和项:生产数量	平均产量	求和项:生产数量3	求和项:生产数量4
安俞帆	A001	4139	517.375	4139	4139
陈方敏	A002	3139	392.375	3139	3139
戴励奖	A003	3058	382.25	3058	3058
鄞琇亮	A004	4138	517.25	4138	4138
贺照璠	A005	3772	471.5	3772	3772
李恒前	A006	2658	332.25	2658	2658
李士净	A007	4481	560.125	4481	4481
李延伟	A008	5861	732.625	5861	5861
刘文飓	A009	3256	407	3256	3256
马丽娜	A010	2901	362.625	2901	2901
孟宪鑫	A011	3474	434.25	3474	3474
石峻	A012	4931	616.375	4931	4931
杨盛辉	A013	4290	536.25	4290	4290
瞿灵光	A014	4877	609.625	4877	4877
张庆华	A015	5262	657.75	5262	5262
总计		60237	501.975	60237	60237

图 8-6　数据透视表统计生产数量的平均值

步骤**5** → 重复步骤4，依次将"求和项：生产数量3"字段的值汇总方式设置为"最大值"，【自定义名称】更改为"最大产量"；将"求和项：生产数量4"字段的值汇总方式设置为"最小值"，【自定义名称】更改为"最小产量"，如图8-7所示。

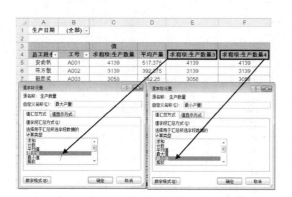

图 8-7　设置数据透视表字段的汇总方式

最后将"求和项:生产数量"字段名称更改为"生产数量总和",最终完成的数据透视表,如图8-8所示。

	A	B	C	D	E	F
1	生产日期	(全部) ▾				
2						
3			值			
4	员工姓名 ▾	工号 ▾	生产数量总和	平均产量	最大产量	最小产量
5	安俞帆	A001	4,139	517	955	38
6	陈方敏	A002	3,139	392	681	2
7	蔽励奖	A003	3,058	382	967	52
8	郭晓亮	A004	4,138	517	906	193
9	贺照璐	A005	3,772	472	851	48
10	李恒前	A006	2,658	332	778	56
11	李士净	A007	4,481	560	862	164
12	李延伟	A008	5,861	733	991	28
13	刘文超	A009	3,256	407	980	62
14	马丽娜	A010	2,901	363	991	11
15	孟宪鑫	A011	3,474	434	957	9
16	石峻	A012	4,931	616	886	247
17	杨盛耀	A013	4,290	536	950	116
18	翟灵光	A014	4,877	610	875	154
19	张庆华	A015	5,262	658	903	209
20	总计		60,237	502	991	2

图 8-8　同一字段使用多种汇总方式

8.2　更改数据透视表默认的字段汇总方式

当数据列表中的某些字段存在空白单元格或文本型数值时,如果将该字段布局到数据透视表的数值区域中,默认的汇总方式便为"计数"。如果需要将字段的汇总方式更改为"求和",通常需要对每个字段逐一进行设置,非常烦琐,此时可以借助其他方法来快速实现这样的更改。

示例8.2　更改数据透视表默认的字段汇总方式

图 8-9 所示的数据列表中包含许多空白单元格,并且 M 列中的数值是以文本方式保存的(单元格左上角有绿色三角标志),如果以此数据列表为数据源创建数据透视表,并且需要数据透视表数值区域中字段的汇总方式默认为"求和"而非"计数",请参照以下步骤。

步骤1→ 在图 8-9 所示的数据列表区域中第一行的空白单元格 F2、J2 中输入数值 0。

	A	E	F	G	H	I	J	K	L	M
1	项目	4月份产量	5月份产量	6月份产量	7月份产量	8月份产量	9月份产量	10月份产量	11月份产量	12月份产量
2	A001	4235		3954	7082	3394		717	3614	7683
3	A002	1002	1393	6937	5313	6490	5114	4218	1182	4731
4	A003	1774	2573	1239	9041		2776	7626		9166
5	A004	7704	6148	8899	3229	6268	8588	8308	9625	2615
6	A005	816		577	716	3914	2913	3070	6429	774
7	A006	7342	4937		3620	189	1461	7874	3186	2770
8	A007	541	3354	5418	7550	8827	4564	1314	4925	7737
9	A008	6119	2353	4803		6637	719	5364	994	5272
10	A009	7905	4697	372	8380	396	7609		5020	6111
11	A010		460	6501	3661	5380	4211	2674	9756	2459
12	A011	7629	7046	111	734	4842	7500	9818	7490	6921
13	A012	2336	7358	628	5129	3536	114	571	7719	6367
14	A013	741	5395	1821	6246		6274	1744	8628	1069
15	A014	6192	8353		4862	1649	7741	9476	6344	8296
16	A015	6638	5649	1132	4077	2095	7988	1420	3568	2908
17	A016		9742	5786	7197	1764	4111	382	4047	9329
18	A017	5026	4823	1883	7725	4911	8513	3554	8358	2299
19	A018	2178	4636	2712	1090	2594	8788	1237	329	3061
20	A019	6216	6046	7848	7396	2843	7666	1254	1390	2221

图 8-9　存在空白单元格或文本型数值的数据列表

步骤**2** → 单击 M 列列标，选中 M 列整列，在【数据】选项卡中单击【分列】按钮，弹出【文本分列向导-第1步，共3步】对话框，如图 8-10 所示。

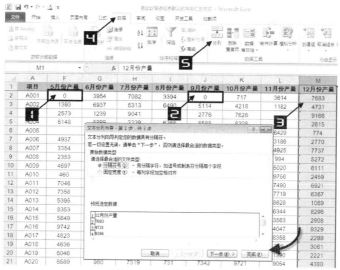

图 8-10 选择分列命令

步骤**3** → 单击【下一步】按钮，在【文本分列向导-第2步，共3步】对话框中单击【下一步】按钮，在【在文本分列向导-第3步，共3步】对话框中的【列数据格式】中选中【常规】单选钮，单击【完成】按钮，如图 8-11 所示。

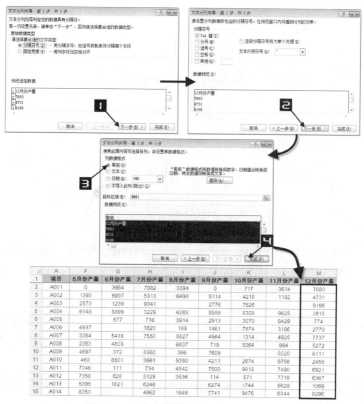

图 8-11 改变数据列表的列数据格式

现在，数据列表中的第 2 行数据中不再包含空白单元格和文本型数值。

步骤4→ 选定单元格区域 A1:M2，创建一张空白数据透视表，如图 8-12 所示。

图 8-12 以数据列表 A1:M2 区域创建数据透视表

步骤5→ 勾选【数据透视表字段列表】对话框内【选择要添加到报表的字段】中的所有字段的复选框，添加字段后的数据透视表如图 8-13 所示。

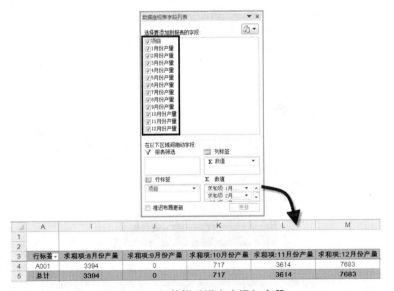

图 8-13 向数据透视表中添加字段

步骤6→ 单击数据透视表中的任意单元格（如 B4），在【数据透视表工具】项下的【选项】选项卡中单击【更改数据源】下拉按钮，在弹出的下拉菜单中选择【更改数据源】命令，弹出【更改数据透视表数据源】对话框，如图 8-14 所示。

步骤7→ 使用鼠标拖动重新选定完整的数据源区域 A1:M50，单击【确定】按钮完成设置，如图 8-15 所示。

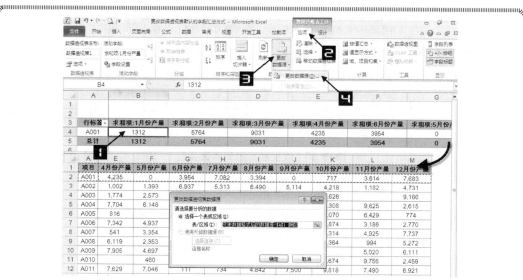

图 8-14　准备重新选定数据透视表的数据源区域

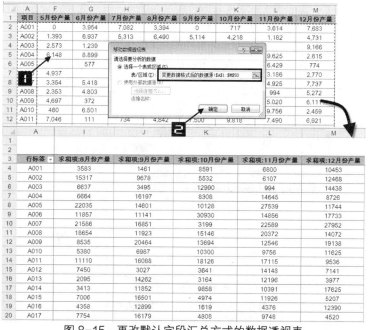

图 8-15　更改默认字段汇总方式的数据透视表

除此以外，也可以使用 VBA 代码自动生成默认的字段汇总方式为"求和"的数据透视表。

示例 8.3　借助 VBA 来更改数据透视表默认字段的汇总方式

步骤1 → 重复示例 7.2 中的步骤 2 和步骤 3，利用"分列"功能将 M 列的数据格式由文本变为常规，结果如图 8-16 所示。

步骤2 → 在当前工作表中的空白区域插入一个矩形，编辑文字为"生成数据透视表"并设定矩形的形状样式，如图 8-17 所示。

▲	A	F	G	H	I	J	K	L	M
1	项目	5月份产量	6月份产量	7月份产量	8月份产量	9月份产量	10月份产量	11月份产量	12月份产量
2	A001	0	3954	7082	3394	0	717	3614	7683
3	A002	1393	6937	5313	6490	5114	4218	1182	4731
4	A003	2573	1239	9041		2776	7626		9166
5	A004	6148	8899	3229	6268	8588	8308	9625	2615
6	A005		577	716	3914	2913	3070	6429	774
7	A006	4937		3620	189	1461	7874	3186	2770
8	A007	3354	5418	7550	8827	4564	1314	4925	7737
9	A008	2353	4803		6637	719	5364	994	5272
10	A009	4697	372	8380	396	7609		5020	6111
11	A010	460	6501	3661	5380	4211	2674	9756	2459
12	A011	7046	111	734	4842	7500	9818	7490	6921
13	A012	7358	628	5129	3536	114	571	7719	6367
14	A013	5395	1821	6246		6274	1744	8628	1069
15	A014	8353		4862	1649	7741	9476	6344	8296

图 8-16　改变数据源的数据类型

▲	A	H	I	J	K	L	M	N	O
1	项目	7月份产量	8月份产量	9月份产量	10月份产量	11月份产量	12月份产量		
2	A001	7082	3394		717	3614	7683		
3	A002	5313	6490	5114	4218	1182	4731		生成数据
4	A003	9041		2776	7626		9166		透视表
5	A004	3229	6268	8588	8308	9625	2615		
6	A005	716	3914	2913	3070	6429	774		
7	A006	3620	189	1461	7874	3186	2770		
8	A007	7550	8827	4564	1314	4925	7737		
9	A008		6637	719	5364	994	5272		
10	A009	8380	396	7609		5020	6111		
11	A010	3661	5380	4211	2674	9756	2459		
12	A011	734	4842	7500	9818	7490	6921		
13	A012	5129	3536	114	571	7719	6367		
14	A013	6246		6274	1744	8628	1069		
15	A014	4862	1649	7741	9476	6344	8296		
16	A015	4077	2095	7988	1420	3568	2908		
17	A016	7197	1764	4111	382	4047	9329		
18	A017	7725	4911	8513	3554	8358	2299		

图 8-17　在数据源表中插入矩形

步骤3 在矩形上单击鼠标右键，在弹出的快捷菜单中单击【指定宏】命令，弹出【指定宏】对话框，如图 8-18 所示。

图 8-18　在数据源表中插入矩形

步骤4 单击【新建】按钮，在弹出的 VBE 代码窗口中插入以下 VBA 代码：

```
Dim ws As Worksheet
Dim ptcache As PivotCache
Dim pt As PivotTable
Dim prange As Range
Set ws = Sheet1
For Each pt In Sheet2.PivotTables
    pt.TableRange2.Clear
Next pt
Set ptcache = ActiveWorkbook.PivotCaches.Add(SourceType:=xlDatabase, SourceData:=
Sheet1.Range("a1").CurrentRegion.Address)
```

```
Set pt = ptcache.CreatePivotTable(tabledestination:=Sheet2.Range("a3"), tablename:=
"透视表1")
    pt.ManualUpdate = True
    pt.AddFields RowFields:="项目", ColumnFields:="Data"
    For Each prange In ws.Range(ws.Cells(1, 2), ws.Cells(1, 16384).End(xlToLeft))
        With pt.PivotFields(prange.Value)
            .Orientation = xlDataField
            .Name = " " & prange
            .Function = xlSum
        End With
    Next prange
    pt.ManualUpdate = False
```

如图 8-19 所示。

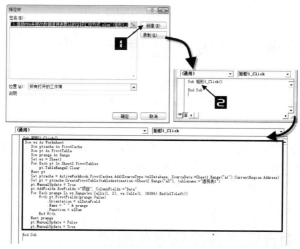

图 8-19　插入 VBA 代码

步骤 5 → 按<Alt+F11>组合键切换到工作簿窗口，将当前工作表另存为"Excel 启用宏的工作簿"。此时，单击矩形即可自动生成一张所有数据字段值汇总方式均为"求和项"的数据透视表，如图 8-20 所示。

	A	E	F	G	H	I	J	K	L	M
1										
2										
3										
4	项目	4月份产量	5月份产量	6月份产量	7月份产量	8月份产量	9月份产量	10月份产量	11月份产量	12月份产量
5	A001	11577	4937	3954	10702	3583	1461	8591	6800	10453
6	A002	1543	4747	12355	12863	15317	9678	5532	6107	12468
7	A003	7893	4926	6042	9041	6637	3495	12990	994	14438
8	A004	15609	10845	9271	11609	6664	16197	8308	14645	8726
9	A005	2173	3814	13073	12643	22035	14601	10128	27539	11744
10	A006	28432	19273	4914	7974	11857	11141	30930	14856	17733
11	A007	11323	18763	11836	28609	21586	16851	3199	22539	27952
12	A008	12979	10561	17928	9907	18654	11923	15146	20372	14072
13	A009	15099	14443	7309	18555	8535	20464	13694	12548	19138
14	A010	1774	3033	7740	12702	5380	8987	10300	9758	11625
15	A011	15333	13194	9010	3963	11110	16088	18126	17115	9536
16	A012	3152	7358	1205	5845	7450	3027	3614	14148	7141
17	A013	7379	11044	2953	10323	2095	14262	3164	12196	3977
18	A014	6192	18095	5786	12059	3413	11852	9858	10391	17625
19	A015	11664	10472	3015	11802	7006	16501	4974	11926	5207
20	A016	2178	14378	8498	8287	4358	12899	1619	4376	12390
21	A017	11242	10869	9731	15121	7754	16179	4808	9748	4520
22	A018	11427	13225	3692	8409	3325	16130	10958	9383	7441
23	A019	7990	8619	9087	16437	2843	10442	8887	1390	11387
24	A020	16591	13526	980	10939	920	8803	17595	12240	7150
25	总计	201550	216122	148379	237790	170522	238981	202441	239117	234723

图 8-20　自动生成的数据透视表

> 用户在 VBA 代码的使用过程中要注意代码中指定生成数据透视表的系统表名称 "Sheet2" 一定要与【工程资源管理器】窗口中存放数据透视表的工作表 "Sheet2（数据透视表）"中的代码名称"Sheet2"保持一致，如图 8-21 所示，否则代码运行过程中会出现错误。

注意 →

图 8-21 注意工作表代码名称的代码对应

8.3 自定义数据透视表的值显示方式

如果【值字段设置】对话框内的汇总方式仍然不能满足需求，Excel 还允许选择更多的计算方式。利用此功能，可以显示数据透视表的数据区域中每项占同行或同列数据总和的百分比，或显示每个数值占总和的百分比等。

在 Excel 2010 数据透视表中，"值显示方式"较之 Excel 2007 及以前版本增加了更多的计算功能，如"父行汇总的百分比"、"父列汇总的百分比"、"父级汇总的百分比"、"按某一字段汇总的百分比"、"升序排列"和"降序排列"。"值显示方式"功能更易于查找和使用，指定要作为计算依据的字段或项目也更加容易。

8.3.1 数据透视表自定义值显示方式描述

有关数据透视表自定义计算功能的简要说明，如表 8-1 所示。

表 8-1 自定义计算功能描述

选 项	功能描述
无计算	数据区域字段显示为数据透视表中的原始数据
全部汇总百分比	数据区域字段分别显示为每个数据项占该列和行所有项总和的百分比
列汇总的百分比	数据区域字段显示为每个数据项占该列所有项总和的百分比
行汇总的百分比	数据区域字段显示为每个数据项占该行所有项总和的百分比
百分比	数据区域显示为基本字段和基本项的百分比
父行汇总的百分比	数据区域字段显示为每个数据项占该列父级项总和的百分比
父列汇总的百分比	数据区域字段显示为每个数据项占该行父级项总和的百分比
父级汇总的百分比	数据区域字段分别显示为每个数据项占该列和行父级项总和的百分比
差异	数据区域字段与指定的基本字段和基本项的差值
差异百分比	数据区域字段显示为与基本字段项的差异百分比

续表

选　　项	功能描述
按某一字段汇总	数据区域字段显示为基本字段项的汇总
按某一字段汇总的百分比	数据区域字段显示为基本字段项的汇总百分比
升序排列	数据区域字段显示为按升序排列的序号
降序排列	数据区域字段显示为按降序排列的序号
指数	使用公式：((单元格的值)×(总体汇总之和))/((行汇总)×(列汇总))

8.3.2　"全部汇总百分比"值显示方式

利用"全部汇总百分比"值显示方式，可以得到数据透视表内每一个数据点所占总和比重的报表。

示例 8.4　计算各地区、各产品占销售总额百分比

要对如图 8-22 所示数据透视表进行各地区、各产品销售额占销售总额百分比的分析，请参照以下步骤进行。

销售人员	(全部)					
求和项:销售金额￥	列标签					
行标签	按摩椅	跑步机	微波炉	显示器	液晶电视	总计
北京	139,200	442,200	95,000	637,500	1,365,000	2,678,900
杭州	67,200		68,500	303,000	850,000	1,288,700
南京	76,800	424,600	19,000	250,500	430,000	1,200,900
山东		217,800	34,500	301,500	435,000	988,800
上海		391,600	30,000	192,000	5,000	618,600
总计	283,200	1,476,200	247,000	1,684,500	3,085,000	6,775,900

图 8-22　销售统计表

步骤 **1**　在数据透视表"求和项：销售金额￥"字段上单击鼠标右键，在弹出的快捷菜单中选择【值字段设置】命令，在弹出的【值字段设置】对话框中单击【值显示方式】选项卡，如图 8-23 所示。

图 8-23　调出【值`字段设置】对话框

步骤 **2**　单击【值显示方式】的下拉按钮，在下拉列表中选择"全部汇总百分比"值显示方式，单击【确定】按钮关闭对话框，如图 8-24 所示。

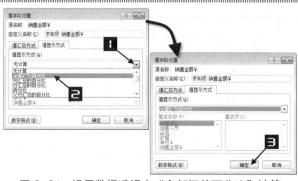

图 8-24 设置数据透视表"全部汇总百分比"计算

步 骤 3 → 完成设置后如图 8-25 所示。

	A	B	C	D	E	F	G
1	销售人员	(全部) ▼					
2							
3	求和项:销售金额￥	列标签 ▼					
4	行标签 ▼	按摩椅	跑步机	微波炉	显示器	液晶电视	总计
5	北京	2.05%	6.53%	1.40%	9.41%	20.14%	39.54%
6	杭州	0.99%	0.00%	1.01%	4.47%	12.54%	19.02%
7	南京	1.13%	6.27%	0.28%	3.70%	6.35%	17.72%
8	山东	0.00%	3.21%	0.51%	4.45%	6.42%	14.59%
9	上海	0.00%	5.78%	0.44%	2.83%	0.07%	9.13%
10	总计	4.18%	21.79%	3.65%	24.86%	45.53%	100.00%

图 8-25 各地区、各产品占销售总额百分比

提 示

这样设置的目的就是要将各个"品名"在各个销售地区的销售金额占所有"品名"和"销售地区"销售金额总计的比重显示出来,例如,"按摩椅"在"北京"销售比重(2.05%)="按摩椅"在"北京"销售金额(139 200)/销售金额总计(6 775 900)。

8.3.3 "列汇总的百分比"值显示方式

利用"列汇总的百分比"值显示方式,可以在每列数据汇总的基础上得到各个数据项所占比重的报表。

示例 8.5 计算各地区销售总额百分比

如果希望在如图 8-26 所示数据透视表的基础上,计算各销售地区的销售构成比率,请参照以下步骤进行。

	A	B
1		
2	行标签 ▼	求和项:销售金额￥
3	北京	2,678,900.00
4	杭州	1,288,700.00
5	南京	1,200,900.00
6	山东	988,800.00
7	上海	618,600.00
8	总计	6,775,900.00

图 8-26 销售统计表

步骤1→ 将【数据透视表字段列表】对话框内的"销售金额￥"字段再次添加进【Σ数值】区域，同时，数据透视表内将会增加一个"求和项:销售金额￥2"字段，如图 8-27 所示。

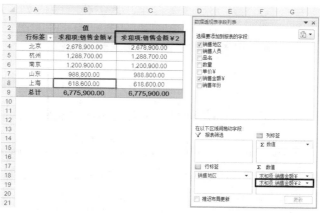

图 8-27　向数据透视表内添加字段

步骤2→ 在数据透视表"求和项：销售金额￥2"字段上单击鼠标右键，在弹出的快捷菜单中选择【值字段设置】命令，在弹出的【值字段设置】对话框中单击【值显示方式】选项卡，如图 8-28 所示。

图 8-28　调出【值字段设置】对话框

步骤3→ 单击【值显示方式】的下拉按钮，在下拉列表中选择"列汇总的百分比"值显示方式，单击【确定】按钮，关闭对话框，如图 8-29 所示。

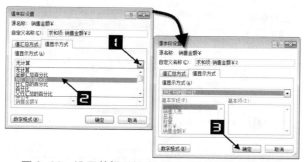

图 8-29　设置数据透视表"列汇总的百分比"计算

步骤4 → 将"求和项：销售金额￥2"字段名称更改为"销售构成比率%"，完成设置后如图 8-30 所示。

行标签	求和项:销售金额￥	销售构成比率%
北京	2,678,900.00	39.54%
杭州	1,288,700.00	19.02%
南京	1,200,900.00	17.72%
山东	988,800.00	14.59%
上海	618,600.00	9.13%
总计	6,775,900.00	100.00%

图 8-30　各地区销售总额百分比

提示

这样设置的目的就是要将各个销售地区的销售金额占所有销售地区的销售金额总计的百分比显示出来，例如，"北京"（39.54%）= 2 678 900 / 6 775 900。

8.3.4 "行汇总的百分比"值显示方式

利用"行汇总的百分比"值显示方式，可以得到组成每一行的各个数据占行总计的比率报表。

示例 8.6 同一地区内不同产品的销售构成比率

如果希望在如图 8-31 所示数据透视表的基础上，计算每个销售地区内不同品名产品的销售构成比率，请参照以下步骤进行。

销售人员	(全部)					
求和项:销售金额￥	列标签					
行标签	按摩椅	跑步机	微波炉	显示器	液晶电视	总计
北京	139200	442200	95000	637500	1365000	2678900
杭州	67200		68500	303000	850000	1288700
南京	76800	424600	19000	250500	430000	1200900
山东		217800	34500	301500	435000	988800
上海		391600	30000	192000	5000	618600
总计	283200	1476200	247000	1684500	3085000	6775900

图 8-31　销售统计表

步骤1 → 在数据透视表的"求和项：销售金额￥"字段上单击鼠标右键，在弹出的快捷菜单中选择【值字段设置】命令，在弹出的【值字段设置】对话框中单击【值显示方式】选项卡，如图 8-32 所示。

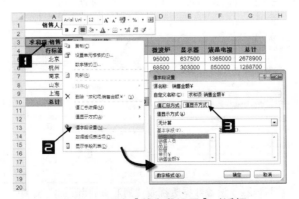

图 8-32　调出【值字段设置】对话框

第

8

章

步骤2→ 单击【值显示方式】的下拉按钮，在下拉列表中选择"行汇总的百分比"值显示方式，单击"确定"按钮关闭对话框，如图 8-33 所示。

步骤3→ 完成设置后，如图 8-34 所示。

图 8-33　设置数据透视表"行汇总的百分比"计算

	A	B	C	D	E	F	G
1	销售人员	(全部)					
2							
3	求和项:销售金额¥	列标签					
4	行标签	按摩椅	跑步机	微波炉	显示器	液晶电视	总计
5	北京	5.20%	16.51%	3.55%	23.80%	50.95%	100.00%
6	杭州	5.21%	0.00%	5.32%	23.51%	65.96%	100.00%
7	南京	6.40%	35.36%	1.58%	20.86%	35.81%	100.00%
8	山东	0.00%	22.03%	3.49%	30.49%	43.99%	100.00%
9	上海	0.00%	63.30%	4.85%	31.04%	0.81%	100.00%
10	总计	4.18%	21.79%	3.65%	24.86%	45.53%	100.00%

图 8-34　同一地区内不同产品的销售比率统计

提示

这样设置的目的就是要将各个销售地区各个品名的销售金额所占该销售地区总体销售金额的百分比显示出来，例如，北京地区销售"按摩椅"的百分比（5.20%）= 北京地区"按摩椅"的销售金额（139 200）/北京地区所有产品的总销售金额（2 678 900）。

8.3.5 "百分比"值显示方式

通过"百分比"值显示方式对某一固定基本字段的基本项的对比，可以得到完成率报表。

示例 8.7 利用百分比选项测定员工工时完成率

如果希望在如图 8-35 所示的数据透视表基础上，将每位员工的"工时数量"与所在小组的"定额工时"对比，进行员工工时完成率的统计，请参照以下步骤。

	A	B	C	D
1	求和项:工时数量	列标签		
2	行标签	第一小组	第二小组	第三小组
3	定额工时	11000	11000	11000
4	安俞帆	10844		
5	陈方敏	9176		
6	戴励奖	9993		
7	郭晓亮	11711		
8	贺照璐	10924		
9	李恒前		10109	
10	李士净		9900	
11	李延伟		11005	
12	刘文超		11215	
13	马丽娜			12760
14	孟宪鑫			10709
15	石峻			12634
16	杨盛楠			12873
17	翟灵光			12759
18	张庆华			11679
19	总计	63648	53229	84414

图 8-35　员工工时统计表

步骤**1**→ 在数据透视表的"求和项：工时数量"字段上单击鼠标右键，在弹出的快捷菜单中选择【值字段设置】命令，在弹出的【值字段设置】对话框中单击【值显示方式】选项卡，如图 8-36 所示。

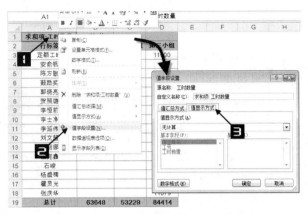

图 8-36　数据透视表的"值显示方式"

步骤**2**→ 单击【值显示方式】的下拉按钮，在下拉列表中选择"百分比"值显示方式，【基本字段】选择"员工姓名"，【基本项】中选择"定额工时"，单击【确定】按钮关闭对话框，如图 8-37 所示。

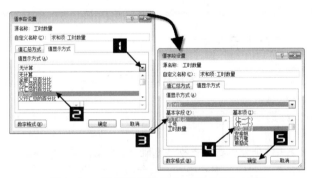

图 8-37　设置数据透视表"百分比"计算

步骤**3**→ 完成设置后如图 8-38 所示。

	A	B	C	D
1	求和项:工时数量	列标签		
2	行标签	第一小组	第二小组	第三小组
3	定额工时	100.00%	100.00%	100.00%
4	安俞帆	98.58%	0.00%	0.00%
5	陈方敏	83.42%	0.00%	0.00%
6	戴励奖	90.85%	0.00%	0.00%
7	郭骁亮	106.46%	0.00%	0.00%
8	贺照璃	99.31%	0.00%	0.00%
9	李恒前	0.00%	91.90%	0.00%
10	李士净	0.00%	90.00%	0.00%
11	李延伟	0.00%	100.05%	0.00%
12	刘文超	0.00%	101.95%	0.00%
13	马丽娜	0.00%	0.00%	116.00%
14	孟完鑫	0.00%	0.00%	97.35%
15	石峻	0.00%	0.00%	114.85%
16	杨盛楣	0.00%	0.00%	117.03%
17	翟灵光	0.00%	0.00%	115.99%
18	张庆华	0.00%	0.00%	106.17%
19	总计			

图 8-38　测定员工工时完成率的数据透视表

提示

> 这样设置的目的就是要在字段“员工姓名”的数值区域内显示出每位员工的工时数量与“定额工时”的比率，例如，“安俞帆”（98.58%）=“安俞帆”工时数量（10 844）/第一小组“定额工时”数量（11 000）。

8.3.6 “父行汇总的百分比”数据显示方式

如图 8-39 所示的数据透视表是在 Excel 2007 版本中建立的数据透视表，其中有“北京”、“杭州”、“山东”和“上海”4 个销售地区，每个销售地区又分别销售“按摩椅”、“微波炉”、显示器”和“液晶电视”4 种品名的商品。

如果用户希望得到各种品名的商品占每个销售地区总量的百分比，如“按摩椅”占“北京”地区销售总量的百分比，Excel 2007 中的数据透视表没有提供一个直接的解决方案，必须借助在数据源中添加复杂的函数辅助列来实现。

销售地区	品名	求和项:销售金额￥
北京	按摩椅	2.87%
	微波炉	1.91%
	显示器	13.15%
	液晶电视	28.16%
北京 汇总		46.10%
杭州	按摩椅	1.39%
	微波炉	1.41%
	显示器	6.25%
	液晶电视	17.54%
杭州 汇总		26.59%
山东	微波炉	0.71%
	显示器	4.86%
	液晶电视	8.98%
山东 汇总		14.55%

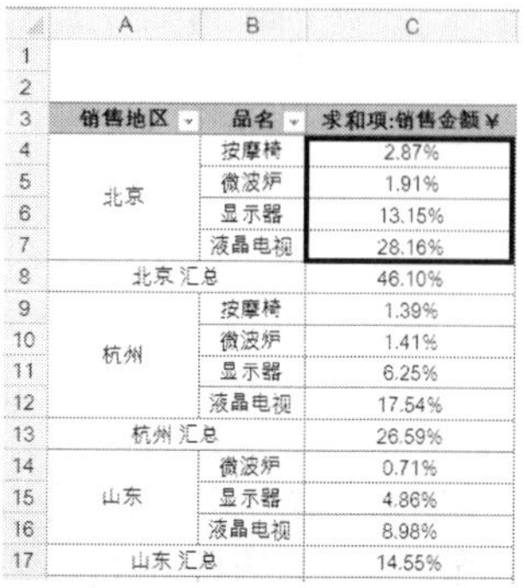

图 8-39 Excel 2010 以前版本“占同列数据总和的百分比”的数据显示方式

示例 8.8 各商品占每个销售地区总量的百分比

在 Excel2010 中利用新增的“父行汇总的百分比”数据显示方式可以轻松实现，具体方法请参照以下步骤。

步骤 1 在字段“求和项：销售金额”上单击鼠标右键，在弹出的快捷菜单中选择【值字段设置】命令，弹出【值字段设置】对话框，如图 8-40 所示。

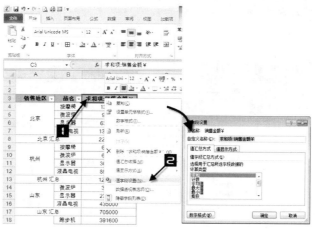

图 8-40 调出【值字段设置】对话框

步骤 2 在【值字段设置】对话框内单击【值显示方式】选项卡，单击【值显示方式】的下拉按钮，在列表框中选择【父行汇总的百分比】显示方式，单击【确定】按钮完成设置，如图 8-41 所示。

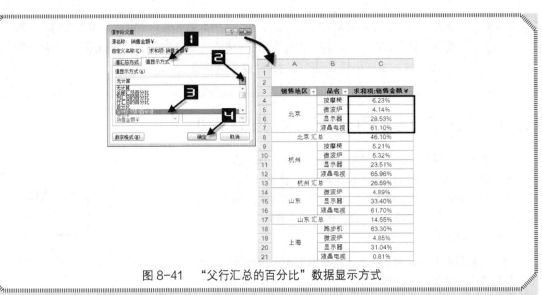

图 8-41　"父行汇总的百分比"数据显示方式

如果数据透视表"品名"字段的位置发生改变，如图 8-42 所示，要达到各商品占每个销售地区总量的百分比的显示效果，则需要运用"父列汇总的百分比"数据显示方式，具体方法请参照以下步骤。

求和项:销售金额¥	品名					
销售地区	按摩椅	跑步机	微波炉	显示器	液晶电视	总计
北京	139,200		92,500	637,500	1,365,000	2,234,200
杭州	67,200		68,500	303,000	850,000	1,288,700
山东			34,500	235,500	435,000	705,000
上海		391,600	30,000	192,000	5,000	618,600
总计	206,400	391,600	225,500	1,368,000	2,655,000	4,846,500

图 8-42　"品名"字段位置变化后的数据透视表

在字段"求和项：销售金额"上单击鼠标右键，在弹出的快捷菜单中选择【值显示方式】→【父列汇总的百分比】显示方式，如图 8-43 所示。

图 8-43　"品名"字段位置变化后的数据透视表

最终完成的效果，如图 8-44 所示。

	A	B	C	D	E	F	G
3	求和项:销售金额￥	品名					
4	销售地区	按摩椅	跑步机	微波炉	显示器	液晶电视	总计
5	北京	6.23%	0.00%	4.14%	28.53%	61.10%	100.00%
6	杭州	5.21%	0.00%	5.32%	23.51%	65.96%	100.00%
7	山东	0.00%	0.00%	4.89%	33.40%	61.70%	100.00%
8	上海	0.00%	63.30%	4.85%	31.04%	0.81%	100.00%
9	总计	4.26%	8.08%	4.65%	28.23%	54.78%	100.00%

图 8-44 “父列汇总的百分比”数据显示方式

8.3.7 “父级汇总的百分比”数据显示方式

利用“父级汇总的百分比”值显示方式可以通过某一基本字段的基本项和该字段的父级汇总项的对比，得到构成率报表。

	A	B	C	D	E	F	G	H	I
3	求和项:销售金额￥		销售人员						
4	销售地区	品名	白露	苏珊	赵琳琳	贾春艳	杨敬业	林书平	总计
5	北京	按摩椅	432,000	48,000	192,000	258,000	444,000	384,000	1,758,000
6		跑步机	295,000	220,000	162,500	60,000	130,000	185,000	1,052,500
7		微波炉	35,000	45,000	36,000	75,000	39,500	11,000	241,500
8		显示器	52,000	10,000	3,000	72,000	127,000	27,000	291,000
9		液晶电视	440,000	155,000	180,000	720,000	185,000	480,000	2,160,000
10	北京 汇总		1,254,000	478,000	573,500	1,185,000	925,500	1,087,000	5,503,000
11	杭州	按摩椅	168,000	201,000	312,000	360,000	141,000	336,000	1,518,000
12		跑步机	212,500	15,000	110,000	202,500	337,500	160,000	1,037,500
13		微波炉	29,000	36,000	73,500	31,000	13,000	29,000	211,500
14		显示器	116,000	143,000	103,000	108,000	100,000	43,000	613,000
15		液晶电视	350,000	215,000	185,000	510,000	290,000	670,000	2,220,000
16	杭州 汇总		875,500	610,000	783,500	1,211,500	881,500	1,238,000	5,600,000
17	山东	按摩椅	237,000	369,000	414,000	312,000	186,000	15,000	1,533,000
18		跑步机	272,500	220,000	242,500	242,500	315,000	252,500	1,545,000
19		微波炉	49,000	1,000	52,000	43,000	29,500	70,000	244,500
20		显示器	41,000	68,000	34,000	69,000	73,000	20,000	305,000
21		液晶电视	495,000	355,000	640,000	340,000	570,000	530,000	2,930,000
22	山东 汇总		1,094,500	1,013,000	1,382,500	1,006,500	1,173,500	887,500	6,557,500
23	总计		3,224,000	2,101,000	2,739,500	3,403,000	2,980,500	3,212,500	17,660,500

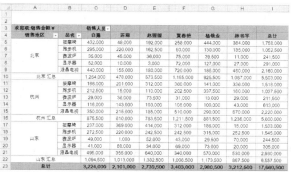

图 8-45 销售报表

如果希望在如图 8-45 所示的销售报表基础上，得到每位销售人员在不同地区的销售商品的构成，请参照以下步骤。

示例 8.9 销售人员在不同销售地区的业务构成

步骤 1 → 在数据透视表“数值区域”的任意单元格上（如 C5）单击鼠标右键，在弹出的快捷菜单中依次选择【值显示方式】→【父级汇总的百分比】显示方式，弹出【值显示方式】对话框，如图 8-46 所示。

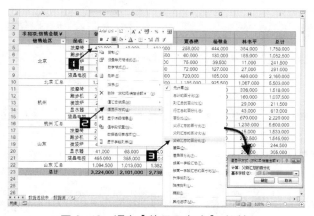

图 8-46 调出【值显示方式】对话框

步 骤 2 ➔ 单击【值显示方式】对话框中【基本字段】的下拉按钮,在弹出的下拉列表中选择"销售地区"字段,最后单击【确定】按钮关闭对话框完成设置,如图8-47所示。

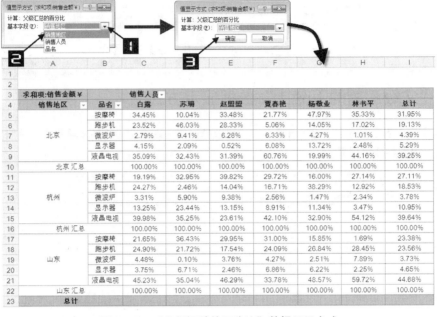

图8-47　"父级汇总的百分比"数据显示方式

8.3.8 "差异"值显示方式

每当一个会计年度结束之后,各个公司都想知道制定的费用预算额与实际发生额的差距到底有多大,以便于来年在费用预算中能够做出相应的调整。利用"差异"显示方式可以在数据透视表中的原数值区域快速显示出费用预算额或实际发生额的超支或者节约水平。

示例 8.10 显示费用预算和实际发生额的差异

如果希望对如图8-48所示的数据透视表进行差异计算,请参照以下步骤。

		J	K	L	M	N	O
1	求和项:金额						
2	费用属性 ▾	科目名称 ▾	08月	09月	10月	11月	12月	总计
3		办公用品	5,000.00	2,000.00	1,500.00	2,000.00	3,500.00	26,600.00
4		出差费	50,000.00	50,000.00	20,000.00	90,000.00	60,000.00	565,000.00
5		固定电话费	2,500.00		2,500.00			10,000.00
6	预算额	过桥过路费	3,000.00	2,500.00	1,000.00	5,000.00	2,000.00	29,500.00
7		计算机耗材	2,000.00		2,000.00	100.00	100.00	4,300.00
8		交通工具消耗	5,000.00	2,000.00	2,000.00	10,000.00	5,000.00	55,000.00
9		手机电话费	5,000.00	5,000.00	5,000.00	5,000.00	5,000.00	60,000.00
10	预算额 汇总		72,500.00	61,500.00	34,000.00	112,100.00	78,100.00	750,400.00
11		办公用品	4,726.70	1,825.90	1,825.50	2,605.48	3,813.42	27,332.40
12		出差费	56,242.60	50,915.40	19,595.50	90,573.84	63,431.14	577,967.80
13		固定电话费	2,747.77		2,916.55		2,430.97	10,472.28
14	实际发生额	过桥过路费	3,198.00	2,349.00	895.00	10,045.00	2,195.00	35,912.50
15		计算机耗材	1,608.00		1,409.00	210.70	566.67	3,830.37
16		交通工具消耗	5,200.95	3,710.60	1,810.00	12,916.59	6,275.20	61,133.44
17		手机电话费	6,494.33	6,717.07	6,750.30	6,315.14	6,591.47	66,294.02
18	实际发生额 汇总		80,218.35	65,517.97	35,201.85	122,666.75	85,303.87	782,942.81
19	总计		152,718.35	127,017.97	69,201.85	234,766.75	163,403.87	1,533,342.81

图8-48　预算额与实际发生额汇总表

步骤 1 → 在数据透视表"求和项：金额"字段上单击鼠标右键，在弹出的快捷菜单中选择【值字段设置】命令，在弹出的【值字段设置】对话框中单击【值显示方式】选项卡，如图 8-49 所示。

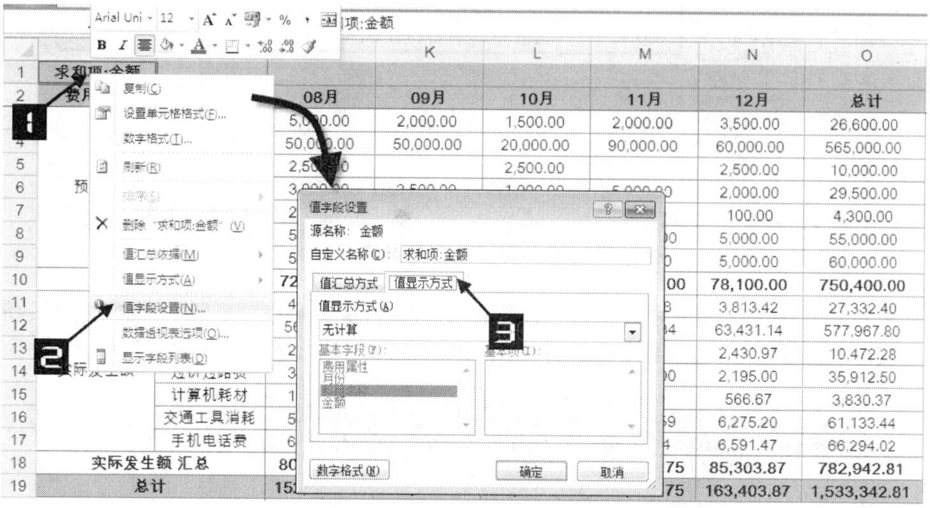

图 8-49　数据透视表的"值显示方式"

步骤 2 → 单击【值显示方式】的下拉按钮，在下拉列表中选择"差异"值显示方式，【基本字段】选择"费用属性"，【基本项】中选择"实际发生额"，单击【确定】按钮关闭对话框，如图 8-50 所示。

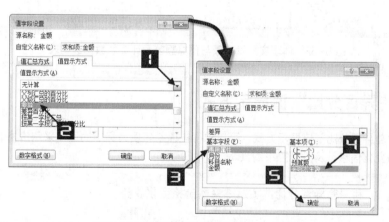

图 8-50　设置数据透视表"差异"计算

提示

在【基本项】中选择"实际发生额"，差异计算就会在"预算额"字段数值区域显示"预算额"－"实际发生额"的计算结果，体现预算额编制水平，例如，"07 月办公用品"（－2）＝"预算额"（1500）－"实际发生额"（1502）。

步骤 3 → 完成设置后如图 8-51 所示。

	A	B	I	J	K	L	M	N	O
1	求和项:金额								
2	费用属性	科目名称	07月	08月	09月	10月	11月	12月	总计
3	预算额	办公用品	-2.00	273.30	174.10	-325.50	-605.48	-313.42	-732.40
4		出差费	-281.92	-6,242.60	-915.40	404.50	-573.84	-3,431.14	-12,967.80
5		固定电话费	0.00	-247.77	0.00	-416.55	0.00	69.03	-472.28
6		过桥过路费	23.00	-198.00	151.00	105.00	-5,045.00	-195.00	-6,412.50
7		计算机耗材	0.00	392.00	0.00	591.00	-110.70	-466.67	469.63
8		交通工具消耗	678.15	-200.95	-1,710.60	190.00	-2,916.59	-1,275.20	-6,133.44
9		手机电话费	-502.01	-1,494.33	-1,717.07	-1,750.30	-1,315.14	-1,591.47	-6,294.02
10	预算额 汇总		-84.78	-7,718.35	-4,017.97	-1,201.85	-10,566.75	-7,203.87	-32,542.81
11	实际发生额	办公用品							
12		出差费							
13		固定电话费							
14		过桥过路费							
15		计算机耗材							
16		交通工具消耗							
17		手机电话费							
18	实际发生额 汇总								
19	总计								

图 8-51　体现预算额与实际发生额差异计算的数据透视表

如果步骤 2 中的【基本项】选择“预算额”，差异计算就会在“实际发生额”字段数值区域显示“实际发生额”-“预算额”的计算结果，体现实际支出水平，如图 8-52 所示。

	A	B	I	J	K	L	M	N	O
1	求和项:金额								
2	费用属性	科目名称	07月	08月	09月	10月	11月	12月	总计
3	预算额	办公用品							
4		出差费							
5		固定电话费							
6		过桥过路费							
7		计算机耗材							
8		交通工具消耗							
9		手机电话费							
10	预算额 汇总								
11	实际发生额	办公用品	2.00	-273.30	-174.10	325.50	605.48	313.42	732.40
12		出差费	281.92	6,242.60	915.40	-404.50	573.84	3,431.14	12,967.80
13		固定电话费	0.00	247.77	0.00	416.55	0.00	-69.03	472.28
14		过桥过路费	-23.00	198.00	-151.00	-105.00	5,045.00	195.00	6,412.50
15		计算机耗材	0.00	-392.00	0.00	-591.00	110.70	466.67	-469.63
16		交通工具消耗	-678.15	200.95	1,710.60	-190.00	2,916.59	1,275.20	6,133.44
17		手机电话费	502.01	1,494.33	1,717.07	1,750.30	1,315.14	1,591.47	6,294.02
18	实际发生额 汇总		84.78	7,718.35	4,017.97	1,201.85	10,566.75	7,203.87	32,542.81
19	总计								

图 8-52　体现实际发生额与预算额差异计算的数据透视表

8.3.9　“差异百分比”值显示方式

利用“差异百分比”值显示方式，可以求得按照某年度为标准的逐年采购价格的变化趋势，从而得到价格变化信息，及时调整采购策略。

示例 8.11　利用差异百分比选项追踪采购价格变化趋势

如果希望对如图 8-53 所示的数据透视表进行差异百分比计算，请参照以下步骤。

	A	B	C	D	E	F	G	H	I
1									
2	求和项:单价	列标签							
3	行标签	储气罐	触摸屏	电子器件	无杆气缸	无油空压机	线路板	组合阀	总计
4	2009	920.00	1,000.00	1,300.00	1,600.00	320.00	200.00	400.00	5,740.00
5	2010	950.00	1,100.00	1,400.00	1,700.00	350.00	220.00	600.00	6,320.00
6	2011	980.00	1,150.00	1,500.00	2,000.00	500.00	320.00	580.00	7,030.00
7	2012	900.00	1,000.00	1,100.00	1,800.00	300.00	300.00	600.00	6,000.00
8	总计	3,750.00	4,250.00	5,300.00	7,100.00	1,470.00	1,040.00	2,180.00	25,090.00

图 8-53　历年采购价格统计表

步骤1→ 在数据透视表"求和项：单价"字段上单击鼠标右键，在弹出的快捷菜单中选择【值字段设置】命令，在弹出的【值字段设置】对话框中单击【值显示方式】选项卡，如图 8-54 所示。

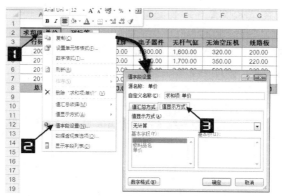

图 8-54　调出【值字段设置】对话框

步骤2→ 单击【值显示方式】的下拉按钮，在下拉列表中选择"差异百分比"值显示方式，【基本字段】选择"采购年份"，【基本项】选择"2009"，单击【确定】按钮关闭对话框，如图 8-55 所示。

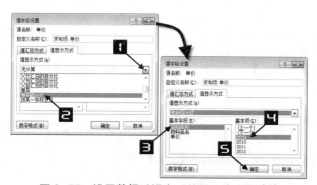

图 8-55　设置数据透视表"差异百分比"计算

步骤3→ 完成设置后如图 8-56 所示。

	A	B	C	D	E	F	G	H	I
1									
2	求和项:单价	列标签							
3	行标签	储气罐	触摸屏	电子器件	无杆气缸	无油空压机	线路板	组合阀	总计
4	2009								
5	2010	3.26%	10.00%	7.69%	6.25%	9.38%	10.00%	50.00%	10.10%
6	2011	6.52%	15.00%	15.38%	25.00%	56.25%	60.00%	45.00%	22.47%
7	2012	-2.17%	0.00%	-15.38%	12.50%	-6.25%	50.00%	50.00%	4.53%
8	总计								

图 8-56　历年采购价格的变化趋势

提示

这样设置的目的就是要在数值区域内显示出各个采购年份的采购单价与目标年度"2009"的采购单价之间的增减比率，例如，采购年份"2010"物料品名"储气罐" 3.26%＝（2010 年储气罐的单价"950"－2009 年储气罐的单价"920"）/2009 年储气罐的单价"920"。

8.3.10 "按某一字段汇总"数据显示方式

利用"按某一字段汇总"的数据显示方式，可以在现金流水账中对余额按照日期字段汇总。

示例 8.12 制作现金流水账簿

如果希望对如图 8-57 所示的数据透视表中的余额按照日期进行累计汇总可以参照如下步骤。

	A	B	C	D
1	账户	帐户1		
2				
3		值		
4	行标签	求和项:收款金额	求和项:付款金额	求和项:余额
5	2010/1/1	148,368.74		148,368.74
6	2010/1/31	258.50	256.89	1.61
7	2010/2/5	18.00	5,674.89	-5,656.89
8	2010/3/14	700.00	1,792.00	-1,092.00
9	2010/3/21	112.00		112.00
10	2010/3/27	3,645.50	234.89	3,410.61
11	2010/3/28		34,556.56	-34,556.56
12	2010/3/29	240.00		240.00
13	2010/4/19	1,982.40	225.00	1,757.40
14	2010/4/27	1,792.00		1,792.00
15	2010/5/9	55.00		55.00
16	2010/5/10		231.00	-231.00
17	2010/5/28	2,230.00		2,230.00
18	总计	159,402.14	42,971.23	116,430.91

图 8-57 现金流水账

步骤1 → 在数据透视表"求和项：余额"字段上单击鼠标右键，在弹出的快捷菜单中依次单击【值显示方式】→【按某一字段汇总】，弹出【值显示方式】对话框，如图 8-58 所示。

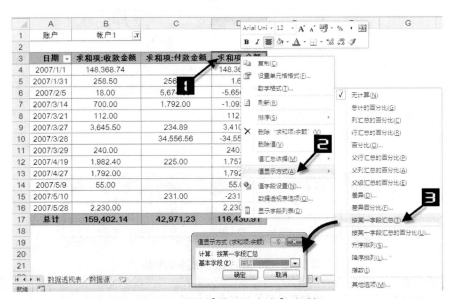

图 8-58 调出【值显示方式】对话框

步骤2 → 【值显示方式】对话框内的【基本字段】保持默认的"日期"字段不变，最后单击【确定】按钮完成设置，如图 8-59 示。

图 8-59　设置数据透视表"按某一字段汇总"计算

如果用户希望对汇总字段以百分比的形式显示，则可以使用"按某一字段汇总的百分比"的数据显示方式。

8.3.11　"升序排列"值显示方式

利用"升序排列"的数据显示方式，可以得到销售人员的业绩排名。

示例 8.13　销售人员业绩排名

如果希望对如图 8-60 所示数据透视表中的销售金额按照销售人员进行排名，可以参照如下步骤。

图 8-60　销售人员业绩统计表

步骤1 → 在数据透视表标题"求和项：销售金额￥"上单击鼠标右键，在弹出的快捷菜单中依次单击【值显示方式】→【升序排列】命令，弹出【值显示方式】对话框，如图 8-61 所示。

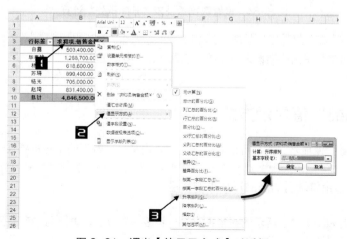

图 8-61　调出【值显示方式】对话框

步 骤2→ 【值显示方式】对话框内中的【基本字段】保持默认的"销售人员"字段不变，最后单击【确定】按钮完成设置，如图 8-62 所示。

步 骤3→ 单击 B4 单元格，在【数据透视表工具】的【选项】选项卡中单击【排序】按钮，弹出【按值排序】对话框，如图 8-63 所示。

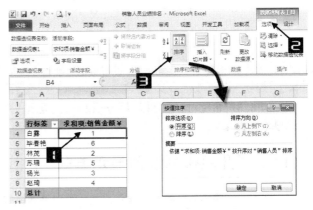

图 8-62 设置数据透视表"升序排列"计算   图 8-63 设置排序

步 骤4→ 单击【按值排序】对话框中的【确定】按钮，完成后的结果如图 8-64 所示。

图 8-64 设置数据透视表"升序排列"计算

如果用户希望将得到的销售人员业绩排名进行降序排列显示，则可以使用"降序排列"的数据显示方式。

8.3.12 "指数"值显示方式

利用"指数"值显示方式，可以对数据透视表内某一列数据的相对重要性进行跟踪。

示例 8.14 各销售地区的产品短缺影响程度分析

如果希望对如图 8-65 所示的销售报表进行销售指数分析，确定何种产品在不同的销售地区中最具重要性，请参照以下步骤进行。

	A	B	C	D	E	F	G
1	求和项:销售金额¥	列标签 ▼					
2	行标签 ▼	北京	杭州	南京	山东	上海	总计
3	按摩椅	139,200	48,000	28,000			215,200
4	跑步机	442,200		261,800	217,800	391,600	1,313,400
5	微波炉	95,000	68,500	19,000	34,500	30,000	247,000
6	显示器	637,500	303,000	43,500	301,500	192,000	1,477,500
7	液晶电视	1,365,000	850,000	848,600	435,000	450,000	3,948,600
8	总计	2,678,900	1,269,500	1,200,900	988,800	1,063,600	7,201,700

图 8-65　将要进行销售指数分析的数据透视表

步骤1 → 在数据透视表"求和项：销售金额¥"字段上单击鼠标右键，在弹出的快捷菜单中选择【值字段设置】命令，在弹出的【值字段设置】对话框中单击【值显示方式】选项卡，如图 8-66 所示。

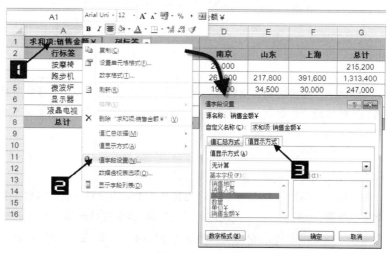

图 8-66　调出【值字段设置】对话框

步骤2 → 单击【值显示方式】的下拉按钮，在下拉列表中选择"指数"值显示方式，单击【确定】按钮关闭对话框，如图 8-67 所示。

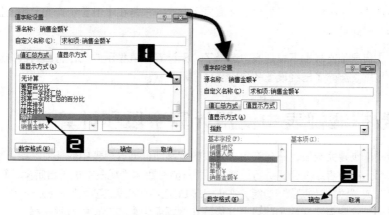

图 8-67　设置数据透视表"指数"计算

步骤3 → 对数据透视表的值字段区域内的数值进行单元格格式设置，完成后如图 8-68 所示。

图8-68 确定产品在销售地区中的相对重要性

提示

以上示例中"微波炉销售指数"杭州地区 1.57 为最高，说明微波炉产品的销售在杭州地区的重要性很高，如果该产品在杭州地区发生短缺，将会影响到整个微波炉市场的销售。

杭州地区微波炉指数 1.57=((杭州地区微波炉销售金额 68,500)×(总体汇总之和 7,201,700))/ ((行汇总 247,000)×(列汇总 1,269,500))

"跑步机销售指数"上海地区 2.02 为最高，说明跑步机产品的销售在上海地区的重要性很高，如果该产品在上海地区发生短缺，将会影响到整个跑步机市场的销售。

上海地区跑步机指数 2.02=((上海地区跑步机销售金额 391,600) ×(总体汇总之和 7,201,700))/ ((行汇总 1,313,400)×(列汇总 1,063,600))

8.3.13 修改和删除自定义数据显示方式

如果用户要修改已经设置好的自定义值显示方式，只需在【值显示方式】的下拉列表中选择其他的值显示方式即可。

如果在【值显示方式】下拉列表中选择了"无计算"值显示方式，将回到数据透视表默认的值显示状态，也就是删除了已经设置的自定义值显示方式。

8.4 在数据透视表中使用计算字段和计算项

数据透视表创建完成后，不允许手工更改或者移动数据透视表中的任何区域，也不能在数据透视表中插入单元格或者添加公式进行计算。如果需要在数据透视表中执行自定义计算，必须使用"添加计算字段"或"添加计算项"功能。在创建了自定义的字段或项之后，Excel 就允许在数据透视表中使用它们，这些自定义的字段或项就像是在数据源中真实存在的数据一样。

计算字段是通过对数据透视表中现有的字段执行计算后得到的新字段。

计算项是在数据透视表的现有字段中插入新的项，通过对该字段的其他项执行计算后得到该项的值。

计算字段和计算项可以对数据透视表中的现有数据（包括其他的计算字段和计算项生成的数据）进行运算，但无法引用数据透视表之外的工作表数据。

8.4.1 创建计算字段

1. 在计算字段中对现有字段执行除运算

示例 8.15 使用计算字段计算销售平均单价

图 8-69 所示展示了一张根据现有数据列表所创建的数据透视表，在这张数据透视表的数值区域中，包含“销售数量”和“销售额”字段，但是没有“单价”字段。如果希望得到平均销售单价，可以通过添加计算字段的方法来完成，而无需对数据源做出调整后再重新创建数据透视表。

	A	B	C	D
1	销售区域	产品规格	销售数量	销售额
2	宁夏	SX-G-256	14	1,120,000
3	天津市	CCS-192	60	16,320,000
4	广东	SX-G-256	73	11,680,000
5	云南	SX-G-192	22	2,640,000
6	内蒙古	SX-D-256	88	32,384,000
7	四川	SX-G-256	54	8,208,000
8	四川	SX-G-256	13	1,976,000
9	宁夏	SX-D-128	34	3,944,000
10	内蒙古	SX-D-128	75	15,600,000
11	内蒙古	SX-D-128	58	12,064,000
12	内蒙古	SX-D-128	47	9,776,000
13	四川	SX-D-128	6	1,104,000
14	黑龙江	SX-G-256	95	12,160,000
15	辽宁	SX-D-128	17	3,536,000
16	辽宁	SX-D-128	5	960,000
17	浙江	MMS-120A4	90	6,480,000
18	云南	SX-G-192	46	4,232,000

	A	B	C
1	销售区域	(全部)	
2			
3		值	
4	行标签	求和项:销售数量	求和项:销售额
5	CCS-192	107	26,096,000
6	MMS-120A4	90	6,480,000
7	SX-D-128	1271	218,008,000
8	SX-D-192	353	91,352,000
9	SX-D-256	128	49,624,000
10	SX-G-192	498	45,524,800
11	SX-G-256	656	78,914,400
12	总计	3103	515,999,200

图 8-69 需要创建计算字段的数据透视表

步骤 1 单击数据透视表中的列字段项单元格（如 C4），在【数据透视表工具】的【选项】选项卡中单击【域、项目和集】的下拉按钮，在弹出的下拉菜单中选择【计算字段】命令，打开【插入计算字段】对话框，如图 8-70 所示。

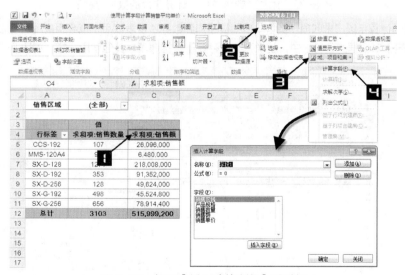

图 8-70 打开【插入计算字段】对话框

步骤2 → 在【插入计算字段】对话框的【名称】框内输入"销售单价",将光标定位到【公式】框中,清除原有的数据"=0";在【字段】列表框中双击"销售额"字段,输入"/"（除号）,再双击"销售数量"字段,得到计算"销售单价"的公式,如图 8-71 所示。

图 8-71 编辑插入的计算字段

步骤3 → 单击【添加】按钮,将定义好的计算字段添加到数据透视表中,单击【确定】按钮完成设置,此时数据透视表中新增了一个字段"求和项:销售单价",如图 8-72 所示。

图 8-72 添加"销售单价"计算字段的数据透视表

新增的计算字段"求和项:销售单价"被添加到数据透视表以后,也会相应地出现在【数据透视表字段列表】对话框的窗口之中,就像真实地存在于数据源表中其他字段一样,如图 8-73 所示。

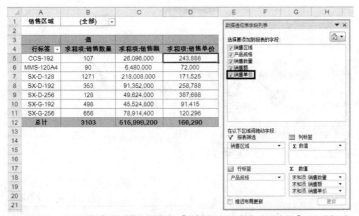

图 8-73 添加的计算字段出现在【数据透视表字段列表】对话框中

2. 在计算字段中使用常量与现有字段执行乘运算

示例 8.16 使用计算字段计算奖金提成

图 8-74 所示展示了一张根据销售订单数据列表所创建的数据透视表，如果希望根据销售人员业绩进行奖金提成的计算，可以通过添加计算字段的方法来完成，而无需对数据源做出调整后再重新创建数据透视表。

	A	B	C	D	E
1	销售途径	销售人员	订单金额	订单日期	订单ID
2	国际业务	高军	440.00	2009/7/16	10248
3	国际业务	苏珊	1,863.40	2009/7/10	10249
4	国际业务	林茂	1,552.60	2009/7/12	10250
5	国际业务	何风	654.06	2009/7/15	10251
6	国际业务	林茂	3,597.90	2009/7/11	10252
7	国际业务	何风	1,444.80	2009/7/16	10253
8	国际业务	高军	556.62	2009/7/23	10254
9	国际业务	何风	2,490.50	2009/7/15	10255
10	国际业务	何风	517.80	2009/7/17	10256
11	国际业务	林茂	1,119.90	2009/7/22	10257
12	国际业务	杨光	1,614.88	2009/7/23	10258
13	国际业务	林茂	100.80	2009/7/25	10259
14	国际业务	林茂	1,504.65	2009/7/29	10260
15	国际业务	林茂	448.00	2009/7/30	10261
16	国际业务	张波	584.00	2009/7/25	10262
17	国际业务	何风	1,873.80	2009/7/31	10263
18	国际业务	苏珊	695.62	2009/8/23	10264

	A	B
1		
2	行标签	求和项:订单金额
3	林茂	225,763.68
4	苏珊	72,527.63
5	杨光	182,500.09
6	高军	68,792.25
7	何风	276,244.31
8	张波	123,032.67
9	毕娜	116,962.99
10	总计	1,065,823.62

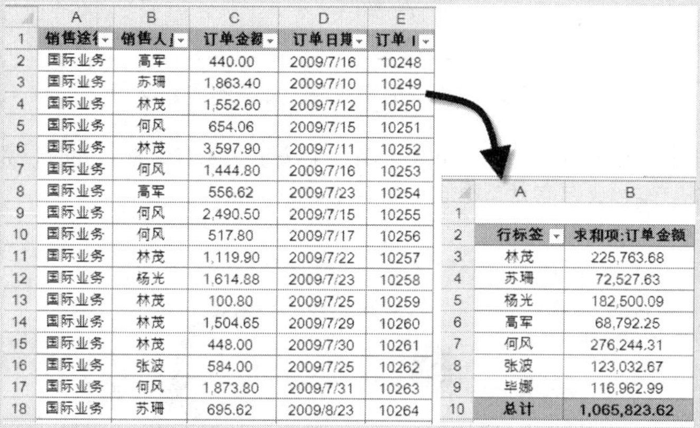

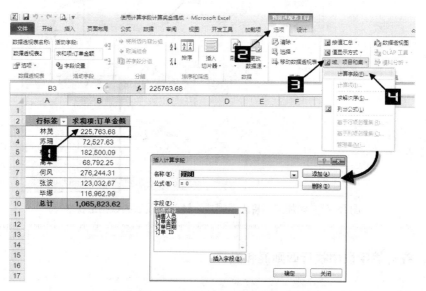

图 8-74 需要创建计算字段的数据透视表

步骤 1 单击数据透视表中的列字段项单元格（如 B3），在【数据透视表工具】的【选项】选项卡中单击【域、项目和集】的下拉按钮，在弹出的下拉菜单中选择【计算字段】命令，打开【插入计算字段】对话框，如图 8-75 所示。

图 8-75 打开【插入计算字段】对话框

步骤 2 在【插入计算字段】对话框的【名称】框内输入“销售人员提成”，将光标定位到【公式】框中，清除原有的数据“=0”，在【字段】列表框中双击“订单金额”字段，然后输入“*0.015”（销售人员的提成按 1.5%计算），得到计算“销售人员提成”的计算公式，如图 8-76 所示。

图 8-76 将现有的字段乘上参数得到新字段

步 骤**3** → 单击【添加】按钮，最后单击【确定】按钮关闭对话框。此时，数据透视表中新增了一个"销售人员提成"字段，如图 8-77 所示。

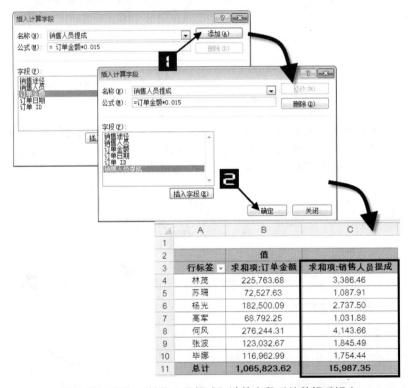

图 8-77 添加"销售人员提成"计算字段后的数据透视表

3. 在计算字段中执行四则混和运算

示例 **8.17** 使用计算字段计算主营业务毛利率

图 8-78 中展示了一张根据主营业务收入及成本的数据列表所创建的数据透视表，在这张数据透视表的数值区域中，包含"销售数量"、"主营业务收入"和"主营业务成本"字段，但是没有"主营业务利润率"字段。如果希望得到主营业务利润率，可以通过添加计算字段的方法来完成，而无需对数据源做出调整后再重新创建数据透视表。

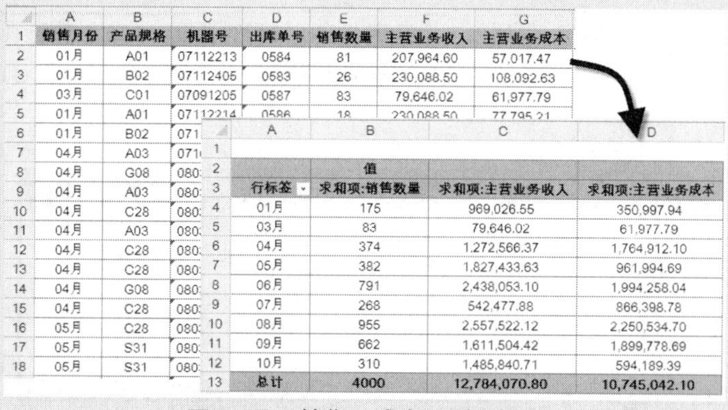

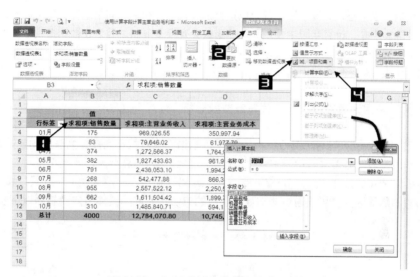

图 8-78 销售、成本及利润报表

步骤1 → 单击数据透视表中的列字段项单元格（如 B3），在【数据透视表工具】的【选项】选项卡中单击【域、项目和集】的下拉按钮，在弹出的下拉菜单中选择【计算字段】命令，打开【插入计算字段】对话框，如图 8-79 所示。

图 8-79 打开【插入计算字段】对话框

步骤2 → 在【插入计算字段】对话框的【名称】框内输入"主营业务利润率%"，将光标定位到【公式】框中，清除原有的数据"=0"，然后输入"=(主营业务收入-主营业务成本)/主营业务收入"，得到计算"主营业务利润率%"字段的公式，如图 8-80所示。

图 8-80 编辑插入的计算字段

第8章

步骤3 单击【添加】按钮，最后单击【确定】按钮关闭对话框，此时数据透视表中新增一个“主营业务利润率%”字段。将新增字段的数字格式设置为“百分比”，如图 8-81 所示。

	值			
行标签	求和项:销售数量	求和项:主营业务收入	求和项:主营业务成本	求和项:主营业务利润率%
01月	175	969,026.55	350,997.94	63.78%
03月	83	79,646.02	61,977.79	22.18%
04月	374	1,272,566.37	1,764,912.10	-38.69%
05月	382	1,827,433.63	961,994.69	47.36%
06月	791	2,438,053.10	1,994,258.04	18.20%
07月	268	542,477.88	866,398.78	-59.71%
08月	955	2,557,522.12	2,250,534.70	12.00%
09月	662	1,611,504.42	1,899,778.69	-17.89%
10月	310	1,485,840.71	594,189.39	60.01%
总计	4000	12,784,070.80	10,745,042.10	15.95%

图 8-81 添加“主营业务利润率%”计算字段后的数据透视表

数据透视表字段数字格式设置的具体应用请参阅 4.1.4 小节。

4. 在计算字段中使用 Excel 函数来运算

在数据透视表中插入计算字段不仅可以进行加、减、乘和除等简单运算，还可以使用函数来进行更复杂的计算。但是，计算字段中使用 Excel 函数会有很多限制，因为在数据透视表内添加计算字段的公式计算实际上是利用了数据透视表缓存中存在的数据，公式中不能使用单元格引用或定义名称作为变量的工作表函数，只能使用 SUM、IF、AND、NOT、OR、COUNT、AVERAGE 和 TEXT 等函数。

示例 8.18 使用计算字段进行应收账款账龄分析

图 8-82 所示展示了一张在 2011 年 9 月 1 日根据应收账款余额数据列表所创建的数据透视表，在这张数据透视表的数值区域中只包含“应收账款余额”的汇总字段，如果希望对应收账款余额进行账龄分析，依次划分为“欠款 0～30 天”、“欠款 31～60 天”、“欠款 61～90 天”和“欠款 90 天以上”不同的账龄区间，可以通过添加计算字段的方法来完成，具体方法请参照以下步骤进行。

客户代码	客户名称	应收款日期	应收账款余额
CP01	春和百货	2011/8/3	600000
CB01	仁和百货	2011/7/9	500000
MT01	众和百货	2011/6/1	400000
MC01	合和百货	2011/9/1	350000
MT01	宇宙集团	2011/1/4	300000
BM02	发发实业	2011/8/5	250000
MC01	天和集团	2011/4/11	200000
CB01	百盛商场	2011/5/10	150000
CP01	百货大楼	2011/6/9	120000
BM01	北京总部	2011/1/4	100000
MT01	俊业集团	2011/3/15	100000
MT02	福声百货	2011/8/31	78000
MT03	靓女专店	2011/5/15	5640
MT04	帅哥专店	2011/7/31	123560
MT05	李宁专店	2011/8/3	5000
MT06	老人专店	2011/7/2	88880

报表日期： 2011年9月1日

客户名称	客户代码	应收款日期	应收账款余额
百货大楼	CP01	2011/6/9	120,000
百盛商场	CB01	2011/5/10	150,000
北京总部	BM01	2011/1/4	100,000
春和百货	CP01	2011/8/3	600,000
发发实业	BM02	2011/8/5	250,000
福声百货	MT02	2011/8/31	78,000
合和百货	MC01	2011/9/1	350,000
靓女专店	MT03	2011/5/15	5,640
俊业集团	MT01	2011/3/15	100,000
老人专店	MT06	2011/7/2	88,880
李宁专店	MT05	2011/8/3	5,000
仁和百货	CB01	2011/7/9	500,000
帅哥专店	MT04	2011/7/31	123,560
天和集团	MC01	2011/4/11	200,000
宇宙集团	MT01	2011/1/4	300,000
众和百货		2011/6/1	400,000

图 8-82 应收账款余额统计表

步骤1 ➡ 单击数据透视表中的列字段项单元格（如 D3），在【数据透视表工具】的【选项】选项卡中单击【域、项目和集】的下拉按钮，在弹出的下拉菜单中选择【计算字段】命令，打开【插入计算字段】对话框，如图 8-83 所示。

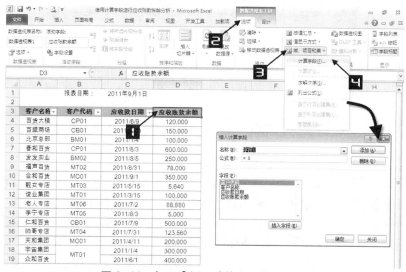

图 8-83　打开【插入计算字段】对话框

步骤2 ➡ 在【插入计算字段】对话框的【名称】框内输入"账龄 0~30 天"，将光标定位到【公式】框中，清除原有的数据"= 0"，然后输入"=IF(AND(TEXT("2011-9-1","#")-应收款日期>0,TEXT("2011-9-1","#")-应收款日期<=30),应收账款余额,0)"，单击【添加】按钮得到计算"账龄 0~30 天"的公式。

将【名称】框内的"账龄 0~30 天"更改为"账龄 31~60 天"，清除【公式】框中原有的公式，然后输入"=IF(AND(TEXT("2011-9-1","#")-应收款日期>30,TEXT("2011-9-1","#")-应收款日期<=60),应收账款余额,0)"，单击【添加】按钮得到计算"账龄 31~60 天"的公式。

按相同方法将【名称】框内的"账龄 31~60 天"，更改为"账龄 61~90 天"，清除【公式】框中原有的公式，然后输入"=IF(AND(TEXT("2011-9-1","#")-应收款日期>60,TEXT("2011-9-1","#")-应收款日期<=90),应收账款余额,0)"，单击【添加】按钮得到计算"账龄 61~90 天"的公式。

最后将【名称】框内的"账龄 61~90 天"更改为"账龄大于 90 天"，清除【公式】框中原有的公式，然后输入"=IF(TEXT("2011-9-1","#")-应收款日期>90,应收账款余额,0))"，单击【添加】按钮得到计算"账龄大于 90 天"的公式。

此时，新创建的计算字段都出现在【名称】和【字段】的下拉列表中，如图 8-84 所示。

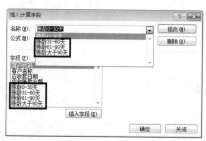

图 8-84　编辑插入的计算字段

单击【确定】按钮关闭对话框，完成后的报表如图 8-85 所示。

客户名称	客户代码	应收款日期	值			
			应收账款余额	账龄0-30天	账龄31-60天	账龄61-90天	账龄大于90天
百货大楼	CP01	2011/6/9	120.000	0	0	120.000	0
百盛商场	CB01	2011/5/10	150.000	0	0	0	150.000
北京总部	BM01	2011/1/4	100.000	0	0	0	100.000
泰和百货	CP01	2011/8/3	600.000	600.000	0	0	0
发发实业	BM02	2011/8/5	250.000	250.000	0	0	0
福声百货	MT02	2011/8/31	78.000	78.000	0	0	0
合和百货	MC01	2011/9/1	350.000	0	0	0	0
戴女专店	MT03	2011/5/15	5.640	0	0	0	5.640
德业集团	MT01	2011/3/15	100.000	0	0	0	100.000
老人专店	MT06	2011/7/2	88.880	0	0	88.880	0
李宁专店	MT05	2011/6/3	5.000	5.000	0	0	0
仁和百货	CB01	2011/7/9	500.000	0	500.000	0	0
帅哥专店	MT04	2011/7/31	123.560	0	123.560	0	0
天和集团	MC01	2011/4/11	200.000	0	0	0	200.000
宇宙集团		2011/1/4	300.000	0	0	0	300.000
众和百货	MT01	2011/6/1	400.000	0	0	0	400.000

图 8-85 应收账款账龄分析表

5. 使数据源中的空数据不参与数据透视表计算字段的计算

示例 8.19 合理地进行目标完成率指标统计

图 8-86 所示展示了某公司在一定时期内各地区销售目标完成情况的数据列表，其中数据列表中的"完成"列中有很多尚未实施的空白项，如果这些数据参与数据透视表计算字段的计算就会造成目标完成率指标统计上的不合理，要解决这个问题，请参照以下步骤进行。

城市	目标	完成
佛山	90	60
佛山	60	60
广州	50	40
广州	20	
佛山	50	
广州	80	20
中山	80	50
中山	40	

图 8-86 某公司目标完成明细表

步 骤 **1** → 根据如图 8-86 所示的数据列表创建如图 8-87 所示的数据透视表。

步 骤 **2** → 添加计算字段"完成率%"，计算字段公式为"=完成/目标"，如图 8-88 所示。

完成	(全部)	
	值	
行标签	求和项:目标	求和项:完成
佛山	200	120
广州	150	60
中山	120	50
总计	470	230

图 8-87 创建数据透视表

完成	(全部)		
	值		
行标签	求和项:目标	求和项:完成	求和项:完成率%
佛山	200	120	60.00%
广州	150	60	40.00%
中山	120	50	41.67%
总计	470	230	48.94%

图 8-88 添加计算字段

步骤 **3** → 单击报表筛选字段"完成"的下拉按钮,在弹出的下拉菜单中勾选【选择多项】复选框,同时取消勾选"(空白)"复选框,单击【确定】按钮,如图 8-89 所示。

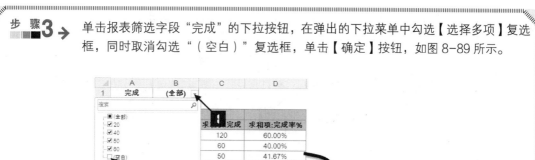

图 8-89　无效数据不参与完成率统计的数据透视表

8.4.2　修改数据透视表中的计算字段

对于数据透视表中已经添加的计算字段,用户还可以进行修改以满足变化的分析要求。以图 8-77 所示的数据透视表为例,要将销售人员提成比例提高为 2%,请参照以下步骤进行。

步骤 **1** → 单击数据透视表中的任意单元格(如 B4),在【数据透视表工具】的【选项】选项卡中单击【域、项目和集】的下拉按钮,在弹出的下拉菜单中选择【计算字段】命令,打开【插入计算字段】对话框,如图 8-90 所示。

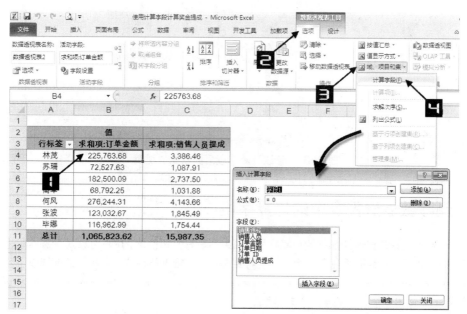

图 8-90　打开【插入计算字段】对话框

步骤 **2** → 单击【名称】框的下拉按钮,选择"销售人员提成"选项,如图 8-91 所示。

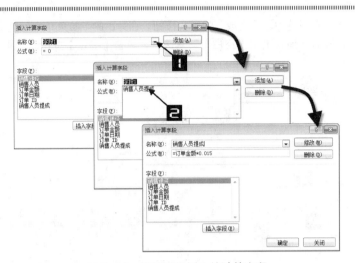

图 8-91 编辑已经插入的计算字段

步骤3→ 在【公式】框中，将原有公式"＝订单金额*0.015"，修改为"＝订单金额*0.02"（销售人员的提成按2%计算），单击【修改】按钮，最后单击【确定】按钮，如图 8-92 所示。

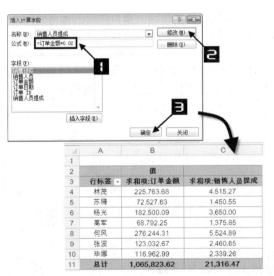

图 8-92 修改计算字段后的数据透视表

8.4.3 删除数据透视表中的计算字段

对于数据透视表已经添加好的计算字段，如果不再有分析价值，用户可以对计算字段进行删除，仍以图 8-77 所示的数据透视表为例，如果需要删除"销售人员提成"字段，请参照以下步骤进行。

步骤1→ 调出【插入计算字段】对话框。

步骤2→ 单击【名称】框的下拉按钮，选择"销售人员提成"选项，单击【删除】按钮，如图 8-93 所示。

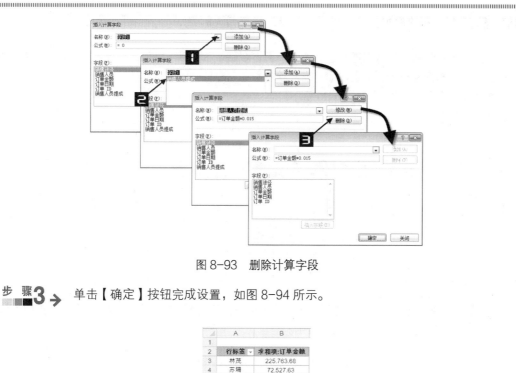

图 8-93　删除计算字段

步骤3 → 单击【确定】按钮完成设置，如图 8-94 所示。

行标签	求和项:订单金额
林茂	225,763.68
苏珊	72,527.63
杨光	182,500.09
高军	68,792.25
何风	276,244.31
张波	123,032.67
毕娜	116,962.99
总计	1,065,823.62

图 8-94　删除计算字段后的数据透视表

8.4.4　计算字段的局限性

数据透视表的计算字段，不是按照数值字段在数据透视表中所显示的数值进行计算，而是依据各个数值之和来计算。也就是说，数据透视表是使用各个数值字段分类求和的结果来应用计算字段。即使数值字段的汇总方式被设置为"平均值"，计算字段也会将其看作是"求和"。

行标签	值			手工计算(数量*单价¥)
	求和项:数量	平均值项:单价¥	求和项:销售金额¥	
按摩椅	354	800	2,548,800	283,200
跑步机	671	2,200	22,143,000	1,476,200
微波炉	494	500	3,211,000	247,000
显示器	1,123	1,500	35,374,500	1,684,500
液晶电视	617	5,000	49,360,000	3,085,000
总计	3,259	2,138	515,573,800	6,967,214

图 8-95　计算字段与手工计算对比

例如，在图 8-95 所示的数据透视表中，"求和项：销售金额¥"是一个计算字段，其公式为"数量*单价¥"。但是，它并未按照数据透视表内所显示的数值进行直接相乘，而是按照"求和项：数量"与"求和项：单价¥"相乘，即数量之总和与单价之总和的乘积。数据透视表右侧区域中（F列）用作对比显示的数据，则是按照数据透视表内显示的"求和项：数量*平均值项：单价¥"而得来。因此，以"按摩椅"为例，计算字段的结果为 354*7200=2 548 800，而不是 354*800=283 200。

此外，添加计算字段后的数据透视表"总计"的结果有时也会出现错误。

示例 8.20 解决添加计算字段后"总计"出现错误的方法

如图 8-95 所示的数据透视表，添加"销售金额￥"计算字段后，总计统计出的结果并不是各个品名的销售金额总计，而是按照"求和项：数量"总计乘以"求和项：单价￥"总计得来的，这个结果显然是不正确的，如图 8-96 所示。

行标签	求和项:数量	求和项:单价￥	求和项:销售金额￥
按摩椅	354	7,200	2,548,800
跑步机	671	33,000	22,143,000
微波炉	494	6,500	3,211,000
显示器	1,123	31,500	35,374,500
液晶电视	617	80,000	49,360,000
总计	3,259	158,200	515,573,800

E10 = SUM(D5:D9) → 112,637,300

图 8-96 添加计算字段后"总计"出现错误

解决这个问题的方法如下。

步骤1 → 在数据透视表的"总计"单元格上单击鼠标右键，在弹出的快捷菜单中单击【删除总计】命令，如图 8-97 所示。

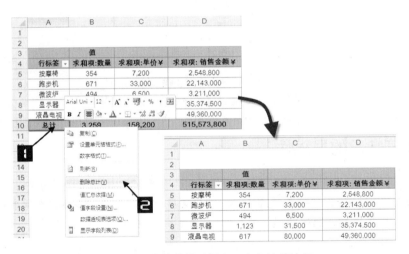

图 8-97 去掉数据透视表无意义的总计行

步骤2 → 在数据透视表下方手工添加总计行，如图 8-98 所示。

行标签	求和项:数量	求和项:单价￥	求和项:销售金额￥
按摩椅	354	7,200	2,548,800
跑步机	671	33,000	22,143,000
微波炉	494	6,500	3,211,000
显示器	1,123	31,500	35,374,500
液晶电视	617	80,000	49,360,000
总计	3,259		112,637,300

图 8-98 对数据透视表手工添加总计行

8.4.5 创建计算项

1. 使用计算项进行差额计算

示例 8.21 公司费用预算与实际支出的差额分析

图 8-99 所示展示了一张由费用预算额与实际发生额明细表创建的数据透视表，在这张数据透视表的数值区域中，只包含"实际发生额"和"预算额"字段。如果希望得到各个科目费用的"实际发生额"与"预算额"之间的差异，可以通过添加计算项的方法来完成。

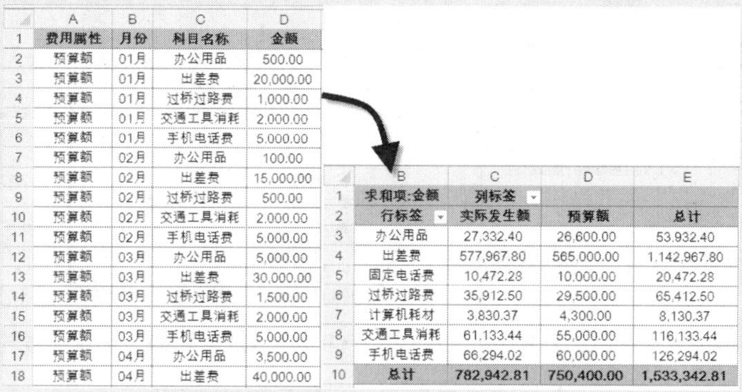

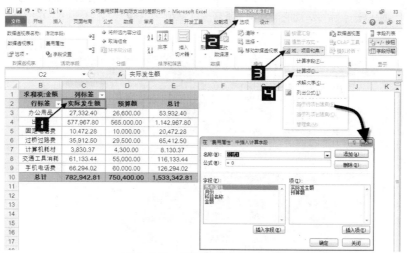

图 8-99 需要创建自定义计算项的数据透视表

步骤 1 → 单击数据透视表中的列字段单元格（如 C2），在【数据透视表工具】的【选项】选项卡中单击【域、项目和集】的下拉按钮，在弹出的下拉菜单中选择【计算项】命令，打开【在"费用属性"中插入计算字段】对话框，如图 8-100 所示。

图 8-100 添加"计算项"功能

注意 → 事实上，此处用于设置"计算项"的对话框名称并不是【在某字段中插入计算项】，而是如图所示的【在某字段中插入计算字段】，这是 Excel 2010 简体中文版中的一个已知错误。

步 骤 2 → 在弹出的【在"费用属性"中插入计算字段】对话框内的【名称】框中输入"差额",把光标定位到【公式】框中,清除原有的数据"＝0",单击【字段】列表框中的"费用属性"选项,接着双击右侧【项】列表框中出现的"实际发生额"选项,然后输入减号"-",再双击【项】列表框中的"预算额"选项,得到"差额"的计算公式,如图 8-101 所示。

步 骤 3 → 单击【添加】按钮,最后单击【确定】按钮关闭对话框。此时数据透视表的列字段区域中已经插入了一个新的项目"差额",其数值就是"实际发生额"项的数据与"预算额"项的数据的差值,如图 8-102 所示。

图 8-101 添加"差额"计算项

	B	C	D	E	F
1	求和项:金额	列标签			
2	行标签	实际发生额	预算额	差额	总计
3	办公用品	27,332.40	26,600.00	732.40	54,664.80
4	出差费	577,967.80	565,000.00	12,967.80	1,155,935.60
5	固定电话费	10,472.28	10,000.00	472.28	20,944.56
6	过桥过路费	35,912.50	29,500.00	6,412.50	71,825.00
7	计算机耗材	3,830.37	4,300.00	-469.63	7,660.74
8	交通工具消耗	61,133.44	55,000.00	6,133.44	122,266.88
9	手机电话费	66,294.02	60,000.00	6,294.02	132,588.04
10	总计	782,942.81	750,400.00	32,542.81	1,565,885.62

图 8-102 添加"差额"计算项后的数据透视表

提示

但是这里会出现一个问题,数据透视表中的行"总计"将汇总所有的行项目,包括新添加的"差额"项,因此其结果不再具有实际意义,所以需要通过修改相应设置去掉"总计"列。

步 骤 4 → 在数据透视表"总计"标题上(如 F2)单击鼠标右键,在弹出的快捷菜单中选择【删除总计】命令,如图 8-103 所示。

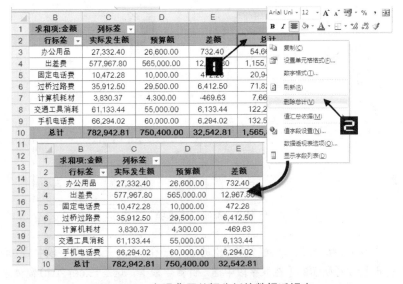

图 8-103 实现费用差额分析的数据透视表

2. 使用计算项进行增长率计算

示例 8.22 统计各个零售商店不同时期的销售增长率

图 8-104 所示展示了一张根据商店销售额数据列表创建的数据透视表，在这张数据透视表的数值区域中，包含“2011”和“2012”年份字段，如果希望得到 2012 年销售增长率，可以通过添加计算项的方法来完成。

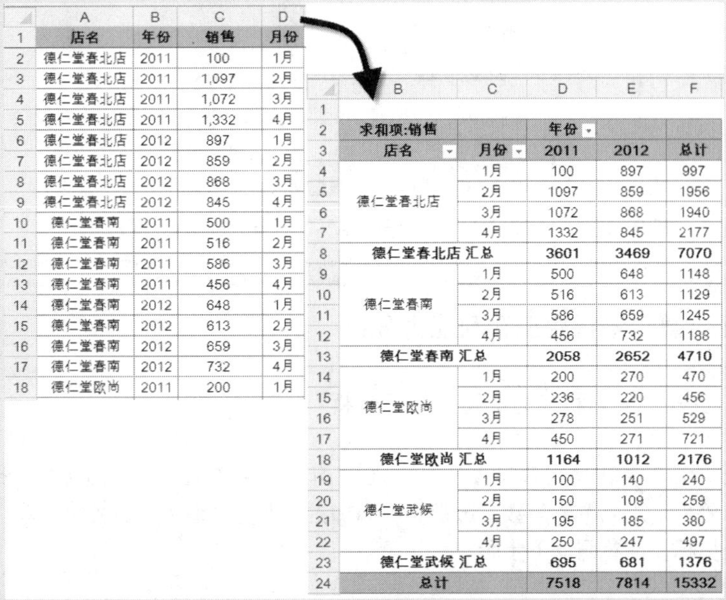

	A	B	C	D
1	店名	年份	销售	月份
2	德仁堂春北店	2011	100	1月
3	德仁堂春北店	2011	1,097	2月
4	德仁堂春北店	2011	1,072	3月
5	德仁堂春北店	2011	1,332	4月
6	德仁堂春北店	2012	897	1月
7	德仁堂春北店	2012	859	2月
8	德仁堂春北店	2012	868	3月
9	德仁堂春北店	2012	845	4月
10	德仁堂春南	2011	500	1月
11	德仁堂春南	2011	516	2月
12	德仁堂春南	2011	586	3月
13	德仁堂春南	2011	456	4月
14	德仁堂春南	2012	648	1月
15	德仁堂春南	2012	613	2月
16	德仁堂春南	2012	659	3月
17	德仁堂春南	2012	732	4月
18	德仁堂欧尚	2011	200	1月

	B	C	D	E	F
1					
2	求和项:销售		年份		
3	店名	月份	2011	2012	总计
4	德仁堂春北店	1月	100	897	997
5		2月	1097	859	1956
6		3月	1072	868	1940
7		4月	1332	845	2177
8	德仁堂春北店 汇总		3601	3469	7070
9	德仁堂春南	1月	500	648	1148
10		2月	516	613	1129
11		3月	586	659	1245
12		4月	456	732	1188
13	德仁堂春南 汇总		2058	2652	4710
14	德仁堂欧尚	1月	200	270	470
15		2月	236	220	456
16		3月	278	251	529
17		4月	450	271	721
18	德仁堂欧尚 汇总		1164	1012	2176
19	德仁堂武候	1月	100	140	240
20		2月	150	109	259
21		3月	195	185	380
22		4月	250	247	497
23	德仁堂武候 汇总		695	681	1376
24	总计		7518	7814	15332

图 8-104　需要创建自定义计算项的数据透视表

步骤 1 弹出【在“年份”中插入计算字段】对话框，如图 8-105 所示。

步骤 2 在弹出的【在“年份”中插入计算字段】对话框内的【名称】框中输入“2012 年增长率%”，把光标定位到【公式】框中，清除原有的数据“=0”，输入“=('2012'- '2011')/ '2011'”，得到计算“2012 年增长率%”的公式，如图 8-106 所示。

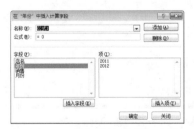

图 8-105　添加【计算项】功能

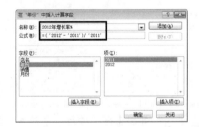

图 8-106　添加“2012 年增长率%”计算项

步骤 3 单击【添加】按钮，最后单击【确定】按钮关闭对话框。此时数据透视表中新增了一个字段“2012 年增长率%”，对“2012 年增长率%”字段设置“百分比”样式，并删除“总计”列，完成的数据透视表，如图 8-107 所示。

8 章

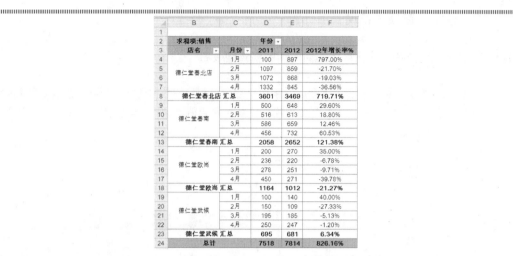

图 8-107　添加"2012 年增长率%"计算项后的数据透视表

3. 使用计算项进行企业盈利能力分析

示例 8.23　反映企业盈利能力的财务指标分析

图 8-108 所示的数据透视表是某公司的 2011 年度的损益表，下面通过添加计算项进行企业的盈利能力指标分析，如果希望向数据透视表中添加主营业务利润率、营业利润率、利润率和净利润率等财务分析指标，请参照以下步骤。

项　目	2011年实际	2010年同期
一、主营业务收入	29,275,022.02	18,574,967.50
其中：出口产品（商品）销售收入	29,152,080.14	18,569,973.09
减：主营业务成本	25,651,269.70	15,135,981.05
其中：出口产品（商品）销售成本	24,661,400.60	15,133,772.96
主营业务税金及附加		
二、主营业务利润	3,623,752.32	3,438,986.45
加：其他业务利润	18,234.56	18,671.68
减：营业费用	630,611.53	369,146.28
管理费用	499,371.98	634,084.07
财务费用	-25,608.42	-82,911.57
其中：利息支出（减利息收入）		
汇兑损失（减汇兑收益）		
三、营业利润（亏损以"-"号填列）	2,537,611.79	2,537,339.35
加：投资收益		
补贴收入		
营业外收入	1,752.14	
减：营业外支出		38.00
四、利润总额（亏损以"-"号填列）	2,539,363.93	2,537,301.35
减：所得税	609,447.34	608,952.32
少数股东损益		
"未确认的投资损失（以"+"号填列）		
五、净利润	1,929,916.59	1,928,349.03
单位：人民币元		

图 8-108　损益表

步骤 1　弹出【在"项目"中插入计算字段】对话框，如图 8-109 所示。

步骤 2　在【名称】文本框中输入"主营业务利润率%"，把光标定位到【公式】文本框中，清除原有的数据"=0"，单击【字段】列表框中的"项目"选项，接着双击右侧【项】列表框中出现的"二、主营业务利润"选项，然后输入除号"/"，再双击【项】列表框中的"一、主营业务收入"选项，得到计算"主营业务利润率%"的计算公式，如图 8-110 所示。

图 8-109 【在"项目"中插入计算字段】对话框

图 8-110 添加"主营业务利润率%"计算项

步骤3 → 重复步骤 2 依次添加"营业利润率%"（=三、营业利润（亏损以"-"号填列）/一、主营业务收入）、"利润率%"（=四、利润总额（亏损以"-"号填列）/一、主营业务收入）和"净利润率%"（=五、净利润 /一、主营业务收入)等计算项。

步骤4 → 添加完成反映盈利能力指标的计算项后，数据透视表如图 8-111 所示。

步骤5 → 将添加的计算项指标移动到数据透视表中的相关位置，完成反映企业盈利能力的财务分析，如图 8-112 所示。

	B	C	D
1		值	
2	行标签	2011年实际	2010年同期
6	其中：出口产品（商品）销售成本	24,661,400.60	15,133,772.96
7	主营业务税金及附加		
8	二、主营业务利润	3,623,752.32	3,438,986.45
9	加：其他业务利润	18,234.56	18,671.68
10	减：营业费用	630,611.53	369,146.28
11	管理费用	499,371.98	634,084.07
12	财务费用	-25,608.42	-82,911.57
13	其中：利息支出（减利息收入）		
14	汇兑损失（减汇兑收益）	2,537,611.79	2,537,339.35
15	三、营业利润（亏损以"-"号填列）		
16	加：投资收益		
17	补贴收入		
18	营业外收入	1,752.14	
19	减：营业外支出		38.00
20	四、利润总额（亏损以"-"号填列）	2,539,363.93	2,537,301.35
21	减：所得税	609,447.34	608,952.32
22	"少数股东损益"		
23	"未确认的投资损失（以"+"号填列）		
24	五、净利润	1,929,916.59	1,928,349.03
25	主营业务利润率%	12.38%	18.51%
26	营业利润率%	8.67%	13.66%
27	利润率%	8.67%	13.66%
28	净利润率%	6.59%	10.38%

图 8-111 添加计算项后的数据透视表

	B	C	D
1		值	
2	行标签	2011年实际	2010年同期
6	其中：出口产品（商品）销售成本	24,661,400.60	15,133,772.96
7	主营业务税金及附加		
8	二、主营业务利润	3,623,752.32	3,438,986.45
	主营业务利润率%	12.38%	18.51%
10	加：其他业务利润	18,234.56	18,671.68
11	减：营业费用	630,611.53	369,146.28
12	管理费用	499,371.98	634,084.07
13	财务费用	-25,608.42	-82,911.57
14	其中：利息支出（减利息收入）		
	汇兑损失（减汇兑收益）		
16	三、营业利润（亏损以"-"号填列）	2,537,611.79	2,537,339.35
17	营业利润率%	8.67%	13.66%
18	加：投资收益		
19	补贴收入		
20	营业外收入	1,752.14	
21	减：营业外支出		38.00
22	四、利润总额（亏损以"-"号填列）	2,539,363.93	2,537,301.35
23	利润率%	8.67%	13.66%
	减：所得税	609,447.34	608,952.32
25	"少数股东损益"		
26	"未确认的投资损失（以"+"号填列）		
27	五、净利润	1,929,916.59	1,928,349.03
28	净利润率%	6.59%	10.38%

图 8-112 最终完成的数据透视表

4. 隐藏数据透视表计算项为零的行

示例 8.24 企业产成品进销存管理

在数据透视表中添加计算项后有时会出现很多数值为"0"的数据，如图 8-113 所示，为了使数据透视表更具可读性和易于操作，可以运用 Excel 的自动筛选功能将数值为"0"的数据项隐藏。

具体操作步骤请参阅 5.2.5 小节，完成后如图 8-114 所示。

	B	C	D	E	F	G
1						
2	求和项:数量		属性			
3	规格型号	机器号	出库单	期初库存	入库单	结存
106		08030105				0
107		08030301				0
108		08030303				0
109		08030304				0
110		08030305				0
111		08031101	12		110	98
112		07085408				0
113		07085410	23		150	127
114		07091205				0
115		07102603				0
116		07112213				0
117		07121404				0
118		07121405				0
119		08013401				0
120	SX-D-192	08030101				0
121		08030102				0
122		08030103				0
123		08030104				0

图 8-113　数据透视表中的"0"值计算项

	B	C	D	E	F	G
1						
2	求和项:数量		属性			
3	规格型号	机器号	出库单	期初库存	入库单	结存
22	CCS-192	07085408				1
43	CCS-256	07102603	0		1	1
81	MMS-168A4	07121404		1		1
82		07121405		1		1
111	SX-D-128	08031101	12		110	98
113	SX-D-192	07085410	23		150	127
133	SX-D-256	07102603	12		39	27
156		08030101	6		200	194
157		08030102	14		18	4
158	SX-G-128	08030103	7		50	43
159		08030104	26		120	94
160		08030105	13		120	107
173	SX-G-192	08013401	28		100	72
197		08030301	7		48	41
198	SX-G-256	08030303	6		32	26
199		08030304	6		23	17
202	总计		227	46	1035	854

图 8-114　隐藏"0"值计算项后的数据透视表

5. 在数据透视表中同时使用计算字段和计算项

根据不同的数据分析要求，在数据透视表中，计算字段或计算项既可以单独使用也可以同时使用。

示例 8.25　比较分析费用控制属性的占比和各年差异

图 8-115 所示的数据列表是某公司 2010 年和 2011 年的制造费用明细账，如果希望根据明细账创建数据透视表并同时添加计算字段和计算项进行制造费用分析并计算出 2010 年与 2011 年发生费用的差额和可控费用与不可控费用分别占费用发生总额的占比，请参照以下步骤进行。

	A	B	C	D	E	F	G	H	I
1	月	日	凭证号数	科目编码	科目名称	摘要	2010年	2011年	费用属性
2	01	31	记-0037	41050202	办公用品	略	258.5		可控费用
3	02	05	记-0003	41050202	办公用品	略	18		可控费用
4	03	14	记-0014	41050202	办公用品	略	700		可控费用
5	03	21	记-0026	41050202	办公用品	略	112		可控费用
6	03	27	记-0043	41050202	办公用品	略	13		可控费用
7	03	27	记-0050	41050202	办公用品	略	1643		可控费用
8	03	27	记-0050	41050202	办公用品	略	1989.5		可控费用
9	03	29	记-0058	41050202	办公用品	略	240		可控费用
10	04	19	记-0027	41050202	办公用品	略	1982.4		可控费用
11	04	27	记-0043	41050202	办公用品	略	1792		可控费用
12	05	09	记-0009	41050202	办公用品	略	55		可控费用
13	05	28	记-0051	41050202	办公用品	略	1530		可控费用
14	05	28	记-0051	41050202	办公用品	略	700		可控费用
15	07	05	记-0012	41050202	办公用品	略	196		可控费用
16	01	24	记-0014	41050202	办公用品	略	739.28		可控费用
17	03	10	记-0011	41050202	办公用品	略	2354		可控费用
18	03	16	记-0021	41050202	办公用品	略	370		可控费用

图 8-115　费用明细账

步 骤 **1** → 创建如图 8-116 所示的数据透视表。

	A	B	C
1			
2		值	
3	行标签	2010年	2011年
4	可控费用	964,567.50	815,125.56
5	不可控费用	370,343.97	443,563.74

图 8-116　创建数据透视表

步骤 2 → 单击数据透视表中"2010 年"字段的标题单元格（如 C3），在【数据透视表工具】的【选项】选项卡中单击【域、项目和集】的下拉按钮，在弹出的下拉菜单中选择【计算字段】命令，打开【插入计算字段】对话框，如图 8-117 所示。

步骤 3 → 在【插入计算字段】对话框的【名称】框内输入"差异"，将光标定位到【公式】框中，清除原有的数据"= 0"，然后输入"='2011 年'-'2010 年'"，得到"差异"的计算公式，如图 8-118 所示。

图 8-117　添加"计算字段"功能

图 8-118　添加"差异"计算字段

步骤 4 → 单击【添加】按钮，最后单击【确定】按钮关闭对话框。此时，数据透视表中已经新增了一个"差异"字段，如图 8-119 所示。

步骤 5 → 单击数据透视表中"不可控费用"项的单元格（如 A4），在【数据透视表工具】的【选项】选项卡中单击【域、项目和集】的下拉按钮，在弹出的下拉菜单中选择【计算项】命令，打开【在"费用属性"中插入计算字段】对话框，如图 8-120 所示。

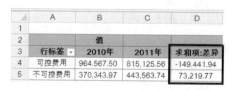

图 8-119　添加"差异"计算字段后的数据透视表

图 8-120　添加"计算项"功能

步骤 6 → 在弹出的【在"费用属性"中插入计算字段】对话框内的【名称】文本框中输入"可控费用占比"，把光标定位到【公式】文本框中，清除原有的数据"= 0"，输入"=可控费用/(可控费用+不可控费用）"，得到"可控费用占比"的计算公式，如图 8-121 所示。

步骤 7 → 重复步骤 6，依次添加"不可控费用占比=不可控费用/(可控费用 +不可控费用）"、"费用总计=可控费用+不可控费用"。

步骤 8 → 将添加的计算项指标移动到数据透视表中的相关位置，去掉总计行，完成费用比较分析，如图 8-122 所示。

图 8-121 添加"可控费用占比"计算项		图 8-122 比较分析费用控制属性占比和各年差异的数据透视表	

6. 改变数据透视表中的计算项

对于数据透视表已经添加好的计算项,用户还可以进行修改以满足分析要求的变化,以图 8-102 所示的数据透视表为例,如果希望将实际发生额与预算额的"差额"计算项更改为"差额率%",请参照以下步骤进行。

步骤1→ 单击数据透视表中的列字段单元格(如 C2),在【数据透视表工具】的【选项】选项卡中单击【域、项目和集】的下拉按钮,在弹出的下拉菜单中选择【计算项】命令,打开【在"费用属性"中插入计算字段】对话框,如图 8-123 所示。

图 8-123 【在"费用属性"中插入计算字段】对话框

步骤2→ 单击【名称】框的下拉按钮,选择"差额"选项,如图 8-124 所示。

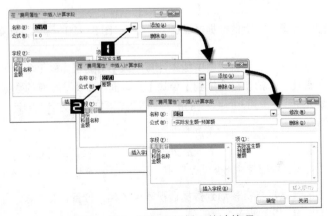

图 8-124 编辑已经插入的计算项

步骤3 → 在【公式】框中将原有公式"＝实际发生额–预算额"，修改为"=(实际发生额 –预算额)/实际发生额"，如图 8-125 所示。

步骤4 → 单击【修改】按钮，最后单击【确定】按钮完成设置，将"差额"字段名称更改为"差额率%"，数据列设置为"百分比"单元格样式，如图 8-126 所示。

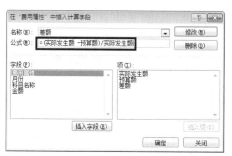

图 8-125　编辑已经插入的计算项

	B	C	D	E
1	求和项:金额	列标签 ▼		
2	行标签 ▼	实际发生额	预算额	差额率%
3	办公用品	27,332.40	26,600.00	2.68%
4	出差费	577,967.80	565,000.00	2.24%
5	固定电话费	10,472.28	10,000.00	4.51%
6	过桥过路费	35,912.50	29,500.00	17.86%
7	计算机耗材	3,830.37	4,300.00	-12.26%
8	交通工具消耗	61,133.44	55,000.00	10.03%
9	手机电话费	66,294.02	60,000.00	9.49%
10	总计	782,942.81	750,400.00	34.56%

图 8-126　修改计算项后的数据透视表

7. 删除数据透视表中的计算项

对于数据透视表已经创建的计算项，如果不再有分析价值，用户可以将计算项进行删除。仍以图 8-102 所示的数据透视表为例，要删除"差额"计算项，请参照以下步骤进行。

步骤1 → 单击数据透视表中列字段的单元格（如 C2），在【数据透视表工具】的【选项】选项卡中单击【域、项目和集】的下拉按钮，在弹出的下拉菜单中选择【计算项】命令，打开【在"费用属性"中插入计算字段】对话框，如图 8-127 所示。

步骤2 → 单击【名称】框的下拉按钮，选择"差异"选项，单击【删除】按钮，如图 8-93 所示。

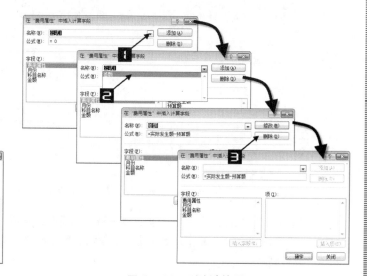

图 8-127　【在"费用属性"中
插入计算字段】对话框

图 8-128　删除计算项

步骤3 → 单击【确定】按钮完成设置，如图 8-129 所示。

	B	C	D
1	求和项:金额	列标签 ▼	
2	行标签 ▼	实际发生额	预算额
3	办公用品	27,332.40	26,600.00
4	出差费	577,967.80	565,000.00
5	固定电话费	10,472.28	10,000.00
6	过桥过路费	35,912.50	29,500.00
7	计算机耗材	3,830.37	4,300.00
8	交通工具消耗	61,133.44	55,000.00
9	手机电话费	66,294.02	60,000.00
10	总计	782,942.81	750,400.00

图 8-129　删除计算项后的数据透视表

8.4.6　改变计算项的求解次序

如果数据透视表存在两个或两个以上的计算项，并且不同计算项的公式中存在相互引用，各个计算项的计算顺序会带来不同的计算结果，为了满足不同的数据分析要求，可以通过数据透视表工具栏中的"求解次序"选项来改变各个计算项的计算次序。

单击数据透视表内的计算项单元格（如 B8），在【数据透视表工具】的【选项】选项卡中单击【域、项目和集】的下拉按钮，在弹出的下拉菜单中选择【求解次序】命令，打开【计算求解次序】对话框，如图 8-130 所示。

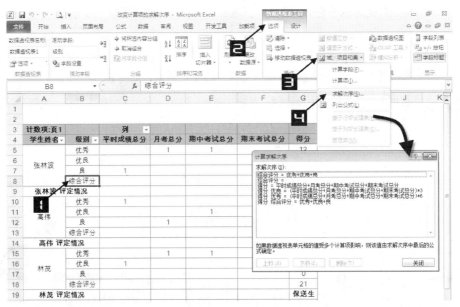

图 8-130　【求解次序】对话框

【求解次序】对话框中列示出数据透视表存在的所有计算项，用户在确定了正在处理的计算项后可以通过对话框中的【上移】或者【下移】按钮改变计算项的求解次序，也可以单击【删除】按钮将该计算项删除。

8.4.7　列示数据透视表计算字段和计算项的公式

在数据透视表中添加完成的计算字段和计算公式还可以通过报表的形式反映出来，以图 8-122 所示的数据透视表为例，首先单击数据透视表内的任意单元格（如 B8），在【数据透视表工具】的【选项】选项卡中单击【域、项目和集】的下拉按钮，然后在弹出的下拉菜单中选择【列出公式】命令，Excel 会自动生成一张新的工作表，列示出在数据透视表中添加的所有计算字段和计算项的公式，如图 8-131 所示。

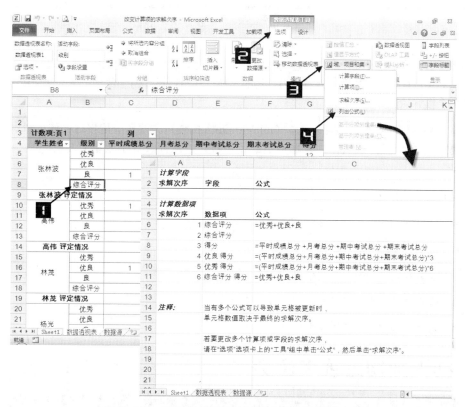

图 8-131　列示数据透视表计算字段和计算项公式

第 9 章　数据透视表函数的综合应用

数据透视表是 Excel 中非常出色的功能，它具有操作灵活和数据处理快捷的特点。如果用户既希望能利用透视表出色的数据处理能力，同时又能使用自己设计的个性化表格，使用数据透视表函数是一个很好的选择。

本章将详细介绍数据透视表函数 GetPivotData 的使用方法和运用技巧，使用户对数据透视表函数有一个全面的认识，并掌握一定的运用技巧，从而设计出效率更高、更具个性的数据报表。

本章内容主要包括：

- GetPivotData 函数的基础知识及语法结构。

- 静态、动态获取数据透视表数据。

- 获取自定义分类汇总的结果。

- 数据透视表函数与其他函数的联合使用。

- 数据透视表函数的具体应用。

9.1　初识数据透视表函数

数据透视表函数是为了获取数据透视表中各种计算数据而设计的，最早出现在 Excel 2000 版中，该函数的语法结构在 Excel 2003 得到了进一步改进和完善，一直沿用至目前最新的 Excel 2010 版本。

9.1.1　快速生成数据透视表函数公式

数据透视表函数的语法形式较多，参数也比较多，用户在使用上可能会遇到一定的困难。好在 Excel 提供了快速生成数据透视表公式的方法，用户可以利用 Excel 提供的工具，快速生成数据透视表函数公式，方便地获取数据透视表中相应的数据，具体方法如下。

步骤 1 → 选中数据透视表中的任意单元格，在【数据透视表工具】的【选项】选项卡中单击【数据透视表】命令组中的【选项】下拉按钮。

步骤 2 → 在【选项】下拉列表中，勾选【生成 GetPivotData】选项，打开自动生成数据透视表函数公式开关，此时，当用户引用数据透视表中"数值"区域中的数据时，Excel 就会自动生成数据透视表函数公式，如图 9-1 所示。

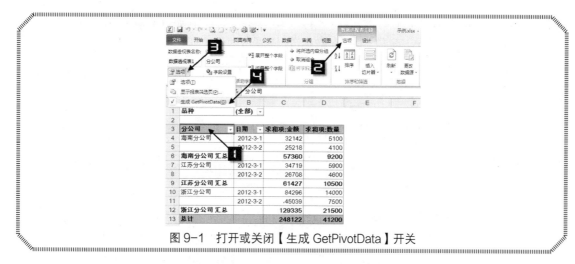

图 9-1 打开或关闭【生成 GetPivotData】开关

如果用户取消对【生成 GetPivotData】选项的勾选，引用数据透视表"数值"区域中的数据时，只能得到一个单元格引用。

此外，用户还可以通过重新设置 Excel 文档默认的设置来打开或关闭【生成 GetPivotData】开关，具体方法如下。

步骤**1** ➡ 在菜单中单击【文件】→【选项】命令，打开【Excel 选项】对话框。

步骤**2** ➡ 在【Excel 选项】对话框中，单击对话框左侧的【公式】选项命令，在对话框右侧的【使用公式】选项区中勾选或取消勾选【使用 GetPivotData 函数获取数据透视表引用】选项，打开或关闭【生成 GetPivotData】开关，如图 9-2 所示。

图 9-2 【使用 GetPivotData 函数获取数据透视表引用】选项

9.1.2 透视表函数公式举例

示例 9.1 数据透视表函数示例

当用户设置了打开【生成 GetPivotData】开关后，可以通过数据透视表函数自动从透视表中获取相关数据，例如获取：

(1) 海南分公司 2012 年 3 月 2 日"数量"的值，数据透视表函数的公式如下，如图 9-3 所示。

```
=GETPIVOTDATA("求和项:数量",$A$3,"分公司","海南分公司","日期",DATE(2012,3,2))
```

(2) 浙江分公司汇总"金额"的值，数据透视表函数的公式如下，如图9-4所示。

```
=GETPIVOTDATA("求和项:金额",$A$3,"分公司","浙江分公司")
```

	A	B	C	D	E	F
1	品种	(全部)				
2						
3	分公司	日期	求和项:金额	求和项:数量		
4	海南分公司	2012/3/1	32142	5100		
5		2012/3/2	25218	4100		
6	海南分公司 汇总		57360	9200		
7	江苏分公司	2012/3/1	34719	5900		
8		2012/3/2	26708	4600		
9	江苏分公司 汇总		61427	10500		
10	浙江分公司	2012/3/1	84296	14000		
11		2012/3/2	45039	7500		
12	浙江分公司 汇总		129335	21500		
13	总计		248122	41200		
14						
15						
16	海南分公司2012年3月2日"数量"的值					
17	=GETPIVOTDATA("求和项:数量",$A$3,"分公司","海南分公司","日期",DATE(2012,3,2))					

图9-3　数据透视表函数取值示例一

(3) 各分公司"金额"总计的公式如下，如图9-5所示。

```
=GETPIVOTDATA("求和项:金额",$A$3)
```

	A	B	C	D
1	品种	(全部)		
2				
3	分公司	日期	求和项:金额	求和项:数量
4	海南分公司	2012-3-1	32142	5100
5		2012-3-2	25218	4100
6	海南分公司 汇总		57360	9200
7	江苏分公司	2012-3-1	34719	5900
8		2012-3-2	26708	4600
9	江苏分公司 汇总		61427	10500
10	浙江分公司	2012-3-1	84296	14000
11		2012-3-2	45039	7500
12	浙江分公司 汇总		129335	21500
13	总计		248122	41200
18				
19	浙江分公司汇总"金额"的值			
20	=GETPIVOTDATA("求和项:金额",$A$3,"分公司","浙江分公司")			

图9-4　数据透视表函数取值示例二

	A	B	C	D
1	品种	(全部)		
2				
3	分公司	日期	求和项:金额	求和项:数量
4	海南分公司	2012-3-1	32142	5100
5		2012-3-2	25218	4100
6	海南分公司 汇总		57360	9200
7	江苏分公司	2012-3-1	34719	5900
8		2012-3-2	26708	4600
9	江苏分公司 汇总		61427	10500
10	浙江分公司	2012-3-1	84296	14000
11		2012-3-2	45039	7500
12	浙江分公司 汇总		129335	21500
13	总计		248122	41200
21				
22	各分公司"金额"总计的公式为			
23	=GETPIVOTDATA("求和项:金额",$A$3)			

图9-5　数据透视表函数取值示例三

9.2　数据透视表函数的语法结构

9.2.1　数据透视表函数的基本语法

Excel 提供了 GETPIVOTDATA 函数来返回存储在数据透视表中的数据。如果报表中的计算或汇总数据可见，则可以使用 GETPIVOTDATA 函数从数据透视表中检索出相关数据。

该函数的基本语法如下：

```
GETPIVOTDATA(data_field,pivot_table,[field1,item1],[field2,item2 ],...)
```

(1) 参数 data_field 表示包含要检索数据表的字段名称，其格式必须是以成对双引号输入的文本字符串或是经转化为文本类型的单元格引用。

> 当该参数是文本字符串时，必须使用成对双引号引起来；如果是单元格引用，必须使用文本类函数（如 T 函数），或直接使用文本连接符"&"连接一个空值符"""，将该参数转化成文本类型，否则会出现"#REF!"错误。

注意

(2) 参数 pivot_table 表示对数据透视表中任何单元格或单元格区域的引用,该信息用于决定哪个数据透视表包含要检索的数据。

(3) 参数 field1,item1,field2,item,…为一组或多组"字段名称"和"项目名称",主要用于描述获取数据的条件,该参数可以为单元格引用和常量文本字符串。

注意

> (1) 如果参数为数据透视表中"不可见"或"不存在"的字段,则 GETPIVOTDATA 函数将返回 "#REF!" 错误。
>
> (2) 该语法结构适用于获取数据透视表各种汇总方式下的明细数据,或"自动"分类汇总方式下的分类汇总数据,但不能用于获取"自定义"分类汇总方式下的分类汇总数据。

9.2.2 Excel 2000 版本中的函数语法

在 Excel 2000 版本中开始新增加了数据透视表函数,虽然 Excel 2003 版本中该函数的语法得到了修改或完善,并一直沿用至 Excel 2010 版本,但出于兼容性的要求,同时也保留了 Excel 2000 版本下的语法用法,从而形成了另一种特殊语法用法。该函数在 Excel 2000 版本中的语法如下:

```
= GETPIVOTDATA(pivot_table, name)
```

其中 pivot_table 表示对数据透视表中任何单元格或单元格区域的引用,该信息用于决定哪个数据透视表包含要检索的数据。

name 参数是一个文本字符串,它用引号括起来,描述要汇总数据取值条件,可以是:<data_field field1item1field2item2 ……field*n*item*n*>,或

```
<data_field field1[item1]field2[item2] ……fieldn[itemn]>
```
甚至可以进一步简化为:

```
<data_field item1item2 ……itemn>
```
整个公式可以理解为:

GETPIVOTDATA(透视表内任意单元格, "取值列字段名称组条件项 1 条件项 2 ……条件项 n")

该语法的优点在于公式比较简捷,缺点是语法中会出现多个参数条件罗列在一起,不便使用者阅读和理解。

9.2.3 获取"自定义"分类汇总方式下汇总数据的特殊语法

当用户希望获取采用"自定义"分类汇总方式生成的数据透视表分类汇总数值时,需要使用 GETPIVOTDATA 函数的特殊语法,其语法结构如下:

GETPIVOTDATA(pivot_table,"<GroupName>[<GroupItem>;<FunctionName>]data_field ")

(1) 参数 pivot_table 表示对数据透视表中任何单元格或单元格区域的引用,该信息用于决定哪个数据透视表包含要检索的数据。

(2) 第 2 个参数"<GroupName>[<GroupItem>;<FunctionName>]<data_field> "是一个文本字符串,它用引号括起来,描述了要汇总数据取值条件,其中:<GroupName>表示分组字段名称;<GroupItem>表示分组字段对应的数据项;<FunctionName>表示用于分类汇总的方法,包括"求和"、"计数"等;<data_field>表示取值字段名称,取值字段不只一个时,各字段之间需要用空格隔开。

整个公式可以理解为：

GETPIVOTDATA(透视表内任意单元格，"分类行字段名称[分类条件;分类方式]取值列字段名称组")

(1) "取值列字段名称组"部分也可以放在"分类字段名称"之间，但之间需要用空格隔开。

(2) 在"自定义"分类汇总方式下，用户使用由 Excel 提供的自动生成数据透视表函数公式工具，获取分类汇总数据时，直接生成的函数公式产生的结果为"#REF!"错误。生成的错误公式为：

GETPIVOTDATA(pivot_table,"<GroupName>[<GroupItem>;**data**, <FunctionName>]
data_field ")

此时，需要根据正确的函数语法公式，将错误公式中的"data"部分手工删除后才能得到正确数据。

9.3 自动汇总方法下静态获取数据透视表计算数值

根据数据透视表函数公式，用户可以方便地获取数据透视表中的计算数据。在默认情况下，数据透视表会采取"自动汇总"方式进行分类汇总。

图 9-6 是使用数据透视表汇总的 ABC 公司各分公司 2012 年 3 月份的销售表，根据分析要求，现需要从数据透视表中获取有关数据。

		A产品		B产品		C产品		金额汇总	数量汇总
		品种	值						
分公司	日期	金额	数量	金额	数量	金额	数量	金额汇总	数量汇总
海南分公司	2012-3-1	5976	900	3558	600	22608	3600	32142	5100
	2012-3-2	4905	900	5241	800	15072	2400	25218	4100
海南分公司 汇总		10881	1800	8799	1400	37680	6000	57360	9200
江苏分公司	2012-3-1	14170	2600	2965	500	17584	2800	34719	5900
	2012-3-2	13625	2500	1779	300	11304	1800	26708	4600
江苏分公司 汇总		27795	5100	4744	800	28888	4600	61427	10500
浙江分公司	2012-3-1	26160	4800			58136	9200	84296	14000
	2012-3-2	14715	2700	3320	500	27004	4300	45039	7500
浙江分公司 汇总		40875	7500	3320	500	85140	13500	129335	21500
总计		79551	14400	16863	2700	151708	24100	248122	41200

ABC公司销售汇总表

图 9-6　ABC 公司销售汇总透视表

9.3.1 使用基本函数公式静态获取数据

1. 获取销售总金额

可以使用数据透视表函数公式自动输入工具，在 K17 单元格输入数据透视表函数公式，计算结果为 248122：

=GETPIVOTDATA(" 金额",$A$2)

公式解析：

第 1 个参数表示计算字段名称，本例中为" 金额"，该值是由自动输入工具生成的，也可以手工删除"金额"前的空格，改为"金额"。

第 2 个参数为数据透视表中任意一个单元格，本例中为$A$2。

GETPIVOTDATA 函数只有两个参数时，没有其他条件时，表示要求获取计算字段的合计数。

2. 获取江苏分公司销售总数量

在 K18 单元格中输入数据透视表函数公式，计算结果为 10500：

`=GETPIVOTDATA(" 数量",$A$2,"分公司","江苏分公司")`

公式解析：

第 1 个参数表示需要计算字段名称，本例中为" 数量"，也可以删除空格修改为"数量"。

第 2 个参数为数据透视表中任意一个单元格，本例中为$A$2。

第 3 和第 4 个参数为分类计算条件组，由分类字段"分公司"和分类字段项"江苏分公司"组成。

3. 获取浙江分公司 2012 年 3 月 2 日销售金额

在 K19 单元格中输入数据透视表函数公式，计算结果为 45039：

`=GETPIVOTDATA(" 金额",$A$2,"分公司","浙江分公司","日期",DATE(2012,3,2))`

公式解析：

第 1 个参数表示需要计算字段名称，本例中为" 金额"，也可以删除空格修改为"金额"。

第 2 个参数为数据透视表中任意一个单元格，本例中为$A$2。

第 3 和第 4 个参数为分类计算条件组，由分类字段"分公司"和分类字段项"浙江分公司"组成。

第 5 和第 6 个参数为分类计算另一条件组，由分类字段"日期"和分类字段项 DATE(2012,3,2) 组成，这里的日期使用了 DATE 函数生成，也可以直接写成"2012-3-2"，并用半角双引号引起来。

注意 ➡ 如果条件值为日期时，日期格式必须与透视表中的格式一致，或用 DATE 函数生成日期值。

4. 海南分公司 2012 年 3 月 1 日 B 产品销售数量

在 K20 单元格中输入数据透视表函数公式，计算结果为 600：

`=GETPIVOTDATA(" 数量",$A$2,"品种","B 产品","分公司","海南分公司","日期",DATE(2012,3,1))`

公式解析：

第 1 个参数表示需要计算字段名称，本例中为" 数量"，也可以删除空格修改为"数量"。

第 2 个参数为数据透视表中任意一个单元格，本例中为$A$2。

第 3 和第 4 个参数为分类计算条件组，由分类字段"品种"和分类字段项"B 产品"组成。

第 5 和第 6 个参数为分类计算条件组，由分类字段"分公司"和分类字段项"海南分公司"组成。

第 7 和第 8 个参数为分类计算另一条件组，由分类字段"日期"和分类字段项 DATE(2012,3,1) 组成，这里的日期使用了 DATE 函数生成，也可以直接写成"2012-3-1"，并用半角双引号引起来。

从上述示例可以看出，当数据透视表函数的条件参数越多，获取的值越明细，反之得到将是各级分类汇总的值，计算结果如图 9-7 所示。

	A	B	C	D	E	F	G	H	I	J	K
16	计算要求		基本公式								值
17	销售总金额		=GETPIVOTDATA(" 金额",$A$2)								248122
18	江苏分公司销售数量		=GETPIVOTDATA(" 数量",$A$2,"分公司","江苏分公司")								10500
19	浙江分公司2012年3月2日销售金额		=GETPIVOTDATA(" 金额",$A$2,"分公司","浙江分公司","日期",DATE(2012,3,2))								45039
20	海南分公司2012年3月1日B产品销售数量		=GETPIVOTDATA(" 数量",$A$2,"品种","B产品","分公司","海南分公司","日期",DATE(2012,3,1))								600

图 9-7　透视表函数计算结果

第 **9** 章

9.3.2 使用 Excel 2000 版函数公式静态获取数据

1. 获取销售总金额

在 K22 单元格中输入 Excel 2000 版数据透视表函数公式，计算结果为 248122：

`=GETPIVOTDATA($A$2,"金额")`

公式解析：

第 1 个参数表示数据透视表中任意一个单元格，本例中为$A$2。

第 2 个参数为取值条件文本字符串，本例中只有"金额"字段名称一个条件，表示只获取"金额"的合计数。

2. 获取江苏分公司销售总数量

在 K23 单元格中输入数据透视表函数公式，计算值为 10500：

`=GETPIVOTDATA($A$2,"数量江苏分公司")`

公式解析：

第 1 个参数表示数据透视表中任意一个单元格，本例中为$A$2。

第 2 个参数为取值条件文本字符串，本例中为"数量江苏分公司"，其中"数量"为计算字段名称，"江苏分公司"为具体计算条件，该条件表示要求获取江苏分公司数量合计值。

> **注意** ▬▬▬▶ 取值条件文本字符串中，各条件值之间需要用空格隔开，各条件值可以相互变换位置。

3. 获取浙江分公司 2012 年 3 月 2 日销售金额

在 K24 单元格中输入数据透视表函数公式，计算结果为 45039：

`=GETPIVOTDATA($A$2,"金额浙江分公司 2012-3-2")`

公式解析：

第 1 个参数表示数据透视表中任意一个单元格，本例中为$A$2。

第 2 个参数为取值条件文本字符串，本例中为"金额浙江分公司 2012-3-2"，其中"金额"为计算字段名称，"浙江分公司"和"2012-3-2"为具体计算条件，该条件表示要求获取浙江分公司 2012 年 3 月 2 日的金额合计值。

> **注意** ▬▬▬▶ 在取值条件文本字符串中，日期格式必须与透视表中的日期格式一致。

4. 海南分公司 2012 年 3 月 1 日 B 产品销售数量

在 K25 单元格中输入数据透视表函数公式，计算结果为 600

`=GETPIVOTDATA($A$2,"数量 B产品海南分公司 2012-3-1")`

公式解析：

第 1 个参数表示数据透视表中任意一个单元格，本例中为$A$2。

第 2 个参数为取值条件文本字符串，本例中为"数量　B 产品海南分公司 2012-3-1"，其中"数量"为计算字段名称，"B 产品"、"海南分公司"、"2012-3-1"为具体计算条件，该条件表示要求获取海南分公司 2012 年 3 月 1 日 B 产品的数量值。

使用 Excel 2000 版数据透视表函数可以简化函数表达式，但条件参数排列在一起，不便于理解，计算结果如图 9-8 所示。

	计算要求	2000版公式	值
21	计算要求	2000版公式	值
22	销售总金额	=GETPIVOTDATA($A$2,"金额")	248122
23	江苏分公司销售数量	=GETPIVOTDATA($A$2,"数量 江苏分公司")	10500
24	浙江分公司2012年3月2日销售金额	=GETPIVOTDATA($A$2,"金额 浙江分公司 2012-3-2")	45039
25	海南分公司2012年3月1日B产品销售数量	=GETPIVOTDATA($A$2,"数量 B产品 海南分公司 2012-3-1")	600

图 9-8　数据透视表函数计算结果

9.4　自动汇总方法下动态获取数据透视表数据

运用数据透视表，用户还可以通过使用混合单元格引用实际动态获取数据透视表数据的目的。

图 9-9 是使用数据透视表汇总的 ABC 公司各分公司 2012 年 3 月份的销售表，根据分析需要，现需要从数据透视表中动态获取有关数据。

			品种	值					金额汇总	数量汇总
				A产品		B产品		C产品		
	分公司	日期	金额	数量	金额	数量	金额	数量	金额汇总	数量汇总
6	海南分公司	2012-3-1	5976	1900	3558	600	22608	3600	32142	6100
7		2012-3-2	4905	900	5241	800	15072	2400	25218	4100
8	海南分公司 汇总		10881	2800	8799	1400	37680	6000	57360	10200
9	江苏分公司	2012-3-1	14170	2600	2965	500	17584	2800	34719	5900
10		2012-3-2	13625	2500	1779	300	11304	1800	26708	4600
11	江苏分公司 汇总		27795	5100	4744	800	28888	4600	61427	10500
12	浙江分公司	2012-3-1	26160	4800	3320	500	58136	9200	87616	14500
13		2012-3-2	14715	2700	3321	930	27004	4300	45040	7930
14	浙江分公司 汇总		40875	7500	6641	1430	85140	13500	132656	22430
15	总计		79551	15400	20184	3630	151708	24100	251443	43130

ABC公司销售汇总表

图 9-9　ABC 公司销售汇总透视表

9.4.1　使用基本函数公式动态获取数据

1. 获取销售总金额

获取销售总金额的数据透视表函数公式如下，计算结果为 251443。

```
=GETPIVOTDATA(T(C5),$A$3)
```

公式解析：

第 1 个参数为计算字段名称，本例中为 C5 单元格引用值"金额"，并用 T 函数将其转为文本类型，在这里也可以使用 C5&""或其他文本函数将 C5 单元格引用值转为文本类型。

第 2 个参数为数据透视表中任意一个单元格，本例为 A3 单元格的绝对引用格式。

2. 获取各分公司销售数量合计数

在 C23 单元格中输入如下公式，并将公式向下拖动填充柄至 C25 单元格，计算得到的值如图 9-10 所示。

C23		fx	=GETPIVOTDATA(T(D$5),$A$3,"分公司",B23&"分公司")		
	A	B	C	D	E	F
21	2、获取各分公司销售数量合计数				
22		分公司	数量		
23		海南	10200		
24		江苏	10500		
25		浙江	22430		

图 9-10　获取各分公司销售数量合计

```
=GETPIVOTDATA(T(D$5),$A$3,"分公司",B23&"分公司")
```

公式解析：

第 1 个参数为计算字段名称，本例引用数据透视表中 D5 单元格的值"数量"，并用 T 函数将其转为文本类型。

第 2 个参数为数据透视表中任意一个单元格，本例为 A3 单元格的绝对引用格式。

第 3、第 4 个参数为取值条件组，第 3 个参数"分公司"为分类字段名称，第 4 个参数为分公司字段相应的数据项的值，本例中为"B23&"分公司""。

3. 获取各分公司 C 产品销售金额合计数

在 C29 单元格中输入如下公式，并将公式向下拖动填充柄至 C31 单元格，计算得到的值如图 9-11 所示。

```
=GETPIVOTDATA(T($C$28),$A$3,"品种",$A$28,"分公司",B29&"分公司")
```

公式解析：

第 1 个参数为计算字段名称，本例引用数据透视表中 C28 单元格的值"金额"，并用 T 函数将其转为文本类型。

第 2 个参数为数据透视表中任意一个单元格，本例为 A3 单元格的绝对引用格式。

第 3、第 4 个参数为取值条件组，第 3 个参数"品种"为分类字段名称，第 4 个参数为 $A$28 单元格的引用值"C 产品"。

第 5、第 6 个参数为取值条件组，第 5 个参数"分公司"为分类字段名称，第 6 个参数为分公司字段相应的数据项的值，本例中为 B29&"分公司"。

4. 获取各分公司 2012 年 3 月 2 日各产品销售数量

在 C36 单元格中输入如下公式，并将公式向下拖动填充柄至 F38 单元格，计算得到的值如图 9-12 所示。

```
=GETPIVOTDATA(T($B$34),$A$3,"品种",$B36,"分公司",C$35&"分公司","日期",$A36)
```

图 9-11 获取各分公司 C 产品销售金额合计数　图 9-12 获取各分公司 2012 年 3 月 2 日各产品销售数量

公式解析：

第 1 个参数为计算字段名称，本例引用数据透视表中 B34 单元格引用值"数量"，并必须用 T 函数将其转为文本类型。

第 2 个参数为数据透视表中任意一个单元格，本例为 A3 单元格的绝对引用格式。

第 3、第 4 个参数为第一组取值条件，第 3 个参数"品种"为分类字段名称，第 4 个参数为 $B36 单元格的混合引用，值为具体的产品名称。

第 5、第 6 个参数为第二组取值条件，第 5 个参数"分公司"为分类字段名称，第 6 个参数为分公司字段相应的数据项的值，本例中为"C$35&"分公司""。

第 7、第 8 个参数为第三组取值条件，第 7 个参数为"日期"分类字段名称，第 8 个参数为$A36 的混合引用格式，值为具体的日期值。

> **注意** → 当参数引用的单元格是日期型数值时，被引用的日期数值的格式不一定需要与透视表中相应日期数据项的格式相一致，但如果该参数值为用双引号引起的日期形式的文本字符串时，该日期格式必须与透视表中相应的日期数据项格式一致。

在数据透视表函数中，对有关参数使用单元格绝对引用、相对引用和混合引用格式，可以用实际数据透视表函数从数据透视表中动态地获取相应的计算数值。

9.4.2 使用 Excel 2000 版函数公式动态获取数据

使用 Excel 2000 版中的数据透视表函数公式同样可以实现动态获取数据透视表数据，仍以图 9-9 所示数据透视表数据为例。

1. 获取销售总金额

获取销售总金额的 Excel 2000 的数据透视表函数公式如下，计算结果为 251 443。

`=GETPIVOTDATA($A$3,C5)`

公式解析：

第 1 个参数为数据透视表中任意一个单元格，本例为 A3 单元格的绝对引用格式。

第 2 个参数为计算字段名称，本例中为 C5 单元格引用值"金额"。

2. 获取各分公司销售数量合计数

在 C47 单元格中输入如下公式，并将公式向下拖动填充柄至 C49 单元格，计算得到的值如图 9-13 所示。

`=GETPIVOTDATA($A$3,$D$5&" "&$B47&"分公司")`

公式解析：

第 1 个参数为数据透视表中任意一个单元格，本例为 A3 单元格的绝对引用格式。

第 2 个参数为取值条件字符串，其中$D$5 为计算字段名称，该单元格引用取值为"数量"；"$B47&"分公司""为各分公司名称，中间用文本连接符"&"连接一个空格，形成一个动态取值条件字符串，值为"数量海南分公司"。

3. 获取各分公司 C 产品销售金额合计数

在 C53 单元格中输入如下公式，并将公式向下拖动填充柄至 C55 单元格，计算得到的值如图 9-14 所示。

`=GETPIVOTDATA($A$3,$C$52&" "&$A$52&" "&B53&"分公司")`

	A	B	C	D	E	F
45	2、获取各分公司销售数量合计数					
46		分公司	数量			
47		海南	10200			
48		江苏	10500			
49		浙江	22430			

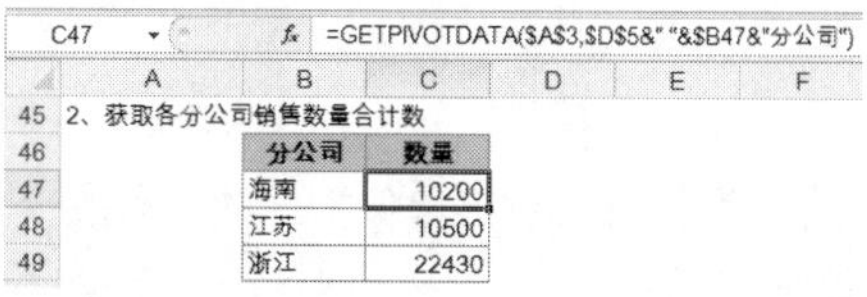

C47 fx =GETPIVOTDATA($A$3,$D$5&" "&$B47&"分公司")

图 9-13 获取各分公司销售数量合计数

	A	B	C	D	E	F	G
51	3、获取各分公司C产品销售金额合计数						
52	C产品	分公司	金额				
53		海南	37680				
54		江苏	28888				
55		浙江	85140				

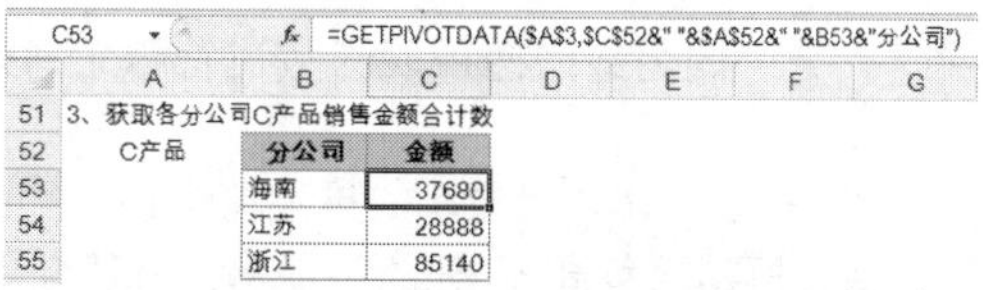

C53 fx =GETPIVOTDATA($A$3,$C$52&" "&$A$52&" "&B53&"分公司")

图 9-14 获取各分公司 C 产品销售金额合计数

公式解析：

第 1 个参数为数据透视表中的任意一个单元格，本例为 A3 单元格的绝对引用格式。

第 2 个参数为取值条件字符串，其中$C$52 为单元格引用，计算值为计算字段名“金额”；“$A$52”为单元格取值，计算值为“C 产品”；“$B53&"分公司"”为各分公司名称。各条件之间还需要使用文本连接符“&”连接一个空格，形成一个动态取值条件字符串，值为“金额 C 产品海南分公司”。

4. 获取各分公司 2012 年 3 月 2 日各产品销售数量

在 C60 单元格中输入如下公式，并将公式向各向下拖动填充柄至 F62 单元格，计算得到的值如图 9-15 所示。

```
=GETPIVOTDATA($A$3,$B$58&" "&$B60&" "&C$59&"分公司"&" "&TEXT($A60,"yyyy-m-d"))
```

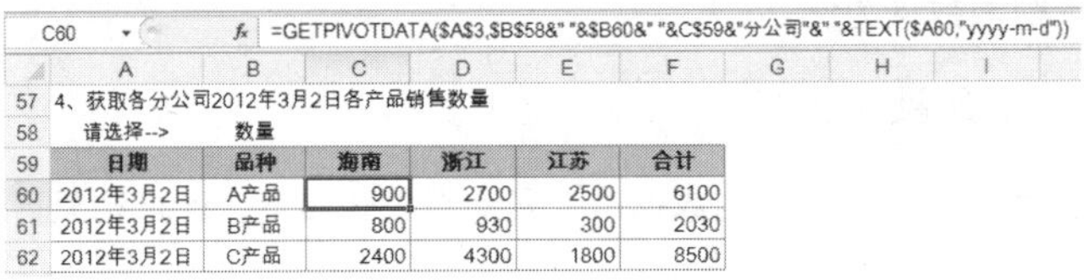
C60 =GETPIVOTDATA($A$3,$B$58&" "&$B60&" "&C$59&"分公司"&" "&TEXT($A60,"yyyy-m-d"))

	A	B	C	D	E	F
57	4、获取各分公司2012年3月2日各产品销售数量					
58	请选择-->	数量				
59	日期	品种	海南	浙江	江苏	合计
60	2012年3月2日	A产品	900	2700	2500	6100
61	2012年3月2日	B产品	800	930	300	2030
62	2012年3月2日	C产品	2400	4300	1800	8500

图 9-15　获取各分公司 2012 年 3 月 2 日各产品销售数量

公式解析：

第 1 个参数为数据透视表中的任意一个单元格，本例为 A3 单元格的绝对引用格式。

第 2 个参数为取值条件字符串计算字段名称，其中：$B$58 为单元格绝对引用，值为计算字段名称“数量”，$B60 为单元格相对引用，值为各产品名称；C$59&"分公司"为各分公司名称；TEXT($A60,"yyyy-m-d")使用 TEXT 函数将 A60 单元格引用日期型取值转为数据透视表中的日期格式。各条件之间还需要使用文本连接符“&”连接一个空格，形成一个动态取值条件字符串，值为“数量 A 产品海南分公司 2012-3-2”。

注意

在 EXCEL 2000 版数据透视表函数中，当参数引用的单元格是日期型数值时，该日期格式必须与透视表中相应的日期数据项格式一致。

9.5 自定义汇总方法下获取数据透视表数据

当数据透视表分类汇总采用“自定义”方式，数据透视表函数则需要使用另一种特殊语法才能从数据透视表中检索出相关数据。

GETPIVOTDATA（透视表内任意单元格，“分类行字段名称[分类条件;分类方式]取值列字段名称组”）的具体应用如下。

示例 9.2 使用数据透视表函数进行银企对账单核对

图 9-16 所示左侧显示的是某单位 POS 机的刷卡清单，银行每天对该单位发生的所有刷卡金额汇总后，再扣除每笔 50 元的手续费，将资金汇入该单位企业账户。

企业虽然每天有多笔刷卡交易，但入账金额只有一笔，为了准确快速地做好资金核对工作，确

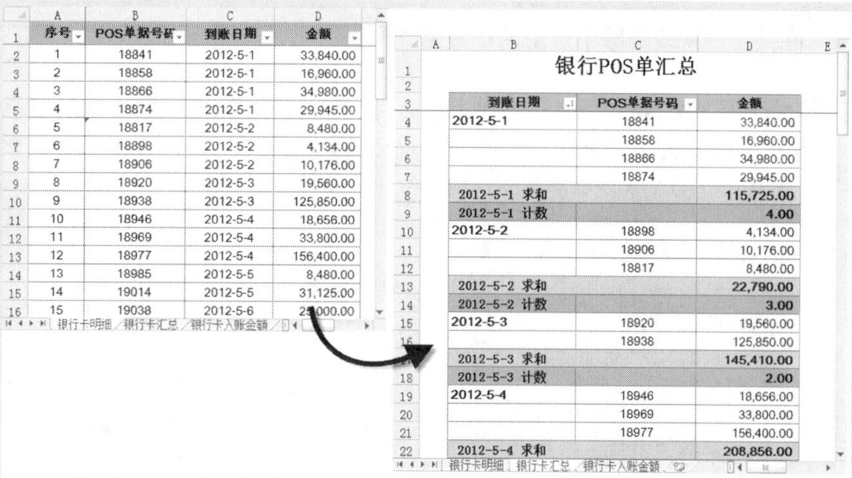

序号	POS单据号码	到账日期	金额
1	18841	2012-5-1	33,840.00
2	18858	2012-5-1	16,960.00
3	18866	2012-5-1	34,980.00
4	18874	2012-5-1	29,945.00
5	18817	2012-5-2	8,480.00
6	18898	2012-5-2	4,134.00
7	18906	2012-5-2	10,176.00
8	18920	2012-5-3	19,560.00
9	18938	2012-5-3	125,850.00
10	18946	2012-5-4	18,656.00
11	18969	2012-5-4	33,800.00
12	18977	2012-5-4	156,400.00
13	18985	2012-5-5	8,480.00
14	19014	2012-5-5	31,125.00
15	19038	2012-5-6	25,000.00

银行POS单汇总

到账日期	POS单据号码	金额
2012-5-1	18841	33,840.00
	18858	16,960.00
	18866	34,980.00
	18874	29,945.00
2012-5-1 求和		115,725.00
2012-5-1 计数		4.00
2012-5-2	18898	4,134.00
	18906	10,176.00
	18817	8,480.00
2012-5-2 求和		22,790.00
2012-5-2 计数		3.00
2012-5-3	18920	19,560.00
	18938	125,850.00
2012-5-3 求和		145,410.00
2012-5-3 计数		2.00
2012-5-4	18946	18,656.00
	18969	33,800.00
	18977	156,400.00
2012-5-4 求和		208,856.00

图 9-16 根据 POS 机刷卡明细数据创建的数据透视表

保资金安全，用户可以借助数据透视表，并使用数据透视表函数编制如图 9-17 所示的汇总表，用于与银行对账单进行核对。

首先对 POS 机刷卡明细表创建的数据透视表使用“求和”和“计数”两种自定义分类汇总方式，按天对 POS 机刷卡金额及笔数进行分类汇总，再应用数据透视表函数进行计算。

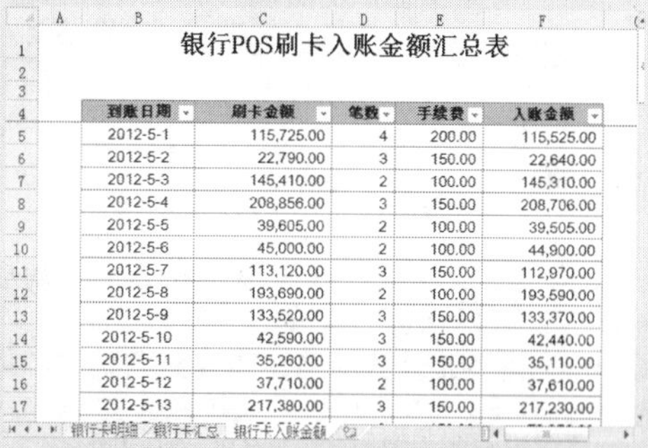

银行POS刷卡入账金额汇总表

到账日期	刷卡金额	笔数	手续费	入账金额
2012-5-1	115,725.00	4	200.00	115,525.00
2012-5-2	22,790.00	3	150.00	22,640.00
2012-5-3	145,410.00	2	100.00	145,310.00
2012-5-4	208,856.00	3	150.00	208,706.00
2012-5-5	39,605.00	2	100.00	39,505.00
2012-5-6	45,000.00	2	100.00	44,900.00
2012-5-7	113,120.00	3	150.00	112,970.00
2012-5-8	193,690.00	2	100.00	193,590.00
2012-5-9	133,520.00	3	150.00	133,370.00
2012-5-10	42,590.00	3	150.00	42,440.00
2012-5-11	35,260.00	3	150.00	35,110.00
2012-5-12	37,710.00	2	100.00	37,610.00
2012-5-13	217,380.00	3	150.00	217,230.00

图 9-17 应用透视表函数编制的“银行 POS 刷卡入账金额汇总表”

1. 计算刷卡金额

在“银行卡入账金额”工作表 C5 单元格中输入如下公式，并复制填充柄至 C35 单元格，计算每天的刷卡总金额：

```
=IF(COUNTIF(银行卡汇总!$B:$B,$B5)=0,,GETPIVOTDATA(银行卡汇总!$B$3,银行卡汇总!$B$3&"["
&TEXT($B5,"yyyy-m-d")&";求和]"&银行卡汇总!$D$3))
```

2. 计算刷卡笔数

在“银行卡入账金额”工作表 D5 单元格输入如下公式，并复制填充至 D35 单元格，计算每天的刷卡总笔数：

```
=IF(COUNTIF(银行卡汇总!$B:$B,$B5)=0,,GETPIVOTDATA(银行卡汇总!$B$3,银行卡汇总!$B$3&"["
&TEXT($B5,"yyyy-m-d")&";计数]"&银行卡汇总!$D$3))
```

有了每天的刷卡汇总金额和刷卡笔数，就可以很容易地计算出每天刷卡手续费用合计及银行最终入账金额：

```
入账金额=每天刷卡金额合计-每天刷卡笔数*50
```

9.6 数据透视表函数与其他函数联合使用

提取数据透视表数据时，GETPIVOTDATA 函数的参数除了使用常量和单元格引用以外，还允许引用其他函数计算的结果。数据透视表函数与其他函数联合使用，可以产生更为神奇的效果。

示例 9.3 在数据透视表函数中运用内存数组

图 9-18 所示是某公司各个分公司 2012 年 2 月份部分销售数据所创建的数据透视表，如果用户希望了解销售量最大或最小的分公司的情况，而且结果不受数据透视表数据变动的影响，那么就需要运用到 GETPIVOTDATA 函数参数支持内存数组的特性。

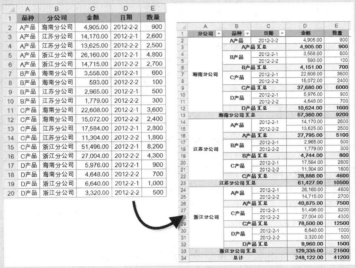

图 9-18 根据销售数据创建的数据透视表

为了让公式简洁，先定义名称"Corp"，其公式如下：

`=IFERROR(GETPIVOTDATA(T(透视表!$E$1),透视表!$A$1,"分公司",透视表!$A$2:$A$99),"")`

公式中 GETPIVOTDATA 函数的第 4 个参数"透视表!$A$1:$A$99"使用了区域引用，这样公式可以生成一个内存数组，再使用 IFERROR 函数去除错误值后，可以得到内存数组：

`{9200;"";"";"";"";"";"";"";"";"";"";"";10500;"";"";"";"";"";"";"";"";"";21500;"";`
`"";"";"";"";"";"";"";"";"";"";"";"";"";"";"";"";"";"";"";"";"";"";"";"";"";"";"";"";"";`
`"";"";"";"";"";"";"";"";"";"";"";"";"";"";"";"";"";"";"";"";"";"";"";"";"";"";"";"";"";`
`"";"";"";"";"";"";"";"";"";"";"";"";"";"";"";"";"";"";"";""}`

用户可以使用名称"Corp"进行需要的查询与统计：

1. 计算销售量最大的分公司，计算结果为"浙江分公司"

`=LOOKUP(2,1/(MAX(Corp)=Corp),$A$1:$A$33)`

2. 计算销售量最小的分公司，计算结果为"海南分公司"

`=LOOKUP(2,1/(MIN(Corp)=Corp),$A$1:$A$33)`

3. 计算销售量最大的分公司 C 产品的销售金额，计算结果为 78 500

`=GETPIVOTDATA(T(D1),A1,$B$1,"C产品",$A$1,LOOKUP(2,1/(MAX(Corp)=Corp),$A$1:$A$33))`

计算结果如图 9-19 所示。

注意

虽然本技巧能够根据明细数据实时更新而动态变化，但只有在数据透视表的布局结构保持不变时，透视表函数公式才能正确地返回结果，否则将出现错误。

图 9-19　与其他函数联合使用的结果

9.7　同时引用多个字段进行计算

当计算需要涉及数据透视表中的多个字段时，数据透视表函数还可以同时引用多个字段名称进行计算，大大简化了计算公式。

示例 9.4　**多条件计算产品销售价格**

仍以图 9-18 所示的数据为例，要求计算销售量最小的分公司 2012 年 2 月 1 日 D 产品的销售价格，具体计算公式如下：

=PRODUCT(GETPIVOTDATA(D1:E1&"",A1,$B$1,"D产品",$A$1,LOOKUP(2,1/(MIN(Corp)=Corp),$A$1:$A$33), $C$1,DATE(2012,2,1))^{1,-1})

公式解析：

(1) 使用 GETPIVOTDATA 函数根据计算条件，同时获取"金额"和"数量"两个字段的值，函数公式如下。

GETPIVOTDATA(D1:E1&"",A1,$B$1,"D 产品",$A$1,LOOKUP(2,1/(MIN(Corp)=Corp),$A$1:$A$33), $C$1,DATE(2012,2,1))

该公式的关键在于 GETPIVOTDATA 函数的第 1 个参数"D1:E1&""",该参数引用了包含"金额"、"数量"两个计算字段名称所在的单元格区域，在其他计算条件相同的情况下，可以同时获取两个计算字段的值，计算结果为{5976,900}。

提示

> 当多个计算字段相邻时，可以直接连续引用该字段所在单元格区域；如果计算字段不相邻可以使用 OFFSET 函数、INDIRECT 函数进行间隔引用。

上述公式可以改为：

GETPIVOTDATA(OFFSET(D1,,,,2)&"",A1,$B$1,"D 产品",$A$1,LOOKUP(2,1/(MIN(Corp)=Corp), $A$1:$A$33),$C$1,DATE(2012,2,1))

或者

GETPIVOTDATA(T(INDIRECT("r1c"&COLUMN(D:E),)),A1,$B$1,"D 产品",$A$1,LOOKUP(2,1/(MIN(Corp)= Corp), $A$1:$A$33),$C$1,DATE(2012,2,1))

(2) 使用 PRODUCT 函数，将 GETPIVOTDATA 函数计算得到的结果与{1,−1}进行幂计算，形成结构相除算式，最终计算结果为 6.64。

9.8 从多个数据透视表中获取数据

当计算涉及多个数据透视表时，数据透视表函数还可以从多个数据透视表中同时获取数据进行计算。

示例 9.5 从多数据透视表中取值

图 9-20 所示列出了某单位 2012 年 1～3 月的销售明细表，每个月包含一张销售明细表以及依据各月数据销售明细表创建的数据透视表。

图 9-20 某单位 2012 年 1～3 月各月销售明细表及汇总数据透视表

现要求在"汇总"工作表中动态地反映 1～3 月各月每个产品的销售数量、金额的本月数及累计数，编制如图 9-21 所示的销售汇总统计表。

由于汇总数据分别位于"1 月"、"2 月"和"3 月"3 个工作表中的不同数据透视表中，计算累计数就要求对多个数据透视表数据进行数据引用并计算汇总，具体公式设置如下：

1. 在 B5 单元格中设置如下公式，并将公式复制填充至 B9 单元格，对 C2 单元格进行日期选择，计算出各产品的本月数量：

销售汇总统计表				
2012年3月				
	数量		金额	
产品	本月数	累计数	本月数	累计数
甲产品	1,687.017	3,906.848	14,009,820.00	32,644,444.00
乙产品	1.824	244.297	31,395.00	2,068,939.00
丙产品	6.460	60.420	102,700.00	553,771.00
丁产品	0.672	66.648	10,710.00	565,395.00
戊产品	-	42.000		347,080.00
总计	1,695.973	4,320.213	14,154,625.00	36,179,629.00

图 9-21 销售汇总统计表

=SUM(IFERROR(GETPIVOTDATA($B$3&"",INDIRECT(MONTH($C$2)&"月!G3"),"品种",$A5),))

2. 在 C5 单元格中设置如下数组公式，并将公式复制填充至 C9 单元格，用于计算各产品 2012

年 1~3 月累计数量：

=SUM(IFERROR(GETPIVOTDATA($B$3&"",INDIRECT(ROW(INDIRECT("1:"&MONTH($C$2)))&"
月!H5")),"品种",$A5),))

思路分析：

(1) 使用 GETPIVOTDATA 函数计算累计数。

GETPIVOTDATA($B$3&"",INDIRECT(ROW(INDIRECT("1:"&MONTH($C$2)))&"月!H5"),"品种",$A5)

该公式关键在于函数的第 2 个参数，这个参数用于指明引用哪个数据透视表，可以是单元格引用，还可以是数组。本例中该参数根据 C2 单元所选日期，使用了多个函数计算得到一个动态数组，其中：

ROW(INDIRECT("1:"&MONTH($C$2)))

该公式动态形成一个数据，计算结果为{1;2;3}。

ROW(INDIRECT("1:"&MONTH($C$2)))&"月!H5"

用于分别引用"1 月"、"2 月"、"3 月"工作表中的 3 个数据透视表的 H5 单元格，用以分别指定 3 个数据透视表，计算结果为{"1 月!H5";"2 月!H5";"3 月!H5"}，最后用 INDIRECT 函数指定具体的引用值。

GETPIVOTDATA 函数计算结果为：{1145.169018;1074.662293;1687.016881}，分别为 1 月份、2 月份和 3 月份各产品数量的月合计数。

(2) 使用 IFEEOR 函数去除计算过程中的错误值，再用 SUM 函数求和。

由于每月销售产品品种不同，有的月份会出现无某产品销售情况，这会导致 GETPIVOTDATA 函数取值出错，所以需要使用 IFEEOR 函数排错，即当出现错误时，取 0 值。最后用 SUM 函数求和。

注意 → 该公式为数组公式，需要同时按下<Ctrl>+<Shift>+<Enter>三键结束公式输入

3."金额"的计算公式与"数量"类似，只需将 GETPIVOTDATA 函数的第 1 个参数引用的 B3 单元格值"数量"改为引用 D3 单元格的值"金额"即可。

D5 单元格的公式如下：

=SUM(IFERROR(GETPIVOTDATA($D$3&"",INDIRECT(MONTH($C$2)&"月!H5"),"品种",$A5),))

E5 单元格的公式如下：

=SUM(IFERROR(GETPIVOTDATA($D$3&"",INDIRECT(ROW(INDIRECT("1:"&MONTH($C$2)))&"
月!H5")),"品种",$A5),))

9.9　数据透视表函数综合应用示例

9.9.1　应用数据透视表函数为名次评定星级

数据透视表函数与其他函数相结合，可以充分发挥出数据透视表灵活和快速的优势，同时还能满足各种具体应用的需要。

示例 9.6 应用数据透视表函数为排名评定星级

图 9-22 所示是某企业 2011 年各月销售人员销售业绩的明细表，根据需要创建数据透视表，

按月统计出销售人员的销售金额，并计算出各月销售人员的排名，现要求根据排名情况，为销售人员评定星级。星级评定标准为：月度第 1 名评为 5 星、第 2~4 名评为 4 星、第 5~7 名评为 3 星、第 8~10 名评为 2 星、第 10 名以后评为 1 星。

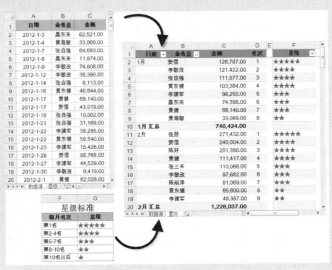

图 9-22　为名次评定星级

问题分析：

数据透视表已经计算出每月排名情况，因此只要应用 GETPIVOTDATA 函数获取每月销售人员的名次，再利用 LOOKUP 函数按星级标准返回相应的星级数即可解决问题。

在"星级"工作表中的 F2 单元格中输入如下公式，将公式复制并填充至 F136 单元格：

=IFERROR(LOOKUP(GETPIVOTDATA(" 名次 ",$A$1," 日期 ",LOOKUP(" 々 ",A$2:A2)," 业务员 ",B2),{1,2,5,8,11},{"★★★★★","★★★★","★★★","★★","★"}),"")

思路解析：

(1) 用 GETPIVOTDATA 函数返回销售人员名次值。

GETPIVOTDATA("名次",$A$1,"日期",LOOKUP("々",A$2:A2),"业务员",B2)

该公式中，GETPIVOTDATA 函数的第 4 个参数使用了 LOOKUP 函数，动态填充"星级"工作表 A 列中"日期"字段中的空值单元格，以确保透视表函数计算正确。

(2) 用 LOOKUP 函数，根据 GETPIVOTDATA 函数返回的销售人员名次的值，返回相应的星级数。

LOOKUP(星级数,{1,2,5,8,11},{"★★★★★","★★★★","★★★","★★","★"})

(3) 用 IFERROR 函数进行容错处理。

9.9.2　应用数据透视表函数根据关键字取值

数据透视表函数不能直接使用关键字作为参数，但运用其参数支持内存数组的特性，可以实现根据关键字检索数据透视表数据的目的。

示例 9.7　应用数据透视表函数根据关键字取值

图 9-23 所示是一份费用凭证清单，清单中的会计科目是由总账科目和明细科目组合而成的，

根据这份清单创建了一张费用汇总数据透视表，要求使用数据透视表函数直接计算出"营业费用"、"管理费用"和"财务费用"3个总账科目的合计金额。

图 9-23　根据费用凭证记录创建费用汇总数据透视表

问题分析：

透视表中的会计科目是由总账科目和明细科目组合而成的，常规的做法是在数据源表中添加辅助列，将总账科目与明细科目分开后，再创建数据透视表，或者是通过手动分组的方法，根据总账科目重新进行分组。

而数据透视表函数与其他函数组合应用，可以在对数据源和数据透视表不进行任何改动的情况下，方便地计算出结果。

在"透视表"工作表的 E4 单元格中输入如下数组公式，并同时按下<Shift+Ctrl+Enter>组合键，再将公式复制并填充至 E6 单元格：

```
{=SUM(IFERROR(GETPIVOTDATA("金额",$A$3,$A$3,IF(FIND($D4,$A$4:$A$40),$A$4:$A$40)),))}
```

该公式使用了 GETPIVOTDATA 函数，函数第 4 个参数，使用了 FIND 函数在 A4:A40 单元格区域查找"费用科目"中 D4 单元格的关键字，再用 IF 函数将查找结果转为具体会计科目及错误值组成的数组，计算结果如下：

```
{#VALUE!;#VALUE!;#VALUE!;#VALUE!;#VALUE!;#VALUE!;#VALUE!;#VALUE!;#VALUE!;#VALUE!;#VALU
E!;#VALUE!;#VALUE!;#VALUE!;#VALUE!;#VALUE!;#VALUE!;#VALUE!;#VALUE!;#VALUE!;#VALUE!
;#VALUE!;#VALUE!;#VALUE!;"营业费用/安全评价费";"营业费用/仓储费";"营业费用/港务费";"营业费用/宣传费
";"营业费用/运杂费";"营业费用/租赁费";#VALUE!;#VALUE!;#VALUE!;#VALUE!;#VALUE!;#VALUE!}
```

注意 ➡️ 在用 FIND 函数查找关键字时，所引用的区域的行数应该大于等于透视表的区域的行数，否则将会遗漏数据，造成计算结果不正确。

GETPIVOTDATA 函数根据这一参数计算的结果，进一步计算得到各种费用项目的金额，费用项目为错误值时，透视表函数相应返回错误值，计算结果如下：

```
{#REF!;#REF!;#REF!;#REF!;#REF!;#REF!;#REF!;#REF!;#REF!;#REF!;#REF!;#REF!;#R
EF!;#REF!;#REF!;#REF!;#REF!;#REF!;#REF!;#REF!;#REF!;18000;265629.82
;8361.5;5757;321873.47;15000;#REF!;#REF!;#REF!;#REF!;#REF!;#REF!}
```

再用 IFERROR 函数去除错误值，最后用 SUM 函数求和计算出合计金额，计算结果如图 9-24 所示。

图 9-24 最后计算得到的各项费用总账科目的结果

9.9.3 应用数据透视表函数制作进货单

数据透视表函数还可以根据给定的条件筛选出特定数据。

示例 9.8 应用数据透视表函数制作进货单

图 9-25 所示是一份商品进货清单，根据进货清单创建了进货单汇总数据透视表（透视表 1），同时创建了进货单号透视表（透视表 2）。

图 9-25 根据进货记录创建数据透视表

要求：在"进货单"工作表中编制进货单，实现根据进货单号从数据透视表中筛选出相应的进货汇总记录的功能，如图 9-26 所示。

问题分析：

(1) 这是一个透视表函数应用于透视表数据筛选的问题。

(2) 从透视表中筛选出的记录，需要填制到特定格式的表单中。

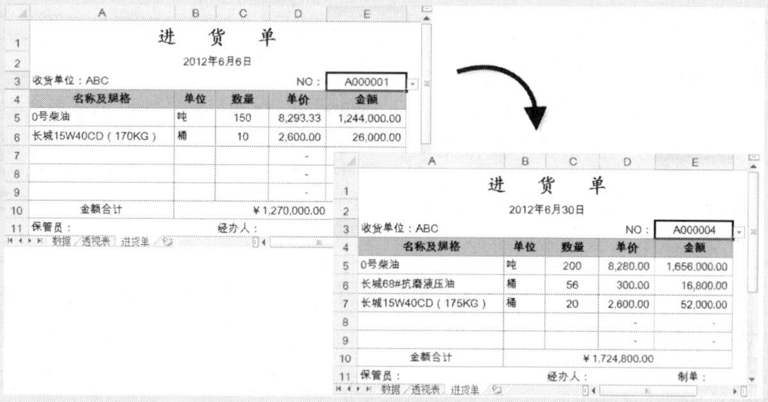

进货单				
2012年6月6日				
收货单位：ABC			NO：	A000001
名称及规格	单位	数量	单价	金额
0号柴油	吨	150	8,293.33	1,244,000.00
长城15W40CD（170KG）	桶	10	2,600.00	26,000.00
				-
				-
				-
金额合计	￥1,270,000.00			
保管员：	经办人：			

进货单				
2012年6月30日				
收货单位：ABC			NO：	A000004
名称及规格	单位	数量	单价	金额
0号柴油	吨	200	8,280.00	1,656,000.00
长城68#抗磨液压油	桶	56	300.00	16,800.00
长城15W40CD（175KG）	桶	20	2,600.00	52,000.00
			-	-
			-	-
金额合计	￥1,724,800.00			
保管员：	经办人：		制单：	

图 9-26　进货单

具体制作如下。

步骤1 定义名称 S_number，用于在“进货单”工作表的 E3 单元格中设置不重复单号数据有效性，公式如下：

```
=OFFSET(透视表!$H$3,1,,COUNTA(透视表!$H:$H)-2)
```

步骤2 为了简洁公式，定义名称 number，用于填充透视表“进货单号”字段中的空值单元格，形成内容连续的内存数组，公式如下：

```
=LOOKUP(ROW(透视表!$A$5:$A$20),IF(透视表!$A$5:$A$20<>"",ROW(透视表!$A$5:$A$20)),透视表!$A$5:$A$20)
```

步骤3 在“进货单”工作表的 A5 单元格中设置如下公式，并将公式复制填充至 A5:E9 单元格区域：

```
{=INDEX(透视表!B:B,SMALL(IF(IFERROR(GETPIVOTDATA(T(透视表!$D$4),透视表!$A$3,透视表!$A$4,IF(number=$E$3,number),"名称及规格",透视表!$B$5:$B$11,"单位",透视表!$C$5:$C$20),),ROW(透视表!$A$5:$A$20),100000),ROW(1:1)))}
```

公式解析：

(1) 该公式使用了 INDEX(B:B,SMALL(IF(条件,ROW(单元格区域),100000),ROW(1:1))这种常用的筛选公式。

(2) IF 函数的判断条件核心是由 GETPIVOTDATA 函数返回的数组，公式如下：

```
GETPIVOTDATA(T(透视表!$D$4),透视表!$A$3,透视表!$A$4,IF(number=$E$3,number),"名称及规格",透视表!$B$5:$B$11,"单位",透视表!$C$5:$C$20)
```

公式的第 4 个参数使用了 IF 函数和定义的名称 number，返回与 E3 单元格选定的单号相一致的“进货单号”的数组，具体值为：

```
{FALSE;FALSE;FALSE;FALSE;"A000004";"A000004";"A000004";FALSE;FALSE;FALSE;FALSE;FALSE;FALSE;FALSE;FALSE;FALSE}
```

透视表函数经 IFEEROR 进行错误值处理后，返回数组如下：

```
{0;0;0;0;200;56;20;0;0;0;0;0;0;0;0;0}
```

该数组作为 IF 函数的判断条件，当条件值不为 0 时，返回 ROW(透视表!$A$5:$A$20)产生单元格所在行的行数值，当条件值为 0 时，返回 100 000 这样一个足够大的值，用于 INDEX 返回得到一个空单元格的值，用于容错处理。

```
{100000;100000;100000;100000;9;10;11;100000;100000;100000;100000;100000;100000;
100000;100000;100000}
```

(3) SMALL 函数将 IF 函数返回的数组值从小到大排列，并逐一返回满足条件的值所在行号，最后传递给 INDEX 函数得到最终的查找结果。

步骤4→ 最后在 A2 单元格中使用 VLOOKUP 函数返回进货单号对应的日期，在 B10 单元格用 SUM 函数求得合计金额。

至此，"进货单"中的公式全部设置完毕。当用户在 E3 单元格选定相应的进货单号后，就可以从透视表中筛选出相应的进货汇总记录。

9.9.4 计算分类百分比

Excel 2010 新增了计算分类百分比的功能，所谓百分比是指每一明细分类项占其上一父级分类汇总项的百分比。而使用 Excel 2000 版数据透视表函数语法也可以轻松实现这一计算功能。

示例9.9 使用数据透视表函数计算分类汇总百分比

图 9-27 所示是根据某企业 2012 年第三季度销售情况制作的数据透视表，表中反映出第三季度每个月的销售金额汇总情况，以及各产品在第三季度销售总金额中所占的比重。

实际上用户可能同时希望计算出每种产品销售金额占当月销售总额的比重，具体的计算方法如下。

在 G3 单元格输入如下公式，将公式复制并填充至 G15 单元格：

图 9-27 根据销售数据创建数据透视表

```
=PRODUCT(GETPIVOTDATA($A$2,$C$2&" "&LOOKUP("々",A$3:A3)&" "&T(OFFSET($B3,,{0,4})))^{1,-1})
```

思路解析：

要计算每种产品销售金额占当月销售总金额中的比重，实际就是要计算单项占小计的比重。

根据数据透视表布局的特点，"日期"字段中包括空值，各月的汇总项名称与月汇总项对应的"品种"字段值也为"空值"。具体分析如下：

1. 使用 Excel 2000 版透视表函数公式获取每种产品销售金额及相应各月分类汇总金额：

```
GETPIVOTDATA($A$2,$C$2&" "&LOOKUP("々",A$3:A3)&" "&T(OFFSET($B3,,{0,4})))
```

公式解析：

第 1 个参数为数据透视表中任意单元格引用，本例中为$A$2。

第 2 个参数为计算条件字符串，其中，"$C$2"为计算字段名称，计算结果为"金额"计算字段名称。LOOKUP("々",A$3:A3)用于填充"日期"字段中的空值。

T(OFFSET($B3,,{0,4})))，该部分公式通过 OFFSET 函数的 3 个数组参数，可以计算得到一个数组值，用于分别动态引用 B 列中的具体品种名称和空值，用于分别获取各品种和分类汇总值。

> **注意 →**
> (1) OFFSET($B3,,{0,4})),该函数的第 3 个参数中的偏移 4,是用于取 F 列的空值,该值可以使用其他空列的对应列数代替。
> (2) 该公式还需要使用 T 函数将 OFFSET 函数计算的数组值进行文本转换。

G3 单元格公式计算结果为{27795,61427},分类汇总行所在 G6 单元格公式计算结果为{61427,61427}。

2. 用 PRODUCT 函数进行计算得到分类百分比结果。

=PRODUCT(GETPIVOTDATA 计算得到的内存数组结果^{1,-1})

使用 PRODUCT 函数,将 GETPIVOTDATA 函数计算得到的结果与{1,-1}进行幂计算,形成相除结构算式,从而得到各品种销售金额除以各月销售总金额的结果,即得到分月的分类百分比结果,计算结果如图 9-28 所示。

日期	品种	金额	百分比	透视表功能 分类百分比	通用公式 分类百分比
7月	A产品	27,795.00	45%	45%	45%
	B产品	4,744.00	8%	8%	8%
	C产品	28,888.00	47%	47%	47%
7月 汇总		**61,427.00**	**25%**	**100%**	**100%**
8月	A产品	40,875.00	32%	32%	32%
	C产品	78,500.00	61%	61%	61%
	D产品	9,960.00	8%	8%	8%
8月 汇总		**129,335.00**	**52%**	**100%**	**100%**
9月	A产品	4,905.00	9%	9%	9%
	B产品	4,151.00	7%	7%	7%
	C产品	37,680.00	66%	66%	66%
	D产品	10,624.00	19%	19%	19%
9月 汇总		**57,360.00**	**23%**	**100%**	**100%**
总计		**248,122.00**	**100%**		

图 9-28 分类百分比计算结果

> **提示**
> Excel 2010 可以在【数据透视表工具栏】的【设计】选项卡中单击【报表布局】→【重复所有项目标签】命令,用以填充日期字段的空值,这样计算分类百分比的公式可以进一步简化为:
> =PRODUCT(GETPIVOTDATA($A$2,$C$2&" "&A3&" "&T(OFFSET($B3,,{0,4})))^{1,-1})

9.10 使用数据透视表函数应注意的问题

1. 不能在关闭的数据透视表文档中的获取或刷新计算数据

在使用数据透视表函数获取数据透视表中的数据时,相应的数据透视表文档必须打开,否则将无法获取正确数据或刷新数据。

当用户将使用数据透视表函数取值的文档内容复制到目标工作簿后,如果原数据透视表文档未打开或不存在的情况下,打开目标工作簿刷新数据后,所有使用数据透视表函数取到的数值会变为"#REF!"错误。

该问题的解决方案:在需要取值的数据透视表工作簿中使用数据透视表函数。

2. 多个字段包含相同数据项时 Excel 2000 版函数不能正确取值

如果数据透视表有两个或两个以上字段包含相同数据项时,使用 Excel 2000 版数据透视表函数将无法获取数据透视表数据,会出现"#N/A"错误。

该问题的解决方案:使用数据透视表函数的基本语法结构取值。

3. 残留数据项会影响 Excel 2000 版函数正确取值

当数据透视表经过多次修改后,分类字段和页字段可能会产生许多残留数据项。此时,使用 Excel 2000 版数据透视表函数将无法正确取值,会出现"#N/A"错误。

该问题的解决方案:

(1) 使用数据透视表函数的基本语法结构取值。

(2) 清除残留数据项后,再使用 Excel 2000 版数据透视表函数取值("清除残留数据项"的方法,请参阅 2.6 节)。

第 **9** 章

第 10 章 创建动态数据透视表

用户创建数据透视表后，如果数据源增加了新的数据记录，即使刷新数据透视表，新增的数据也无法显示在数据透视表中。面对这种情况时，用户可以通过创建动态数据透视表来解决。

本章介绍创建动态数据透视表的 3 种方法：定义名称法、创建列表法和 VBA 代码法。通过本章的学习，用户可以掌握创建动态数据透视表的方法，从而有效地解决新增数据记录在数据透视表中更新的问题。

10.1 定义名称法创建动态数据透视表

通常，创建数据透视表是通过选择一个已知的区域来进行的，这样数据透视表选定的数据源区域就会被固定。而定义名称法创建数据透视表，则是使用公式定义数据透视表的数据源，实现了数据源的动态扩展，从而创建动态的数据透视表。

示例 10.1 使用定义名称法统计动态销售记录

图 10-1 所示展示了一张某品牌商场的销售记录表，如果希望使用它作为数据源来创建动态的数据透视表，请参照以下步骤。

步骤 1 → 在"销售记录"工作表中按<Ctrl+F3>组合键打开【名称管理器】对话框（此外，在【公式】选项卡中单击【名称管理器】按钮也可以打开【名称管理器】对话框），单击【新建】按钮，弹出【新建名称】对话框，在【名称】文本框中输入"Data"，在【引用位置】文本框中输入公式：

=OFFSET(销售记录!$A$1,0,0,COUNTA(销售记录!$A:$A),COUNTA(销售记录!$1:$1))

公式解析：OFFSET 是一个引用函数，第 2 和第 3 个参数表示行、列偏移量，这里是 0 意味着不发生偏移，第 4 个参数和第 5 个参数表示引用的高度和宽度。公式中分别统计 A 列和第 1 行的非空单元格的数量作为数据源的高度和宽度。当"销售明细表"工作表中新增了数据记录时，这个高度和宽度的值会自动地发生变化，从实现对数据源区域的动态引用。

单击【确定】按钮关闭【新建名称】对话框，单击【关闭】按钮关闭【名称管理器】对话框，如图 10-2 所示。

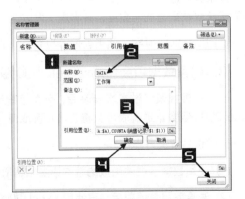

图 10-1 某品牌商场销售记录表　　　　图 10-2 定义动态数据源

步骤**2** → 单击"销售记录"工作表中的任意一个单元格（如 A1），在【插入】选项卡中单击 插入【数据透视表】按钮，弹出【创建数据透视表】对话框，在【表/区域】文本框中输入 "Data"，单击【确定】按钮创建一张空白的数据透视表，如图 10-3 所示。

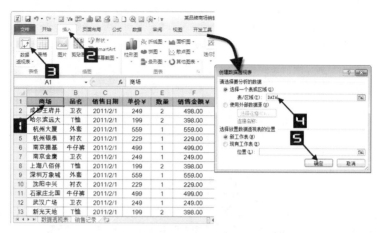

图 10-3　将定义的名称用于数据透视表

步骤**3** → 向空白数据透视表内添加字段数据，设置数据透视表布局，如图 10-4 所示。

至此，完成了动态数据透视表的创建，用户可以向作为数据源的销售明细表中添加一些新记录来检验。如新增一条"商场"为"杭州大厦"、"品名"为"休闲鞋"、"单价"为"599"、"数量"为"1"、"销售金额"为"599.00"的记录，然后在数据透视表中单击鼠标右键，在弹出的快捷菜单中选择【刷新】命令，即可见到新增的数据，如图 10-5 所示。

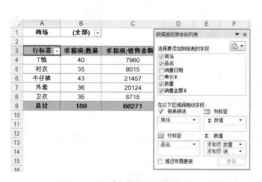

图 10-4　创建数据透视表　　　　　图 10-5　动态数据透视表自动增添新数据

注意
━━━→

此方法要求数据源区域中用于公式判断的行和列的数据中间（如：本例中的首行和首列）不能包含空白单元格，否则将无法用定义名称取得正确的数据区域。

10.2　使用表功能创建动态数据透视表

在 Excel 中，利用表的自动扩展功能也可以创建动态数的数据透视表。

示例 10.2 使用表功能统计动态销售记录

图 10-6 所示展示了一张渠道客户销售数据表，如果希望使用它作为数据源来创建动态的数据透视表，请参照以下步骤。

	A	B	C	D	E	F	G
1	产品代码	上游客户代码	下游客户代码	价格￥	销售日期	数量	金额￥
2	gml	ZJAA00001	ZJAA04083	12.00	2012/3/1	277.00	3324.00
3	gml	ZJAA00001	ZJAA05074	12.00	2012/3/2	51.00	612.00
4	gml	ZJAA00001	ZJAA07516	12.00	2012/3/3	82.00	984.00
5	gml	ZJAA00001	ZJAA06388	12.00	2012/3/4	213.00	2556.00
6	gml	ZJAA00001	ZJAA00095	12.00	2012/3/5	365.00	4380.00
7	gml	ZJAA00001	ZJAA09128	12.00	2012/3/6	326.00	3912.00
8	gml	ZJAA00001	ZJAA03501	12.00	2012/3/7	393.00	4716.00
9	gml	ZJAA00001	ZJAA01119	12.00	2012/3/8	422.00	5064.00
10	gml	ZJAA00001	ZJAA05469	12.00	2012/3/9	329.00	3948.00
11	gml	ZJAA00001	ZJAA07486	12.00	2012/3/10	495.00	5940.00
12	gml	ZJAA00001	ZJAA09729	12.00	2012/3/11	322.00	3864.00
13	gml	ZJAA00001	ZJAA01417	12.00	2012/3/12	348.00	4176.00
14	gml	ZJAA00001	ZJAA01391	12.00	2012/3/13	5.00	60.00
15	gml	ZJAA00001	ZJAA08632	12.00	2012/3/14	495.00	5940.00
16	gml	ZJAA00001	ZJAA08014	12.00	2012/3/15	131.00	1572.00

图 10-6 渠道客户销售数据表

步骤1 在图 10-6 所示的销售数据表中单击任意一个单元格（如 A1），在【插入】选项卡中单击【表格】按钮，弹出【创建表】对话框，如图 10-7 所示。

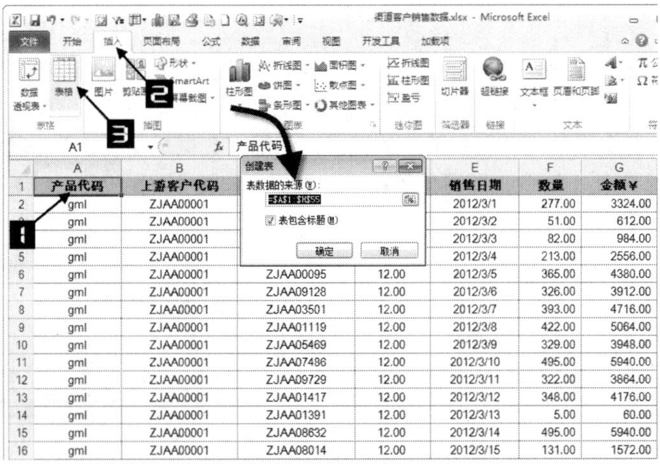

图 10-7 创建表

步骤2 单击【确定】按钮即可将当前的数据表格转换为 Excel“表”，如图 10-8 所示。

	A	B	C	D	E	F	G
1	产品代码	上游客户代码	下游客户代码	价格￥	销售日期	数量	金额￥
2	gml	ZJAA00001	ZJAA04083	12.00	2012/3/1	277.00	3324.00
3	gml	ZJAA00001	ZJAA05074	12.00	2012/3/2	51.00	612.00
4	gml	ZJAA00001	ZJAA07516	12.00	2012/3/3	82.00	984.00
5	gml	ZJAA00001	ZJAA06388	12.00	2012/3/4	213.00	2556.00
6	gml	ZJAA00001	ZJAA00095	12.00	2012/3/5	365.00	4380.00
7	gml	ZJAA00001	ZJAA09128	12.00	2012/3/6	326.00	3912.00
8	gml	ZJAA00001	ZJAA03501	12.00	2012/3/7	393.00	4716.00
9	gml	ZJAA00001	ZJAA01119	12.00	2012/3/8	422.00	5064.00
10	gml	ZJAA00001	ZJAA05469	12.00	2012/3/9	329.00	3948.00
11	gml	ZJAA00001	ZJAA07486	12.00	2012/3/10	495.00	5940.00
12	gml	ZJAA00001	ZJAA09729	12.00	2012/3/11	322.00	3864.00
13	gml	ZJAA00001	ZJAA01417	12.00	2012/3/12	348.00	4176.00
14	gml	ZJAA00001	ZJAA01391	12.00	2012/3/13	5.00	60.00
15	gml	ZJAA00001	ZJAA08632	12.00	2012/3/14	495.00	5940.00
16	gml	ZJAA00001	ZJAA08014	12.00	2012/3/15	131.00	1572.00

图 10-8 创建的“表”

步骤3 → 单击"表"中的任意一个单元格（如A1），在【插入】选项卡中单击 插入【数据透视表】按钮，弹出【创建数据透视表】对话框，再单击【确定】按钮创建一张空白的数据透视表，如图10-9所示。

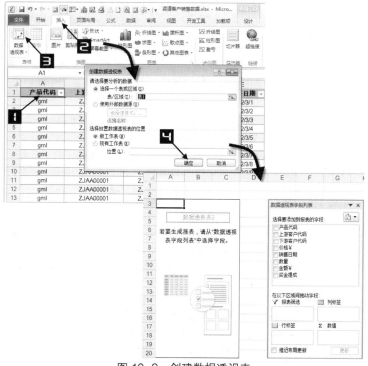

图 10-9　创建数据透视表

步骤4 → 向空白数据透视表内添加字段数据，设置数据透视表布局，如图10-10所示。

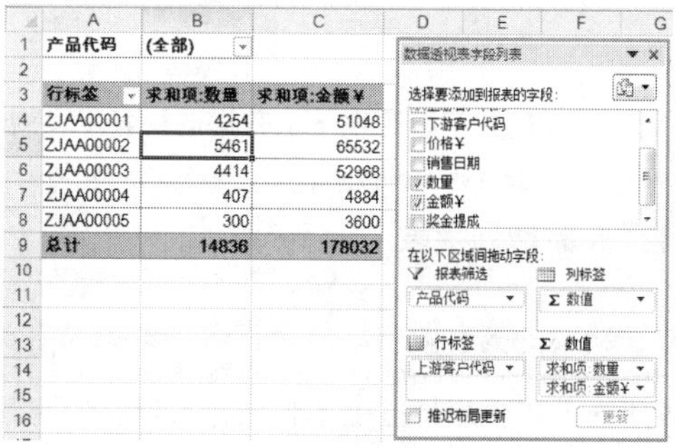

图 10-10　设置数据透视表

这样，利用"表"创建的动态数据透视表就完成了，用户可以在"表"中添加一些新记录来检验。例如，在"销售数据"工作表的第56行新增一条数据记录，"产品代码"为"gml"、"上游客户代码"为"JSAA00001"、"下游客户代码"为"ZJAA00275"、"销售日期"为"2012/3/20"、"数量"为"5000"、"金额"为"60000"，然后在刚才创建的数据透视表中单击鼠标右键，在弹出的快捷菜单中选择【刷新】命令，即可见到新增的数据，如图10-11所示。

提示

Excel 2010利用"表"的自动扩展功能创建的动态数据透视表，不仅对数据源中新增加的行记录有效，对于数据源中新增的列字段也可以被数据透视表所识别。

第 10 章

	A	B	C	D	E	F	G
1	产品代码	上游客户代码	下游客户代码	价格¥	销售日期	数量	金额¥
47	gml	ZJAA00003	ZJAA02474	12.00	2012/3/12	175.00	2100.00
48	gml	ZJAA00003	ZJAA03928	12.00	2012/3/13	9.00	108.00
49	gml	ZJAA00003	ZJAA02721	12.00	2012/3/14	424.00	5088.00
50	gml	ZJAA00003	ZJAA00975	12.00	2012/3/15	415.00	4980.00
51	gml	ZJAA00003	ZJAA09535	12.00	2012/3/16	465.00	5580.00
52	gml	ZJAA00003	ZJAA01923	12.00	2012/3/17	310.00	3720.00
53	gml	ZJAA00003	ZJAA00275	12.00	2012/3/18	406.00	4872.00
54	gml	ZJAA00004	ZJAA01923	12.00	2012/3/19	407.00	4884.00
55	gml	ZJAA00005	ZJAA00275	12.00	2012/3/18	300.00	3600.00
56	gml	JSAA00001	ZJAA00275	12.00	2012/3/20	5000.00	60000.00

	A	B	C
1	产品代码	(全部)	
2			
3	行标签	求和项:数量	求和项:金额¥
4	ZJAA00001	4254	51048
5	ZJAA00002	5461	65532
6	ZJAA00003	4414	52968
7	ZJAA00004	407	4884
8	ZJAA00005	300	3600
9	JSAA00001	5000	60000
10	总计	19836	238032

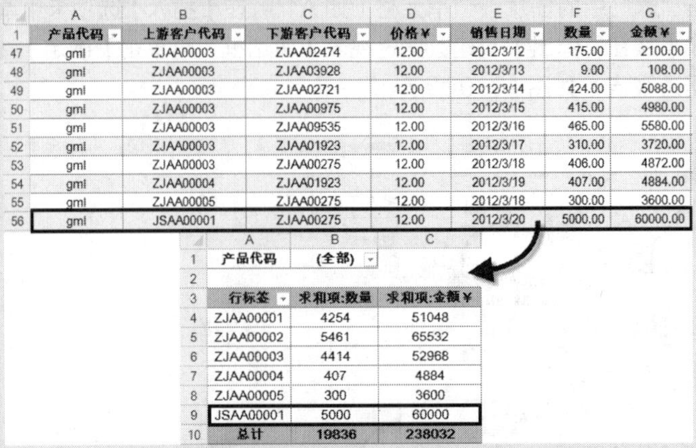

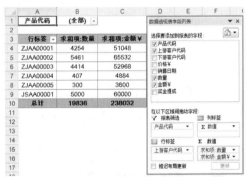

图 10-11　动态数据透视表自动增添新数据

10.3　新字段自动进入数据透视表布局

使用定义名称法或表方法创建的动态数据透视表，对于数据源中新增的行记录，刷新数据透视表后可以自动显示在数据透视表中，对于数据源中新增的列字段，刷新数据透视表后只能显示在【数据透视表字段列表】中，需要重新布局后才可以显示在数据透视表中，如图 10-12 所示。

	A	B	C
1	产品代码	(全部)	
2			
3	行标签	求和项:数量	求和项:金额¥
4	ZJAA00001	4254	51048
5	ZJAA00002	5461	65532
6	ZJAA00003	4414	52968
7	ZJAA00004	407	4884
8	ZJAA00005	300	3600
9	JSAA00001	5000	60000
10	总计	19836	238032

图 10-12　新增的列字段存在于【数据透视表字段列表】中

示例 10.3　动态数据透视表新增列字段

借助 VBA 代码，可以让新增的列字段自动显示在数据透视表中，请参照以下步骤。

步骤1 → 在数据透视表所在的工作表标签上单击鼠标右键，在弹出的快捷菜单中选择【查看代码】命令，进入到 VBA 编辑器窗口，在 VBA 代码窗口的代码区域中输入以下代码，如图 10-13 所示。

```
Dim strfld
Private Sub worksheet_activate()
    Dim pv As PivotTable, rng As Range, dfld As PivotField
    If strfld = "" Then Exit Sub
    Set pv = Sheet1.[b3].PivotTable
    pv.RefreshTable
    For Each rng In Worksheets("销售数据").Range("data").Rows(1).Cells
        If VBA.InStr(1, strfld, "," & VBA.Trim(rng)) = 0 Then _
        pv.AddDataField pv.PivotFields(rng.Value), " " & rng.Value, xlSum
```

```
        Next rng
        pv.ManualUpdate = False
        Application.ScreenUpdating = True
    End Sub
    Private Sub worksheet_deactivate()
        Dim pv As PivotTable
        Set pv = Sheet1.[b3].PivotTable
        strfld = ""
        For Each dfld In pv.PivotFields
            strfld = strfld & "," & dfld.Name
        Next
    End Sub
```

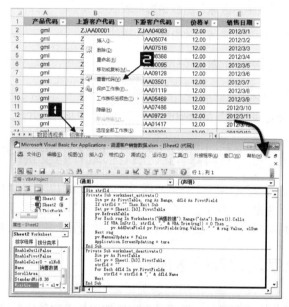

图 10-13　在 VBA 编辑器窗口中输入代码

步骤 2 → 插入"模块 1"并在代码窗口中输入以下代码，如图 10-14 所示。

```
Public strFld As String
```

步骤 3 → 按下<Alt+F11>组合键切换到 Excel 窗口。

从现在开始，在"数据源"中新增行列数据后，只要激活数据透视表所在的工作表，数据透视表中就会立即自动显示新增的列字段，如图 10-15 所示。

图 10-14　在 VBA 代码窗口中输入"模块 1" 代码　　图 10-15　数据透视表新增行列字段自动显示

第 11 章　创建复合范围的数据透视表

当数据源是单张数据列表时，用户可以方便地创建数据透视表进行汇总分析。但如果数据源是多张数据列表，并且这些数据列表存在于不同的工作表中，甚至存在于不同的工作簿中，用户想通过数据透视表进行数据分析时就会遇到困难。这时，用户可以通过创建多重合并计算数据区域的数据透视表来实现，即创建复合范围的数据透视表。

本章学习要点：

● 创建"多工作表数据源区域"的数据透视表。

● 创建"多工作簿数据源区域"的数据透视表。

● 创建"不规则数据源"的数据透视表。

● 创建动态"多重合并计算数据区域"的数据透视表。

● "多重合并计算数据区域"的数据透视表行字段限制及解决方案。

11.1　创建多重合并计算数据区域的数据透视表

通过"多重合并计算数据区域"创建的数据透视表的特点是：被合并的数据源区域的每张工作表或每个数据源均显示为报表筛选字段中的一项，通过报表筛选字段的下拉列表可以分别显示各张工作表或各个数据源的数据，也可以显示所有工作表和数据源合并计算后的汇总数据。

11.1.1　创建单页字段的数据透视表

示例 11.1　按月汇总工资数据——显示单页字段创建单页字段的数据透视表

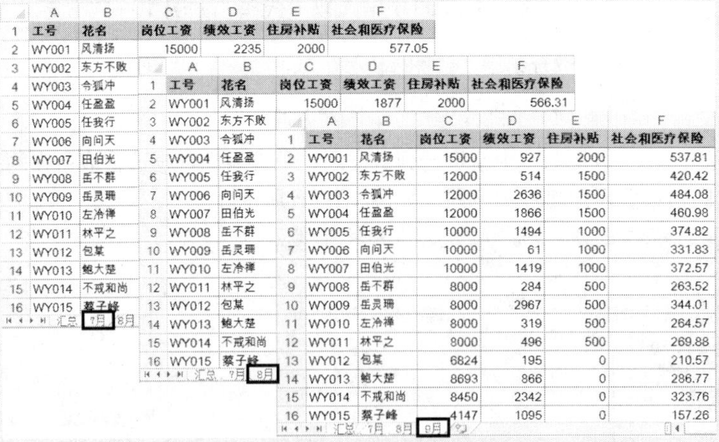

图 11-1　待合并的数据列表

图 11-1 所示展示了同一个工作簿中的 3 张数据列表，分别位于"7 月"、"8 月"和"9 月"的工作表中，数据列表记录了某公司近 3 个月的工资支出情况，如果希望将这 3 张数据列表进行合并汇总创建数据透视表，请参照以下步骤。

198

步骤 1 → 单击工作簿中的"汇总"工作表标签，激活"汇总"工作表，依次按下<Alt>、<D>、
<P>键，打开【数据透视表和数据透视图向导－步骤1（共3步）】对话框，选中【多
重合并计算数据区域】单选钮，单击【下一步】按钮，如图11-2所示。

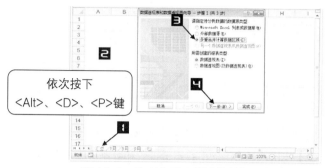

图 11-2　选中多重合并计算数据区域单选钮

步骤 2 → 在弹出的【数据透视表和数据透视图向导－步骤2a（共3步）】对话框中保持【创建
单页字段】单选钮的默认设置，然后单击【下一步】按钮，打开【数据透视表和数据
透视图向导－步骤2b（共3步）】对话框，如图11-3所示。

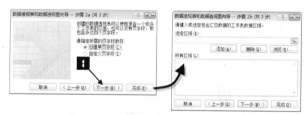

图 11-3　指定所需的页字段数目

步骤 3 → 单击【选定区域】文本框的折叠按钮，单击工作表标签"7月"，然后选定"7月"工
作表的$A$1:$J$65单元格区域，再次单击折叠按钮，"选定区域"文本框中已经出现
待合并的数据区域"'7月'!$A$1:$J$65"，然后单击【添加】按钮完成第一个待合并
数据区域的添加，如图11-4所示。

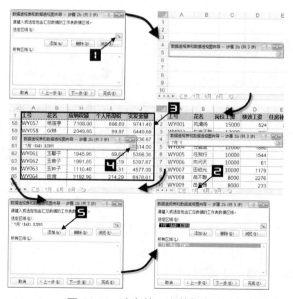

图 11-4　选定第一个数据区域

步骤4→ 重复步骤3，将"8月"和"9月"工作表中的数据添加到【所有区域】列表框中，3个待合并计算的数据区域分别为"'7月'!$A$1:$J$65"、"'8月'!$A$1:$J$62"和"'9月'!$A$1:$J$63"，如图11-5所示。

图 11-5 选定数据区域

步骤5→ 单击【下一步】按钮，在弹出的【数据透视表和数据透视图向导－步骤3（共3步）】对话框中，指定数据透视表的创建位置为"汇总!$A$1"，最后单击【完成】按钮创建数据透视表，如图11-6所示。

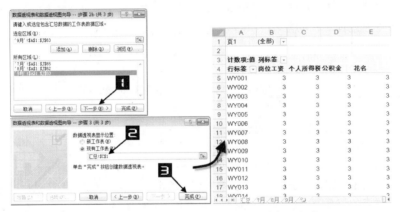

图 11-6 多重合并计算数据区域的数据透视表

步骤6→ 将数据透视表的值汇总方式由"计数项：值"更改为"求和项：值"，如图11-7所示。

图 11-7 更改数据透视表的值汇总方式

步骤7→ 单击"列标签"字段的下拉按钮，取消下拉列表中对"花名"复选框的勾选，然后单击【确定】按钮，结果如图11-8所示。

步骤8→ 调整字段的顺序并美化数据透视表，最终结果如图11-9所示。

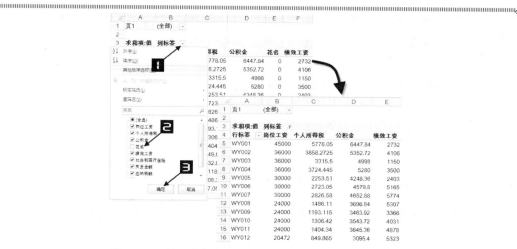

图 11-8　单页字段多重合并计算数据区域的数据透视表

求和项:值	列标签						
行标签	岗位工资	绩效工资	住房补贴	社会和医疗保险	公积金	个人所得税	实发金额
WY001	45000	2732	6000	1611.96	6447.84	5778.05	39894.15
WY002	36000	4106	4500	1338.18	5352.72	3858.2725	34056.8275
WY003	36000	1150	4500	1249.5	4998	3315.5	32087
WY004	36000	3500	4500	1320	5280	3724.445	33675.555
WY005	30000	2403	3000	1062.09	4248.36	2253.51	27839.04
WY006	30000	5165	3000	1144.95	4579.8	2723.05	29717.2
WY007	30000	5774	3000	1163.22	4652.88	2826.58	30131.32
WY008	24000	5307	1500	924.21	3696.84	1486.11	24699.84
WY009	24000	3366	1500	865.98	3463.92	1193.115	23342.985
WY010	24000	4031	1500	885.93	3543.72	1306.42	23794.93
WY011	24000	4878	1500	911.34	3645.36	1404.34	24416.96
WY012	20472	5323	0	773.85	3095.4	849.865	21075.885
WY013	26079	4326	0	912.15	3648.6	1432.815	24411.435
WY014	25350	3771	0	873.63	3494.52	1188.1	23564.75
WY015	12441	4970	0	522.33	2089.32	208.371	14590.979
WY016	9309	4408	0	411.51	1646.04	57.0575	11602.3925

图 11-9　调整列的顺序

图 11-9 所示展示了创建完成的数据透视表，报表筛选字段的显示项为【(全部)】，显示了工作簿中所有月份工作表的工资数据汇总。如果在报表筛选字段中选择其他选项，则可单独显示各个月份工作表的工资数据，如图 11-10 所示。

图 11-10　单独地显示各个月份的工资数据

第
11
章

> **注意** →　在指定数据区域进行合并计算时要包括待合并数据列表中的行标题和列标题，但是不要包括汇总数据项，数据透视表会自动进行数据的汇总。

11.1.2　创建自定义页字段的数据透视表

所谓创建"自定义"的页字段就是事先为待合并的多个数据源命名，在将来创建好的数据透视表中，报表筛选字段的下拉列表将会出现用户已经命名的选项。

示例 11.2　按月汇总工资数据——创建自定义页字段的数据透视表

仍以图 11-1 所示的数据列表为例，创建自定义页字段的数据透视表，请参照以下步骤。

> **步骤1** → 单击工作簿中的"汇总"工作表标签，激活"汇总"工作表，依次按下<Alt>、<D>、<P>键，打开【数据透视表和数据透视图向导－步骤1（共3步）】对话框，选中【多重合并计算数据区域】单选钮，单击【下一步】按钮，如图 11-11 所示。

图 11-11　选中多重合并计算数据区域单选钮

> **步骤2** → 在弹出的【数据透视表和数据透视图向导－步骤2a（共3步）】对话框中，选择【自定义页字段】单选钮，单击【下一步】按钮，打开【数据透视表和数据透视图向导－步骤2b（共3步）】对话框，如图 11-12 所示。

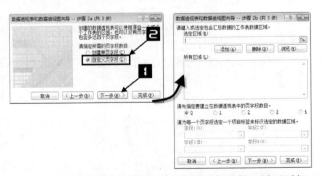

图 11-12　激活数据透视表指定合并计算数据区域对话框

> **步骤3 →** 在弹出的【数据透视表和数据透视图向导 – 步骤 2b（共 3 步）】对话框中，向【所有区域】列表框中添加 "'7 月'!$A$1:$J$65" 数据，同时在【请先指定要建立在数据透视表中的页字段数目】选项中选择【1】单选钮，在【字段 1】的下拉列表中输入 "7月"，完成第一个待合并区域的添加，如图 11-13 所示。

> **步骤4 →** 重复操作步骤 3，依次添加 "'8 月'!$A$1:$J$62" 和 "'9 月'!$A$1:$J$63" 的数据区域，并将其分别命名为 "8 月" 和 "9 月"，如图 11-14 所示。

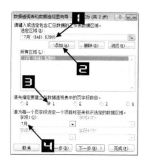

图 11-13　使用自定义页字段　　　　　　图 11-14　使用自定义页字段

> **步骤5 →** 单击【下一步】按钮，在弹出的【数据透视表和数据透视图向导 – 步骤 3（共 3 步）】对话框中，指定数据透视表的显示位置为 "汇总!$A$1" 单元格，单击【完成】按钮创建数据透视表，如图 11-15 所示。

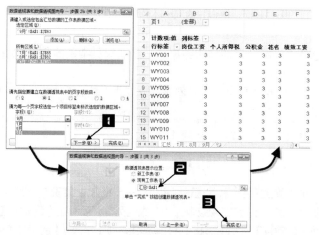

图 11-15　自定义页字段多重合并计算数据区域的数据透视表

> **步骤6 →** 将 "计数项：值" 字段的值汇总方式更改为 "求和"；去掉 "列标签" 中的 "花名" 字段项；调整字段顺序并美化数据透视表，最终结果如图 11-16 所示。

图 11-16　最终完成的数据透视表

11.1.3 创建双页字段的数据透视表

双页字段的数据透视表就是事先为待合并的多重数据源命名两个名称，在将来创建好的数据透视表中会出现两个报表筛选字段，每个报表筛选字段的下拉列表中都会出现用户已经命名的选项。

图 11-17 所示展示了同一个工作簿中的 6 张数据列表，分别位于"10 月"、"11 月"和"12 月"工作表中，这些数据列表记录了某公司每月"空调"和"热水器"的销售数据。

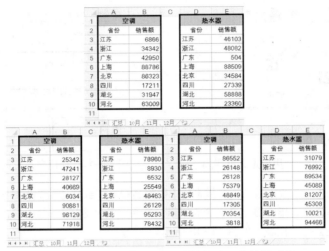

图 11-17　待合并的同一工作簿中的 6 张数据列表

示例 11.3 汇总两个产品分月的销售数据——创建双页字段的数据透视表

如果希望对图 11-17 所示的 6 张数据列表进行合并计算并生成双页字段的数据透视表，请参照以下步骤。

步骤1 → 重复操作 10.1.2 小节中的步骤 1。

步骤2 → 重复操作 10.1.2 小节中的步骤 2。

步骤3 → 在弹出的【数据透视表和数据透视图向导－步骤 2b（共 3 步）】对话框中，向【所有区域】列表框中添加 "'10 月'!$A$2:$B$10" 数据列表，同时在【请先指定要建立在数据透视表中的页字段数目】选项中选择【2】单选钮，在【字段 1】的下拉列表中输入"10 月"，在【字段 2】的下拉列表中输入"空调"，完成第一个待合并区域的添加。使用同样的方法，添加 "10 月" 工作表中另外一个数据列表 "'10 月'!$D$2:$E$10"，在【字段 1】的下拉列表中输入 "10 月"，在【字段 2】的下拉列表中输入 "热水器"，如图 11-18 所示。

步骤4 → 重复操作步骤 3，依次添加待合并区域：

"'11 月'!$A$2:$B$10"，【字段 1】为 "11 月"，【字段 2】为 "空调"；

"'11 月'!$D$2:$E$10"，【字段 1】为 "11 月"，【字段 2】为 "热水器"；

"'12 月'!$A$2:$B$10"，【字段 1】为 "11 月"，【字段 2】为 "空调"；

"'12 月'!$D$2:$E$10"，【字段 1】为 "11 月"，【字段 2】为 "热水器"。

如图 11-19 所示。

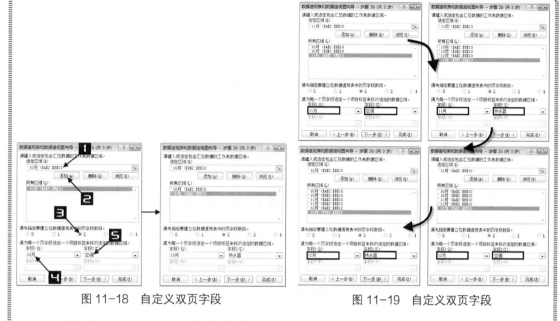

图 11-18　自定义双页字段　　　　　　　　图 11-19　自定义双页字段

步骤5 → 单击【下一步】按钮，在弹出的【数据透视表和数据透视图向导－步骤 3（共 3 步）】
对话框中，指定数据透视表的显示位置为 "汇总!$A$1"，单击【完成】按钮创建数
据透视表，如图 11-20 所示。

步骤6 → 去掉数据透视表中无意义的行总计并美化数据透视表，最终完成的数据透视表中将会
出现两个报表筛选字段，如图 11-21 所示。

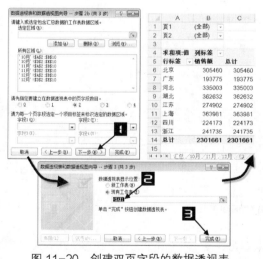

图 11-20　创建双页字段的数据透视表　　　图 11-21　数据透视表双页字段的下拉按钮

注意 →

由于【数据透视表和数据透视图向导－步骤 2b（共 3 步）】对话框中的【请先指
定要建立在数据透视表中的页字段数目】选项只有 "0～4" 个，所以用户最多只能
自定义 4 个页字段，如图 11-22 所示。

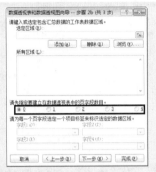

图 11-22 用户自定义页字段数量限制

11.2 对不同工作簿中的数据列表进行合并计算

利用 Excel 创建“多重合并计算数据区域”数据透视表的功能还可以将存放于不同工作簿中结构相同的数据列表进行合并，体现了数据透视表进行数据合并更加方便和灵活的特点。

示例 11.4 汇总某化妆品各品牌销售数据

图 11-23 所示展示了存放于不同工作簿“某化妆品店铺销售跟踪表–兰蔻.xlsx”、“某化妆品店铺销售跟踪表–雅诗兰黛.xlsx”中的 4 张数据列表。如果希望对 4 张数据列表的数据合并创建为反映“品牌”和“品种”的数据透视表，请参照以下步骤。

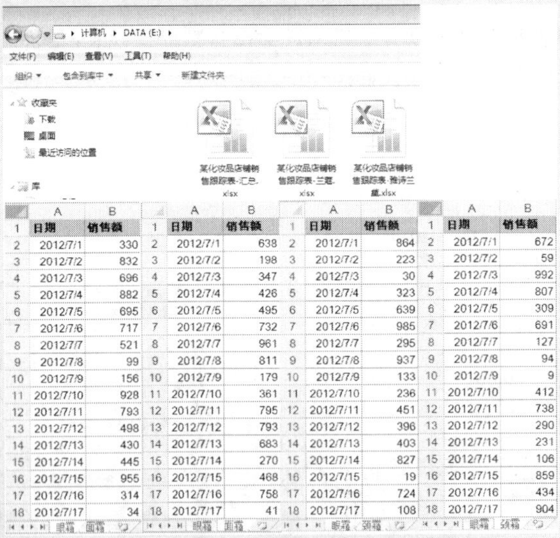

	A	B		A	B		A	B		A	B
1	日期	销售额	1	日期	销售额	1	日期	销售额	1	日期	销售额
2	2012/7/1	330	2	2012/7/1	638	2	2012/7/1	864	2	2012/7/1	672
3	2012/7/2	832	3	2012/7/2	198	3	2012/7/2	223	3	2012/7/2	59
4	2012/7/3	696	4	2012/7/3	347	4	2012/7/3	30	4	2012/7/3	992
5	2012/7/4	882	5	2012/7/4	426	5	2012/7/4	323	5	2012/7/4	807
6	2012/7/5	695	6	2012/7/5	495	6	2012/7/5	639	6	2012/7/5	309
7	2012/7/6	717	7	2012/7/6	732	7	2012/7/6	985	7	2012/7/6	691
8	2012/7/7	521	8	2012/7/7	961	8	2012/7/7	295	8	2012/7/7	127
9	2012/7/8	99	9	2012/7/8	811	9	2012/7/8	937	9	2012/7/8	94
10	2012/7/9	156	10	2012/7/9	179	10	2012/7/9	133	10	2012/7/9	9
11	2012/7/10	928	11	2012/7/10	361	11	2012/7/10	236	11	2012/7/10	412
12	2012/7/11	793	12	2012/7/11	795	12	2012/7/11	451	12	2012/7/11	738
13	2012/7/12	498	13	2012/7/12	793	13	2012/7/12	396	13	2012/7/12	290
14	2012/7/13	430	14	2012/7/13	683	14	2012/7/13	403	14	2012/7/13	231
15	2012/7/14	445	15	2012/7/14	270	15	2012/7/14	827	15	2012/7/14	106
16	2012/7/15	955	16	2012/7/15	468	16	2012/7/15	19	16	2012/7/15	859
17	2012/7/16	314	17	2012/7/16	758	17	2012/7/16	724	17	2012/7/16	434
18	2012/7/17	34	18	2012/7/17	41	18	2012/7/17	108	18	2012/7/17	904

图 11-23 待合并的不同工作簿

提示

请将示例文件夹“汇总某化妆品各品牌销售数据”内的 3 个工作文件存放在 E 盘根目录下进行演示操作。

步骤 1 打开 E 盘根目录下的 3 个工作簿，定位到“某化妆品店铺销售跟踪表–汇总.xlsx”工作簿的“汇总”工作表中，依次按下<Alt>、<D>、<P>键打开【数据透视表和数据透视图向导–步骤 1（共 3 步）】对话框，选中【多重合并计算数据区域】单选钮，单击【下一步】按钮，如图 11-24 所示。

步骤2→ 在弹出的【数据透视表和数据透视图向导－步骤 2a（共 3 步）】对话框中，选中【自定义页字段】单选钮，单击【下一步】按钮，打开【数据透视表和数据透视图向导－步骤 2b（共 3 步）】对话框，如图 11-25 所示。

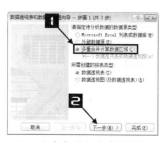 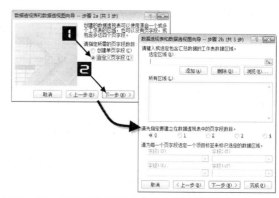

图 11-24　选中多重合并计算数据区域单选钮　图 11-25　激活数据透视表指定合并计算数据区域对话框

步骤3→ 在弹出的【数据透视表和数据透视图向导－步骤 2b（共 3 步）】对话框中，单击【选定区域】文本框中的折叠按钮，单击"某化妆品店铺销售跟踪表-兰蔻.xlsx"工作簿，然后选定"眼霜"工作表的$A$1:$B$18 单元格区域，再次单击折叠按钮，"选定区域"文本框中已经出现待合并的数据区域"'[某化妆品店铺销售跟踪表-兰蔻.xlsx]眼霜'!$A$1:$B$18"，然后单击【添加】按钮，同时在【请先指定要建立在数据透视表中的页字段数目】选项中选择【2】单选钮，在【字段 1】的下拉列表中输入"兰蔻"，【字段 2】的下拉列表中输入"眼霜"，完成第一个待合并区域的添加，如图 11-26 所示。

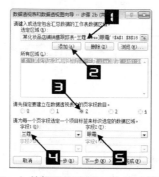

图 11-26　向数据透视表添加合并计算数据区域

步骤4→ 重复步骤 3，依次添加待合并的数据区域。

　"'E:\[某化妆品店铺销售跟踪表-兰蔻.xlsx]面霜'!$A$1:$B$18"，【字段 1】为"兰蔻"，【字段 2】为"面霜"；

　"'E:\[某化妆品店铺销售跟踪表-雅诗兰黛.xlsx]眼霜'!$A$1:$B$18"，【字段 1】为"雅诗兰黛"，【字段 2】为"眼霜"；

　"'E:\[某化妆品店铺销售跟踪表-雅诗兰黛.xlsx]颈霜'!$A$1:$B$18"，【字段 1】为"雅诗兰黛"，【字段 2】为"颈霜"；

　如图 11-27 所示。

步骤5→ 单击【下一步】按钮，在弹出的【数据透视表和数据透视图向导－步骤3（共3步）】对话框中，指定数据透视表的显示位置为"汇总!$A$1"，单击【完成】按钮，完成数据透视表的创建，如图11-28所示。

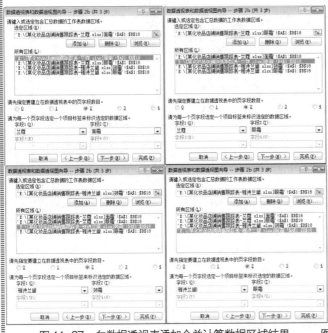

图 11-27 向数据透视表添加合并计算数据区域结果　　图 11-28 创建不同工作簿数据源的数据透视表

最终完成的数据透视表中出现了两个报表筛选字段，其中字段"页 1"的下拉选项为"兰蔻"和"雅诗兰黛"，字段"页 2"的下拉选项为"颈霜"、"面霜"和"眼霜"，如图11-29所示。

图 11-29 数据透视表双页字段的下拉选项

11.3 透视不规则数据源

用户在实际工作中经常会遇到不规则的数据源，例如没有标题行、含有合并单元格的表格等。一般情况下，根据这样的数据源很难创建有意义的数据透视表。

示例 11.5 利用辅助方法汇总淘宝店铺流量来源数据

图11-30所示展示了一张反映某淘宝店铺上周和本周流量来源的数据列表，其中"来源"字段含

有合并单元格。如果希望对这样一个不规则的数据源进行数据汇总并创建数据透视表，请参照以下步骤。

	A	B	C
1	来源	详细	浏览量
2	淘宝付费流量	钻石展位	56090
3		直通车	22075
4		淘宝客	20785
5	淘宝免费流量	淘宝搜索	
6		商城搜索	
7		淘宝站内其他	
8		淘宝店铺搜索	
9		阿里旺旺非广告	
10		淘宝类目	
11	自主访问	直接访问	
12		我的淘宝	
13		购物车	
14		店铺收藏	
15		宝贝收藏	
16		卖家中心	
17	淘宝站外-搜索引擎	百度	
18		搜狗	
19		谷歌	

	A	B	C
1	来源	详细	浏览量
2	淘宝免费流量	商城专题	57431
3		商城搜索	24497
4		淘宝搜索	23939
5		淘宝站内其他	17696
6		阿里旺旺非广告	3163
7		淘宝店铺搜索	2933
8		淘宝类目	1756
9	淘宝付费流量	钻石展位	47404
10		直通车	20520
11		淘宝客	17245
12	自主访问	直接访问	41010
13		我的淘宝	4680
14		购物车	3759
15		店铺收藏	2639
16		宝贝收藏	1623
17		卖家中心	162
18	淘宝站外-搜索引擎	百度	554
19		搜狗	34

图 11-30　不规则的数据源

步骤1 修改数据源中的标题行，将"上周"和"本周"表中的"浏览量"分别改为"上周浏览量"和"本周浏览量"，如图 11-31 所示。

步骤2 依次按下<Alt>、<D>、<P>键打开【数据透视表和数据透视图向导−步骤1（共3步）】对话框，选中【多重合并计算数据区域】单选钮，单击【下一步】按钮，如图 11-32 所示。

	A	B	C
1	来源	详细	上周浏览量
2	淘宝付费流量	钻石展位	56090
3		直通车	22075
4		淘宝客	20785
5	淘宝免费流量	淘宝搜索	
6		商城搜索	
7		淘宝站内其他	
8		淘宝店铺搜索	
9		阿里旺旺非广告	
10		淘宝类目	
11	自主访问	直接访问	
12		我的淘宝	
13		购物车	
14		店铺收藏	
15		宝贝收藏	
16		卖家中心	
17	淘宝站外-搜索引擎	百度	
18		搜狗	
19		谷歌	

	A	B	C
1	来源	详细	本周浏览量
2	淘宝免费流量	商城专题	57431
3		商城搜索	24497
4		淘宝搜索	23939
5		淘宝站内其他	17696
6		阿里旺旺非广告	3163
7		淘宝店铺搜索	2933
8		淘宝类目	1756
9	淘宝付费流量	钻石展位	47404
10		直通车	20520
11		淘宝客	17245
12	自主访问	直接访问	41010
13		我的淘宝	4680
14		购物车	3759
15		店铺收藏	2639
16		宝贝收藏	1623
17		卖家中心	162
18	淘宝站外-搜索引擎	百度	554
19		搜狗	34

图 11-31　修改标题行辅助名称

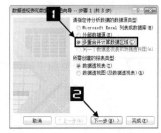

图 11-32　创建数据透视表

步骤3 在弹出的【数据透视表和数据透视图向导−步骤2a（共3步）】对话框中保持【创建单页字段】的默认设置，单击【下一步】按钮，打开【数据透视表和数据透视图向导−步骤2b（共3步）】对话框，如图 11-33 所示。

步骤4 选中"上周"工作表中的单元格区域 B1:C19，然后单击【添加】按钮，将待合并的数据区域"上周!$B$1:$C$19"添加至【所有区域】列表框中，如图 11-34 所示。

步骤5 重复操作步骤 4，将待合并的数据区域"本周!$B$1:$C$20"也添加至【所有区域】列表框中，如图 11-35 所示。

图 11-33　激活数据透视表和数据透视图向导—步骤 2b（共 3 步）对话框

图 11-34　选定待合并区域　　　　　　　图 11-35　再添加待合并区域

步骤6 → 单击【下一步】按钮，在弹出的【数据透视表和数据透视图向导 - 步骤 3（共 3 步）】对话框中，指定数据透视表的显示位置为"汇总!$A$1"，然后单击【完成】按钮，完成数据透视表的创建，如图 11-36 所示。

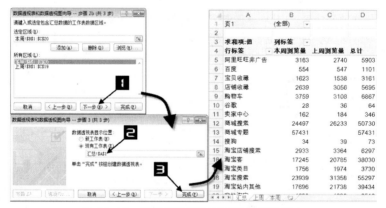

图 11-36　不规则数据源创建的数据透视表

步骤7 → 按数据源中的分组方式进行组合，并美化数据透视表，结果如图 11-37 所示。

	来源	详细	本周浏览量	上周浏览量	总计
4					
5		淘宝客	17245	20785	38030
6	淘宝付费流量	直通车	20520	22075	42595
7		钻石展位	47404	56090	103494
8		阿里旺旺非广告	3163	2740	5903
9		商城搜索	24497	26233	50730
10		商城专题	57431		57431
11	淘宝免费流量	淘宝店铺搜索	2933	3364	6297
12		淘宝类目	1756	1974	3730
13		淘宝搜索	23939	31358	55297
14		淘宝站内其他	17696	21738	39434
15		宝贝收藏	1623	1538	3161
16		店铺收藏	2639	3056	5695
17	自主访问	购物车	3759	3108	6867
18		卖家中心	162	184	346
19		我的淘宝	4680	4836	9516
20		直接访问	41010	48795	89805
21		百度	554	547	1101
22	淘宝站外-搜索引擎	谷歌	28	36	64
23		搜狗	34	39	73
24	**总计**		271073	248496	519569

图 11-37　选定待合并区域

11.4 创建动态多重合并计算数据区域的数据透视表

为了让多重合并数据区域的数据透视表也具备随数据源的变化而更新的功能，可以事先将数据源都设置为动态数据列表，然后再创建多重合并计算数据区域的数据透视表。

11.4.1 运用定义名称法创建动态多重合并计算数据区域的数据透视表

示例 11.6 使用名称法动态合并统计销售记录

图 11-38 所示展示了 3 张分时段的销售数据列表，数据列表中的数据每天会递增。如果希望对这 3 张数据列表进行合并汇总并创建实时更新的数据透视表，请参照以下步骤。

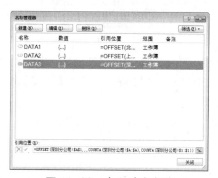

图 11-38 数据源

步骤1 → 分别对"北京分公司"、"上海分公司"和"深圳分公司"工作表定义动态名称为"DATA1"、"DATA2"和"DATA3"，如图 11-39 所示。

DATA1=OFFSET(北京分公司!$A$1,,,COUNTA(北京分公司!$A:$A),COUNTA(北京分公司!1:$1))
DATA2=OFFSET(上海分公司!$A$1,,,COUNTA(上海分公司!$A:$A),COUNTA(上海分公司!1:$1))
DATA3=OFFSET(深圳分公司!$A$1,,,COUNTA(深圳分公司!$A:$A),COUNTA(深圳分公司!1:$1))

有关定义动态名称的详细用法，请参阅第 10 章。

步骤2 → 依次按下<Alt>、<D>、<P>键打开【数据透视表和数据透视图向导-步骤1（共3步）】对话框，选中【多重合并计算数据区域】单选钮，单击【下一步】按钮，如图 11-40 所示。

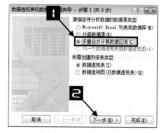

图 11-39 定义动态名称　　　图 11-40 指定要创建的数据透视表的类型

步骤3 → 在弹出的【数据透视表和数据透视图向导–步骤2a（共3步）】对话框中选中【自定义页字段】单选钮，然后单击【下一步】按钮，打开【数据透视表和数据透视图向导–步骤2b（共3步）】对话框，如图11-41所示。

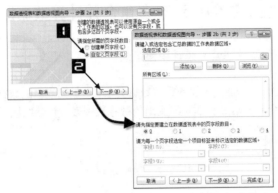

图11-41 激活数据透视表和数据透视图向导-步骤2b（共3步）对话框

步骤4 → 在弹出的【数据透视表和数据透视图向导–步骤2b（共3步）】对话框中，将光标定位到【选定区域】文本框中，输入"DATA1"，单击【添加】按钮，在【请先指定要建立在数据透视表中的页字段数目】下选择【1】单选钮，在【字段1】下拉列表中输入"北京分公司"，完成第一个待合并区域的添加，如图11-42所示。

步骤5 → 重复操作步骤4，添加另外两个待合并区域"DATA2"和"DATA3"，并将【字段1】分别命名为"上海分公司"和"深圳分公司"，如图11-43所示。

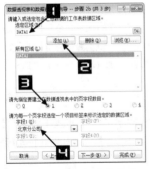

图11-42 添加动态名称

图11-43 添加动态名称

步骤6 → 单击【下一步】按钮，在弹出的【数据透视表和数据透视图向导–步骤3（共3步）】对话框中，指定数据透视表的显示位置为"汇总!$A$1"，单击【完成】按钮，完成数据透视表的创建，如图11-44所示。

步骤7 → 美化数据透视表，最终完成动态的多重合并计算数据区域数据透视表的创建，如图11-45所示。

	A	B	C	D	E
1	页1	(全部)			
2					
3	求和项:值	列标签			
4	行标签	冰箱	电视	空调	总计
5	2012/7/1	106	147	102	355
6	2012/7/2	83	168	172	423
7	2012/7/3	118	176	103	397
8	2012/7/4	130	74	171	375
9	2012/7/5	239	104	97	440
10	2012/7/6	148	215	176	539
11	2012/7/7	178	139	119	436
12	2012/7/8	158	152	34	344
13	2012/7/9	94	192	97	383
14	2012/7/10	125	196	111	432
15	2012/7/11	157	200	214	571

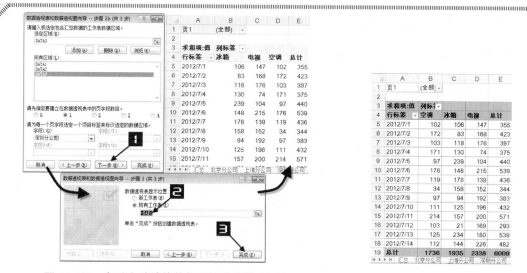

图 11-44　多重合并计算数据区域的数据透视表

	A	B	C	D	E
1	页1	(全部)			
2					
3	求和项:值	列标签			
4	行标签	空调	冰箱	电视	总计
5	2012/7/1	102	106	147	355
6	2012/7/2	172	83	168	423
7	2012/7/3	103	118	176	397
8	2012/7/4	171	130	74	375
9	2012/7/5	97	239	104	440
10	2012/7/6	176	148	215	539
11	2012/7/7	119	178	139	436
12	2012/7/8	34	158	152	344
13	2012/7/9	97	94	192	383
14	2012/7/10	111	125	196	432
15	2012/7/11	214	157	200	571
16	2012/7/12	103	21	169	293
17	2012/7/13	125	234	180	539
18	2012/7/14	112	144	226	482
19	总计	1736	1935	2338	6009

图 11-45　使用定义名称创建动态多重合并计算数据区域的数据透视表

11.4.2　运用列表功能创建动态多重合并计算数据区域的数据透视表

示例 11.7　运用列表功能动态合并统计销售记录

仍以图 11-38 所示的 3 张数据列表为例。如果希望利用 Excel"表"的自动扩展功能创建动态多重合并计算数据区域的数据透视表，请参照以下步骤。

步骤 1 → 分别对"北京分公司"、"上海分公司"和"深圳分公司"创建"表"，如图 11-46 所示。

	A	B	C	D
1	列1	列2	列3	列4
2	日期	空调	冰箱	电视
3	2012/7/1	52	8	81
4	2012/7/2	92	43	56
5	2012/7/3	50	55	47
6	2012/7/4	48	81	12
7	2012/7/5	1	67	42
8	2012/7/6	99	75	90
9	2012/7/7	40	85	65
10	2012/7/8	1	51	14
11	2012/7/9	5	41	23
12	2012/7/10	42	25	39
13	2012/7/11	49	41	82
14	2012/7/12	0	9	78
15	2012/7/13	73	99	83
16	2012/7/14	4	55	84

	A	B	C	D
1	列1	列2	列3	列4
2	日期	空调	冰箱	电视
3	2012/7/1	5	83	20
4	2012/7/2	37	2	63
5	2012/7/3	8	25	42
6	2012/7/4	83	7	14
7	2012/7/5	13	76	14
8	2012/7/6	65	53	33
9	2012/7/7	36	32	50
10	2012/7/8	21	68	78
11	2012/7/9	35	30	96
12	2012/7/10	40	43	69
13	2012/7/11	96	42	70
14	2012/7/12	93	6	15
15	2012/7/13	7	77	93
16	2012/7/14	78	74	61

	A	B	C	D
1	列1	列2	列3	列4
2	日期	空调	冰箱	电视
3	2012/7/1	45	15	46
4	2012/7/2	43	38	49
5	2012/7/3	45	38	87
6	2012/7/4	40	42	48
7	2012/7/5	83	96	48
8	2012/7/6	12	20	92
9	2012/7/7	43	61	24
10	2012/7/8	12	39	60
11	2012/7/9	57	23	73
12	2012/7/10	29	57	88
13	2012/7/11	69	74	48
14	2012/7/12	10	6	76
15	2012/7/13	45	58	4
16	2012/7/14	30	15	81

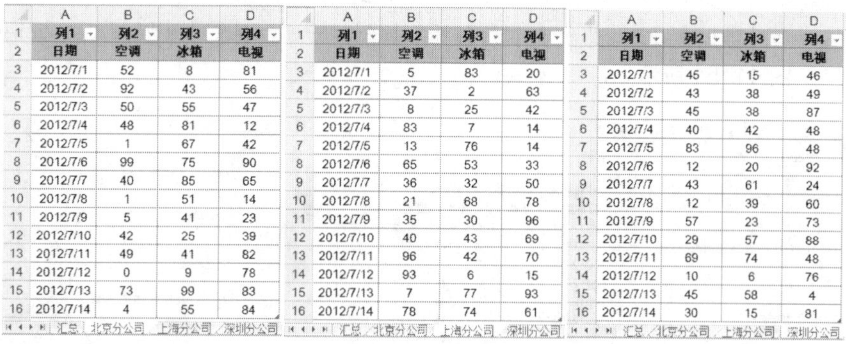

图 11-46　创建"表"

有关创建"表"的方法，请参阅第 10 章。

注意 → 创建"表"时，在【创建表】对话框中，必须取消勾选【表包含标题】复选项，否则在创建数据透视表引用表名称时，将不包含标题行，如图 11-47 所示。

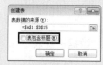

图 11-47　取消【表包含标题】复选项

步骤2 → 重复操作 11.4.1 小节中的步骤 2，指定要创建的数据透视表的类型。

步骤3 → 重复操作 11.4.1 小节中的步骤 3，打开【数据透视表和数据透视图向导－步骤 2b（共 3 步）】对话框。

步骤4 → 在弹出的【数据透视表和数据透视图向导－步骤 2b（共 3 步）】对话框中，将光标定位到【选定区域】文本框中，输入"表 1"，单击【添加】按钮，在【请先指定要建立在数据透视表中的页字段数目】下选择【1】单选钮，在【字段 1】下拉列表中输入"北京分公司"，完成第一个待合并区域的添加，如图 11-48 所示。

步骤5 → 重复操作步骤 4，添加第二个待合并区域"表 2"和"表 3"，将【字段 1】分别命名为"上海分公司"和"深圳分公司"如图 11-49 所示。

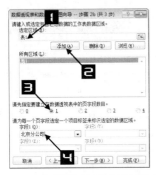

图 11-48 向数据透视表中添加选定区域　　　图 11-49 向数据透视表中添加选定区域

步骤6 → 单击【下一步】按钮，在弹出的【数据透视表和数据透视图向导－步骤 3（共 3 步）】对话框中，指定数据透视表的显示位置"汇总!$A$1"，单击【完成】按钮，完成数据透视表的创建，如图 11-50 所示。

步骤7 → 美化数据透视表，最终完成动态的多重合并计算数据区域数据透视表的创建，结果如图 11-51 所示。

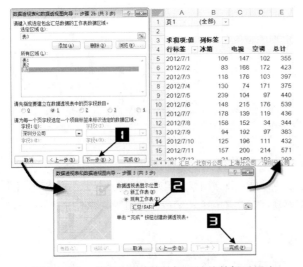

图 11-50 多重合并计算数据区域的数据透视表　　　图 11-51 使用列表创建动态多重合并计算数据区域的数据透视表

11.5 创建多重合并计算数据区域数据透视表行字段的限制

在创建多重合并计算数据区域的数据透视表时，Excel 会以各个待合并数据列的第一列数据作为合并基准，即使子表需要合并的数据列有多个，创建后的透视表也只选择第一列作为行字段，其他的列则作为列字段显示，这一点与 Excel 的合并计算功能类似，如图 11-52 所示。

	A	B	C	D
1	工号	花名	岗位工资	绩效工资
2	WY001	风清扬	15000	473
3	WY002	东方不败	12000	1896
4	WY003	令狐冲	12000	2678
5	WY004	任盈盈	12000	195
6	WY005	任我行	10000	1953
7	WY006	向问天	10000	1251
8	WY007	田伯光	10000	1278
9	WY008	岳不群	8000	2978
10	WY009	岳灵珊	8000	184
11	WY010	左冷禅	8000	2384
12	WY011	林平之	8000	49
13	WY012	包某	6824	2045
14	WY013	鲍大楚	8693	135
15	WY014	不戒和尚	8450	1622
16	WY015	蔡子峰	4147	1705

	A	B	C	D
1	页1	7月		
2				
3	求和项:值	列标签		
4	行标签	花名	岗位工资	绩效工资
5	WY001	0	15000	83
6	WY002	0	12000	2552
7	WY003	0	12000	90
8	WY004	0	12000	473
9	WY005	0	10000	2356
10	WY006	0	10000	2583
11	WY007	0	10000	1068
12	WY008	0	8000	0
13	WY009	0	8000	341
14	WY010	0	8000	2716
15	WY011	0	8000	2
16	WY012	0	6824	2561

图 11-52　多重合并计算数据区域数据透视表的限制

11.6 解决创建多重合并计算数据区域数据透视表的限制的方法

对于创建多重合并计算数据区域数据透视表行字段的限制，可以通过向数据源添加辅助列的方法加以解决。

示例 11.8　添加辅助列解决数据透视表多表合并行字段限制问题

如果希望在图 11-53 所示的数据列表中，将“产品代码”、“规格”和“批号”字段都出现在多重合并计算数据区域数据透视表的行字段中，请参照以下步骤。

	A	B	C	D
1	产品代码	规格	批号	数量
2	GML	10*6	20120803	647
3	GML	10*6	20120803	677
4	GML	10*6	20120803	576
5	GML	10*6	20120805	778
6	GML	10*10	20120811	380
7	GML	10*10	20120811	574
8	PYP	20g	20120707	30
9	PYP	20g	20120707	387
10	PYP	20g	20120707	925
11	PYP	30g	20120710	813
12	PYP	30g	20120710	546
13	PYP	30g	20120710	432
14	WTC	10*6	20120824	926
15	WTC	10*6	20120824	784
16	WTC	10*6	20120825	864
17	WTC	20*6	20120611	363
18	WTC	20*6	20120611	361

	A	B	C	D
1	产品代码	规格	批号	数量
2	GML	10*6	20120803	865
3	GML	10*6	20120803	53
4	GML	10*6	20120803	391
5	GML	10*6	20120805	152
6	GML	10*10	20120811	0
7	GML	10*10	20120811	49
8	GML	10*10	20120811	379
9	GML	10*10	20120811	581
10	PYP	20g	20120707	345
11	PYP	30g	20120710	680
12	PYP	30g	20120710	736
13	PYP	30g	20120710	529
14	PYP	30g	20120710	434
15	WTC	10*6	20120824	451
16	WTC	10*6	20120825	260
17	WTC	20*6	20120611	708
18	WTC	20*6	20120611	48

图 11-53　待合并的数据列表

步骤 1 在“1 号仓”工作表中的 D 列标签上单击鼠标右键，在弹出的快捷菜单中选择【插入】命令，插入一列空数据列，如图 11-54 所示。

步骤 2 在 D1 单元格中输入公式“=A1&"|"&B1&"|"&C1”并将公式复制到“D2:D18”单元格区域，如图 11-55 所示。

步骤 3 重复操作步骤 1 和步骤 2，向“2 号仓”工作表中添加合并辅助列，如图 11-56 所示。

图 11-54　在数据源中插入空列

图 11-55　在辅助列 D1 单元格中输入合并公式　　　图 11-56　向 "2 号仓" 工作表添加合并辅助列

步骤4 → 创建【自定义页字段】的多重合并计算数据区域的数据透视表，向【所有区域】列表框中添加 "'1 号仓'!$D$1:$E$18" 和 "'2 号仓'!$D$1:$E$18" 待合并区域，【字段 1】分别为 "1 号仓" 和 "2 号仓"，如图 11-57 所示。

步骤5 → 将数据透视表字段标题 "行标签" 更改为 "产品代码|规格|批号" 并美化数据透视表，如图 11-58 所示。

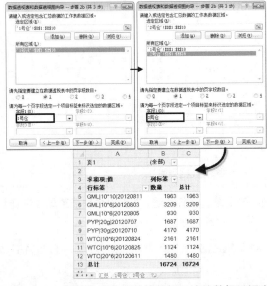

图 11-57　创建多重合并计算数据区域的数据透视表　　图 11-58　合并多个行字段的数据透视表

第 12 章 通过导入外部数据源 "编辑 OLE DB 查询" 创建数据透视表

OLE DB 的全称是 "Object Linking and Embedding Database"。其中，"Object Linking and Embedding" 指对象链接与嵌入，"Database" 指数据库。简单的说，OLE DB 是一种技术标准，目的是提供一种统一的数据访问接口。

通过在导入外部数据中编辑 OLE DB 查询方法，可以借助 OLE 技术对数据列表进行连接并存储，然后形成新的数据源来创建数据透视表。

本章学习要点：

● 导入单张数据列表创建数据透视表。

● 合并汇总不同工作表和工作簿中的多张数据列表。

● 汇总不重复数据列表创建数据透视表。

● 汇总关联数据列表。

● 修改 OLE DB 查询路径。

● Excel 2010 OLE DB 的限制。

12.1 导入单张数据列表创建数据透视表

运用导入外部数据的功能，指定数据源数据列表所在位置后，可以生成动态的数据透视表。"外部数据源" 是相对当前 Excel 工作簿而言的，除了各种类型的文本文件或数据库文件，Excel 工作簿也可以作为 "外部数据" 供导入。

12.1.1 导入单张数据列表中的所有记录

图 12-1 所示展示了某超市的销售数据列表，此数据列表保存在 D 盘根目录下 "2012 年销售电子记录.xlsx" 文件中。

	A	B	C	D	E	F	G	H	I	J	K	L
1	销售日期	交易时间	小票编号	商品编码	商品名称	单位	单价	数量	金额	折率	实收金额	营业员
640	2012/2/28	19:46:34	48984	24177	酱油	支	12	2	24		157.7	张志辉
641	2012/2/29	8:25:26	48993	59518	生粉	包	1.5	2	3		387	黄小娟
642	2012/2/29	12:25:55	49025	24177	酱油	支	12	3	36		1299.3	黄小娟
643	2012/2/29	12:44:38	49078	68313	调和油	瓶	45	4	180		45.5	黄小娟
644	2012/2/29	16:39:22	49099	82397	盐	包	1.2	1	1.2	8.5	494.3	黄小娟
645	2012/2/29	16:59:31	49157	18989	果汁橙	瓶	3.5	1	3.5		706.4	黄小娟
646	2012/2/29	17:47:02	49170	67669	牙刷	只	3.5	4	14		181.5	黄小娟
647	2012/2/29	18:40:19	49232	67669	牙刷	只	3.5	2	7		1053.9	黄小娟
648	2012/2/29	20:08:10	49235	76123	花生油	瓶	100	2	200		240.4	黄小娟
649	2012/2/29	20:11:02	49239	59518	生粉	包	1.5	2	3		131.8	黄小娟
650	2012/2/29	20:38:24	49365	69532	毛笔	支	1.5	3	4.5		645.2	黄小娟
651	2012/3/1	10:24:58	49454	90913	耗油	支	13	2	26		1859.4	张志辉
652	2012/3/1	14:25:26	49516	23712	纯牛奶	支	2.5	1	2.5		374	张志辉
653	2012/3/1	14:31:12	49743	67669	牙刷	只	3.5	1	3.5		229.6	张志辉
654	2012/3/1	18:40:19	49799	23712	纯牛奶	支	2.5	4	10	8.5	142	张志辉
655	2012/3/1	21:05:46	49831	68313	调和油	瓶	45	4	180		107.2	张志辉
656	2012/3/1	21:56:10	49832	43329	洗衣液	瓶	12	3	36		348.3	张志辉

图 12-1 销售电子记录数据列表

示例 **12.1** 编制动态商品汇总表

如果希望对图 12-1 所示数据列表进行汇总分析，查看不同月份下所有商品的销售情况，请参照以下步骤。

步骤1 → 双击打开 "2012 年销售电子记录.xlsx" 文件，单击 "商品汇总" 工作表标签，在【数据】选项卡中单击【现有连接】按钮，弹出【现有连接】对话框，单击【浏览更多】按钮，打开【选取数据源】对话框，如图 12-2 所示。

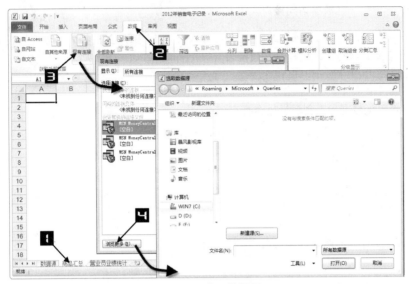

图 12-2　选取数据源

步骤2 → 打开 D 盘根目录中的目标文件 "2012 年销售电子记录.xlsx"，弹出【选择表格】对话框，单击【名称】中的【数据源$】，如图 12-3 所示。

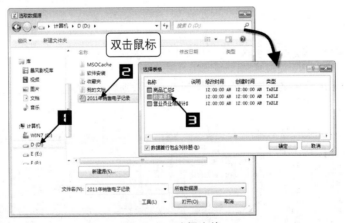

图 12-3　选择表格

步骤3 → 单击【选择表格】对话框中的【确定】按钮，在弹出的【导入数据】对话框中选择【数据透视表】单选钮，【数据的放置位置】选择【现有工作表】单选钮，然后单击 "商品汇总" 工作表中的 A1 单元格，最后单击【确定】按钮创建一张空白的数据透视表，如图 12-4 所示。

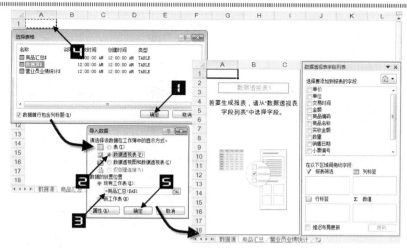

图 12-4　创建一张空白的数据透视表

步骤4 → 在【数据透视表字段列表】对话框中，将"销售日期"字段移动至【列标签】区域并在数据透视表中按【步长】为【月】进行分组组合，"商品名称"字段移动至【行标签】区域，将"数量"字段移动至【Σ 数值】区域，最后对数据透视表进行美化，完成后的数据透视表如图 12-5 所示。

1	求和项:数量	销售日期			
2	商品名称	1月	2月	3月	总计
5	果汁橙	60	33		93
6	耗油	33	45	2	80
7	花生油	25	43		68
8	酱油	46	67		113
9	毛笔	42	71		113
10	毛巾	50	29		79
11	砂糖	39	33		72
12	生粉	45	32		77
13	酸奶	55	63		118
14	调和油	58	40	4	102
15	洗衣粉	41	45		86
16	洗衣液	43	54	3	100
17	牙刷	63	43	1	107
18	盐	39	48		87
19	纸巾	66	52		118
20	总计	802	811	15	1628

图 12-5　完成后的数据透视表

步骤5 → 单击数据透视表中的任意单元格（如 A1），在【数据透视表工具】的【选项】选项卡中单击【刷新】按钮的下拉按钮，在弹出的下拉列表中选择【连接属性】命令，在弹出的【连接属性】对话框中的【刷新控件】选项区中勾选【打开文件时刷新数据】复选框，最后单击【确定】按钮关闭对话框，如图 12-6 所示。

> **提示**
>
> 勾选【打开文件时刷新数据】复选框的目的是使通过导入外部数据创建的数据透视表再次打开时能够自动刷新，从而得到数据源实时变化的最新数据。

步骤6 → 单击"数据源"工作表标签，在第 657 行添加一条新纪录，其中："销售日期"字段为"2011/3/2"，"交易时间"字段为"8:00:00"，"小票编号"字段为"49833"，"商品名称"字段为"新商品"，其余项均留空，如图 12-7 所示。

步骤7 → 单击"商品汇总"工作表标签，在数据透视表中的任意单元格上（如 B3）单击鼠标右键，在弹出的快捷菜单中选择【刷新】命令，此时，新增的数据记录就出现在数据透视表中，如图 12-8 所示。

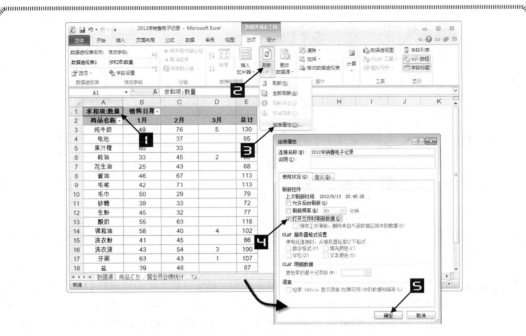

图 12-6 设置数据透视表打开文件时自动刷新

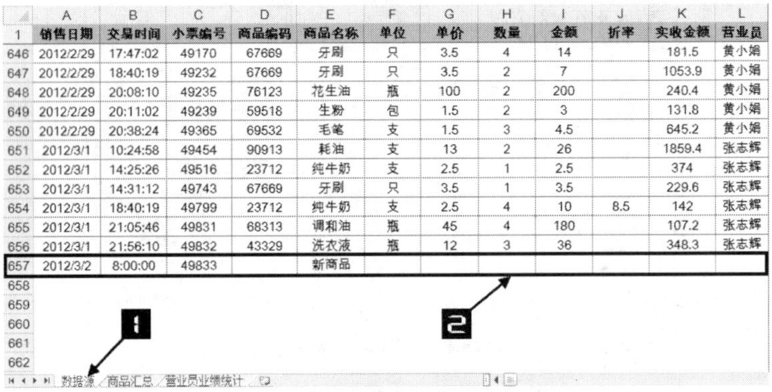

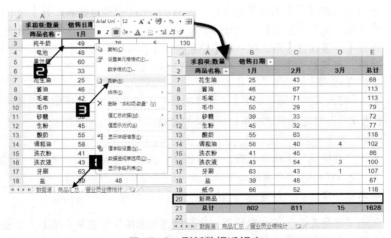

图 12-7 增加新的数据源记录

图 12-8 刷新数据透视表

提示

当用户保存并关闭工作簿后，如果再重新打开"2012年销售电子记录.xlsx"，就会出现【安全警告已禁用了数据连接启用内容】提示，此时单击提示中的【启用内容】按钮即可启用"数据连接"，去掉警告提示，如图12-9所示。

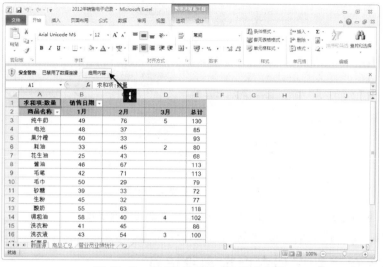

图 12-9 去掉数据连接安全警告提示

如果用户希望将文件所在路径设置为受信任位置，永久取消数据安全连接警告请参照以下步骤。

步骤1 → 单击【文件】→【选项】按钮，在弹出的【Excel 选项】对话框中单击【信任中心】选项卡下的【信任中心设置】按钮，如图12-10所示。

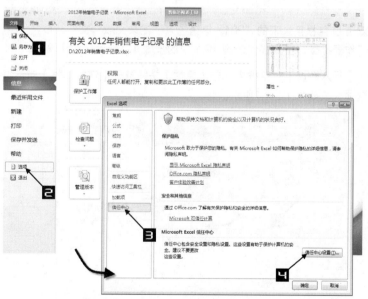

图 12-10 【Excel 选项】对话框

步骤2 → 单击【受信任位置】选项卡下的【添加新位置】按钮，在弹出的【Microsoft Office 受信任位置】的【路径】文本框内输入"D:\"，单击【确定】按钮关闭对话框，再次【确定】按钮，如图12-11所示。

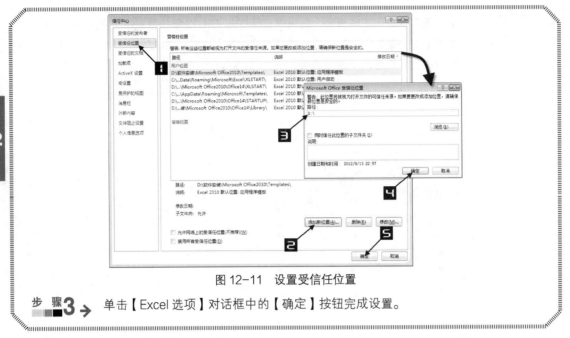

图 12-11 设置受信任位置

步骤3 → 单击【Excel 选项】对话框中的【确定】按钮完成设置。

12.1.2 导入单张数据列表指定字段记录

示例 12.2 编制动态营业员每月业绩统计表

如果希望对图 12-1 所示数据列表进行汇总,统计每月每名营业员的业绩且不希望出现除"销售日期"、"数量"、"金额"和"实收金额"字段以外的其他字段,请参照以下步骤。

步骤1 → 双击 D 盘根目录下的"2012 年销售电子记录.xlsx"文件,单击"营业员业绩统计"工作表标签,重复操作示例 12.1 中的步骤 1、步骤 2 和步骤 3。

步骤2 → 在【导入数据】对话框中单击【属性】按钮打开【连接属性】对话框,单击【定义】选项卡,如图 12-12 所示。

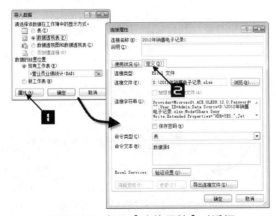

图 12-12 打开【连接属性】对话框

步骤3 → 清空【命令文本】文本框中的内容,输入以下 SQL 语句:

SELECT 销售日期,数量,金额,实收金额,营业员 FROM [数据源$]

单击【确定】按钮返回【导入数据】对话框，再次单击【确定】按钮，创建新一张空白数据透视表，如图 12-13 所示。

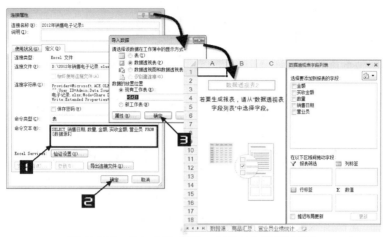

图 12-13 输入 SQL 语句，创建空白数据透视表

此语句的含义是：从"数据源"工作表中，返回"销售日期"、"数量"、"金额"、"实收金额"和"营业员"5 个字段的所有记录。

步骤4 在【数据透视表字段列表】中，将"销售日期"移动至【行标签】区域内，在数据透视表中对"销售日期"字段按【步长】为【月】进行分组组合，将"营业员"移动至【行标签】区域内，将"数量"、"金额"和"实收金额"移动至【∑数值】区域内，【∑数值】区域内所有字段的"值汇总依据"统一改为"求和"，然后对数据透视表进行美化，完成后的数据透视表如图 12-14 所示。

图 12-14 完成后的数据透视表

12.2 导入多张数据列表创建数据透视表

运用导入外部数据结合"编辑 OLE DB"查询中的 SQL 语句技术，可以轻而易举地对不同工作表，甚至不同工作簿中结构相同的多张数据列表进行合并汇总并创建动态的数据透视表，而不会出现多重合并计算数据区域创建数据透视表只会选择第一行作为行字段的限制。

12.2.1 汇总同一工作簿下多张数据列表记录

图 12-15 所示展示了某公司"一仓"、"二仓"和"三仓"3 张数据列表，这些数据列表存放在

D 盘根目录下的 "仓库入库表.xlsx" 文件中。

	A	B	C	D	E
1	日期	进仓单号	物料编码	单位	数量
432	2012/4/8	QX-01-23006133	BBT631	箱	47

	A	B	C	D	E
1	日期	进仓单号	物料编码	单位	数量
433	2012/4/6	QX-02-3302775	YU759	台	137

	A	B	C	D	E
1	日期	进仓单号	物料编码	单位	数量
438	2012/4/7	QX-03-3380834	MT-335	箱	81
439	2012/4/7	QX-03-3380835	AB364	件	92
440	2012/4/7	QX-03-3380836	CTH408	件	56
441	2012/4/7	QX-03-3380837	BBT257	件	115
442	2012/4/8	QX-03-3380838	WJD-785	台	76
443	2012/4/8	QX-03-3380839	AB561	件	119
444	2012/4/8	QX-03-3380840	AB263	件	100
445	2012/4/8	QX-03-3380841	YU309	台	32
446	2012/4/8	QX-03-3380842	HE750	件	132
447	2012/4/8	QX-03-3380843	HE750	件	50
448	2012/4/9	QX-03-3380844	BBT690	箱	135
449	2012/4/9	QX-03-3380845	BBT257	件	35
450	2012/4/9	QX-03-3380846	YU369	件	84
451	2012/4/10	QX-03-3380847	MT-663	件	136
452	2012/4/10	QX-03-3380848	WJD-737	件	133
453	2012/4/10	QX-03-3380849	WJJ476	台	147
454	2012/4/10	QX-03-3380850	AB364	件	84

图 12-15　仓库入库数据列表

示例 **12.3**　仓库入库表

如果希望对图 12-15 所示的 3 张仓库数据列表进行汇总分析，请参照以下步骤。

步骤 1 → 打开 D 盘根目录下的 "仓库入库表.xlsx" 文件，单击 "汇总" 工作表标签，在【数据】选项卡中单击【现有连接】按钮，弹出【现有连接】对话框，单击【浏览更多】按钮，打开【选取数据源】对话框，如图 12-16 所示。

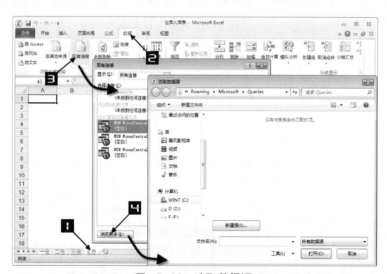

图 12-16　选取数据源

步骤 2 → 打开 D 盘根目录下的目标文件 "仓库入库表.xlsx"，弹出【选择表格】对话框，如图 12-17 所示。

步骤 3 → 保持【选择表格】对话框的默认选择，单击【确定】按钮，在弹出的【导入数据】对话框中选择【数据透视表】单选钮，【数据的放置位置】选择【现有工作表】单选钮，然后单击 "汇总" 工作表中的 A3 单元格，再单击【属性】按钮打开【连接属性】对话框，单击【定义】选项卡，如图 12-18 所示。

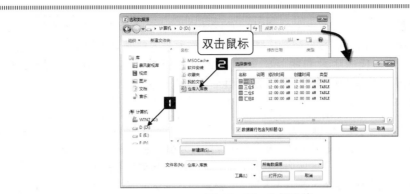

图 12-17　选择表格

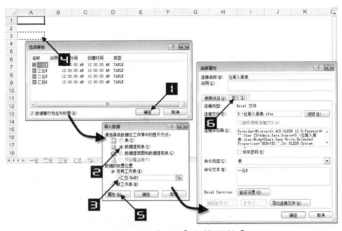

图 12-18　打开【连接属性】

步骤4 → 清空【命名文本】文本框中的内容，输入以下 SQL 语句：

> SELECT "一仓库" AS 仓库名称,* FROM [一仓$] UNION ALL
> SELECT "二仓库" AS 仓库名称,* FROM [二仓$] UNION ALL
> SELECT "三仓库" AS 仓库名称,* FROM [三仓$]

单击【确定】按钮返回【导入数据】对话框，再次单击【确定】按钮创建一张空白数据透视表，如图 12-19 所示。

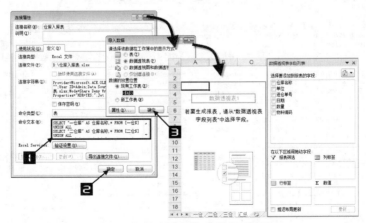

图 12-19　创建空白的数据透视表

此语句的含义是：SQL 语句第一部分"SELECT "一仓库" AS 仓库名称,* FROM [一仓$]"表示返回一仓库数据列表的所有数据记录，""一仓库""作为插入的常量来标记不同的记录，然后对这个插入常量构成的字段利用 AS 别名标识符进行重命名字段名称，最后通过 UNIONALL 将每个班级的所有记录整合在一起，相当于将"一仓"、"二仓"和"三仓" 3 张工作表粘贴到一起。

步骤5 → 在【数据透视表字段列表】中，将"日期"字段移动至【列标签】区域内，在数据透视表中按【步长】为【月】对"日期"字段进行分组组合，将"物料编码"和"单位"字段移动至【行标签】区域内，将"仓库名称"字段移动至【报表筛选】区域内，将"数量"字段移动至【Σ数值】区域内，然后对数据透视表进行美化，完成后的数据透视表如图 12-20 所示。

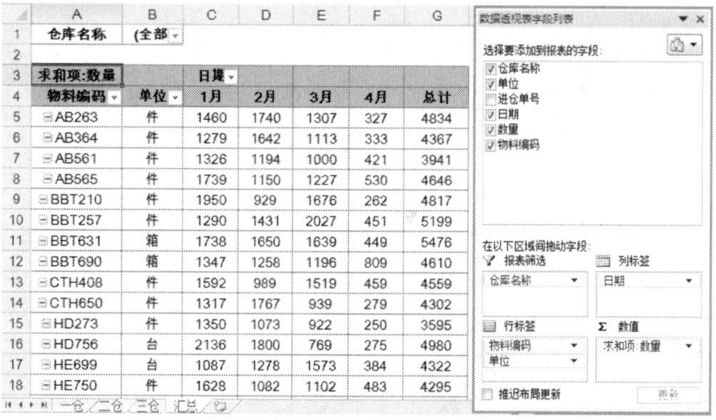

仓库名称	(全部)					
求和项:数量		日期				
物料编码	单位	1月	2月	3月	4月	总计
AB263	件	1460	1740	1307	327	4834
AB364	件	1279	1642	1113	333	4367
AB561	件	1326	1194	1000	421	3941
AB565	件	1739	1150	1227	530	4646
BBT210	件	1950	929	1676	262	4817
BBT257	件	1290	1431	2027	451	5199
BBT631	箱	1738	1650	1639	449	5476
BBT690	箱	1347	1258	1196	809	4610
CTH408	件	1592	989	1519	459	4559
CTH650	件	1317	1767	939	279	4302
HD273	件	1350	1073	922	250	3595
HD756	台	2136	1800	769	275	4980
HE699	台	1087	1278	1573	384	4322
HE750	件	1628	1082	1102	483	4295

图 12-20 汇总后的数据透视表

12.2.2 汇总不同工作簿下多张数据列表记录

图 12-21 所示展示了 2011 年某集团"华北"、"东北"和"京津" 3 个区域的销售数据列表，这些数据列表保存 D 盘根目录下的"2011 年区域销售"文件夹中。

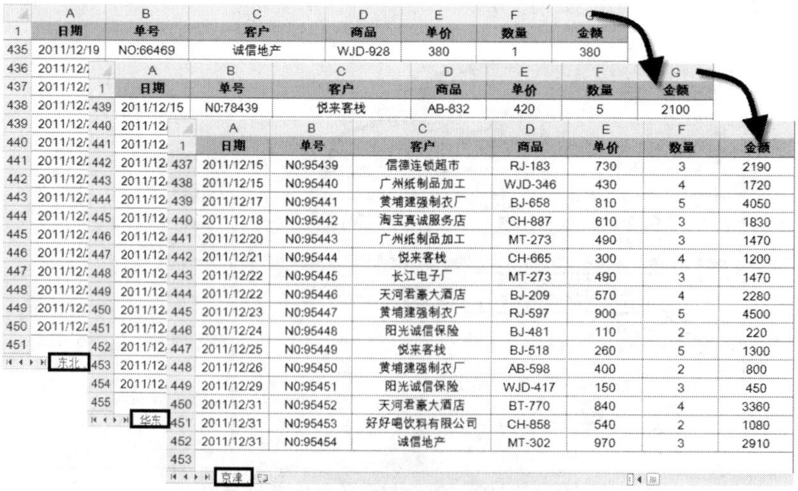

日期	单号	客户	商品	单价	数量	金额
2011/12/15	N0:95439	信德连锁超市	RJ-183	730	3	2190
2011/12/15	N0:95440	广州纸制品加工	WJD-346	430	4	1720
2011/12/17	N0:95441	黄埔建强制衣厂	BJ-658	810	5	4050
2011/12/18	N0:95442	海宝真诚服务店	CH-887	610	3	1830
2011/12/20	N0:95443	广州纸制品加工	MT-273	490	3	1470
2011/12/21	N0:95444	悦来客栈	CH-665	300	4	1200
2011/12/22	N0:95445	长江电子厂	MT-273	490	3	1470
2011/12/22	N0:95446	天河君豪大酒店	BJ-209	570	4	2280
2011/12/23	N0:95447	黄埔建强制衣厂	RJ-597	900	5	4500
2011/12/24	N0:95448	阳光诚信保险	BJ-481	110	2	220
2011/12/25	N0:95449	悦来客栈	BJ-518	260	5	1300
2011/12/26	N0:95450	黄埔建强制衣厂	AB-598	400	2	800
2011/12/29	N0:95451	阳光诚信保险	WJD-417	150	3	450
2011/12/31	N0:95452	天河君豪大酒店	BT-770	840	4	3360
2011/12/31	N0:95453	好好喝饮料有限公司	CH-858	540	2	1080
2011/12/31	N0:95454	诚信地产	MT-302	970	3	2910

图 12-21 各区域销售数据列表

示例 12.4 编制各区域销售统计动态数据列表

步骤1→ 打开 D 盘根目录下"2011 年区域销售"文件夹中的"汇总"文件，在【数据】选项卡中单击【现有连接】按钮，弹出【现有连接】对话框，单击【浏览更多】按钮，打开【选取数据源】对话框，如图 12-22 所示。

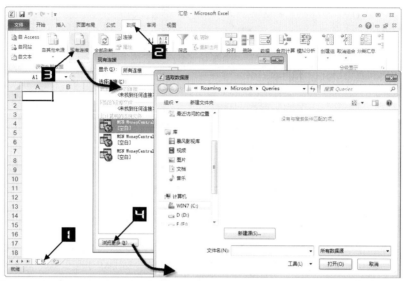

图 12-22 选取数据源

步骤2→ 打开 D 盘根目录下的目标文件"汇总.xlsx"，弹出【选择表格】对话框，如图 12-23 所示。

图 12-23 选择表格

步骤3→ 保持【选择表格】对话框的默认选择，单击【确定】按钮，在弹出的【导入数据】对话框中选择【数据透视表】单选钮，【数据的放置位置】选择【现有工作表】单选钮，然后单击"汇总"工作表中的 A3 单元格，再单击【属性】按钮打开【连接属性】对话框，单击【定义】选项卡，如图 12-24 所示。

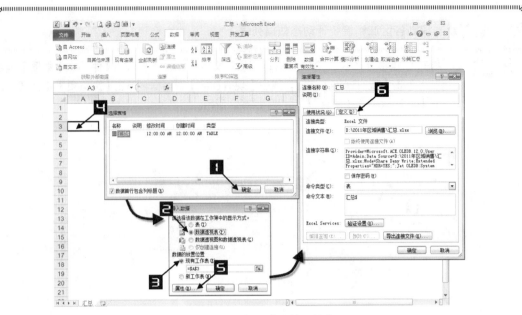

图 12-24　打开【连接属性】

步骤4→ 清空【命名文本】文本框中的内容，输入以下 SQL 语句：

SELECT "东北" AS 区域,* FROM [D:\2011年区域销售\东北地区.xlsx].[东北$] UNION ALL

SELECT "华东" AS 区域,* FROM [D:\2011年区域销售\华东地区.xlsx].[华东$] UNION ALL

SELECT "京津" AS 区域,* FROM [D:\2011年区域销售\京津地区.xlsx].[京津$]

单击【确定】按钮返回【导入数据】对话框，再次单击【确定】按钮创建一张空白数据透视表，如图 12-25 所示。

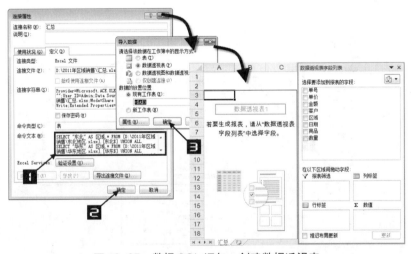

图 12-25　数据 SQL 语句，创建数据透视表

步骤5→ 在【数据透视表字段列表】中，将"日期"字段移动至【列标签】区域内，在数据透视表中按【步长】为【月】对"日期"字段进行分组组合，将【区域】字段移动至【报表筛选】区域内，将【客户】字段移动至【行标签】区域内，将【金额】字段移动至【∑数值】区域内，最后对数据透视表进行美化，完成后的数据透视表如图 12-26 所示。

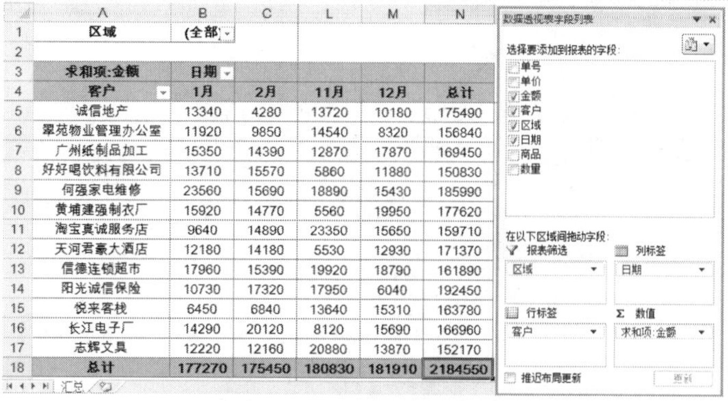

	A	B	C	L	M	N
1	区域	(全部)				
2						
3	求和项:金额	日期				
4	客户	1月	2月	11月	12月	总计
5	诚信地产	13340	4280	13720	10180	175490
6	翠苑物业管理办公室	11920	9850	14540	8320	156840
7	广州纸制品加工	15350	14390	12870	17870	169450
8	好好喝饮料有限公司	13710	15570	5860	11880	150830
9	何强家电维修	23560	15690	18890	15430	185990
10	黄埔建强制衣厂	15920	14770	5560	19950	177620
11	淘宝真诚服务店	9640	14890	23350	15650	159710
12	天河君豪大酒店	12180	14180	5530	12930	171370
13	信德连锁超市	17960	15390	19920	18790	161890
14	阳光诚信保险	10730	17320	17950	6040	192450
15	悦来客栈	6450	6840	13640	15310	163780
16	长江电子厂	14290	20120	8120	15690	166960
17	志辉文具	12220	12160	20880	13870	152170
18	总计	177270	175450	180830	181910	2184550

图 12-26　完成后的数据透视表

12.3　导入不重复记录创建数据透视表

运用导入外部数据结合“编辑 OLE DB”查询中的 SQL 语句技术，可以轻而易举地统计数据列表所有字段的不重复记录，也可以灵活地统计数据列表指定字段组成的不重复记录，甚至还可以轻易地统计由多张数据列表汇总后的不重复记录。

12.3.1　导入单张数据列表中所有字段的不重复记录

图 12-27 所示展示了某公司出库商品盘点数据列表，该数据列表保存在 D 盘根目录下的“2012 年 3 月库存盘点表.xlsx”文件中。

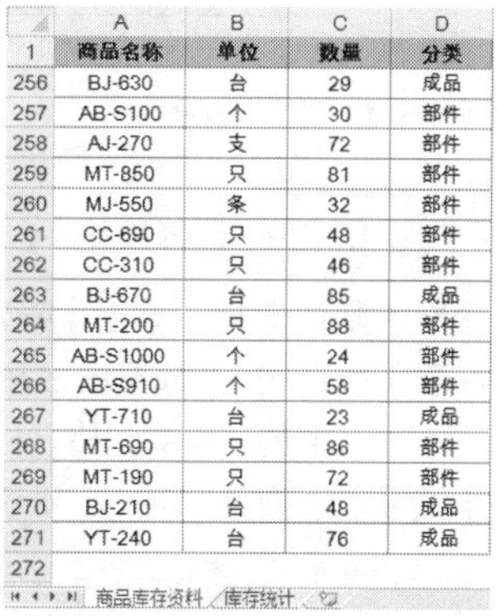

	A	B	C	D
1	商品名称	单位	数量	分类
256	BJ-630	台	29	成品
257	AB-S100	个	30	部件
258	AJ-270	支	72	部件
259	MT-850	只	81	部件
260	MJ-550	条	32	部件
261	CC-690	只	48	部件
262	CC-310	只	46	部件
263	BJ-670	台	85	成品
264	MT-200	只	88	部件
265	AB-S1000	个	24	部件
266	AB-S910	个	58	部件
267	YT-710	台	23	成品
268	MT-690	只	86	部件
269	MT-190	只	72	部件
270	BJ-210	台	48	成品
271	YT-240	台	76	成品
272				

图 12-27　商品库存盘点数据列表

示例 12.5　统计库存商品不重复记录

如果希望对如图 12-27 所示的数据列表进行数据分析，统计出商品库存的不重复记录，请参照以下步骤。

步骤 1 打开 D 盘根目录下的“2012 年 3 月库存盘点表.xlsx”文件，单击“库存统计”工作表标签，在【数据】选项卡中单击【现有连接】按钮，弹出【现有连接】对话框，单击【浏览更多】按钮，打开【选取数据源】对话框，如图 12-28 所示。

步骤 2 打开 D 盘根目录下的目标文件“2012 年 3 月库存盘点表.xlsx”，弹出【选择表格】对话框，如图 12-29 所示。

第 12 章

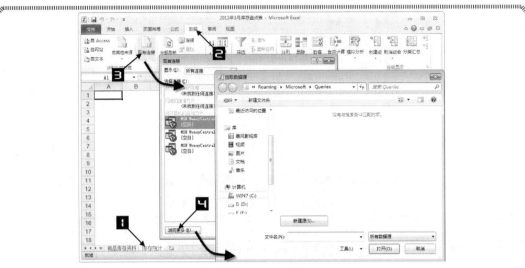

图 12-28 选取数据源

图 12-29 选择表格

步骤3 → 保持【选择表格】对话框的默认选择，单击【确定】按钮，在弹出的【导入数据】对话框中选择【数据透视表】单选钮，【数据的放置位置】选择【现有工作表】单选钮，然后单击"库存统计"工作表中的 A3 单元格，再单击【属性】按钮打开【连接属性】对话框，单击【定义】选项卡，如图 12-30 所示。

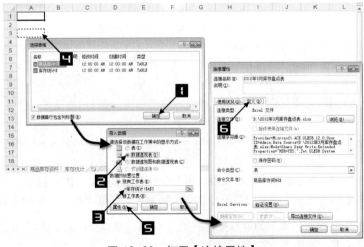

图 12-30 打开【连接属性】

步骤 4 → 清空【命名文本】文本框中的内容，输入以下 SQL 语句：

> SELECT DISTINCT * FROM [商品库存资料$]

单击【确定】按钮返回【导入数据】对话框，再次单击【确定】按钮创建一张空白的数据透视表，如图 12-31 所示。

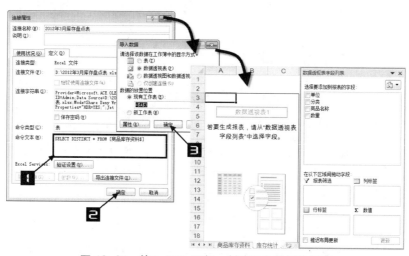

图 12-31　输入 SQL 语句，创建空白数据透视表

此语句的意思是：忽略"商品库存资料"工作表中所有字段组成的重复记录，即重复出现的记录只返回其中的一条。

步骤 5 → 将"分类"字段移动至【报表筛选】区域，将"商品名称"和"单位"字段移动至【行标签】区域，将【数量】字段移动至【∑数值】区域，最后对数据透视表进行美化，最终完成的数据透视表如图 12-32 所示。

	A	B	C
1	分类	(全部) ▾	
2			
3	商品名称	单位	求和项:数量
241	⊟YT-420	台	64
242	⊟YT-440	台	32
243	⊟YT-460	台	81
244	⊟YT-490	台	69
245	⊟YT-560	台	40
246	⊟YT-710	台	23
247	⊟YT-720	台	83
248	⊟YT-760	台	97
249	⊟YT-770	台	58
250	⊟YT-850	台	95
251	⊟YT-870	台	84
252	⊟YT-890	台	79
253	⊟YT-910	台	40
254	⊟YT-980	台	36
255	总计		13658

图 12-32　完成后的数据透视表

12.3.2　导入单张数据列表指定部分字段不重复记录

示例 12.6　统计各"市"、"区/县/镇（乡）"中学校的不重复数

图 12-33 所示展示了某省某届中考统考成绩数据列表，该数据列表存放在 D 盘根目录下的"中考成绩表.xlsx"文件中。

	A	B	C	D	E	F	G
1	市	区/县/镇（乡）	学校	考生编号	语文	数学	英语
171	广州	白云	白云二中	00512	106	80	92
172	梅州	梅县	三中	00019	96	65	84
173	广州	越秀	二中	00285	89	65	116
174	清远	英德	一中	00765	81	93	87
175	广州	越秀	二中	00144	46	120	88
176	清远	清新		00278	98	77	54
177	梅州	梅县	健强纪念中学	00193	60	74	52
178	广州	天河	一中	00098	94	100	45
179	梅州	梅县	梅江中学	00270	97	63	45
180	清远	英德	建中	00046	62	110	104
181	梅州	梅县	梅江中学	00832	83	91	87
182	清远	清新	一中	00264	50	46	100
183	清远	英德	建中	00680	114	109	84
184	清远	清新	一中	00975	65	90	53
185	梅州	梅县	梅江中学	00659	84	67	110
186	梅州	梅县	健强纪念中学	00249	99	112	69
187							

图 12-33　中考数据列表

如果希望统计各"市"、"区/县/镇（乡）"中参与考试的学校个数，请参照以下步骤。

步骤1 打开 D 盘根目录下的"中考成绩表.xlsx"文件，单击"汇总"工作表标签，在【数据】选项卡中单击【现有连接】按钮，弹出【现有连接】对话框，单击【浏览更多】按钮，打开【选取数据源】对话框，如图 12-34 所示。

图 12-34　选取数据源

步骤2 打开 D 盘根目录下的目标文件"中考成绩表.xlsx"，弹出【选择表格】对话框，单击【选择表格】对话框中的【中考成绩表$】，如图 12-35 所示。

图 12-35　选择表格

步骤3 → 在【选择表格】对话框中单击【确定】按钮，在弹出的【导入数据】对话框中选择【数据透视表】单选钮，【数据的放置位置】选择【现有工作表】单选钮，然后单击"汇总"工作表中的 A3 单元格，再单击【属性】按钮打开【连接属性】对话框，单击【定义】选项卡，如图 12-36 所示。

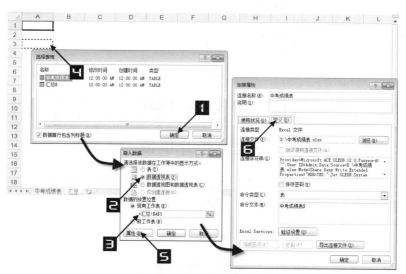

图 12-36　打开【连接属性】

步骤4 → 清空【命名文本】文本框中的内容，输入以下 SQL 语句，如图 12-37 所示。

SELECT DISTINCT 市,[区/县/镇（乡）],学校 FROM [中考成绩表$]

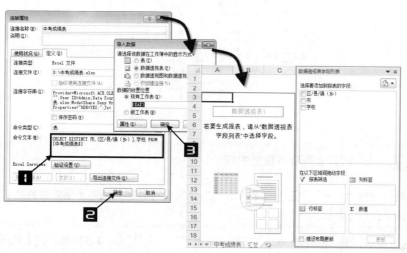

图 12-37　输入 SQL 语句，创建空白数据透视表

提示

使用 DISTINCT 谓词，字段名称的书写顺序并不影响返回的结果；如果字段名称含有特殊符号，需要用 "[ ]" 或 "``" 将字段名称括起来。

步骤5 → 在【数据透视表字段列表】中，将"市"和"区/县/镇（乡）"字段移动至【行标签】区域内，将【学校】字段移动至【Σ数值】区域内，最后对数据透视表进行美化，完成后的数据透视表如图 12-38 所示。

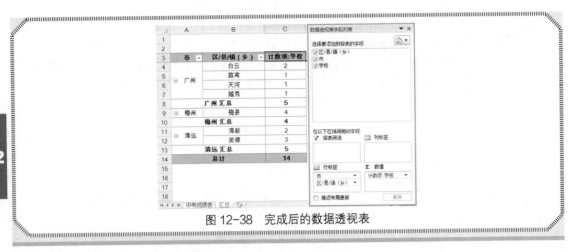

图 12-38　完成后的数据透视表

12.3.3　导入多张数据列表所有不重复记录

图 12-39 所示展示了某公司"A 仓"、"B 仓"和"C 仓"3 张物料仓存数据列表，该数据列表保存在 D 盘根目录下的"仓存表.xlsx"文件中。

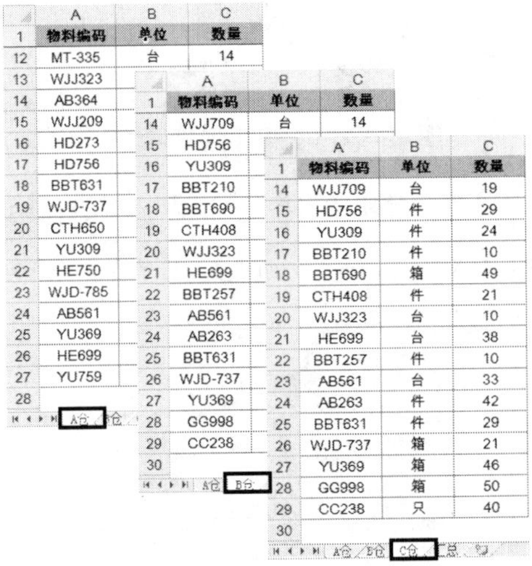

图 12-39　仓存数据列表

示例 12.7　统计所有仓库的不重复物料

如果希望统计"A 仓"、"B 仓"和"C 仓"3 张仓存数据列表中不重复物料的名称和不重复物料总数，请参照以下步骤。

步骤1 → 双击打开"仓存表.xlsx"文件，单击"商品汇总"工作表标签，在【数据】选项卡中单击【现有连接】按钮，弹出【现有连接】对话框，单击【浏览更多】按钮，打开【选取数据源】对话框，如图 12-40 所示。

步骤2 → 打开 D 盘根目录下的目标文件"仓存表.xlsx"，弹出【选择表格】对话框，如图 12-41 所示。

步骤3 → 保持【选择表格】对话框的默认选择，单击【确定】按钮，在弹出的【导入数据】对话框中选择【数据透视表】单选钮，【数据的放置位置】选择【现有工作表】单选钮，然后单击"汇总"工作表中的 A1 单元格，再单击【属性】按钮打开【连接属性】对话框，单击【定义】选项卡，如图 12-42 所示。

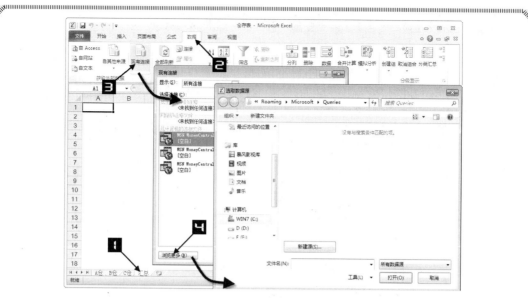

图 12-40 选取数据源

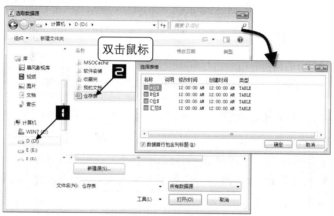

图 12-41 选择表格

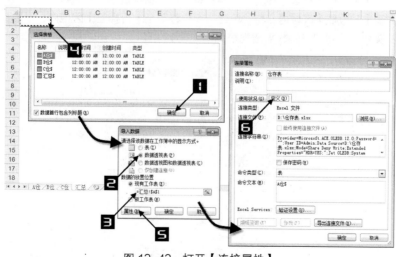

图 12-42 打开【连接属性】

步骤4 → 清空【命名文本】文本框中的内容，输入以下 SQL 语句：

```
SELECT DISTINCT 物料编码,单位 FROM
(SELECT 物料编码,单位 FROM [A仓$] UNION ALL
SELECT 物料编码,单位 FROM [B仓$] UNION ALL
SELECT 物料编码,单位 FROM [C仓$])
```

单击【确定】按钮返回【导入数据】对话框，再次单击【确定】按钮创建一张空白的
数据透视表，如图 12-43 所示。

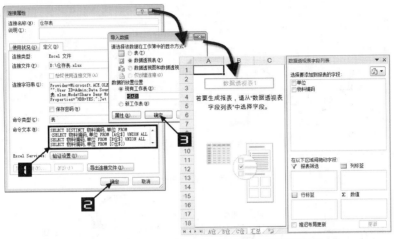

图 12-43　输入 SQL 语句，创建空白数据透视表

提 示

第一个语句是先用 UNION ALL 将所有仓库的数据列表记录汇总，再用 DISTINCT
排除重复值；第二个语句是用 UNION 将所有仓库的数据列表记录汇总并排除重复
记录，UNION ALL 和 UNION 的区别在于 UNION ALL 只会将记录汇总而不管记录
是否重复，而 UNION 不但汇总记录，且重复出现的记录将被排除，通常 UNION ALL
比 UNION 高效。

步骤5 → 单击【数据透视表字段列表】对话框，将"物料编码"同时移动至【行标签】区域内
和【∑数值】区域内，将"单位"字段移动至【行标签】区域内，对数据透视表进行
美化，最终完成的数据透视表如图 12-44 所示。

	A	B	C
1	物料编码	单位	计数项:物料编码
18	⊟HL-208	台	1
19	⊟HY-300	台	1
20	⊟JM668	件	1
21	⊟MT-335	台	1
22	⊟MT-663	件	1
23	⊟S330	件	1
24	⊟WJD-737	箱	1
25	⊟WJD-785	台	1
26	⊟WJJ209	箱	1
27	⊟WJJ323	台	1
28	⊟WJJ476	件	1
29	⊟WJJ709	台	1
30	⊟YU309	件	1
31	⊟YU369	箱	1
32	⊟YU759	件	1
33	总 计		31
34			

图 12-44　完成后的数据透视表

12.4 导入数据关联列表创建数据透视表

运用导入外部数据结合"编辑 OLE DB"查询中的 SQL 语句技术，可以轻而易举地汇总关联数据列表的所有记录。

12.4.1 汇总数据列表的所有记录和与之关联的另一个数据列表的部分记录

图 12-45 所示展示了某公司 2011 年员工领取物品记录数据列表和该公司的部门员工资料数据列表。此数据列表保存在 D 盘根目录下的"2011 年物品领取记录.xlsx"文件中。

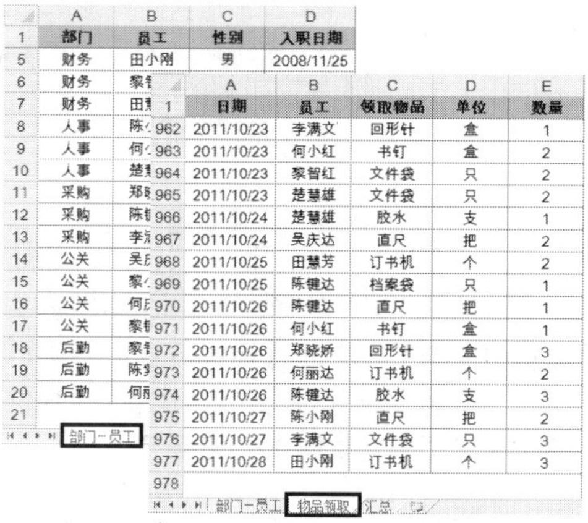

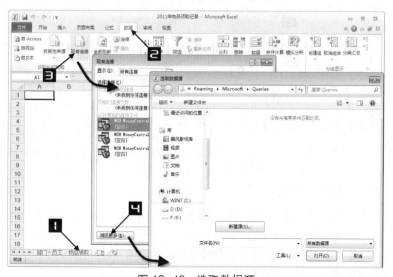

图 12-45 部门-员工数据列表和物品领取数据列表

示例 12.8　汇总每个部门下所有员工领取物品记录

如果希望统计不同部门不同员工的物品领取情况，请参照以下步骤。

步骤 1 → 打开 D 盘根目录下的"2011 年物品领取记录.xlsx"文件，单击"汇总"工作表标签，在【数据】选项卡中单击【现有连接】按钮，弹出【现有连接】对话框，单击【浏览更多】按钮，打开【选取数据源】对话框，如图 12-46 所示。

图 12-46 选取数据源

步骤2 → 打开 D 盘根目录下的目标文件"2011 年物品领取记录.xlsx",弹出【选择表格】对话框,如图 12-47 所示。

图 12-47 选择表格

步骤3 → 保持【选择表格】对话框的默认选择,单击【确定】按钮,在弹出的【导入数据】对话框中选择【数据透视表】单选钮,【数据的放置位置】选择【现有工作表】单选钮,然后单击"汇总"工作表中的 A3 单元格,再单击【属性】按钮打开【连接属性】对话框,单击【定义】选项卡,如图 12-48 所示。

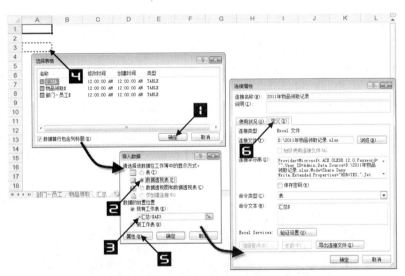

图 12-48 打开【连接属性】

步骤4 → 清空【命名文本】文本框中的内容,输入以下 SQL 语句:

SELECT A.部门,A.员工,B.日期,B.领取物品,B.单位,B.数量 FROM [部门－员工$]A LEFT JOIN [物品领取$]B ON A.员工=B.员工

也可以使用以下 SQL 语句:

SELECT A.日期,A.领取物品,A.单位,A.数量,B.部门,B.员工 FROM [物品领取$]A RIGHT JOIN [部门－员工$]B ON A.员工=B.员工

单击【确定】按钮返回【导入数据】对话框,再次单击【确定】按钮创建一张空白的数据透视表,如图 12-49 所示。

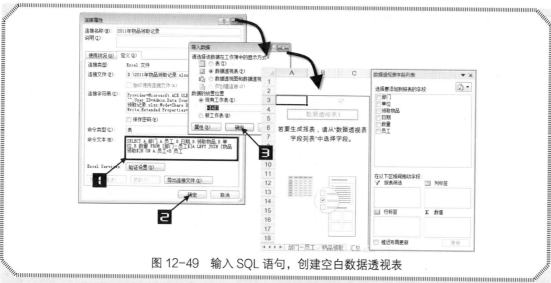

图 12-49　输入 SQL 语句，创建空白数据透视表

> **提示**
>
> 此语句的含义是：返回"部门－员工"工作表中"部门"和"员工"字段的所有记录，和"物品领取"工作表中"员工"字段与"部门－员工"工作表中"员工"字段相同的"员工"对应的"日期"、"物品"、"单位"和"数量"的领取记录。

> **注意**
>
> 第一条语句使用的是 LEFT JOIN ON（左连接），意思是返回第一个表指定字段的所有记录和第二个表符合与之关联条件的指定字段的部分记录；第二条语句使用的是 RIGHT JOIN ON（右连接），意思刚好与 LEFT JOIN ON 相反，意思是返回第二个表指定字段的所有记录和第一个表符合与之关联条件的指定字段的部分记录。

步骤5 → 将"部门"、"员工"、"领取物品"和"单位"字段移动至【行标签】区域内，将"日期"移动至【报表筛选】区域，并在数据透视表中对"日期"字段按步长【月】进行组合，最后将"数量"字段移动至【Σ数值】区域内，修改"数量"字段的汇总方式为"求和"，最后对数据透视表进行美化，完成后的数据透视表如图 12-50 所示。

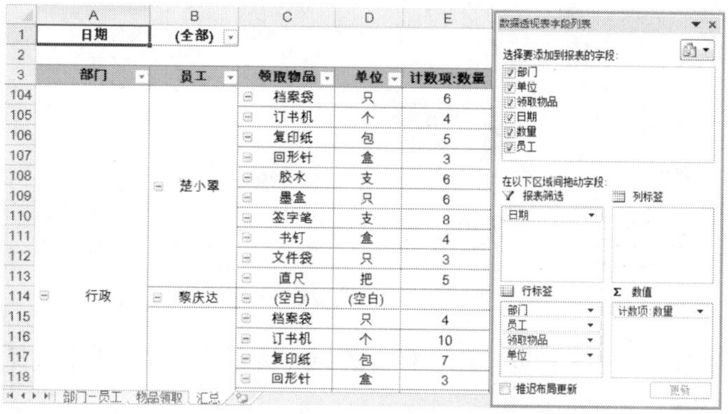

图 12-50　完成后的数据透视表

12.4.2　汇总关联数据列表中符合关联条件的指定字段部分记录

图 12-51 所示展示了某级"一班"班级的学生信息数据列表和某次班级考试前 20 名学生数据

列表，此数据列表存放在 D 盘根目录下的"班级成绩表.xlsx"文件中。

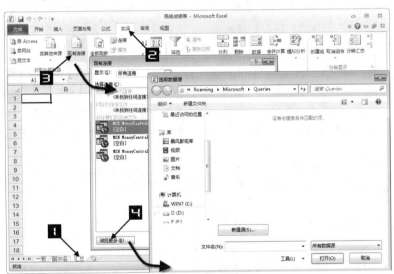

图 12-51 班级信息和前 20 名成绩数据列表

示例 12.9 汇总班级进入年级前 20 名学生成绩

如果希望统计"一班"数据列表中，成绩进入"前 20 名"的学生情况，请参照以下步骤。

步骤1→ 打开 D 盘根目录下"班级成绩表"文件，单击"汇总"工作表标签，在【数据】选项卡中单击【现有连接】按钮，弹出【现有连接】对话框，单击【浏览更多】按钮，打开【选取数据源】对话框，如图 12-52 所示。

图 12-52 选取数据源

步骤2→ 在 D 盘根目录下打开目标文件"班级成绩表.xlsx，弹出【选择表格】对话框，如图 12-53 所示。

步骤3→ 保持【选择表格】对话框的默认选择，单击【确定】按钮，在弹出的【导入数据】对话框中选择【数据透视表】单选钮，【数据的放置位置】选择【现有工作表】单选钮，然后单击"汇总"工作表中的 A1 单元格，再单击【属性】按钮打开【连接属性】对话框，单击【定义】选项卡，如图 12-54 所示。

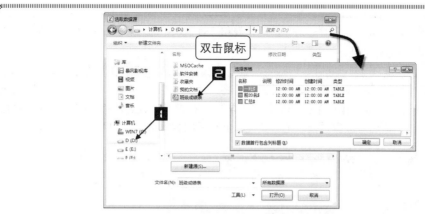

图 12-53　选择表格

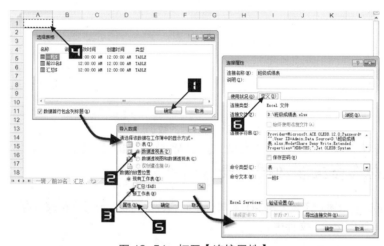

图 12-54　打开【连接属性】

步骤**4** → 清空【命名文本】文本框中的内容，输入以下 SQL 语句：

　　SELECT A.学生,A.性别,B.* FROM [一班$]A INNER JOIN [前20名$]B ON A.学生ID=B.考生ID

单击【确定】按钮返回【导入数据】对话框，然后再单击【导入数据】对话框的【确定】按钮创建一个空白的数据透视表，如图 12-55 所示。

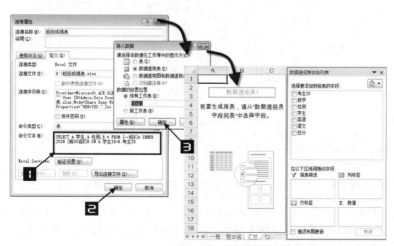

图 12-55　创建空白的数据透视表

提示

此语句的含义是：返回"一班"数据列表和"前20名"数据列表中，具有相同"学生ID"的部分记录。

步骤5 → 单击【数据透视表字段列表】对话框，将"考生ID"、"学生"和"性别"字段移动至【行标签】区域内，将"语文"、"数学"、"英语"和"总分"字段移动至【Σ数值】区域内，最后对数据透视表进行美化，完成后的数据透视表如图12-56所示。

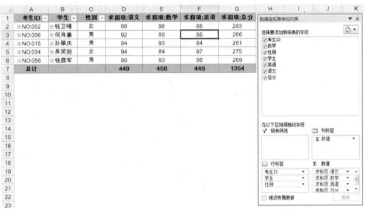

图12-56 完成后的数据透视表

12.4.3 汇总多张关联数据列表

图12-57所示展示了某公司2011年订单明细数据列表，此数据列表保存在D盘根目录下的"2011年订单明细.xlsx"文件中。

图12-57 某公司2011年订单数据列表

示例 12.10 编制客户未完成订单汇总表

如果用户希望查看还没有完成的客户订单表，请参照以下步骤。

步骤1 → 双击打开"2011年订单明细.xlsx"文件，单击"汇总"工作表标签，在【数据】选项卡中单击【现有连接】按钮，弹出【现有连接】对话框，单击【浏览更多】按钮，打开【选取数据源】对话框，如图12-58所示。

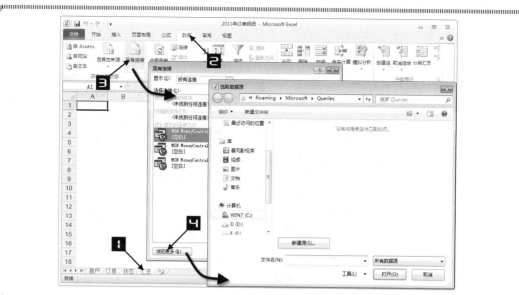

图 12-58　选取数据源

步骤2 → 在 D 盘根目录下打开目标文件"2011 年订单明细.xlsx",弹出【选择表格】对话框,如图 12-59 所示。

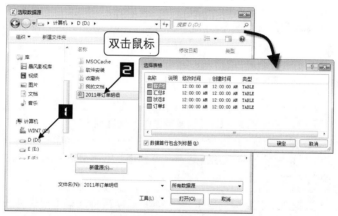

图 12-59　选择表格

步骤3 → 保持【选择表格】对话框的默认选择,单击【确定】按钮,在弹出的【导入数据】对话框中选择【数据透视表】单选钮,【数据的放置位置】选择【现有工作表】单选钮,然后单击"汇总"工作表中的 A3 单元格,再单击【属性】按钮打开【连接属性】对话框,单击【定义】选项卡,如图 12-60 所示。

步骤4 → 清空【命名文本】文本框中的内容,输入以下 SQL 语句:

　　SELECT [客户$].客户,[订单$].订单 ID,[订单$].日期,[订单$].商品,[订单$].单位,[订单$].单价,[订单$].数量,[订单$].金额 FROM ([订单$] LEFT JOIN [状态$] ON [订单$].订单 ID=[状态$].订单 ID) LEFT JOIN [客户$] ON [订单$].客户 ID=[客户$].客户 ID WHERE [状态$].发货日期 IS NULL

单击【确定】按钮返回【导入数据】对话框,然后单击【导入数据】对话框的【确定】按钮创建一个新的数据透视表,如图 12-61 所示。

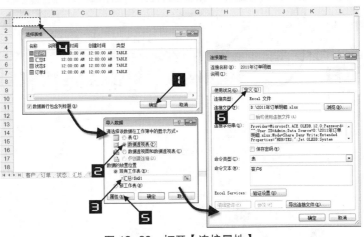

图 12-60　打开【连接属性】

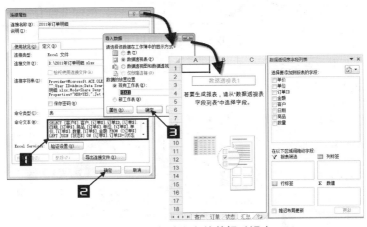

图 12-61　创建空白的数据透视表

此语句的含义是：返回"订单"数据列表在"状态"数据列表中不存在的订单 ID 对应的订单记录及此订单 ID 对应"客户"数据列表的客户记录。

步骤5→　单击【数据透视表字段列表】，将"客户"字段移动至【报表筛选】区域内，将"订单 ID"、"日期"、"商品"、"单位"和"单价"字段移动至【行标签】区域内，将"数量"和"金额"移动至【∑数值】区域内，最后对数据透视表进行美化，完成后的数据透视表如图 12-62 所示。

	A	B	C	D	E	F	G
1	客户	(全部)					
2							
3	订单ID	日期	商品	单位	单价	求和项:数量	求和项:金额
14	QX121	2011/2/14	收款机	台	3300	3	9900
15	QX122	2011/2/20	收款机	台	780	3	2340
16	QX123	2011/2/22	指纹机	台	380	1	380
17	QX124	2011/2/22	碎纸机	台	650	2	1300
18	QX125	2011/3/3	打印机	台	680	1	680
19	QX126	2011/3/3	传真机	台	10	3	30
20	QX127	2011/3/12	ID感应考勤机	台	780	3	2340
21	QX128	2011/3/12	打卡钟	台	10	1	10
22	QX129	2011/3/24	色带	台	1200	1	1200
23	QX130	2011/3/28	打印机	台	780	3	2340
24	QX131	2011/3/28	打卡钟	个	650	3	1950
25	QX132	2011/3/29	ID感应考勤机	台	780	5	3900
26	QX133	2011/3/29	打印机	台	1500	1	1500
27	QX134	2011/4/6	碎纸机	台	650	1	650
28	总计					47	44550

图 12-62　完成后的数据透视表

12.5 修改 OLE DB 查询路径

由于运用 Excel 导入外部数据源的功能创建的数据透视表必须要先指定数据源表所在位置，所以一旦数据源表的位置发生了变化就要修改"OLE DB 查询"中的路径，否则无法刷新数据透视表。

手工修改"OLE DB"中的连接

图 12-63 所示展示了 D 盘根目录下"区域业绩"文件夹内的两张工作簿，其中"汇总.xlsx"是以"业绩.xlsx"工作簿为数据源通过导入外部数据功能创建的数据透视表，如图 12-63 所示。

图 12-63　数据源尚未移动的数据透视表

示例 12.11　手工修改数据源移动后的"OLE DB 查询"连接

当"区域业绩"文件夹移动至 E 盘根目录后，如果用户希望重新打开"汇总.xlsx"工作簿的时候数据透视表能够正常刷新，请参照以下步骤。

步骤1　单击【启用内容】按钮，启用数据连接，如图 12-64 所示。

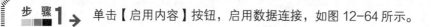

图 12-64　启用数据连接

步骤**2**→ 在数据透视表中的任意单元格上（如 A3）单击鼠标右键，在弹出的快捷菜单中选择【刷新】命令，在出现的错误提示对话框中单击【确定】按钮，在弹出的【Microsoft Excel】对话框中单击【是】按钮关闭对话框，此时，数据透视表即可正常刷新，如图 12-65 所示。

图 12-65　刷新数据透视表

此外，用户也可以通过手动修改 OLE DB 连接路径实现数据透视表的正常刷新。具体操作步骤是：在【数据透视表工具】的【选项】选项卡中单击【更改数据源】→【连接属性】，在弹出的【连接属性】对话框中修改【定义】选项卡下的【连接字符串】内的路径盘符，如图 12-66 所示。

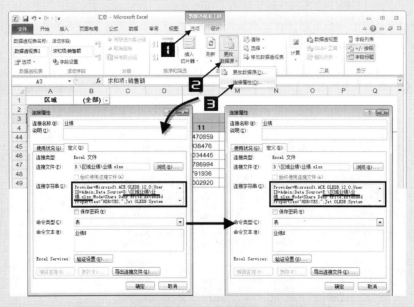

图 12-66　修改数据源移动后的"OLE DB"连接

12.6　Excel 2010 OLE DB 查询的限制

12.6.1　SQL 查询语句字符的限制

在【连接属性】对话框中的【命令文本】文本框中最大容纳 30 965 个字符（不含空格），超出 30 965 个字符的 SQL 语句将无法输入。因此，通过导入外部数据"编辑 OLE DB 查询"创建数据透视表时，无法合并过多的数据列表，尤其是数据源工作簿的路径、工作簿的名称及数据列表的名称较长时，更容易受 SQL 查询语句字符的限制。

12.6.2　SQL 查询连接表格的限制

在【连接属性】对话框中的【命令文本】对话框中，利用 SQL 语句"UNION/UNION ALL"进行联合查询时，连接的数据列表最多不能超过 50 个，如果超过 50 个数据列表，就会出现"查询无法运行或数据库无法打开"的错误提示，如图 12-67 所示。

图 12-67　"查询无法运行或数据库无法打开"提示

第 13 章 使用 "Microsoft Query" 数据查询创建透视表

"Microsoft Query" 是由 Microsoft Office 提供的一个查询工具。它使用 SQL 语言生成查询语句，并将这些语句传递给数据源，从而可以更精准地从外部数据源中导入匹配条件的数据到 Excel 中。实际上，Microsoft Query 承担了外部数据源与 Excel 之间的纽带作用，使数据共享变得更容易。

借助 Microsoft Query，Excel 可以从任何一个支持 ODBC 的数据库中查询数据。这里指的数据库，也包括 Excel 本身。本章主要介绍运用 Microsoft Query 数据查询，将不同工作表，甚至不同工作簿中的多个 Excel 数据列表进行合并汇总，生成动态数据透视表的方法，该方法可以避免在创建多重合并计算数据区域数据透视表时只将第一列作为行字段的限制，堪称数据透视表的又一经典用法。

13.1 Microsoft Query 查询单个数据列表创建数据透视表

图 13-1 所示展示了一张某公司 2011 年销售合同数据列表，该数据列表保存在 D 盘根目录下的 "销售合同数据库.xlsx" 文件中。

	A	B	C	D	E	F	G	H	I	J	K
1	用户名称	合同号	合同开始	产品规格	数量	合同金额	发货时间	出库单号	销售数量	销售额	累计到款
2	广东	HH3708-003	2011/3/14	ABS-FQ-256	1	200000	2011/4/11	0590	1	200,000.00	180,000.00
3	云南	HH3708-004	2011/1/10	ABS-FQ-192	1	150000	2011/8/28	1907	1	150,000.00	150,000.00
4	内蒙古	HH3708-005	2011/3/13	ABS-QQ-256	1	460000	2011/5/26	0010	1	460,000.00	450,000.00
5	四川	HH3708-006	2011/3/16	ABS-FQ-128	1	120000	2011/4/30	0596	1	120,000.00	120,000.00
6	四川	HH3708-007	2011/3/19	ABS-FQ-256	1	190000	2011/4/30	0597	1	190,000.00	190,000.00
7	四川	HH3708-008	2011/3/18	ABS-FQ-128	1	95000	2011/4/30	0598	1	95,000.00	90,000.00
8	宁夏	HH3708-009	2011/3/29	ABS-QQ-128	1	145000	2011/4/1	0588	1	145,000.00	140,000.00
9	内蒙古	HH3708-011	2011/3/18	ABS-QQ-128	1	260000	2011/5/12	0600	1	260,000.00	260,000.00
10	内蒙古	HH3708-012	2011/3/23	ABS-QQ-128	1	260000	2011/6/18	0015	1	260,000.00	260,000.00
11	内蒙古	HH3708-013	2011/3/24	ABS-QQ-128	1	260000	2011/4/25	0592	1	260,000.00	260,000.00
12	四川	HH3708-014	2011/4/11	ABS-FQ-128	1	98000	2011/4/30	0593	1	98,000.00	98,000.00
13	四川	HH3708-015	2011/4/18	ABS-QQ-128	1	230000	2011/4/30	0594	1	230,000.00	230,000.00
14	四川	HH3708-016	2011/4/15	ABS-FQ-128	1	100000	2011/4/30	0595	1	100,000.00	100,000.00
15	黑龙江	HH3708-017	2011/4/17	ABS-FQ-256	1	160000	2011/5/23	0006	1	160,000.00	160,000.00
16	广东	HH3708-018	2011/5/1	ABS-FQ-128	1	100000	2011/5/23	0003	1	100,000.00	100,000.00
17	辽宁	HH3708-019	2011/5/4	ABS-QQ-128	1	260000	2011/9/23	1919	1	260,000.00	160,000.00
18	辽宁	HH3708-020	2011/5/4	ABS-QQ-128	1	240000	2011/6/5	0011	1	240,000.00	200,000.00
19	云南	HH3708-022	2011/5/15	ABS-FQ-192	1	115000	2011/5/21	0007	1	115,000.00	115,000.00
20	天津市	HH3708-023	2011/5/15	ABS-FQ-192	1	130000	2011/5/21	0005	1	130,000.00	130,000.00

图 13-1 某公司 2011 年销售合同数据库

示例 13.1 销售合同汇总分析

如果希望对图 13-1 所示的数据列表进行汇总分析，编制按 "用户名称" 反映合同执行及回款情况的动态分析表，请参照以下步骤。

步骤 1➙ 在 D 盘根目录下新建一个 Excel 工作簿，将其命名为 "销售合同汇总分析.xlsx"，打开该工作簿。将 Sheet1 工作表改名为 "汇总"，然后删除其余的工作表。

步骤 2➙ 在【数据】选项卡中单击【自其他来源】按钮，在弹出的下拉菜单中选择【来自 Microsoft Query】，在弹出的【选择数据源】对话框中单击【数据库】选项卡，在列表框中选中【Excel Files*】类型的数据源，并取消【使用 "查询向导" 创建/编辑查询】复选框的勾选，如图 13-2 所示。

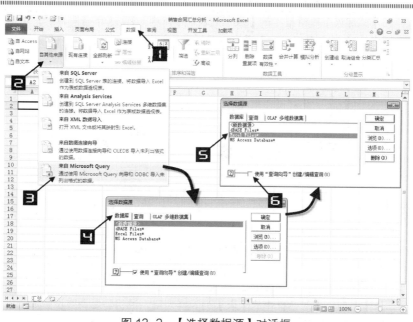

图 13-2 【选择数据源】对话框

注意 →

必须取消【使用"查询向导"创建/编辑查询】复选框的勾选，否则将进入"查询向导"模式，而不是直接进入"Microsoft Query"。

步骤3 →

单击【确定】按钮，【Microsoft Query】自动启动，并弹出【选择工作簿】对话框，选择要导入的目标文件所在路径，双击"销售合同数据库.xlsx"，激活【添加表】对话框，如图 13-3 所示。

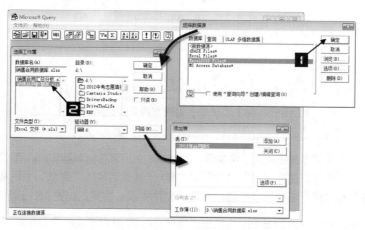

图 13-3 按路径选择数据源工作簿

提示

如果用户的电脑中分别安装了不同版本的 Office，在进行步骤 3 的操作过程中可能会出现错误提示，解决方法请参阅 13.4 节。

步 骤4→ 在【添加表】对话框中的【表】列表框中选中"2011 年合同库$",单击【添加】按钮向【Microsoft Query】添加数据列表,如图 13-4 所示。

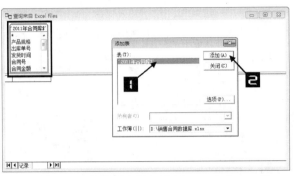

图 13-4　将数据表添加至 Microsoft Query

注意
如果【添加表】对话框中的【表】列表框为空,说明需要调整设置。

单击【添加表】对话框中的【选项】按钮,勾选【表选项】对话框中【系统表】复选框,最后单击【确定】按钮,待查询的数据列表即会出现在【添加表】列表框中,如图 13-5 所示。

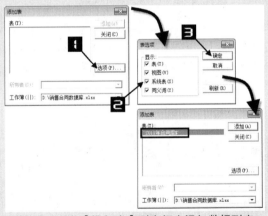

图 13-5　向【添加表】列表框内添加数据列表

步 骤5→ 单击【关闭】按钮关闭【添加表】对话框,在"2011 年合同库$"下拉列表框中分别双击"产品规格"、"合同金额"、"数量"、"累计到款"、"欠款"、"销售额"、"销售数量"和"用户名称"等字段,向数据窗格中添加数据,如图 13-6 所示。

步 骤6→ 单击工具栏中的 按钮,将数据返回到 Excel,此时 Excel 窗口中将弹出【导入数据】对话框,如图 13-7 所示。

步 骤7→ 单击【导入数据】对话框中的【属性】按钮,在弹出的【连接属性】对话框中单击【使用状况】选项卡,勾选【刷新控件】选项区中的【打开文件时刷新数据】复选框,如图 13-8 所示。

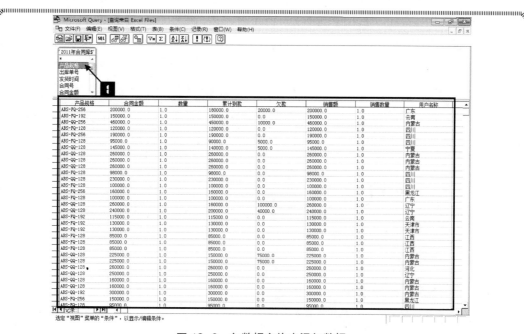

图 13-6　向数据窗格中添加数据

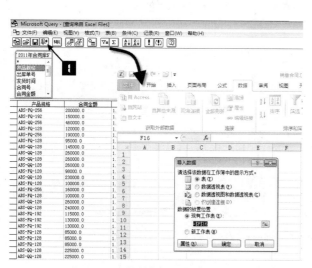

图 13-7　将数据返回到 Excel

图 13-8　【连接属性】对话框

步骤8 → 单击【确定】按钮返回【导入数据】对话框，单击【数据透视表】单选钮，【数据的放置位置】选择【现有工作表】中的"$A$3"，单击【确定】按钮生成一张空的数据透视表，如图 13-9 所示。

步骤9 → 将【数据透视表字段列表】中的"用户名称"和"产品规格"字段拖动至【行标签】区域内，"合同金额"、"累计到款"、"欠款"、"数量"、"销售额"和"销售数量"字段拖动至【∑数值】区域内，如图 13-10 所示。

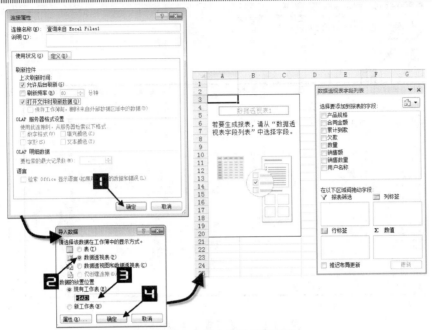

图 13-9　生成空的数据透视表

行标签	求和项:合同金额	求和项:数量	求和项:销售数量	求和项:销售额	求和项:欠款	计数项:累计到款
甘肃	170000	1	1	170000	0	1
ABS-QQ-128	170000	1	1	170000	0	1
广东	903000	6	6	903000	148000	5
ABS-FQ-128	100000	1	1	100000		1
ABS-FQ-192	100000	1	1	100000	0	1
ABS-FQ-256	443000	3	3	443000	148000	2
ABS-QQ-128	260000	1	1	260000	0	1
广西	100000	1	1	100000	15000	1
ABS-FQ-192	100000	1	1	100000	15000	1
河北	368000	2	2	368000	0	1
ABS-FQ-256	108000	1	1	108000	0	1
ABS-QQ-128	260000	1	1	260000	0	1
黑龙江	893000	4	4	833000	400000	4
ABS-FQ-256	433000	3	3	433000	0	3
ABS-QQ-256	460000	1	1	400000	400000	1
湖北	105000	1	1	105000	0	1
ABS-FQ-192	105000	1	1	105000	0	1
湖南	118000	1	1	118000	0	1
ABS-FQ-192	118000	1	1	118000	0	1
吉林	90000	1	1	90000	90000	1
ABS-FQ-128	90000	1	1	90000	90000	1
江苏	278000	2	2	278000	0	2
ABS-FQ-256	278000	2	2	278000	0	2
江西	340000	4	4	340000	85000	4

图 13-10　创建数据透视表

步骤 10 → 在"计数项:累计到款"字段标题单元格（如 C3）上单击鼠标右键，在弹出的快捷菜单中选择【值字段设置】命令，在弹出的【值字段设置】对话框中单击【汇总方式】选项卡，【值字段汇总方式】列表框中的计算类型选择【求和】，单击【确定】按钮，如图 13-11 所示。

步骤 11 → 将【列标签】区域内的字段标题的"求和项:"字样以一个空格代替，调整数据透视表相关布局后，如图 13-12 所示。

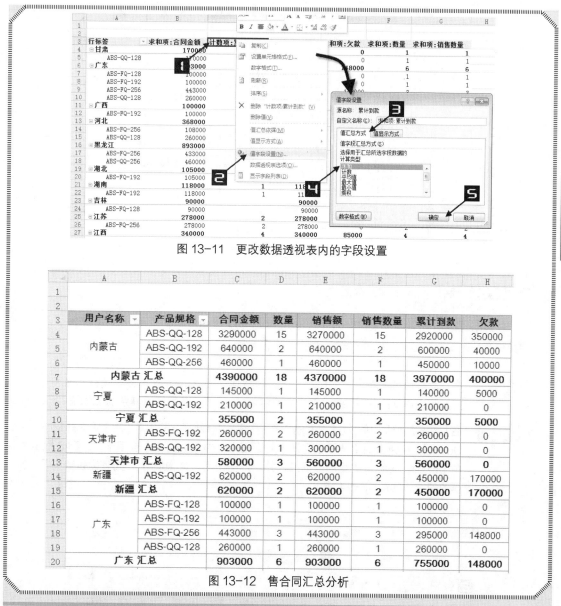

图 13-11　更改数据透视表内的字段设置

图 13-12　售合同汇总分析

13.2　Microsoft Query 查询多个数据列表创建数据透视表

13.2.1　汇总同一工作簿中的数据列表

图 13-13 所示展示了同一个工作簿中的两个数据列表，分别位于"入库"和"出库"两个工作表中，记录了某公司某个期间产成品库按订单来统计的产成品出入库数据，该数据列表被保存在 D 盘根目录下的"产成品出入库明细表.xlsx"文件中。

在出、入库数据列表中，每个订单号只会出现一次，而同种规格的产品可能会对应多个订单号。

	A	B	C	D	E
1	订单号	产品名称	规格型号	颜色	数量
2	A0001	光电色选机	MMS-94A4	黑色	16
3	A0002	光电色选机	MMS-120A4	白色	31
4	A0003	光电色选机	MMS-168A4	绿色	17
5	A0004	CCD色选机	CCS-128	白色	98
6	A0005	CCD色选机	CCS-160	黑色	39
7	A0006	CCD色选机	CCS-192	绿色	39
8	A0007	CCD色选机	CCS-256	黑色	42
9	A0008	光电色选机	MMS-94A4	黑色	19
10	A0009	光电色选机	MMS-120A4	白色	21
11	B0001	光电色选机	MMS-168A4	绿色	66
12	B0002	CCD色选机	CCS-128	白色	15
13	B0003	CCD色选机	CCS-160	黑色	13
14	B0004	CCD色选机	CCS-192	绿色	68
15	B0005	CCD色选机	CCS-256	黑色	63
16	B0006	光电色选机	MMS-94A4	黑色	99
17	C0001	光电色选机	MMS-120A4	白色	76
18	C0002	光电色选机	MMS-168A4	绿色	7
19	C0003	CCD色选机	CCS-128	白色	14
20	C0004	CCD色选机	CCS-160	黑色	21
21	C0005	CCD色选机	CCS-192	绿色	69

	A	B	C	D	E
1	订单号	产品名称	规格型号	颜色	数量
2	A0001	光电色选机	MMS-94A4	黑色	16
3	A0002	光电色选机	MMS-120A4	白色	31
4	A0003	光电色选机	MMS-168A4	绿色	17
5	A0004	CCD色选机	CCS-128	白色	98
6	A0005	CCD色选机	CCS-160	黑色	39
7	B0001	光电色选机	MMS-168A4	绿色	66
8	B0002	CCD色选机	CCS-128	白色	15
9	B0003	CCD色选机	CCS-160	黑色	13
10	B0004	CCD色选机	CCS-192	绿色	68
11	B0005	CCD色选机	CCS-256	黑色	63
12	B0006	光电色选机	MMS-94A4	黑色	99
13	C0001	光电色选机	MMS-120A4	白色	76
14	C0002	光电色选机	MMS-168A4	绿色	7
15	C0003	CCD色选机	CCS-128	白色	14
16	C0004	CCD色选机	CCS-160	黑色	21

图 13-13　出、入库数据列表

示例 **13.2** 制作产成品收发存汇总表

要对图 13-13 所示的"入库"和"出库"2 个数据列表使用 Microsoft Query 做数据查询并创建反映产品收发存汇总的数据透视表，请参照以下步骤。

步骤1 → 在 D 盘根目录下新建一个 Excel 工作簿，将其命名为"制作产成品收发存汇总表.xlsx"，打开该工作簿。将 Sheet1 工作表改名为"汇总"，然后删除其余的工作表。

步骤2 → 在【数据】选项卡中单击【自其他来源】按钮，在弹出的下拉菜单中选择【来自 Microsoft Query】，在弹出的【选择数据源】对话框中单击【数据库】选项卡，在列表框中选中【Excel Files*】类型的数据源，并取消【使用"查询向导"创建/编辑查询】复选框的勾选，如图 13-14 所示。

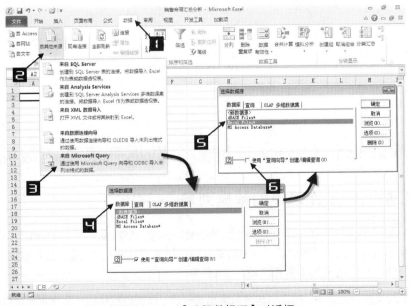

图 13-14　【选择数据源】对话框

步 骤 3 → 单击【确定】按钮，【Microsoft Query】自动启动，并弹出【选择工作簿】对话框，选择要导入的目标文件所在路径，双击"产成品出入库明细表.xlsx"，激活【添加表】对话框，如图13-15所示。

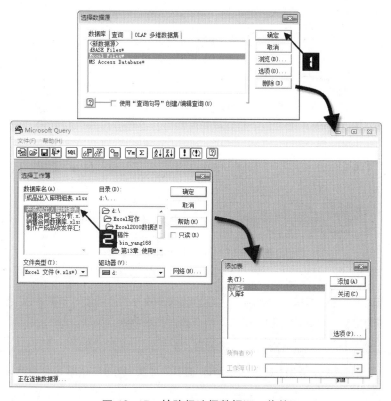

图 13-15　按路径选择数据源工作簿

步 骤 4 → 在【添加表】的【表】列表框中选中"入库$"，单击【添加】按钮，然后选中"出库$"，再次单击【添加】按钮，向【Microsoft Query】添加数据列表，如图13-16所示。

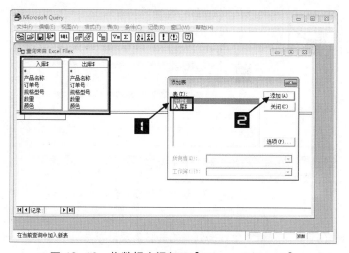

图 13-16　将数据表添加至【Microsoft Query】

第

13

章

步骤**5** → 单击【关闭】按钮关闭【添加表】对话框，在【查询来自 Excel Files】窗口中，将"入
库$"中的"订单号"字段拖至"出库$"中的"订单号"字段上，两表之间会出现一
条连接线，如图 13-17 所示。

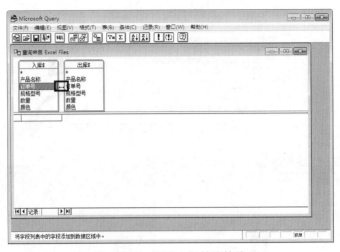

图 13-17　两表之间的连接线

提 示

因为两个表中只有"订单号"字段的数据是唯一的，所以本步骤中以"订单号"字
段为主键在"入库"和"出库"两个数据列表中建立关联。

步骤**6** → 双击连接线，弹出【连接】对话框，选择【连接内容】中的第 2 个单选钮，如图 13-18
所示。

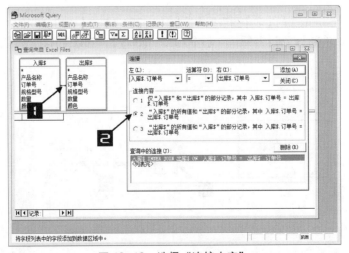

图 13-18　选择"连接内容"

提 示

此操作的目的是设置两个数据列表的关联类型，即返回"入库$"列表的所有记录
以及"出库$"列表中与之关联的记录。

步骤**7 →** 单击【添加】按钮,【查询中的连接】文本框中出现了用于连接的语句,单击【关闭】
按钮关闭【连接】对话框,如图 13-19 所示。

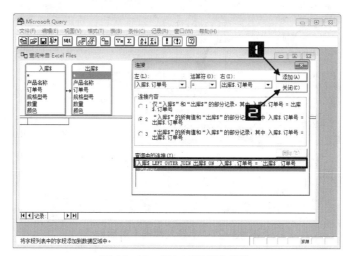

图 13-19 添加"连接"语句

步骤**8 →** 在【查询来自 Excel Files】窗口中的"入库$"列表中依次双击"产品名称"、"订单
号"、"规格型号"、"颜色"和"数量"字段;在"出库$"列表中双击"数量"字段,
随即出现数据集,如图 13-20 所示。

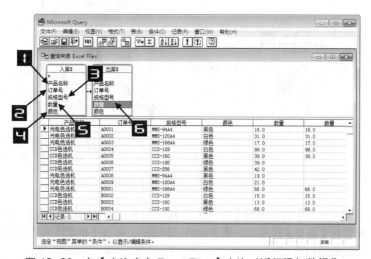

图 13-20 向【查询来自 Excel Files】查询对话框添加数据集

注意**→** 在向【查询来自 Excel Files】对话框添加数据集时,要添加数据最为齐全的表中的
非数值字段,本例中添加的是"入库$"表中的"产品名称"、"订单号"、"规
格型号"、"颜色"、"数量"等字段,"出库$"表中只添加了"数量"字段。

步 骤9 → 单击菜单【文件】→【将数据返回 Microsoft Office Excel】，弹出【导入数据】对话框，如图 13-21 所示。

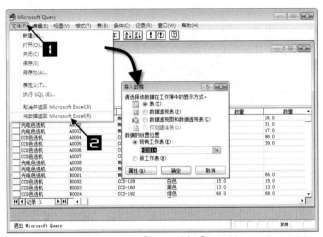

图 13-21 【导入数据】对话框

步 骤10 → 单击【导入数据】对话框中的【属性】按钮，在弹出的【连接属性】对话框中单击【使用状况】选项卡，勾选【刷新控件】中的【打开文件时刷新数据】复选框，如图 13-22 所示。

图 13-22 【连接属性】对话框

步 骤11 → 单击【确定】按钮返回【导入数据】对话框，单击【数据透视表】单选钮，【数据放置位置】选择【现有工作表】中的"$A$3"，单击【确定】按钮生成一张空白的数据透视表，如图 13-23 所示。

步 骤12 → 调整数据透视表字段，将"计数项:数量 2"的汇总方式改为"求和"，如图 13-24 所示。

步 骤13 → 将"求和项：数量"字段标题更改为"入库"，"求和项：数量 2"字段标题更改为"出库"，在数据透视表中插入"结存"计算字段，计算公式"结存=数量-数量 2"，最终结果如图 13-25 所示。

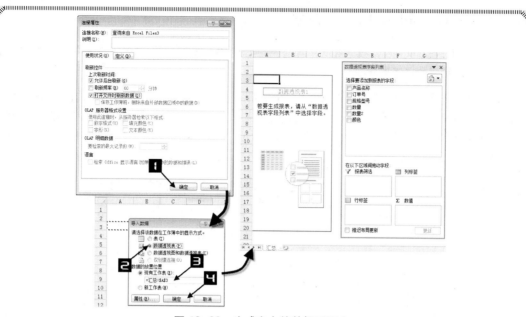

图 13-23　生成空白的数据透视表

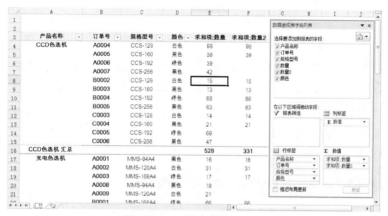

图 13-24　创建数据透视表

产品名称	订单号	规格型号	颜色	入库	出库	结存
CCD色选机	A0004	CCS-128	白色	98	98	0
	A0005	CCS-160	黑色	39	39	0
	A0006	CCS-192	绿色	39		39
	A0007	CCS-256	黑色	42		42
	B0002	CCS-128	白色	15	15	0
	B0003	CCS-160	黑色	13	13	0
	B0004	CCS-192	绿色	68	68	0
	B0005	CCS-256	黑色	63	63	0
	C0003	CCS-128	白色	14	14	0
	C0004	CCS-160	黑色	21	21	0
	C0005	CCS-192	绿色	69		69
	C0006	CCS-256	黑色	47		47
CCD色选机 汇总				528	331	197
光电色选机	A0001	MMS-94A4	黑色	16	16	0
	A0002	MMS-120A4	白色	31	31	0
	A0003	MMS-168A4	绿色	17	17	0
	A0008	MMS-94A4	黑色	19		19
	A0009	MMS-120A4	白色	21		21
	B0001	MMS-168A4	绿色	66	66	0
	B0006	MMS-94A4	黑色	99	99	0
	C0001	MMS-120A4	白色	76	76	0
	C0002	MMS-168A4	绿色	7	7	0
光电色选机 汇总				352	312	40
总计				880	643	237

图 13-25　利用 "Microsoft Query SQL" 创建的数据透视表

13.2.2 汇总不同工作簿中的数据列表

利用 Microsoft Query 数据查询并通过 SQL 语句的连接，也可以对多工作簿中不同的数据列表进行汇总并创建数据透视表。

图 13-26 所示展示了 D 盘根目录下"汇总不同工作簿内的数据表"文件夹内的 5 个工作簿，其中"滨海司. xlsx"、"丽江司. xlsx"、"美驰司. xlsx"、"山水司.xlsx"是某集团内部各分公司的费用发生额流水账，"集团内部各公司各月份费用汇总. xlsx"是用于汇总分公司费用发生额流水账的工作簿。

图 13-26 D 盘根目录下"汇总不同工作簿内的数据表"文件夹内的 5 个工作簿

图 13-27 所示展示了"滨海司"工作簿中的 6 张数据列表，分别位于"1月"、"2月"、"3月"、"4月"、"5月"和"6月"工作表中，数据列表中记录了该公司各月份费用发生额的数据。

"丽江司"、"美驰司"、"山水司"工作簿中也分别记录了各自 1 至 6 月份的费用数据，且数据结构与"滨海司"工作簿完全相同。

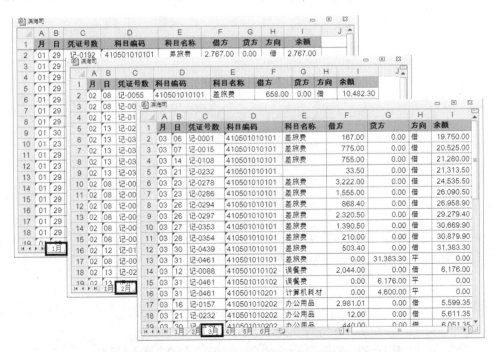

图 13-27 "滨海司"工作簿中的 6 张数据列表

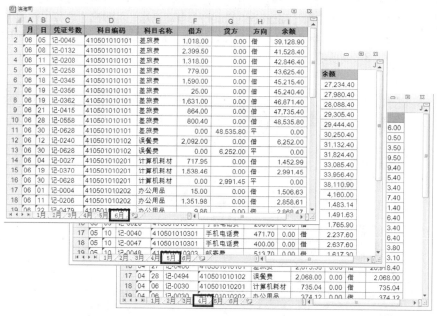

图 13-27　"滨海司"工作簿中的 6 张数据列表（续）

示例 13.3　集团内部各公司各月份费用汇总

　　"滨海司"、"丽江司"、"美驰司"和"山水司"工作簿中共有 24 个数据列表，如果希望对它们使用 Microsoft Query 做数据查询并生成汇总的数据透视表，以反映集团内部各公司各月份的费用发生额，请参照以下步骤。

步　骤1 → 打开"集团内部各公司各月份费用汇总.xlsx"，在【数据】选项卡中单击【自其他来源】按钮，在弹出的下拉菜单中选择【来自 Microsoft Query】，在弹出的【选择数据源】对话框中单击【数据库】选项卡，在列表框中选中【Excel Files*】类型的数据源，并取消【使用"查询向导"创建/编辑查询】复选框的勾选，如图 13-28 所示。

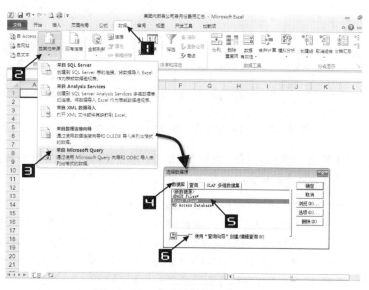

图 13-28　【选择数据源】对话框

步骤 2 → 单击【确定】按钮,【Microsoft Query】自动启动,并弹出【选择工作簿】对话框,选择要导入的目标文件的所在路径,双击"滨海司.xlsx",激活【添加表】对话框,如图 13-29 所示。

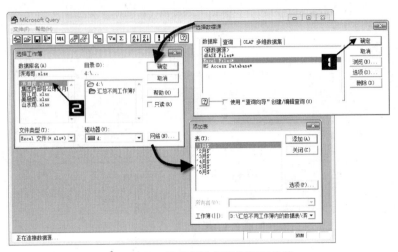

图 13-29 按路径选择数据源工作簿

步骤 3 → 在【添加表】对话框的【表】列表框中选中"1 月$",单击【添加】按钮向【Microsoft Query】添加数据列表,如图 13-30 所示。

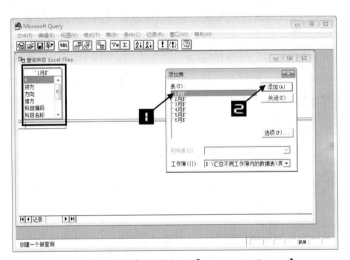

图 13-30 将数据表添加至【Microsoft Query】

步骤 4 → 单击【关闭】按钮关闭【添加表】对话框,单击工具栏中的 sqL 图标弹出【SQL】编辑框,在【SQL】编辑框内输入 SQL 语句,如图 13-31 所示。

```
SELECT * FROM 'D:\汇总不同工作簿内的数据表\山水司.xlsx '. '1 月$' '1 月$' UNION ALL
SELECT * FROM 'D:\汇总不同工作簿内的数据表\山水司.xlsx '. '2 月$' '2 月$' UNION ALL
SELECT * FROM 'D:\汇总不同工作簿内的数据表\山水司.xlsx '. '3 月$' '3 月$' UNION ALL
SELECT * FROM 'D:\汇总不同工作簿内的数据表\山水司.xlsx '. '4 月$' '4 月$' UNION ALL
SELECT * FROM 'D:\汇总不同工作簿内的数据表\山水司.xlsx '. '5 月$' '5 月$' UNION ALL
SELECT * FROM 'D:\汇总不同工作簿内的数据表\山水司.xlsx '. '6 月$' '6 月$' UNION ALL
```

```
      SELECT * FROM 'D:\汇总不同工作簿内的数据表\滨海司.xlsx '. '1 月$' '1 月$' UNION ALL
      SELECT * FROM 'D:\汇总不同工作簿内的数据表\滨海司.xlsx '. '2 月$' '2 月$' UNION ALL
      SELECT * FROM 'D:\汇总不同工作簿内的数据表\滨海司.xlsx '. '3 月$' '3 月$' UNION ALL
SELECT  * FROM 'D:\汇总不同工作簿内的数据表\滨海司.xlsx '. '4 月$' '4 月$' UNION ALL
      SELECT * FROM 'D:\汇总不同工作簿内的数据表\滨海司.xlsx '. '5 月$' '5 月$' UNION ALL
      SELECT * FROM 'D:\汇总不同工作簿内的数据表\滨海司.xlsx '. '6 月$' '6 月$' UNION ALL
      SELECT * FROM 'D:\汇总不同工作簿内的数据表\美驰司.xlsx '. '1 月$' '1 月$' UNION ALL
      SELECT * FROM 'D:\汇总不同工作簿内的数据表\美驰司.xlsx '. '2 月$' '2 月$' UNION ALL
      SELECT * FROM 'D:\汇总不同工作簿内的数据表\美驰司.xlsx '. '3 月$' '3 月$' UNION ALL
      SELECT * FROM 'D:\汇总不同工作簿内的数据表\美驰司.xlsx '. '4 月$' '4 月$' UNION ALL
      SELECT * FROM 'D:\汇总不同工作簿内的数据表\美驰司.xlsx '. '5 月$' '5 月$' UNION ALL
      SELECT * FROM 'D:\汇总不同工作簿内的数据表\美驰司.xlsx '. '6 月$' '6 月$' UNION ALL
      SELECT * FROM 'D:\汇总不同工作簿内的数据表\丽江司.xlsx '. '1 月$' '1 月$' UNION ALL
      SELECT * FROM 'D:\汇总不同工作簿内的数据表\丽江司.xlsx '. '2 月$' '2 月$' UNION ALL
      SELECT * FROM 'D:\汇总不同工作簿内的数据表\丽江司.xlsx '. '3 月$' '3 月$' UNION ALL
      SELECT * FROM 'D:\汇总不同工作簿内的数据表\丽江司.xlsx '. '4 月$' '4 月$' UNION ALL
      SELECT * FROM 'D:\汇总不同工作簿内的数据表\丽江司.xlsx '. '5 月$' '5 月$' UNION ALL
      SELECT * FROM 'D:\汇总不同工作簿内的数据表\丽江司.xlsx '. '6 月$' '6 月$'
```

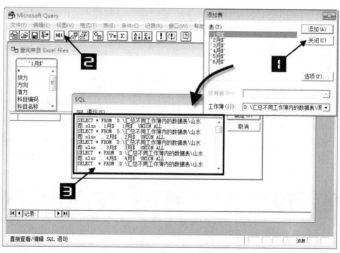

图 13-31　输入 SQL 语句

步骤**5** → 单击【确定】按钮关闭【SQL】编辑框，弹出【Microsoft Query】提示框，单击【确定】按钮【Microsoft Query】提示框，随即出现数据集，如图 13-32 所示。

步骤**6** → 单击菜单【文件】→【将数据返回 Microsoft Office Excel】，弹出【导入数据】对话框，如图 13-33 所示。

步骤**7** → 单击【属性】按钮，在弹出的【连接属性】对话框中单击【使用状况】选项卡，勾选【刷新控件】选项区中的【打开文件时刷新数据】复选框，如图 13-34 所示。

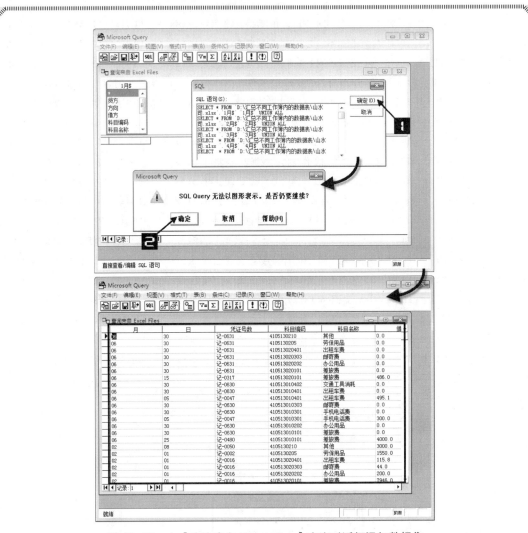

图 13-32　向【查询来自 Excel Files】查询对话框添加数据集

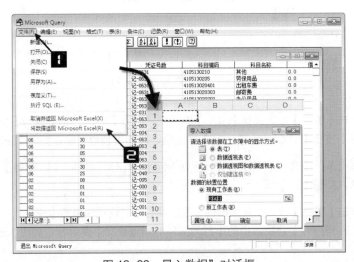

图 13-33　导入数据"对话框

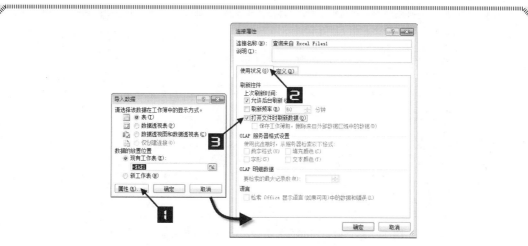

图 13-34 【连接属性】对话框

步骤**8** 单击【确定】按钮返回【导入数据】对话框，单击【数据透视表】单选钮，【数据的放置位置】选择【现有工作表】中的"$A$3"，单击【确定】按钮生成一张空白的数据透视表，如图 13-35 所示。

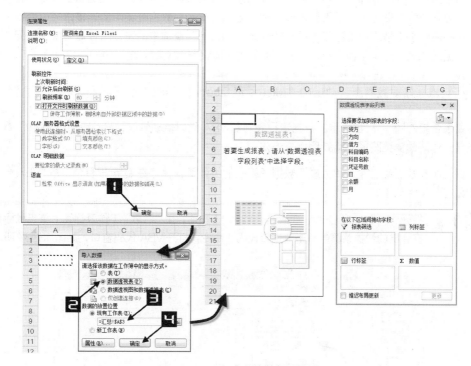

图 13-35 生成空的数据透视表

步骤**9** 将【数据透视表字段列表】中的"科目名称"字段拖动至【行标签】区域，"月"字段拖动至【列标签】区域，"求和项：借方"字段拖动至【Σ数值】区域，最终完成的数据透视表如图 13-36 所示。

265

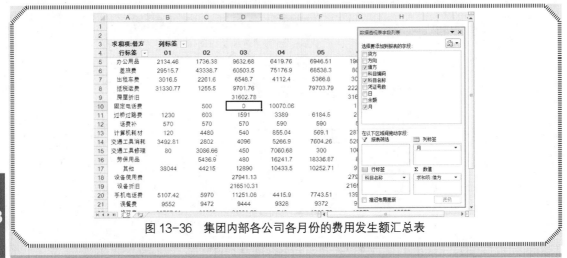

图 13-36 集团内部各公司各月份的费用发生额汇总表

13.3 数据源移动后如何修改"Microsoft Query"查询中的连接

由于运用"Microsoft Query"数据查询创建的数据透视表需要指定数据源工作簿所在位置,一旦数据源表的位置发生改变就需要修改"Microsoft Query"数据查询中的连接路径,否则无法刷新数据透视表。手工修改数据源移动后"Microsoft Query"查询中的连接路径非常繁琐,无异于重新创建数据透视表,这里不作讲解,只介绍高效的 VBA 代码解决方法。

示例 13.4 修改数据源移动后的"Microsoft Query"查询连接

如果希望对图 13-36 所示的数据透视表利用 VBA 代码自动修改"Microsoft Query"数据查询所连接工作簿的变更路径,请参照以下方法。

假设所有数据源工作簿和生成了数据透视表的工作簿都保存在 D 盘根目录下的"VBA 代码修改查询路径"文件夹中。

步骤1→ 打开"Microsoft Query 查询汇总.xlsx"工作簿,在"汇总"工作表标签上单击鼠标右键,在弹出的快捷菜单中单击"查看代码"命令,打开 VBA 代码窗口,如图 13-37 所示。

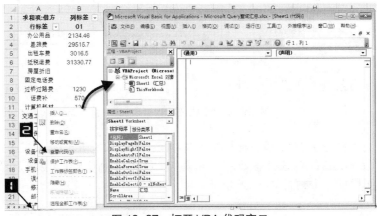

图 13-37 打开 VBA 代码窗口

步骤2 → 双击"Thisworkbook",在代码窗口中输入 VBA 代码,如图 13-38 所示。

```
Private Sub Workbook_Open()
    Dim strCon As String, iPath As String, i As Integer, iFlag As String, iStr As String
    strCon = ActiveSheet.PivotTables(1).PivotCache.Connection
    Select Case Left(strCon, 5)
    Case "ODBC;"
        iFlag = "DBQ="
    Case "OLEDB"
        iFlag = "Source="
    Case Else
        Exit Sub
    End Select
    iStr = Split(Split(strCon, iFlag)(1), ";")(0)
    iPath = Left(iStr, InStrRev(iStr, "\") - 1)
    With ActiveSheet.PivotTables(1).PivotCache
        .Connection = VBA.Replace(strCon, iPath, ThisWorkbook.Path)
        .CommandText = VBA.Replace(.CommandText, iPath, ThisWorkbook.Path)
    End With
End Sub
```

步骤3 → 按<Alt+F11>组合键切换到工作簿窗口,将当前工作表另存为"Excel 启用宏的工作簿",如图 13-39 所示。

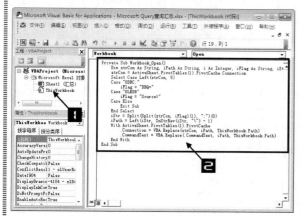

图 13-38　输入 VBA 代码

图 13-39　另存为"Excel 启用宏的工作簿"

现在,如果将"VBA 代码修改查询路径"文件夹剪切到磁盘中的任何位置,打开"Microsoft Query查询汇总.XLSM"文件都可以自动识别"Microsoft Query"查询中所连接的工作簿路径,数据透视表可以正常刷新。

注意 →
使用此 VBA 代码自动修改"Microsoft Query"查询中数据源的连接路径,要求移动后的数据源和数据透视表仍在同一个文件夹中,否则不能自动识别数据源位置改变后的查询路径。

13.4 使用"Microsoft Query"数据查询出现问题的成因及解决方案

使用"Microsoft Query"数据查询创建透视表为用户进行数据分析与管理提供了极大的方便，同时由于用户对"Microsoft Query"数据查询的细节不甚了解，出现问题后也会产生极大的困惑。

13.4.1 同时安装 Excel 2003 和 Excel 2010 版本，使用 Excel 2010 版本进行"Microsoft Query"数据查询报错

有的用户出于工作需要在电脑上同时安装了 Excel 2003 和 Excel 2010，但是在 Excel 2003 中可以通过导入外部数据新建数据库查询，而在 Excel 2010 中用采用同样的操作方法导入数据时却出现【ODBC Excel 驱动程序登录失败】"外部表不是预期的格式"的错误提示而不能完成数据导入创建数据透视表，如图 13-40 所示。

图 13-40 【ODBC Excel 驱动程序登录失败】的错误提示

出现成因：

Excel 2003 和 Excel 2010 被同时安装后，【ODBC 数据源管理器】中原有的 Excel 2003 驱动程序 "Excel files Microsoft Excel Drive（*.xls）"没有被更新，因此在 Excel 2010 进行"Microsoft Query"数据查询时没有与之匹配的驱动程序支持，将会出现错误提示。

解决方案：

安装供 Excel 2010 导入数据用的【ODBC 数据源管理器】中的 Excel 驱动程序"Microsoft Excel Drive（*.xls *.xlsx *.xlsm *.xlsb）"，请参照以下步骤。

步骤 1 → 在桌面依次单击【开始】按钮→【控制面板】→【管理工具】→【数据源(ODBC)】，如图 13-41 所示。

图 13-41 添加 Excel 2010【ODBC 数据源管理器】驱动程序

步骤**2** → 双击【数据源(ODBC)】图标，在弹出的【ODBC 数据源管理器】对话框中单击【添加】按钮，弹出【创建新数据源】对话框，如图 13-42 所示。

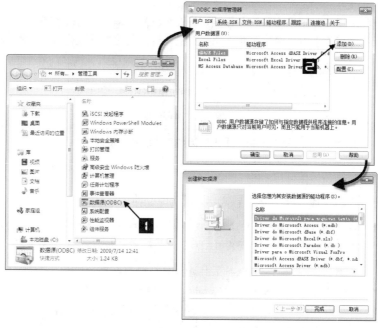

图 13-42　添加 Excel 2010【ODBC 数据源管理器】驱动程序

步骤**3** → 在【创建新数据源】对话框中选择 "Microsoft Excel Drive(*.xls *.xlsx *.xlsm *.xlsb)" 驱动程序，单击【完成】按钮弹出【ODBC Microsoft Excel 安装】对话框，在【数据源名】中输入 "Excel 2010 Files"，单击【确定】按钮返回【ODBC 数据源管理器】对话框，最后单击【确定】按钮完成设置，如图 13-43 所示。

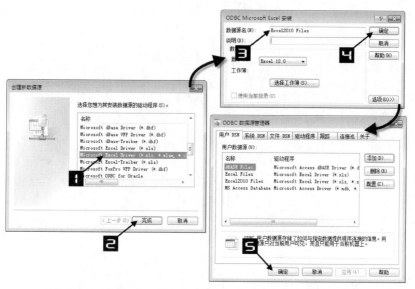

图 13-43　添加 Excel 2010【ODBC 数据源管理器】驱动程序

至此，在 Excel 2010 版本中使用数据源"Excel 2010 Files *"新建数据库查询将不再出现错误提示，在 Excel 2003 版本中则使用数据源"Excel Files *"。

13.4.2 "无法添加表"的错误提示

有的用户利用"Microsoft Query"数据查询在【SQL】编辑框内输入扩展名".xls"的 SQL 语句后出现【无法添加表】的错误提示而不能完成数据导入创建数据透视表，如图 13-44 所示。

图 13-44 【无法添加表】的错误提示

解决方案：

将在 SQL 语句上的扩展名".xls"，更改为".xlsx"即可。

如 SQL 语句：SELECT * FROM 'D:\汇总不同工作簿内的数据表\山水司.xls'.'1月$' '1月$' UNION ALL SELECT * FROM 'D:\汇总不同工作簿内的数据表\山水司.xls '.'2月$' '2月$'

更改为：SELECT * FROM 'D:\汇总不同工作簿内的数据表\山水司.xlsx'.'1月$' '1月$' UNION ALL SELECT * FROM 'D:\汇总不同工作簿内的数据表\山水司.xlsx '.'2月$' '2月$'

第 14 章　利用多样的数据源创建数据透视表

用于创建数据透视表的原始数据统称为数据源，Excel 工作表是最常用、最便捷的一种数据源，但是将原始数据手工输入到工作表中是一种最容易出错而且低效的数据操作方式。本章将讲述如何连接外部数据源，以及如何使用外部数据源创建数据透视表。

本章学习要点：

- 使用文本数据源创建数据透视表。
- 使用 Microsoft Access 数据库创建数据透视表。
- 使用 SQL Server 数据库创建数据透视表。
- 使用 Analysis Services OLAP 数据库创建数据透视表。

14.1　使用文本数据源创建数据透视表

通常企业管理软件或业务系统所创建或导出的数据文件类型为纯文本格式（ *.TXT 或者*.CSV ），如果需要利用数据透视表分析这些数据，常规方法是将它们先导入 Excel 工作表中，然后再创建数据透视表。其实 Excel 数据透视表完全支持文本文件作为可动态更新的外部数据源。

示例 14.1　使用文本文件创建数据透视表

步骤 1 → 依次单击【开始】→【控制面板】，在弹出的【控制面板】窗口中双击【管理工具】，在弹出的【管理工具】窗口中双击【数据源（ODBC）】打开【ODBC 数据源管理器】对话框，如图 14-1 所示。

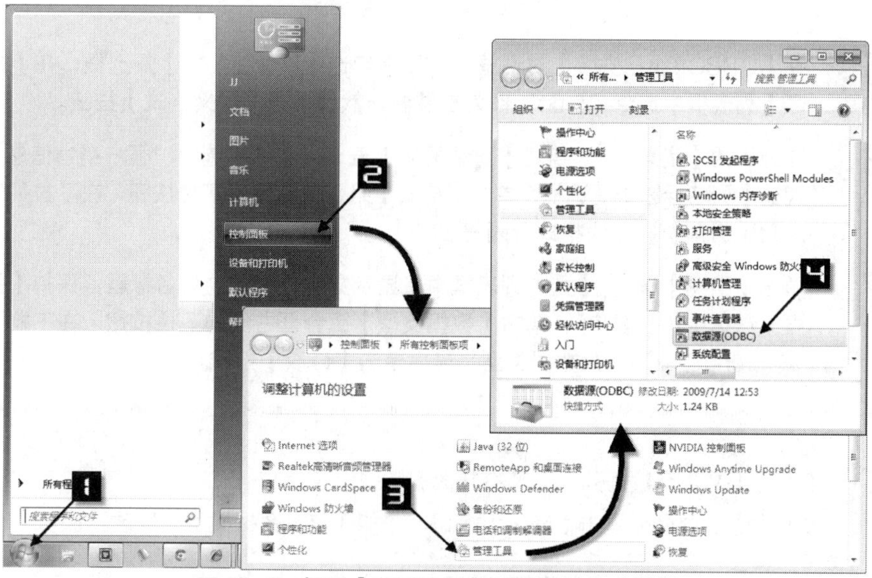

图 14-1　打开【ODBC 数据源管理器】对话框

步骤2→ 在【ODBC 数据源管理器】对话框中单击【添加】按钮，在弹出的【创建新数据源】对话框中，单击选中【名称】列表框中的"Microsoft Text Driver （*.txt；*.csv）"作为驱动程序，单击【完成】按钮关闭【创建新数据源】对话框。

步骤3→ 在弹出的【ODBC Text 安装】对话框中的【数据源名】文本框中输入"透视表文本数据源"，在【说明】文本框中输入"客户销售信息"，取消勾选【使用当前目录】复选框，然后单击【选择目录】按钮。

步骤4→ 在弹出的【选择目录】对话框中选择"客户销售信息.TXT"文件的所在目录（在本示例中为 F 盘的 TxtData 目录），并单击【确定】按钮关闭【选择目录】对话框，返回到【ODBC Text 安装】对话框，单击【选项】按钮，如图 14-2 所示。

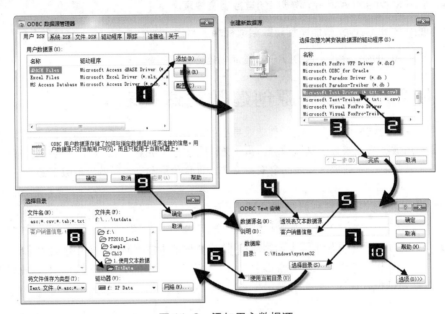

图 14-2 添加用户数据源

步骤5→ 在【ODBC Text 安装】对话框中，取消勾选【默认（*.*）】复选框，在【扩展名列表】列表框中选中"*.txt"作为扩展名，然后单击【定义格式】按钮。

步骤6→ 在弹出的【定义 Text 格式】对话框的【表】列表框中选中"客户销售信息.txt"，并勾选【列名标题】复选框，单击【格式】组合框右侧的下拉按钮，在下拉列表中选中"Tab 分隔符"作为格式分隔符。

步骤7→ 单击【猜测】按钮，【列】列表框中将显示文本数据源的列名标题，保持【列】列表框默认选中的"客户"，单击【数据类型】组合框右侧的下拉按钮，在下拉列表中选中"LongChar"作为数据类型，最后单击【修改】按钮。

注意→
(1) 对于文本型数据列，必须将其数据类型设置为 LongChar。
(2) 步骤6中必须单击【修改】按钮，才能保存对数据类型的修改。

步骤8 → 重复步骤 6 依次设置"工单号"、"交期"和"产品码"列的数据类型为"LongChar"，设置"数量"和"金额"列的数据类型为"Float"，然后单击【确定】按钮，关闭【定义 Text 格式】对话框，返回到【ODBC Text 安装】对话框，如图 14-3 所示。

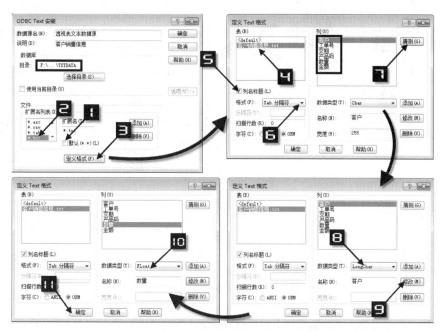

图 14-3　定义 Text 格式

步骤9 → 单击【确定】按钮，关闭【ODBC Text 安装】对话框，返回到【ODBC 数据源管理器】对话框，在【用户数据源】列表框中可以看到新创建的数据源"透视表文本数据源"，单击【确定】按钮关闭【ODBC 数据源管理器】对话框，如图 14-4 所示。

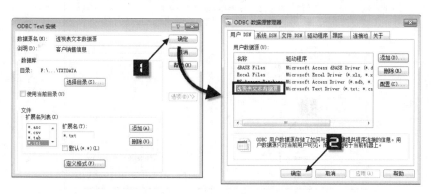

图 14-4　完成创建用户数据源

步骤10 → 新建一个 Excel 工作簿，单击选中活动工作表的 A3 单元格，单击【插入】选项卡中的【数据透视表】按钮。

步骤11 → 在弹出的【创建数据透视表】对话框中，单击【使用外部数据源】单选钮，并单击【选择连接】按钮。在弹出【现有连接】对话框中单击【浏览更多】按钮，如图 14-5 所示。

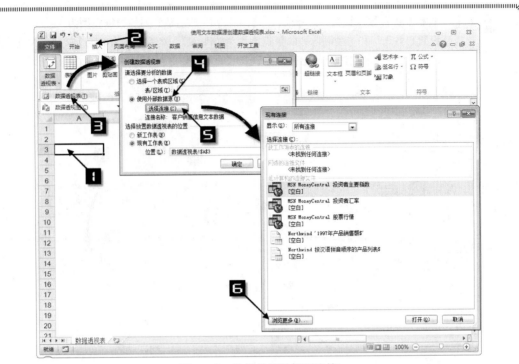

图 14-5 选择外部数据源连接

步骤12→ 在弹出的【选取数据源】对话框中单击【新建源】按钮，如图 14-6 所示。

图 14-6 连接 ODBC 数据源

步骤13→ 在弹出的【数据连接向导】对话框的【您想要连接哪种数据源？】列表框中单击 "ODBC DSN"，单击【下一步】按钮，在【ODBC 数据源】列表框中单击 "透视表文本数据源"，单击【下一步】按钮，在窗口下部的列表框中单击 "客户销售信息.TXT"，单击 【下一步】按钮，修改【说明】和【友好名称】的内容，单击【完成】按钮关闭【数据连接向导】对话框，如图 14-7 所示。

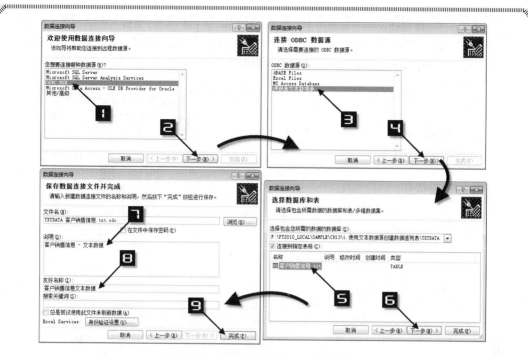

图 14-7　使用数据连接向导连接数据源

步骤 **14→** 返回到【创建数据透视表】对话框，【连接名称】显示为"客户销售信息文本数据"，即步骤 13 中定义的"友好名称"。单击【确定】按钮关闭【创建数据透视表】对话框，并创建一个空的数据透视表，如图 14-8 所示。

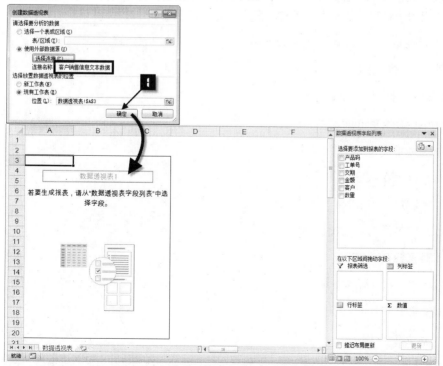

图 14-8　活动工作表中的空白数据透视表

步 骤 15 → 在【数据透视表字段列表】对话框中分别勾选"客户"、"金额"和"数量"字段的复选框,"客户"字段将出现在【行标签】区域,"金额"和"数量"字段将出现在【Σ数值】区域,最终完成的数据透视表如图 14-9 所示。

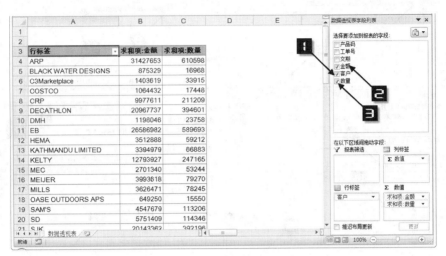

图 14-9　调整数据透视表布局

深 入 了 解

　　Excel 连接文本文件数据时,通过读取保存在目标文本文件所在目录下的 Schema.ini 文件来确定数据库中各字段(列)的数据类型和名称,使用任何文本编辑器都可以添加或编辑该文件中的参数值。

　　本示例生成的 Schema.ini 文件如下:

　　[客户销售信息.txt]

　　ColNameHeader=True

　　Format=TabDelimited

　　MaxScanRows=0

　　CharacterSet=OEM

　　Col1=客户 LongChar

　　Col2=工单号 LongChar

　　Col3=交期 LongChar

　　Col4=产品码 LongChar

　　Col5=数量 Float

　　Col6=金额 Float

　　值得注意的是,修改 Schema.ini 文件只会在下次刷新数据透视表时立即有效,在本示例中步骤 7 到步骤 8 修改数据类型可以通过修改配置文件 Schema.ini 来实现。

14.2 使用 Microsoft Access 数据库创建数据透视表

作为 Microsoft Office 组件之一的 Microsoft Access 是一种桌面级的关系型数据库管理系统软件，Access 数据库同样可以直接作为外部数据源用于创建数据透视表。在 Microsoft Access 中提供了一个非常好的演示数据库——罗斯文商贸数据库，本章节将以此数据库为数据源创建数据透视表。

注意 →

中文版罗斯文商贸数据库模版 "Northwind.accdt" 位于 C:\Program Files\Microsoft Office\Templates\2052\Access 文件夹中（如果操作系统是 64 位 Windows 7，数据库模板在 C:\Program Files (x86)\Microsoft Office\Templates\2052\Access 文件夹中）。在 Access 中打开数据库模板将其另存为 "罗斯文 2007.accdb" 文件。如果计算机中无法找到罗斯文商贸数据库模板文件，请到微软官方网站下载该示例数据库文件：http://office.microsoft.com/zh-cn/templates/results.aspx?qu=%E7%BD%97%E6%96%AF%E6%96%87&ex=1&ck=1&av=all#ai:TC001228997|。

示例 14.2 使用 Microsoft Access 数据创建数据透视表

步骤1 → 新建一个 Excel 工作簿，单击活动工作表的 A3 单元格，在【数据】选项卡中单击【自 Access】按钮，在弹出的【选取数据源】对话框中浏览硬盘文件，选中 "罗斯文 2007.accdb"，单击【打开】按钮关闭【选取数据源】对话框，如图 14-10 所示。

图 14-10 选取 Access 数据库作为数据源

步骤2 → 在弹出的【选择表格】对话框中，单击列表框中的 "按类别产品销售"，单击【确定】按钮关闭【选择表格】对话框。

步骤3 → 在弹出的【导入数据】对话框中选中【数据透视表】单选钮，单击【确定】按钮关闭【导入数据】对话框，如图 14-11 所示。

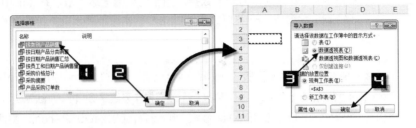

图 14-11 选择表格导入数据

在活动工作表中创建的空白数据透视表，如图 14-12 所示。

图 14-12 活动工作表中的空白数据透视表

步骤4 → 在【数据透视表字段列表】对话框中分别勾选"类别"和"总额"字段的复选框，这两个字段将分别出现在【行标签】区域和【Σ数值】区域，最终完成的数据透视表如图 14-13 所示。

图 14-13 使用 Microsoft Access 数据创建的数据透视表

14.3 使用 SQL Server 数据库创建数据透视表

最初的 SQL Server（OS/2 版本）是由 Microsoft、Sybase 和 Ashton-Tate 三家公司共同开发的数据库管理系统，后来 Microsoft 将 SQL Server 移植到了 Windows NT 系统上。本节将使用 SQL Server 2005 示例数据库"AdventureWorks"创建数据透视表。

示例 14.3 使用 SQL Server 数据库创建数据透视表

步骤1 → 新建一个 Excel 工作簿，单击活动工作表的 A3 单元格，在【数据】选项卡中单击【自其他来源】的下拉按钮，在弹出的扩展列表中单击【来自 SQL Server】命令。

步骤2 → 在弹出的【数据连接向导】对话框中，输入"SQL05"作为【服务器名称】，选择【使用下列用户名和密码】单选钮，在【用户名】和【密码】文本框中分别输入登录 SQL Server 的用户名和密码，单击【下一步】按钮，如图 14-14 所示。

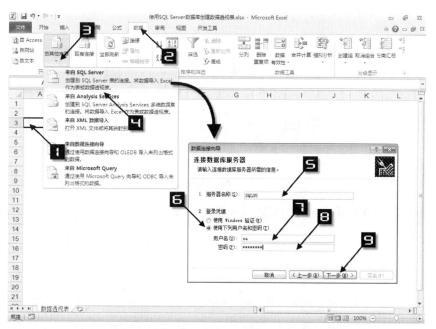

图 14-14 输入服务器名称和登录凭据

注意 → 本步骤中的"服务器名称"既可以使用 SQL Server 服务器的主机名称，也可以使用其 IP 地址。

步骤3 → 单击【选择包含您所需的数据的数据库】组合框的下拉按钮，在下拉列表中单击"AdventureWorks"，勾选【连接到指定表格】复选框，在其下部的列表框中选中"SalesTerritory"，单击【下一步】按钮。

步骤4 → 修改【说明】和【友好名称】的内容，并单击【完成】按钮关闭【数据连接向导】对话框，如图 14-15 所示。

图 14-15　选择数据表格并保存数据连接

步骤5 → 在弹出的【导入数据】对话框中，选中【数据透视表】单选钮，单击【确定】按钮关闭【导入数据】对话框，在弹出的【SQL Server 登录】对话框中再次输入登录密码，单击【确定】按钮关闭【SQL Server 登录】对话框，如图 14-16 所示。

图 14-16　导入数据

在活动工作表中创建的空白数据透视表如图 14-17 所示。

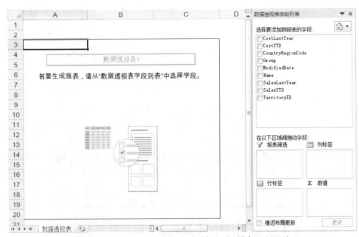

图 14-17　活动工作表中的空白数据透视表

步骤6 → 在【数据透视表字段列表】对话框中分别勾选 "Group"、"Name"、"SalesYTD" 和 "SalesLastYear" 字段的复选框。"Group" 和 "Name" 字段将出现在【行标签】区域，"SalesYTD" 和 "SalesLastYear" 字段将出现在【Σ 数值】区域，最终完成的数据透视表如图 14-18 所示。

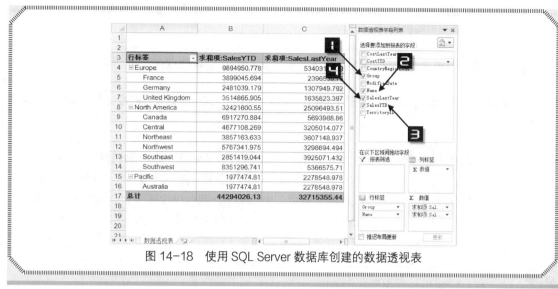

图 14-18 使用 SQL Server 数据库创建的数据透视表

14.4 使用 SQL Server Analysis Services OLAP 创建数据透视表

Microsoft SQL Server 2005 不仅是一个关系型数据库，而且是一个全面的数据库平台，在这个版本中集成了多种用于企业级数据管理的商业智能（BI）工具。SQL Server Analysis Services（SQL Server 分析服务，有时简称为 SSAS）作为商业智能工具之一，它不仅可以用来对数据仓库中的大量数据进行装载、转换和分析，而且是 OLAP 分析和数据挖掘的基础。

OLAP 英文全称为 On-Line Analysis Processing，其中文名称是联机分析处理。使用 OLAP 数据库的目的是为了提高检索数据的速度。因为在创建或更改报表时，OLAP 服务器（而不是 Microsoft Excel 或者其他客户端程序）计算报表中的汇总值，这样就只需要将较少的数据传送到 Microsoft Excel 中。相对于传统数据库形式，使用 OLAP 可以处理更多的数据，这是因为对于传统数据库，Excel 必须先检索所有单个记录，然后再计算汇总值。

为了便于理解 OLAP 多维数据集，这里需要讲解一些 OLAP 中的基本概念。

维（英文名称为 Dimension）：是数据的某一类共同属性，这些属性集合构成一个维（时间维、地理维等）。

维的层次（英文名称为 Level）：对于某个特定维来说，可以存在多种不同的细节程度，这些细节程度成为维的层次，例如地理维可以包含国家、地区、城市和城区等不同层次。

维的成员（英文名称为 Member）：维的某个具体值，是数据项在某维中所属位置的具体描述，例如"2008 年 8 月 8 日"可以是时间维的一个成员。

度量（英文名称为 Measure）：多维数据集的取值。例如"2008 年 8 月 8 日，北京，奥林匹克运动会"就可以看作一个三维数据集，包含了时间、地点和事件。

OLAP 数据库按照明细数据级别（也就是维的层次）组织数据。例如，人口统计信息数据可以由多个字段组成，分别标识国家、地区、城市和城区，在 OLAP 数据库中，该信息可以按明细数据级别分层次的组织。采用这种分层的组织方法使得数据透视表和数据透视图更加容易显示较高级别的汇总数据。

OLAP 数据库一般由数据库管理员创建并维护，此部分内容已经超出了本书的讨论范围，请参阅其他数据库管理方面的资料。

示例 **14.4** 使用 SQL Server Analysis Services OLAP 创建数据透视表

本示例将演示使用 Microsoft SQL Server Analysis Services 中的 OLAP 多维数据集创建数据透视表。

> **注意**
>
> 使用 Excel 连接到 SQL Server 2005 Analysis Services 获取数据时将使用 Microsoft SQL Server 2005 Analysis Services 的 OLEDB 访问接口（即 Microsoft OLE DB Provider for Analysis Service 9.0）。如果读者计算机中没有这个 ODBC 驱动，请访问 Microsoft Download Center 下载安装包（文件名称为 SQLServer2005_ASOLEDB9.msi）并进行安装，ODBC 驱动下载的网址为：http://www.microsoft.com/downloads/zh-cn/details.aspx?FamilyId=50b97994-8453-4998-8226-fa42ec403d17&DisplayLang=zh-cn。

步骤1 新建一个 Excel 工作簿，单击活动工作表的 A3 单元格，在【数据】选项卡中单击【自其他来源】的下拉按钮，在弹出的扩展列表中单击【来自 Analysis Services】命令。

步骤2 在弹出的【数据连接向导】对话框中，输入 "SQL05" 作为【服务器名称】，选择【使用下列用户名和密码】单选钮，在【用户名】和【密码】文本框中分别输入登录服务器的用户名和密码，单击【下一步】按钮，如图 14-19 所示。

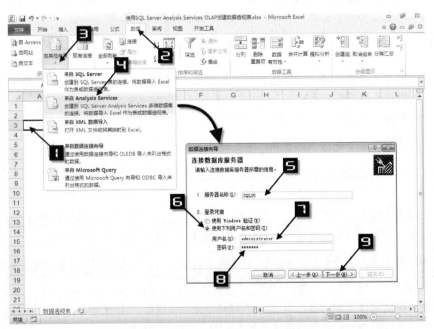

图 14-19 输入服务器名称和登录凭证

步骤3 单击【选择包含您所需的数据的数据库】组合框的下拉按钮，在下拉列表中单击 "AdventureWorks DW Standard Edition"。勾选【连接到指定的多维数据集或表】复选框，在其下部的列表框中选中 "Adventure Works"，单击【下一步】按钮。

步骤4→ 勾选【在文件中保存密码】复选框，在弹出的对话框中单击【是】按钮返回【数据连接向导】对话框，修改【说明】和【友好名称】的内容，单击【完成】按钮关闭【数据连接向导】对话框，如图 14-20 所示。

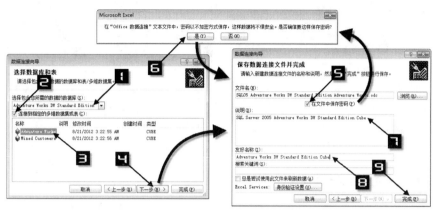

图 14-20　选择数据库并保存数据连接文件

步骤5→ 在弹出的【导入数据】对话框中，单击【数据透视表】单选钮，单击【确定】按钮关闭【导入数据】对话框，并创建一个空白的数据透视表，如图 14-21 所示。

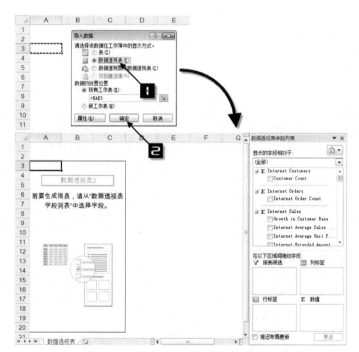

图 14-21　工作表中的空白数据透视表

步骤6→ 在【数据透视表字段列表】对话框中分别勾选"Sales Territory"、"Gross Profit"、"Gross Profit Margin"和"Order Quantity"字段的复选框。"Sales Territory"字段将出现在【行标签】区域，"Gross Profit"、"Gross Profit Margin"和"Order Quantity"字段将出现在【Σ数值】区域。单击"Product Categories"字段，将该字段拖放到【报表筛选】区域，如图 14-22 所示。

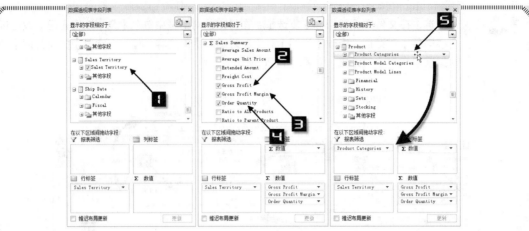

图 14-22　调整数据透视表布局

最终完成的数据透视表如图 14-23 所示。

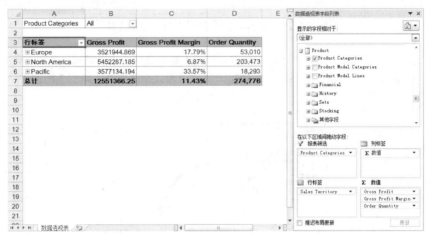

图 14-23　由 SQL Server Analysis Services OLAP 创建的数据透视表

第 15 章　PowerPivot 与数据透视表

Microsoft SQL Server PowerPivot for Microsoft Excel 简称 PowerPivot for Excel，是针对 Excel 2010 的免费外接程序，用于增强 Excel 2010 的数据分析功能。用户可以利用【PowerPivot】选项卡和【PowerPivot for Excel】窗口从不同的数据源导入数据，查询和更新该数据库中的数据，可以使用数据透视表和数据透视图，还可以将数据发布到 SharePoint，甚至还可以使用 DAX 公式语言，从而使 Excel 完成更高级和更复杂的计算和分析。

15.1　安装 PowerPivot for Excel

因为 SQL Server PowerPivot for Excel 是针对 Excel 2010 开发的一个外接程序，所以它必须安装在已经安装了 Excel 2010 的 32 位或 64 位的计算机上，同时必须满足针对 Office 2010 的最低硬件和软件要求。

用户可以到 Microsoft 网站 http://go.microsoft.com/fwlink/?LinkId=155905 下载 x86（32 位）或 x64（64 位）版本的 PowerPivot_for_Excel.msi 安装程序。

安装了 PowerPivot for Excel 后打开 Excel 2010 就会发现在 Excel 功能区上增加了【PowerPivot】选项卡，单击【PowerPivot】选项卡就会出现 PowerPivot for Excel 用户界面，如图 15-1 所示。

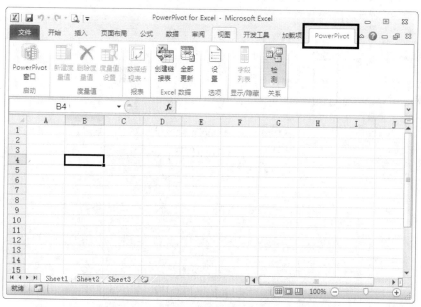

图 15-1　PowerPivot for Excel 用户界面

单击【PowerPivot 窗口】按钮弹出【PowerPivot for Excel】窗口，如图 15-2 所示。

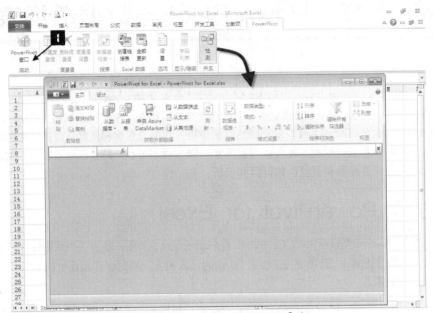

图 15-2 【PowerPivot for Excel】窗口

15.2 为 PowerPivot 准备数据

当用户打开加载了 PowerPivot 的 Excel 文件后，即使单击了【PowerPivot】选项卡或【PowerPivot】窗口按钮都不能创建 PowerPivot 数据透视表，【数据透视表】按钮呈现灰色不可用状态，如图 15-3 所示。

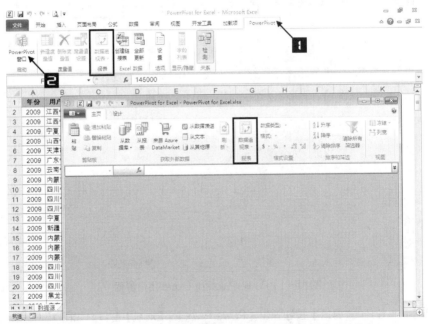

图 15-3 PowerPivot【数据透视表】按钮呈现灰色不可用状态

要想利用 PowerPivot 创建数据透视表，用户必须先进行"创建链接表"为 PowerPivot 准备数据。

15.2.1 为 PowerPivot 链接本工作簿内的数据

示例 15.1 PowerPivot 链接本工作簿内的数据

如果 Excel 工作簿内存在数据，利用已经存在的数据源和 PowerPivot 进行链接是比较简便的方法，具体步骤如下。

步骤 1 打开 Excel 工作簿，单击数据源表中的任意单元格（如 C5），在【PowerPivot】选项卡中单击【创建链接表】按钮，弹出【创建表】对话框，如图 15-4 所示。

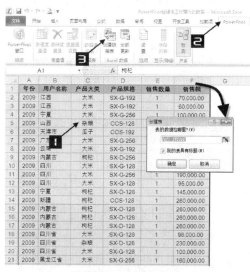

图 15-4　创建链接表

步骤 2 在【创建表】对话框中单击【确定】按钮，经过几秒钟的链接配置后，"PowerPivot for Excel"窗口自动弹出并出现已经配置好的数据表"表 1"，此时，【数据透视表】按钮呈可用状态，如图 15-5 所示。

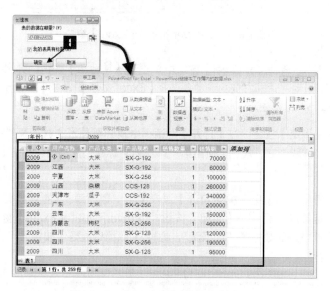

图 15-5　PowerPivot 数据表"表 1"

15.2.2 为 PowerPivot 获取外部链接数据

可供 PowerPivot 获取外部数据的数据源文件类型很多，本例只介绍 PowerPivot 获取 ".xlxs" 类型外部数据的方法。

示例 15.2 PowerPivot 获取外部链接数据

步骤1 → 新建一个 Excel 工作簿并打开，在【PowerPivot】选项卡中单击【PowerPivot 窗口】按钮，弹出【PowerPivot for Excel】窗口，如图 15-6 所示。

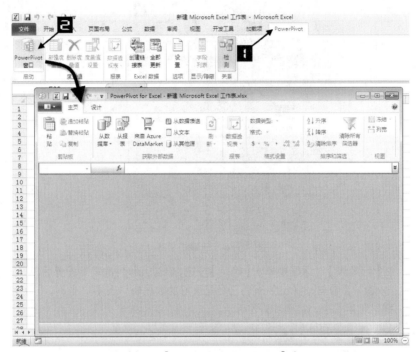

图 15-6 【PowerPivot for Excel】窗口

步骤2 → 在【PowerPivot for Excel】窗口中单击【从其他源】按钮，弹出【表导入向导】对话框，拖动对话框右侧的滚动条选择【Excel 文件】，单击【下一步】按钮，如图 15-7 所示。

步骤3 → 单击【浏览】按钮，在【打开】对话框中找到要导入的数据源 "PowerPivot 外部数据源" 并双击它，勾选【使用第一行作为列标题】复选框，单击【下一步】按钮，如图 15-8 所示。

步骤4 → 在【表和视图】选择框中勾选【源表】中 "数据源$" 的复选框，单击【完成】按钮，连接成功后单击【关闭】按钮，【PowerPivot for Excel】窗口自动弹出并出现已经配置好的数据表 "数据源"，此时，【数据透视表】按钮呈可用状态，如图 15-9 所示。

图 15-7　进行 Excel 文件导入

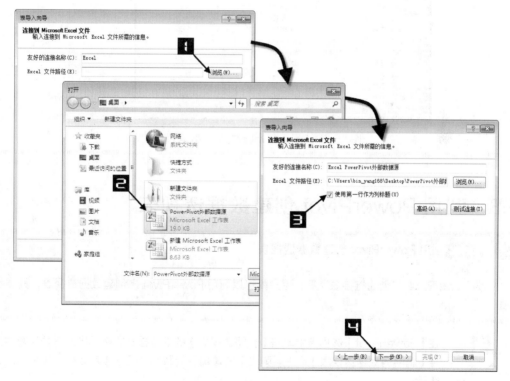

图 15-8　进行 Excel 文件导入

图 15-9 PowerPivot 数据表 "数据源"

15.3 利用 PowerPivot 创建数据透视表

示例 15.3 用 PowerPivot 创建数据透视表

为 PowerPivot "创建链接表"后，用户就可以利用 PowerPivot 来创建数据透视表，具体步骤如下。

步 骤1 → 在【PowerPivot】选项卡中单击【数据透视表】的下拉按钮，在弹出的下拉菜单中选择【扁平的数据透视表】命令，弹出【创建扁平的数据透视表】对话框，如图 15-10 所示。

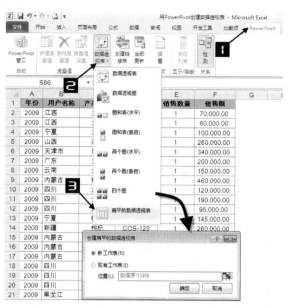

图 15-10　创建扁平的数据透视表

提示

【创建扁平的数据透视表】与【数据透视表】命令在创建数据透视表的方法上相同，只是"扁平的数据透视表"在格式上具有"平面表"的外观，类似于以普通方法创建的"以表格形式显示"的数据透视表。

步骤2→　保持【新工作表】的选项不变，单击【确定】按钮，创建一张空白的数据透视表，如图 15-11 所示。

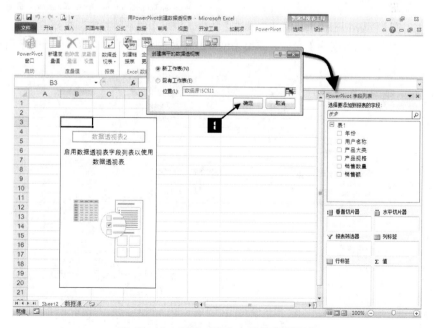

图 15-11　创建一张空白的数据透视表

步骤 **3** → 利用【PowerPivot 字段列表】对话框对字段进行调整，完成后的数据透视表如图 15-12 所示。

图 15-12　利用 PowerPivot 创建的数据透视表

15.4　利用 PowerPivot 创建数据透视图

示例 15.4 用 PowerPivot 创建数据透视图

为 PowerPivot "创建链接表"后，用户还可以利用 PowerPivot 创建数据透视图，具体步骤如下。

步骤 **1** → 在【PowerPivot】选项卡中单击【数据透视表】的下拉按钮，在弹出的下拉菜单中选择【数据透视图】命令，弹出【创建数据透视图】对话框，如图 15-13 所示。

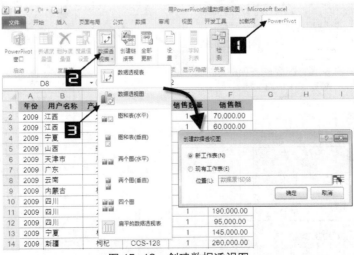

图 15-13　创建数据透视图

步骤2 → 保持【新工作表】的选项不变，单击【确定】按钮，创建一张空白的数据透视图，如图 15-14 所示。

图 15-14　创建一张空白的数据透视图

步骤3 → 利用【PowerPivot 字段列表】对话框对字段进行布局，完成后的数据透视图如图 15-15 所示。

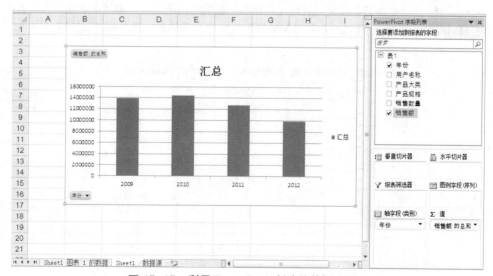

图 15-15　利用 PowerPivot 创建的数据透视图

步骤4 → 对数据透视图进一步美化，如图 15-16 所示。

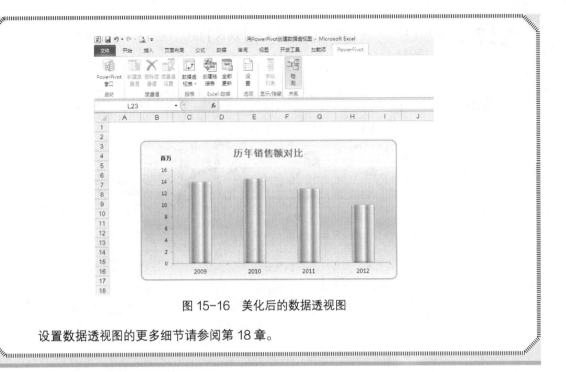

图 15-16　美化后的数据透视图

设置数据透视图的更多细节请参阅第 18 章。

15.5　创建多表关联的 PowerPivot 数据透视表

利用 PowerPivot 中的"创建关系"功能可以把多张数据列表进行关联，创建数据透视表以后能够实现多表数据引用，达到只有使用 SQL 语句才能达到的效果。

示例 15.5　创建多表关联的 PowerPivot 数据透视表

图 15-17 所示展示的是某公司的成本数据和产品信息的明细表，如果希望将 2 张表进行关联，在创建数据透视表中既能反映成本数据又能列示相关的产品信息，请参照以下步骤。

	A	B	C	D	E	F
1	批号	本月数量	国产料	进口料	直接工资合计	制造费用合计
2	B12-121	348	5,150.22	3,431.75	1,690.64	3,054.30
3	B12-120	140	6,211.61	1,556.95	476.61	861.04
4	B12-122	888	37,288.99			
5	B12-119	936	40,155.79			
6	B01-158	1212	14,222.42			
7	B12-118	1228	18,153.97			
8	B12-116	394	16,787.11			
9	B03-049	4940	86,010.59			
10	B03-047	940	33,489.80			
11	C12-207	750	40,222.54			
12	C01-208	360	9,685.38			
13	C01-207	360	9,376.38			
14	C12-201	200	1,819.02			
15	c01-205	354	16,514.08			
16	Z12-031	400	388.00			
17	Z12-032	100	815.81			
18	C12-232	20	7.32			
19	C12-230	180	5,356.43			
20	C12-229	180	4,027.78			
21	C12-228	76	989.59			

	A	B	C	D
1	批号	货位	产品码	款号
2	B01-158	FG-2	睡袋	076-0705-4
3	B03-047	FG-1	睡袋	076-0733-6
4	B03-049	FG-1	睡袋	076-0705-4
5	B12-116	FG-3	睡袋	076-0733-6
6	B12-118	FG-3	睡袋	076-0837-0
7	B12-119	FG-3	睡袋	076-0786-0
8	B12-120	FG-3	睡袋	076-0734-4
9	B12-121	FG-3	睡袋	076-0837-0
10	B12-122	FG-3	睡袋	076-0732-8
11	C01-048	FG-3	服装	SJM9700
12	C01-049	FG-3	服装	SJM9700
13	C01-067	FG-3	服装	SJM9700
14	C01-072	FG-3	服装	SJM9700
15	C01-103	FG-3	宠物垫	38007002
16	C01-104	FG-3	宠物垫	38007002
17	C01-105	FG-3	宠物垫	38007002
18	C01-148	FG-3	宠物垫	38007002
19	c01-205	FG-1	服装	SJM9700
20	C01-207	FG-1	背包	EB99000F 002
21	C01-208	FG-1	背包	EB99000F 002

图 15-17　成本数据和产品信息的明细表

步 骤**1** → 为 PowerPivot 创建链接表，"成本数据"对应的链接表为"表 1"，产品信息"对应的链接表为"表 2"，如图 15-18 所示。

批号	本月数量	国产料	进口料	直接工资合计	制造费用合计	添加列
B12-121	348	5150.21645875016	3431.75370035239	1690.63549860321	3054.29925534409	
B12-120	140	6211.60571975347	1556.95377470857	476.60824391756	861.039653840787	
B12-122	888	37288.9928318584	4962.17792468511	2969.36350572901	5364.44712765526	
B12-119	936	40155.787619799	13011.4431			
B01-158	1212	14222.4230859183	26.9608829			
B12-118	1228	18153.973348159	12109.7515			
B12-116	394	16787.1062729866	3286.21893			
B03-049	4940	86010.5889283034	47401.6500			
B03-047	940	33489.7959946019	7710.66047			
C12-207	750	40222.5413757514	47.7250542			
C01-208	360	9685.37973605011	949.216498			
C01-207	360	9376.38078051183	949.216498			
C12-201	200	1819.01854332792	160.603697			
c01-205	354	16514.0825932232	837.986225			
Z12-031	400	388				
Z12-032	100	815.81271540273				
C12-232	20	7.31846863388588				
C12-230	180	5356.43317615216				
C12-229	180	4027.77534460754				

表 1　表 2

批号	货位	产品码	数号	添加列
B01-158	FG-2	睡袋	076-0705-4	
B03-047	FG-1	睡袋	076-0733-6	
B03-049	FG-1	睡袋	076-0705-4	
B12-116	FG-3	睡袋	076-0733-6	
B12-118	FG-3	睡袋	076-0837-0	
B12-119	FG-3	睡袋	076-0786-0	
B12-120	FG-3	睡袋	076-0734-4	
B12-121	FG-3	睡袋	076-0837-0	
B12-122	FG-3	睡袋	076-0732-8	
C01-048	FG-3	服装	SJM9700	
C01-049	FG-3	服装	SJM9700	
C01-067	FG-3	服装	SJM9700	
C01-072	FG-3	服装	SJM9700	
C01-103	FG-3	宠物垫	38007002	
C01-104	FG-3	宠物垫	38007002	
C01-105	FG-3	宠物垫	38007002	
C01-148	FG-3	宠物垫	38007002	
c01-205	FG-1	服装	SJM9700	
C01-207	FG-1	背包	EB99000F 002	

表 1　表 2

图 15-18　PowerPivot 数据表"表 1"和"表 2"

步 骤**2** → 在"PowerPivot for Excel"窗口中激活"表 1"，在【设计】选项卡中单击【创建关系】按钮，在弹出的【创建关系】对话框中【表】的下拉列表中选择"表 1"，【列】选择"批号"，【相关查找表】选择"表 2"，【相关查找列】会自动带出"批号"，如图 15-19 所示。

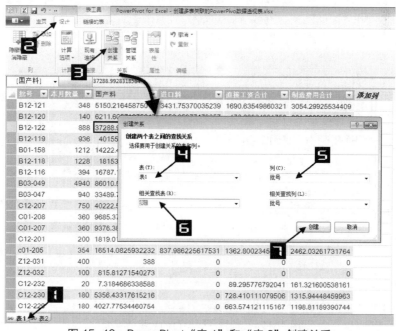

图 15-19　PowerPivot"表 1"和"表 2"创建关系

步骤3 → 在【主页】选项卡中单击【数据透视表】按钮，在弹出的下拉列表中选择【扁平的数据透视表】命令，弹出【创建扁平的数据透视表】对话框，如图15-20所示。

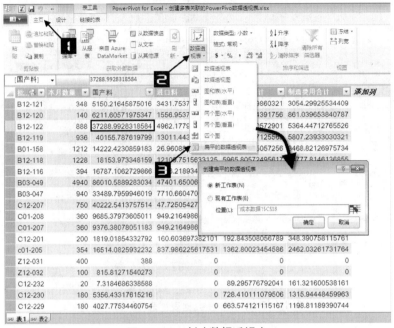

图15-20　创建数据透视表

步骤4 → 单击【确定】按钮后创建一张空白的数据透视表，如图15-21所示。

图15-21　创建一张空白的数据透视表

步骤**5** → 利用【PowerPivot 字段列表】对话框分别对"表 1"和"表 2"中的字段进行布局，
如图 15-22 所示。

图 15-22 对数据透视表进行布局

最终完成的数据透视表如图 15-23 所示。

批号	款号	货位	国产料 的总和	直接工资合计 的总和	进口料 的总和	制造费用合计 的总和
B01-158	076-0705-4	FG-2	14,222.42	2,916.75	26.96	3,468.82
B03-047	076-0733-6	FG-1	33,489.80	3,149.36	7,710.66	5,689.62
B03-049	076-0705-4	FG-1	86,010.59	14,781.12	47,401.65	26,703.55
B12-116	076-0733-6	FG-3	16,787.11	1,320.05	3,286.22	2,384.80
B12-118	076-0837-0	FG-3	18,153.97	5,965.81	12,109.75	10,777.81
B12-119	076-0786-0	FG-3	40,155.79	3,214.46	13,011.44	5,807.24
B12-120	076-0734-4	FG-3	6,211.61	476.61	1,556.95	861.04
B12-121	076-0837-0	FG-3	5,150.22	1,690.64	3,431.75	3,054.30
B12-122	076-0732-8	FG-3	37,288.99	2,969.36	4,962.18	5,364.45
C01-048	SJM9700	FG-3	3,549.85	484.00	552.25	874.39
C01-049	SJM9700	FG-3	3,620.12	484.00	552.25	874.39
C01-067	SJM9700	FG-3	4,178.78	482.11	401.51	870.98
C01-072	SJM9700	FG-3	3,621.91	484.00	552.25	874.39

图 15-23 多表关联的 PowerPivot 数据透视表

15.6 启动 PowerPivot for Excel 可能遇到的问题及解决方案

有的时候即使用户正确安装了 PowerPivot for Excel 的加载项，但是在启动 Excel 2010 的时候
还是无法启动 PowerPivot for Excel，出现【Microsoft Office 自定义项安装程序】错误提示的对话
框，如图 15-24 所示。

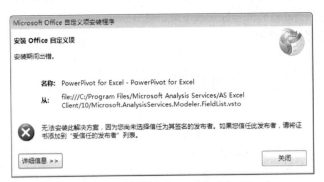

图 15-24　无法启动 PowerPivot for Excel

按照以下步骤操作即可解决这个问题。

步骤1 → 单击【关闭】按钮关闭【Microsoft Office 自定义项安装程序】错误提示的对话框。

步骤2 → 依次单击【文件】→【选项】，在弹出的【Excel 选项】对话框中单击【信任中心】选项，单击【信任中心设置】按钮。

步骤3 → 在【信任中心】对话框中单击【加载项】选项，去掉【要求受信任的发布者签署应用程序加载项】复选框的勾选，单击【确定】按钮，如图 15-25 所示。

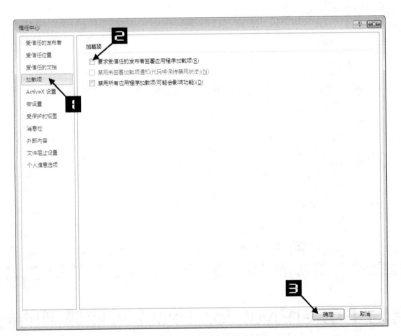

图 15-25　信任中心设置

步骤4 → 关闭对话框以后，在【开发工具】选项卡中单击【COM 加载项】按钮，在弹出的【COM 加载项】对话框中勾选【PowerPivot for Excel】的复选框，最后单击【确定】按钮完成设置，如图 15-26 所示。

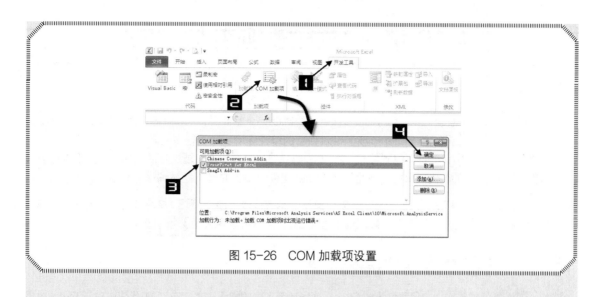

图 15-26　COM 加载项设置

重新启动 Excel 2010 后即可加载启动 PowerPivot for Excel。

注意

PowerPivot for Excel 加载项占用资源很大，加载过程中会造成 Excel 2010 打开缓慢，如果用户暂时不用 PowerPivot 功能，可以考虑去掉【PowerPivot for Excel】复选框的勾选，减少资源的占用。

第

15

章

第 16 章　数据透视表与 VBA

VBA 全称为 Visual Basic for Application，是 Microsoft Visual Basic 的应用程序版本。Excel VBA 作为功能强大的工具，使 Excel 形成了相对独立的编程环境。由于很多实际应用到 Excel 中的复杂操作都可以利用 Excel VBA 得到简化，所以 Excel VBA 得到了越来越广泛的应用。不同于其他多数编程语言的是，VBA 代码只能"寄生"于 Excel 文件之中，并且不能被编译为可执行文件。

本章将介绍如何利用 VBA 代码处理和操作数据透视表。限于篇幅，本章对于 VBA 编程的基本概念不再进行讲述，相关的基础知识请参考《Excel 2010 应用大全》第 7 篇。

16.1　数据透视表对象模型

VBA 是集成于宿主应用程序（如 Excel、Word 等）中的编程语言，在 VBA 代码中对于 Excel 的操作都需要借助于 Excel 中的对象来完成，因此理解和运用 Excel 对象模型是 Excel VBA 编程技术的核心。

Excel 的对象模型是按照层次结构有逻辑地组织在一起的，其中某些对象可以是其他对象的容器，也就是说可以包含其他对象。位于对象模型最上端的是 Application 对象，即 Excel 应用程序本身，该对象包含 Excel 中所有其他对象。

只有充分了解某个对象在对象模型层次结构中的具体位置，才可以使用 VBA 代码方便地引用该对象，进而对该对象进行相关操作，使得 Excel 根据用户代码自动完成某些工作任务。在 VBA 帮助或者 VBE（全称为 Visual Basic Editor，即 VBA 集成编辑器）的对象浏览器中可以查阅 Excel 对象模型。

表 16-1 中列出了 Excel 中常用的数据透视表对象。

表 16-1　　　　　　　　　　数据透视表常用对象列表

对象/对象集合	描　　述
CalculatedMember	代表数据透视表的计算字段和计算项，该数据透视表以联机分析处理（OLAP）为数据源
CalculatedMembers	代表指定的数据透视表中所有 CalculatedMember 对象的集合
CalculatedFields	PivotField 对象的集合，该集合代表指定数据透视表中的所有计算字段
CalculatedItems	PivotItem 对象的集合，该集合代表指定数据透视表中的所有计算项
Chart	代表一个数据透视图
CubeField	代表 OLAP 多维数据集中的分级结构或度量字段
CubeFields	代表基于 OLAP 多维数据集的数据透视表中所有 CubeField 对象的集合
PivotCache	代表一个数据透视表的内存缓冲区
PivotCaches	代表工作簿中数据透视表内存缓冲区的集合
PivotCell	代表数据透视表中的一个单元格
PivotField	代表数据透视表中的一个字段
PivotFields	代表数据透视表中所有 PivotField 对象的集合，该集合包含数据透视表中所有的字段，也包括隐藏字段
PivotFormula	代表在数据透视表中用于计算的公式
PivotFormulas	代表数据透视表的所有公式的集合
PivotItem	代表数据透视表字段中的一个项，该项是字段类别中的一个独立的数据条目
PivotItems	代表数据透视表字段中所有 PivotItem 对象的集合

续表

对象/对象集合	描　　述
PivotItemList	代表指定的数据透视表中所有 PivotItem 对象的集合
PivotLayout	代表数据透视图报表中字段的位置
PivotTable	代表工作表上的一个数据透视表
PivotTables	代表指定工作表上所有 PivotTable 对象的集合
Range	代表数据透视表中的一个或者多个单元格

Excel 中数据透视表相关的对象模型如图 16-1 所示，从中可以看出对象之间的逻辑关系。

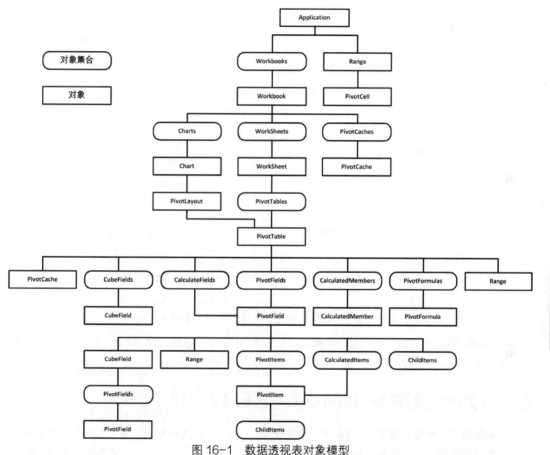

图 16-1　数据透视表对象模型

16.2　在 Excel 2010 功能区中显示【开发工具】选项卡

利用【开发工具】选项卡提供的相关功能，可以非常方便地使用与宏相关的功能。然而在 Excel 2010 的默认设置中，功能区中并不显示【开发工具】选项卡。在功能区中显示【开发工具】选项卡的步骤如下。

步骤**1**➔ 单击【文件】选项卡中的【选项】命令打开【Excel 选项】对话框。

步骤**2**➔ 在打开的【Excel 选项】对话框中单击【自定义功能区】选项卡。

步骤**3**➔ 在右侧列表框中勾选【开发工具】复选框，单击【确定】按钮，关闭【Excel 选项】对话框。

步骤 4 → 单击 Excel 窗口功能区中的【开发工具】选项卡，如图 16-2 所示。

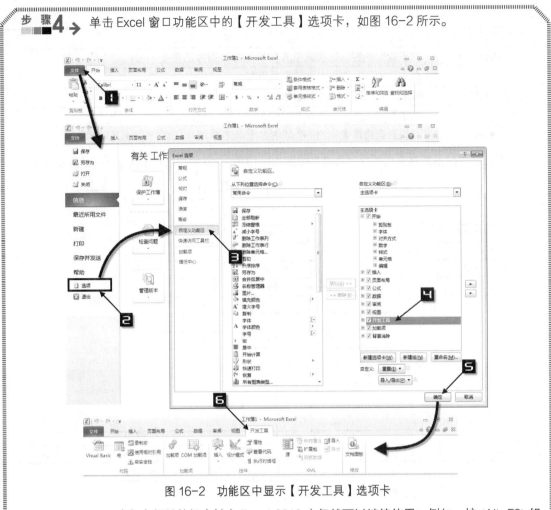

图 16-2　功能区中显示【开发工具】选项卡

Excel 2003 中与宏相关的组合键在 Excel 2010 中仍然可以继续使用。例如：按<Alt+F8>组合键显示【宏】对话框，按<Alt+F11>组合键打开 VBA 编辑窗口等。

16.3　如何快速获得创建数据透视表的代码

对于没有任何编程经验的 VBA 学习者来说，如何利用代码操作相关对象实现自己的目的是一个非常棘手的问题。幸运的是 Excel 提供了"宏录制器"来帮助用户学习和使用 VBA。宏录制器是一个非常实用的工具，可以用来获得 VBA 代码。

宏录制器与日常生活中使用的录音机很相似。录音机可以记录声音和重复播放所记录的声音，宏录制器则可以记录 Excel 中的绝大多数操作，并在需要的时候重复执行这些操作。对于一些简单的操作，宏录制器产生的代码就足以实现 Excel 操作的自动化。

示例 16.1 录制创建数据透视表的宏

步骤 1 → 打开示例文件"录制创建数据透视表的宏.xlsm"，在 Excel 窗口中单击【开发工具】选项卡的【录制宏】按钮，在弹出的【录制新宏】对话框中，修改【宏名】为"Create FirstPivotTable"，修改快捷键为<Ctrl+Q>，单击【确定】按钮关闭【录制新宏】对话框。

> **注意** ■■■→ 请勿使用 Excel 的系统快捷键作为宏代码的快捷键，例如<Ctrl+C>，否则该快捷键将被关联到当前代码，也就是说原有系统快捷键的功能将失效。

在开始录制宏之后，【代码】组中的【录制宏】按钮，将变成【停止录制】按钮，如图 16-3 所示。

图 16-3 【停止录制】按钮

步骤**2**→ 单击"数据源"工作表标签，使该工作表成为活动工作表，单击数据区域中的任意单元格（如 B3），如图 16-4 所示。

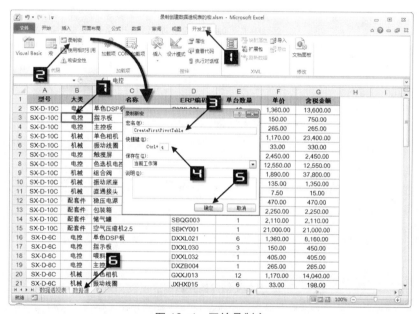

图 16-4 开始录制宏

步骤**3**→ 单击【插入】选项卡的【数据透视表】按钮，在弹出的【创建数据透视表】对话框中，选择【现有工作表】单选钮。

步骤**4**→ 单击【位置】文本框右侧的折叠按钮，单击"数据透视表"工作表标签，使该工作表成为活动工作表，选中 A3 单元格，再次单击折叠按钮返回到【创建数据透视表】对话框，单击【确定】按钮关闭【创建数据透视表】对话框，如图 16-5 所示。

活动工作表中新创建的空白数据透视表如图 16-6 所示。

步骤**5**→ 在【数据透视表字段列表】对话框中分别勾选"大类"、"单台数量"和"含税金额"字段的复选框。"大类"字段将出现在【行标签】区域，"单台数量"和"含税金额"字段将出现在【∑数值】区域。单击"型号"字段，将它拖动到【报表筛选】区域，最终完成的数据透视表如图 16-7 所示。

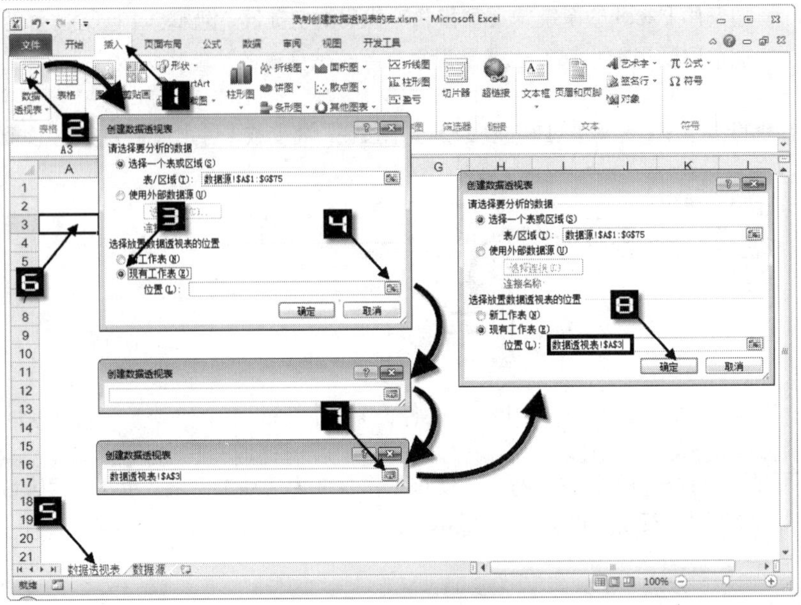

图 16-5　创建数据透视表

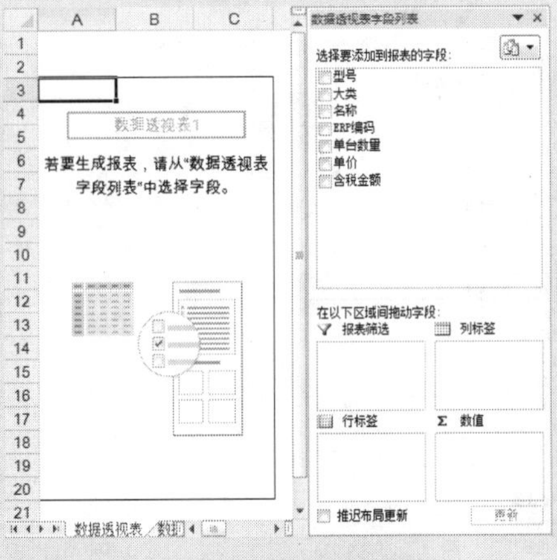

图 16-6　新创建的空数据透视表

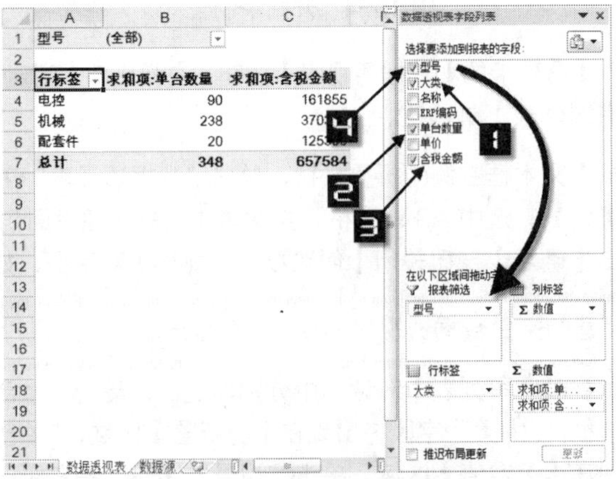

图 16-7　调整数据透视表布局

步骤 **6** → 在【开发工具】选项卡中单击【停止录制】按钮 ，结束当前宏的录制。单击【开发工具】选项卡的【宏】按钮，在弹出的【宏】对话框中保持默认选中的 "CreateFirstPivotTable"，单击【编辑】按钮关闭【宏】对话框，如图 16-8 所示。

图 16-8 【宏】对话框

在弹出的 Microsoft Visual Basic 编辑界面（简称 VBE 窗口）的代码窗口中将显示录制的宏代码，如图 16-9 所示。

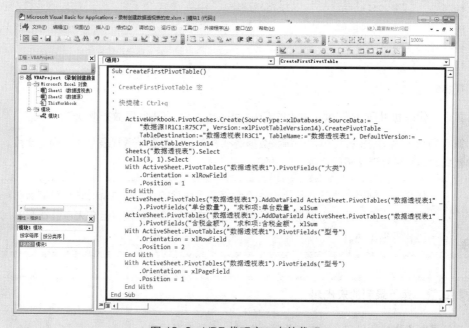

图 16-9 VBE 代码窗口中的代码

VBE 代码窗口中的代码：

```
#001  Sub CreateFirstPivotTable()


' CreateFirstPivotTable 宏


' 快捷键: Ctrl+q
```

```
#002    ActiveWorkbook.PivotCaches.Create(SourceType:=xlDatabase, SourceData:= _
        "数据源!R1C1:R75C7", Version:=xlPivotTableVersion14).CreatePivotTable _Table
        Destination:="数据透视表!R3C1", TableName:="数据透视表1", DefaultVersion:= _
        xlPivotTableVersion14
#003    Sheets("数据透视表").Select
#004    Cells(3, 1).Select
#005    With ActiveSheet.PivotTables("数据透视表1").PivotFields("大类")
#006        .Orientation = xlRowField
#007        .Position = 1
#008    End With
#009    ActiveSheet.PivotTables("数据透视表1").AddDataField ActiveSheet.PivotTables
        ("数据透视表1" _).PivotFields("单台数量"), "求和项:单台数量", xlSum
#010    ActiveSheet.PivotTables("数据透视表1").AddDataField ActiveSheet.PivotTables
        ("数据透视表1" _).PivotFields("含税金额"), "求和项:含税金额", xlSum
#011    With ActiveSheet.PivotTables("数据透视表1").PivotFields("型号")
#012        .Orientation = xlRowField
#013        .Position = 2
#014    End With
#015    With ActiveSheet.PivotTables("数据透视表1").PivotFields("型号")
#016        .Orientation = xlPageField
#017        .Position = 1
#018    End With
#019 End Sub
```

代码解析:

第2行代码利用PivotCache对象的CreatePivotTable方法创建数据透视表。

第5行代码到第18行代码用于调整数据透视表布局,在数据透视表中添加相应字段。对于此部分代码的详细讲解请参阅后续章节的讲解。

> **注意**
> 使用宏录制器产生的代码不一定完全等同于用户的操作,也就是说在录制宏时,某些Excel操作并不产生相应的代码,这是该工具的局限性,但在大多数情况下,它工作得很出色。

示例 16.2 运行录制的宏代码

运行录制宏生成的代码,将在工作簿中创建一个数据透视表。

步骤1 打开示例16.1的示例文件"录制创建数据透视表的宏.xlsm",删除"数据透视表"工作表中的数据透视表。

步骤2 单击【开发工具】选项卡的【宏】按钮,在弹出的【宏】对话框中保持默认选中的"CreateFirstPivotTable",单击【执行】按钮关闭【宏】对话框,如图16-10所示。

"CreateFirstPivotTable"过程代码将在"数据透视表"工作表中创建一个数据透视表,如图16-11所示。此数据透视表与图16-7所示的手工创建的数据透视表完全相同。

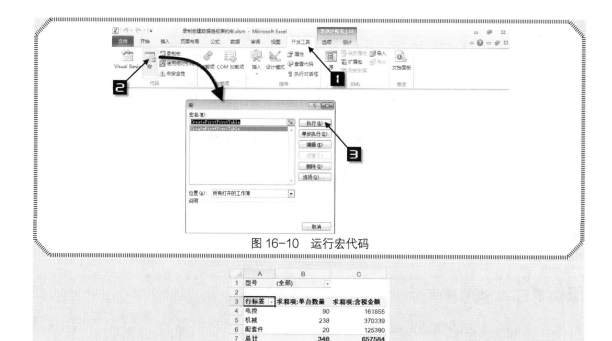

图 16-10 运行宏代码

	A	B	C
1	型号	(全部)	
2			
3	行标签	求和项:单台数量	求和项:含税金额
4	电控	90	161855
5	机械	238	370339
6	配套件	20	125390
7	总计	348	657584
8			

图 16-11 运行宏代码创建的数据透视表

示例 16.3 修改执行宏代码的快捷键

利用快捷键可以快速地执行相关代码，在工作簿窗口中按<Ctrl+Q>组合键，Excel 将运行 CreateFirstPivotTable 宏创建数据透视表。如果录制宏时用户没有设置快捷键或者希望修改快捷键的设定，请按照如下步骤进行修改。

步骤1 → 单击【开发工具】选项卡的【宏】按钮，在弹出的【宏】对话框中保持默认选中的 "CreateFirstPivotTable"，单击【选项】按钮。

步骤2 → 在弹出的【宏选项】对话框中，用户可以在【快捷键】下方的文本框中进行设置和修改，单击【确定】按钮关闭【宏选项】对话框。

步骤3 → 返回到【宏】对话框，单击【取消】按钮关闭【宏】对话框，如图 16-12 所示。

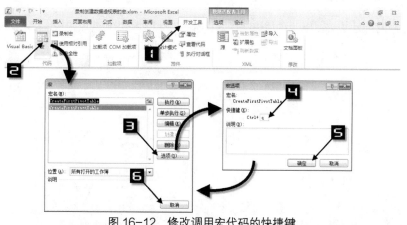

图 16-12 修改调用宏代码的快捷键

16.4 自动生成数据透视表

通常使用宏录制器得到的代码灵活性比较差，难以满足实际工作中多种多样的需要。本节将介绍如何通过 VBA 来创建数据透视表，利用这些知识可以更好地使用 VBA 操作数据透视表。

16.4.1 使用 PivotTableWizard 方法创建数据透视表

在代码中使用 PivotTableWizard 方法创建数据透视表是最方便简洁的方法，虽然这个方法名称的字面含义为"数据透视表向导"，但是运行代码时并不会显示 Excel 的数据透视表向导。

注意 ➔ PivotTableWizard 方法对 OLE DB 数据源无效，也就是说如果需要创建基于 OLE DB 数据源的数据透视表，则只能使用 16.4.2 小节中介绍的方法。

示例 16.4 使用 PivotTableWizard 方法创建数据透视表

```
#001  Sub PivotTableWizardDemo()
#002    Dim objPvtTbl As PivotTable
#003    With Sheets("数据透视表")
#004      .Cells.Delete
#005      .Activate
#006      Set objPvtTbl = .PivotTableWizard(SourceType:=xlDatabase, _
            SourceData:=Sheets("数据源").Range("A1:G75"), _
            TableDestination:=.Range("A3"))
#007    End With
#008    With objPvtTbl
#009      .AddFields RowFields:="大类", PageFields:="型号"
#010      .AddDataField Field:=.PivotFields("单台数量"), _
              Caption:="总数量", Function:=xlSum
#011      .AddDataField Field:=.PivotFields("含税金额"), _
              Caption:="总含税金额", Function:=xlSum
#012      .DataPivotField.Orientation = xlColumnField
#013    End With
#014    SetobjPvtTbl = Nothing
#015End Sub
```

运行 PivotTableWizardDemo 过程将在"数据透视表"工作表中创建如图 16-13 所示的数据透视表。

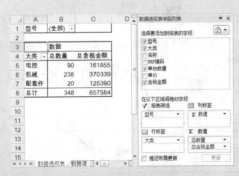

图 16-13 用 PivotTableWizard 方法创建数据透视表

代码解析：

第 4 行代码用于清空"数据透视表"工作表。

第 5 行代码使"数据透视表"工作表成为活动工作表。

第 6 行代码使用 PivotTableWizard 方法创建数据透视表，执行完此行代码后，"数据透视表"工作表中将创建如图 16-14 所示的空数据透视表。

PivotTableWizard 方法拥有众多的可选参数，在此仅对几个常用参数进行讲解，如果希望学习其他参数的使用方法，请大家参考 Excel VBA 帮助文件。PivotTableWizard 方法的语法格式如下：

图 16-14　代码执行过程创建的空数据透视表

```
expression.PivotTableWizard(SourceType, SourceData, TableDestination, TableName,
RowGrand, ColumnGrand, SaveData, HasAutoFormat, AutoPage, Reserved, BackgroundQuery,
OptimizeCache, PageFieldOrder, PageFieldWrapCount, ReadData, Connection)
```

1. SourceType 参数

SourceType 为可选参数，代表报表数据源的类型。其取值为表 16-2 中列出的 XlPivotTableSourceType 类型常量之一。

表 16-2　　　　　　　　　　　　　**XlPivotTableSourceType 常量**

常 量 名 称	值	含　义
xlConsolidation	3	多重合并计算数据区
xlDatabase	1	MicrosoftExcel 列表或数据库（缺省值）
xlExternal	2	其他应用程序的数据
xlPivotTable	−4148	与另一数据透视表报表相同数据源
xlScenario	4	数据基于使用方案管理器创建的方案

如果指定了 SourceType 参数，那么必须同时指定 SourceData 参数。如果同时省略了 SourceType 参数和 SourceData 参数，Microsoft Excel 将假定数据源类型为 xlDatabase，并假定源数据来自名称为"Database"命名区域。此时，如果工作簿中不存在该命名区域，并且选定区域所在的当前区域（即 Application.Selection.CurrentRegion 对象所代表的单元格区域）中包含数据的单元格超过 10 个时，Excel 就使用该数据区域作为创建数据透视表的数据源。否则，此方法将失败。

2. SourceData 参数

SourceData 为可选参数，代表用于创建数据透视表的数据源。该参数可以是 Range 对象、一个区域数组或是代表另一个数据透视表名称的一个文本常量。

如果使用外部数据库作为数据源，SourceData 是一个包含 SQL 查询字符串的字符串数组，其中每个元素最长为 255 个字符。对于这种数据源，可以使用 Connection 参数指定 ODBC 连接字符串。

为了和早期的 Excel 版本兼容，SourceData 可以是一个二元素数组。第一个元素是指定 ODBC 数据源的连接字符串，第二个元素是用来取得数据的 SQL 查询字符串。

如果代码中指定了 SourceData 参数，就必须同时指定 SourceType 参数。

3. TableDestination 参数

TableDestination 为可选参数，用于指定数据透视表在工作表中位置的 Range 对象。如果省略本参数，则数据透视表将置于活动单元格中。

4. TableName 参数

TableName 为可选参数，用于指定数据透视表的名称，省略此参数时，Excel 将使用"数据透视表 1"、"数据透视表 2"等顺序编号的方式进行命名。

> 注意 ■■■→ 如果活动单元格在 SourceData 区域内，则应同时指定 TableDestination 参数。如果没有指定 TableDestination 参数，Excel 将在工作簿中添加新的工作表，数据透视表将置于新工作表的 A1 单元格中。

在本示例中以"数据源"工作表中的 A1:G75 区域为源数据创建数据透视表。

第 9 行代码使用 PivotTable 对象的 AddFields 方法添加行字段"大类"和筛选字段"型号"，此方法还可以用于向数据透视表中添加列字段。

```
expression.AddFields(RowFields, ColumnFields, PageFields, AddToTable)
```

第 10 行和第 11 行代码使用 PivotTable 对象的 AddDataField 方法将值字段"单台数量"和"含税金额"添加到数据透视表中。

```
expression.AddDataField(Field, Caption, Function)
```

如果源数据为非 OLAP 数据，使用 AddDataField 方法时则需要指定某个数据透视表字段为 Field 参数。与 AddFields 方法添加字段略有不同，此处需要指定 PivotField 对象作为 Field 参数，如代码中的 objPvtTbl.PivotFields("单台数量")返回一个 PivotField 对象。

1. Caption 参数

Caption 为可选参数，指定数据透视表中使用的标志，用于识别该值字段。

2. Function 参数

Function 为可选参数，其指定的函数将用于已添加字段。在示例中参数值为 xlSum，即求和。

第 12 行代码用于调整数据透视表布局，将值字段显示在列字段区域，其效果如图 16-15 所示。

图 16-15　值字段横置

16.4.2　利用 PivotCache 对象创建数据透视表

无论是在 Excel 中手工创建数据透视表，还是使用 PivotTableWizard 方法自动生成数据透视表，都会用到数据透视表缓存，即 PivotCache 对象，只不过一般情况下用户察觉不到 Excel 是如何处理 PivotCache 对象的。如果使用 VBA，则可以直接利用 PivotCache 对象创建数据透视表。

PivotCache 对象代表数据透视表的内存缓冲区，每个数据透视表都有一个唯一的缓存，一个工作簿中的多个数据透视表可以共用一个数据透视表缓存，也可以分别使用不同的数据透视表缓存。

示例 16.5 利用 PivotCache 对象创建数据透视表

```
#001  Sub PvtCacheDemo()
#002      Dim objPvtTbl As PivotTable
#003      Dim objPvtCache As PivotCache
#004      With Sheets("数据透视表")
#005          .Cells.Delete
#006          .Activate
#007          Set objPvtCache = ActiveWorkbook.PivotCaches.Create( _
                  SourceType:=xlDatabase, _
              SourceData:=Sheets("数据源").Range("A1:G75"), _
                  Version:=xlPivotTableVersion14)
#008          Set objPvtTbl = objPvtCache.CreatePivotTable _
                  (TableDestination:=.Range("A3"))
#009      End With
#010      With objPvtTbl
#011          .InGridDropZones = True
#012          .RowAxisLayout xlTabularRow
#013          .AddFields RowFields:="大类", PageFields:="型号"
#014          .AddDataField Field:=.PivotFields("单台数量"), _
                  Caption:="总数量", Function:=xlSum
#015          .AddDataField Field:=.PivotFields("含税金额"), _
                  Caption:="总含税金额", Function:=xlSum
#016      End With
#017      Set objPvtTbl = Nothing
#018      Set objPvtCache = Nothing
#019  End Sub
```

运行 PvtCacheDemo 将创建如图 16-16 所示的数据透视表。

图 16-16 利用 PivotCache 对象创建数据透视表

代码解析:

第 7 行代码在当前工作簿中创建一个 PivotCache 对象。Add 方法的语法格式如下:

```
expression.Add(SourceType, SourceData, Version)
```

1. SourceType 参数

SourceType 为 XlPivotTableSourceType 类型的必需参数。用于指定数据透视表缓存数据源的类型，可以为以下常量之一：xlConsolidation、xlDatabase 或 xlExternal。

注意 →
> 使用 PivotCaches.Create 方法创建 PivotCache 时，不支持 xlPivotTable 和 xlScenario 常量作为 SourceType 参数。

2. SoureData 参数

SoureData 代表新建数据透视表缓存中的数据。当 SourceType 不是 xlExternal 时，此参数为必需参数。SourceData 参数可以是一个 Range 对象（当 SourceType 为 xlConsolidation 或 xlDatabase 时），或者是 Excel 工作簿连接对象（当 SourceType 为 xlExternal 时）。

本示例中指定"数据源"工作表中的单元格区域 A1:G75 为数据源。关于单元格的引用方式，此处既可以使用示例中的 A1 样式，也可以使用 RC 引用样式"R1C1:R76C7"。

3. Version 参数

Version 参数指定数据透视表的版本，如果不提供数据透视表的版本，则在 Excel 2007 中默认值为 xlPivotTableVersion12。

注意 →
> PivotCaches.Create 方法是 Excel 2007 中新增的方法，Excel 2003 中需要使用 Pivot Caches.Add 方法创建 PivotCache 对象。

第 8 行代码中使用 CreatePivotTable 方法创建一个基于 PivotCache 对象的数据透视表。

CreatePivotTable 方法的语法格式如下：

```
expression.CreatePivotTable(TableDestination, TableName, ReadData, DefaultVersion)
```

其中 TableDestination 为必选参数，代表数据透视表目标区域左上角单元格，此单元格必须位于 PivotCache 所属的工作簿中。如果希望在新的工作表中创建数据透视表，那么可以将此参数设置为空字符串。

如果指定了 TableDestination 参数，并且已经成功运行，即已经在指定单元格创建了数据透视表。当再次运行此代码时，由于指定单元格位置已经存在一个数据透视表，因此将产生错误号为 1004 的运行时错误。

第 11 行代码到第 12 行代码设置显示为经典数据透视表布局。

第 13 行代码到第 15 行代码调整数据透视表布局，请参阅示例 16.4 的讲解。

第 17 行代码和第 18 行代码释放对象变量所占用的系统资源。

16.5　在代码中引用数据透视表

实际工作中经常需要运用代码处理工作簿中已经创建的数据透视表，这就需要引用指定的数据透视表，然后进行相关操作。对于代码中新创建的数据透视表，可以使用 Set 语句将数据透视表对象赋值给一个对象变量，以便于后续代码的引用。

Excel 中的 PivotTables 集合代表指定工作表中所有 PivotTable 对象组成的集合，在图 16-1 可以看出 PivotTables 对象集合是 WorkSheet 对象的子对象，而不是隶属于 WorkBook 对象。

与 Excel 中的其他对象集合类似，数据透视表对象也可以通过名称或者序号进行引用。如果数据透视表的名称是固定的，在代码中则可以使用其名称引用数据透视表。

示例 16.6　数据透视表的多种引用方法

打开示例文件"数据透视表的多种引用方法.xlsm"，"数据透视表"工作表为该工作簿中的第一个工作表，并且其中只有一个数据透视表名称为"PvtOnSheet1"，如图 16-17 所示。

	A	B	C	D	E	F	G	H
1	发生额	月						
2	部门	01	02	03	04	05	06	总计
3	财务部	18,461.74	18,518.58	21,870.66	19,016.85	29,356.87	17,313.71	124,538.41
4	二车间	9,594.98	10,528.06	14,946.70	20,374.62	23,034.35	18,185.57	96,664.28
5	技改办				11,317.60	154,307.23	111,488.76	277,113.59
6	经理室	3,942.00	7,055.00	17,491.30	4,121.00	28,371.90	13,260.60	74,241.80
7	人力资源部	2,392.25	2,131.00	4,645.06	2,070.70	2,822.07	2,105.10	16,166.18
8	销售1部	7,956.20	11,167.00	40,314.92	13,854.40	36,509.35	15,497.30	125,299.17
9	销售2部	13,385.20	16,121.00	28,936.58	27,905.70	33,387.31	38,970.41	158,706.20
10	一车间	31,350.57	18.00	32,026.57	5,760.68	70,760.98	36,076.57	175,993.37
11	总计	87,082.94	65,538.64	160,231.79	104,421.55	378,550.06	252,898.02	1,048,723.00

图 16-17　工作表中的数据透视表区域

那么下面的 4 个引用方式是完全相同的：

```
Sheets("数据透视表").PivotTables("PvtOnSheet1")
Sheets(1).PivotTables("PvtOnSheet1")
Sheets("数据透视表").PivotTables(1)
Sheets(1).PivotTables(1)
```

使用数据透视表区域内任意 Range 对象的 PivotTable 属性都可以引用该数据透视表，本例中的数据透视表区域为 A1:H11。

```
Sheets("Sheet1").Cells(1, "A").PivotTable
Sheets("Sheet1").Range("H1").PivotTable
Sheets("Sheet1").Cells(11,"H").PivotTable
```

 注意

> 图 16-17 所示工作表中的 C1:H1 单元格区域虽然是空白区域，但是这些单元格仍然属于数据透视表区域，因此可以使用其 PivotTable 属性引用数据透视表。

示例 16.7　遍历工作簿中的数据透视表

在示例文件"遍历工作簿中的数据透视表.xlsm"中已经创建了 4 个季度的数据透视表分别位于 4 个不同的工作表中，如图 16-18 所示。

即使不知道这些数据透视表的名称，在代码中仍可以使用 For...Next 循环结构遍历 PivotTables 集合中的所有 PivotTable 对象。

```
#001  Sub AllPivotTables()
#002      Dim objPvtTbl As PivotTable
#003      Dim strMsg As String
#004      Dim objSht As Worksheet
#005      strMsg = "透视表名称" & vbTab & "工作表名称"
#006      For Each objSht In ThisWorkbook.Worksheets
#007          For Each objPvtTbl In objSht.PivotTables
#008              With objPvtTbl
```

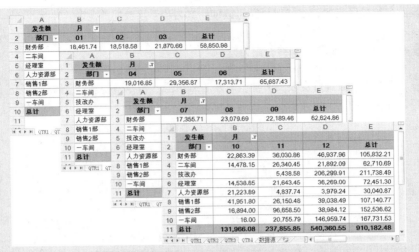

图 16-18　季度数据透视表

```
#009                strMsg = strMsg & vbCrLf & .Name & _
        vbTab& vbTab & .Parent.Name
#010            End With
#011        Next objPvtTbl
#012    Next objSht
#013    MsgBox strMsg, vbInformation, "AllPivotTable"
#014    Set objPvtTbl = Nothing
#015    Set objSht = Nothing
#016  End Sub
```

示例代码将遍历当前工作簿中的所有数据透视表，并显示其名称和所在工作表的名称，运行 AllPivotTables 过程结果如图 16-19 所示。

代码解析：

第 5 行代码利用字符串连接符 "&" 生成消息框中的第一行标题，其中 vbTab 代表制表符。

第 6 行代码到第 11 行代码为双层 For...Each 嵌套循环。其中外层 For...Each 循环用于遍历当前工作簿中的全部工作表，内层 For...Each 循环用于遍历指定工作表中的 PivotTable 对象。

第 9 行代码生成消息框的显示内容。其中第一个 Name 属性返回数据透视表的名称，".Parent.Name" 返回工作表的名称。vbCrLf 代表回车换行符。

第 13 行代码显示类型为 vbInformation，标题为 "AllPivotTable" 的消息框，显示的内容为字符串变量 strMsg 的值。

第 14 行代码和第 15 行代码释放对象变量所占用的系统资源。

图 16-19　遍历数据透视表

16.6　更改数据透视表中默认的字段汇总方式

在创建数据透视表时，Excel 可以根据数据源字段的类型和数据特征来决定数据透视表值字段的汇总方式。但是 Excel 的这种智能判断并不完美，有些时候这种默认的字段汇总方式并不是用户希望得到的结果。

示例 16.8　使用 Excel 默认的字段汇总方式创建数据透视表

打开示例文件"使用 Excel 默认的字段汇总方式创建数据透视表.xlsm"，在"数据源"工作表中有如图 16-20 所示的统计数据，除 6 月份产量外，其他月份数据中都有空白单元格。

	项目	1月份产量	2月份产量	3月份产量	4月份产量	5月份产量	6月份产量
2	A001	1312	5764	9031	4235	2908	7683
3	A015	8294	7524	8037	1002	1393	4731
4	A003	8449	7788	8638	1774	2573	9166
5	A008	9511	2761	6712	7704	6148	2615
6	A009	3186	1435	777	816	4937	774
7	A006	3387	6553	1894	7342		2770
8	A013	3919	6196	8037	541	3354	7737
9	A008	8201		873	6119	2353	5272
10	A009	7484	4617	8790	7905	4697	6111
11	A006	725	5773	702		460	2459
12	A007		2416	8848	7629	7046	6921
13	A011	4744	6507		2336	7358	6367
14	A003	5262	2991	5629	741	5395	1069
15	A004	3585	90	8944	6192	8353	8296
16	A005	2951	9825	226	6638	5649	2908
17	A012	3917	2737	6875	5395	9742	9329
18	A007	1725	6697	3358	5026	4823	2299
19	A003	5992	4429	5647	2178	4636	3061
20	A014	5499	1410	9879	6216	6046	2221
21	A010	6900	735	5052	9249	8589	4380

图 16-20　包含空白单元格的数据源

```
#001   Sub CreatPvtDefaultFunction()
#002      Dim objPvtTbl As PivotTable
#003      Dim objPvtTblCa As PivotCache
#004      Dim iMonth As Integer
#005      With Sheets("数据透视表")
#006         For Each objPvtTbl In .PivotTables
#007            objPvtTbl.TableRange2.Clear
#008         Next
#009         Set objPvtTblCa = ActiveWorkbook.PivotCaches.Add( _
                  SourceType:=xlDatabase, _
               SourceData:=Sheets("数据源").[A1].CurrentRegion)
#010         Set objPvtTbl = objPvtTblCa.CreatePivotTable( _
                        TableDestination:=.Range("A3"))
#011         With objPvtTbl
#012            .AddFields RowFields:="项目"
#013            For iMonth = 1 To 6
#014               .AddDataField Field:= _
                  objPvtTbl.PivotFields(iMonth & "月份产量"), _
                  Caption:=iMonth & "月份"
#015            Next
#016            With .DataPivotField
#017               .Orientation = xlColumnField
#018               .Caption = "产量"
#019            End With
#020         End With
```

```
#021      End With
#022      ActiveWorkbook.ShowPivotTableFieldList = False
#023      Set objPvtTbl = Nothing
#024      Set objPvtTblCa = Nothing
#025  End Sub
```

运行 CreatPvtNoFunction 过程创建的数据透视表如图 16-21 所示。由于数据源中存在空白单元格，Excel 创建数据透视表时，对于该部分数据（1 月份至 5 月份）采用“计数”方式进行汇总，只有 6 月份数据采用“求和”方式进行汇总。

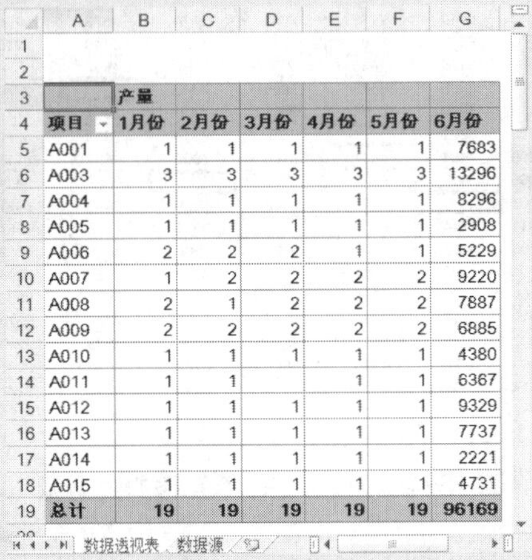

	A	B	C	D	E	F	G
1							
2							
3		产量					
4	项目	1月份	2月份	3月份	4月份	5月份	6月份
5	A001	1	1	1	1	1	7683
6	A003	3	3	3	3	3	13296
7	A004	1	1	1	1	1	8296
8	A005	1	1	1	1	1	2908
9	A006	2	2	2	1	1	5229
10	A007	1	2	2	2	2	9220
11	A008	2	1	2	2	2	7887
12	A009	2	2	2	2	2	6885
13	A010	1	1	1	1	1	4380
14	A011	1	1		1	1	6367
15	A012	1	1	1	1	1	9329
16	A013	1	1	1	1	1	7737
17	A014	1	1	1	1	1	2221
18	A015	1	1	1	1	1	4731
19	总计	19	19	19	19	19	96169

图 16-21　使用 Excel 默认的字段汇总方式

代码解析：

第 6 行代码到第 8 行代码使用 For...Each 循环结构，删除“数据透视表”工作表中已经存在的全部数据透视表。

第 9 行代码创建一个新的 PivotCache 对象。

第 10 行代码创建一个数据透视表。

第 12 行代码添加行字段“项目”。

第 13 行代码到第 15 行代码添加值字段。

第 17 行代码调整值字段的 Orientation 属性，使值字段显示在列字段区域。

第 18 行代码修改值字段标题为“产量”。

示例 16.9　修改数据透视表的字段汇总方式

如果数据透视表中值字段非常多，手工调整字段的汇总方式将花费大量时间，使用代码可以很容易地调整相关字段的汇总方式。

```
#001  Sub ModifyFieldFunction()
#002      Dim objPvtTbl As PivotTable
#003      Dim objPvtTblFd As PivotField
#004      Dim iMonth As Integer
#005      Application.ScreenUpdating = False
```

```
#006          With Sheets("数据透视表").PivotTables(1)
#007              .ManualUpdate = True
#008              For Each objPvtTblFd In .DataFields
#009                  objPvtTblFd.Function = xlSum
#010              Next
#011              .ManualUpdate = False
#012          End With
#013          Set objPvtTblFd = Nothing
#014          Set objPvtTbl = Nothing
#015          Application.ScreenUpdating = True
#016    End Sub
```

运行 ModifyFieldFunction 过程，数据透视表中值字段的所有"计数"汇总方式都将被更改为"求和"汇总方式，其效果如图 16-22 所示。

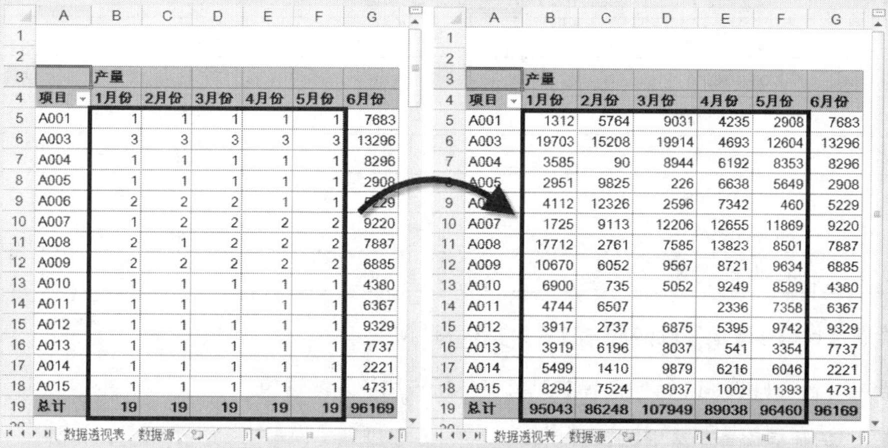

图 16-22　修改值字段的汇总方式

代码解析：

第 5 行代码关闭屏幕更新可加快代码的执行速度。

第 7 行代码设置数据透视表为手动更新方式，避免在修改透视表设置的过程中，因系统自动更新数据透视表而产生冲突。

第 8 行代码到第 10 行代码使用 For...Each 循环结构遍历数据透视表中的值字段，并修改其 Function 属性为 xlSum。

Function 属性用于设置或者返回数据透视表值字段汇总时所使用的函数，其取值可以是 XlConsolidationFunction 常量之一，如表 16-3 所示。

表 16-3　　　　　　　　　　　　　　　**XlConsolidationFunction** 常量

常　　量	数　值	含　　义
xlAverage	−4106	平均值
xlCount	−4112	计数
xlCountNums	−4113	数值计数
xlMax	−4136	最大值
xlMin	−4139	最小值

续表

常　　量	数　　值	含　　义
xlProduct	-4149	乘
xlStDev	-4155	基于样本的标准偏差
xlStDevP	-4156	基于全体数据的标准偏差
xlSum	-4157	总计
xlUnknown	1000	未指定任何分类汇总函数
xlVar	-4164	基于样本的方差
xlVarP	-4165	基于全体数据的方差

第 8 行代码中使用 DataFields 集合遍历数据透视表中的值字段对象。在对象模型中除了 PivotFileds 集合外，还有几个常用的 PivotField 对象集合，如表 16-4 所示。正确选择使用对象集合可以提高代码的运行效率。

表 16-4　　　　　　　　　　　常用 PivotField 对象集合

对 象 集 合	含　　义
RowFields	行字段集合
ColumnFields	列字段集合
DataFields	值字段集合
PageFields	页面字段集合
HiddenFields	隐藏字段集合
VisibleFields	可见字段集合

第 9 行代码修改值字段的汇总方式为"求和"。

第 13 行代码和第 14 行代码释放对象变量所占用的系统资源。

第 15 行代码恢复系统屏幕更新功能。

16.7　调整值字段的位置

除了在创建数据透视表时直接指定值字段的位置以外，还可以通过修改 PivotField 对象的 Orientation 属性来调整指定字段在现有数据透视表中的位置。

示例 16.10　调整数据透视表值字段项的位置

打开示例文件"调整数据透视表值字段项的位置.xlsm"，运行 DataFieldPosition 过程将创建两个数据透视表，如图 16-23 所示，左侧数据透视表的值字段项显示在列字段位置，右侧数据透视表的值字段项显示在行字段位置。

```
#001  Sub DataFieldPosition()
#002      Dim objPvtTbl As PivotTable
#003      Dim objPvtTblCa As PivotCache
#004      Dim iMonth As Integer
#005      Dim i As Integer
#006      For Each objPvtTbl In Worksheets("数据透视表").PivotTables
#007          objPvtTbl.TableRange2.Clear
```

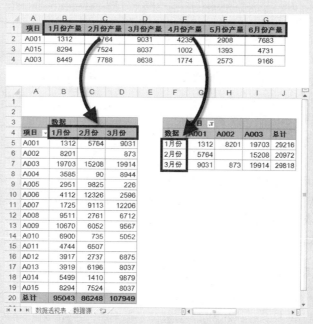

图 16-23　调整值字段的位置

```
#008        Next
#009        Set objPvtTblCa = ActiveWorkbook.PivotCaches.Add( _
            SourceType:=xlDatabase, _
            SourceData:=Worksheets("数据源").[A1].CurrentRegion)
#010        Set objPvtTbl = objPvtTblCa.CreatePivotTable( _
                TableDestination:=Worksheets("数据透视表").Range("A3"))
#011        With objPvtTbl
#012            .AddFields RowFields:="项目", ColumnFields:="Data"
#013            For iMonth = 1 To 3
#014                .AddDataField Field:=objPvtTbl.PivotFields( _
                    iMonth & "月份产量"), _
                    Caption:=iMonth & "月份", _
                    Function:=xlSum
#015            Next
#016        End With
#017        Set objPvtTbl = objPvtTblCa.CreatePivotTable( _
                TableDestination:=Worksheets("数据透视表").Range("F3"))
#018        With objPvtTbl
#019            .AddFields RowFields:="Data", ColumnFields:="项目"
#020            For iMonth = 1 To 3
#021                .AddDataField Field:=objPvtTbl.PivotFields( _
                    iMonth & "月份产量"), _
                    Caption:=iMonth & "月份", _
                    Function:=xlSum
#022            Next
#023        For i = 4 To 15
```

```
#024                     .PivotFields("项目").PivotItems _
                     ("A0" &VBA.Format(i, "00")).Visible = False
#025          Next
#026      End With
#027      ActiveWorkbook.ShowPivotTableFieldList = False
#028      Set objPvtTbl = Nothing
#029      Set objPvtTblCa = Nothing
#030  End Sub
```

代码解析：

第12行代码用于设置第一个数据透视表布局，将"项目"字段设置为行字段，将"Data"设置为列字段。这里的"Data"只是一个"虚拟值字段"，在数据源中并没有任何一个单元格的内容为"Data"，它代表当前数据透视表中的全部值字段。

第13行代码到第15行代码利用循环结构添加值字段，并显示在列字段区域。

第19行代码用于设置第二个数据透视表布局，将"项目"字段设置为列字段，将虚拟值字段"Data"设置为行字段。

第20行代码到第22行代码利用循环结构添加值字段，并显示在行字段区域。

第23行代码到第25行代码隐藏"项目"字段中的部分条目，以便于对比两个数据透视表。

第28行代码和第29行代码释放对象变量所占用的系统资源。

> **注意** →
>
> 如果数据源的行标题或者列标题中包括"Data"，那么在代码中无法使用虚拟值字段。

16.8 清理数据透视表字段下拉列表

虽然数据透视表的内容可以自动或者手动进行更新，但是对于数据透视表字段下拉列表来说，更新数据透视表仅可以将数据源中新的字段添加到数据透视表字段下拉列表，而对于已经存在于数据透视表字段下拉列表中，即使在数据源已经删除相应条目，数据透视表并不会自动删除已经不存在的条目。如果数据源经过多次修改，那么数据透视表字段下拉列表中就存在大量的"垃圾条目"。

示例 **16.11** 清理数据透视表字段下拉列表

打开示例文件"清理数据透视表字段下拉列表.xlsm"，在"数据透视表"工作表中创建了如图16-24所示的数据透视表，其中行字段为"型号"。

	A	B	C
1	大类	(全部)	
2			
3			
4	型号	总数量	总含税金额
5	SX-C-6C	61	155,873
6	SX-C-8C	78	196,999
7	SX-D-10C	84	118,340
8	SX-D-6C	55	84,373
9	SX-D-8C	70	101,999
10	总计	348	657,584.00

图16-24 数据修改前的数据透视表

由于产品更新换代，需要将产品型号进行升级，"SX-C-6C"和"SX-C-8C"分别升级为
"SX-C-6D"和"SX-C-8D"则可以运行 ReplaceData 过程修改数据源。

```
#001  Sub UpdateSourceData()
#002    With Sheets("数据源").Columns(1)
#003      .Replace "SX-C-6C", "SX-C-6D"
#004      .Replace "SX-C-8C", "SX-C-8D"
#005    End With
#006    Sheets("数据透视表").PivotTables(1).RefreshTable
#007  End Sub
```

代码解析：

第 3 行代码和第 4 行代码将数据源中"SX-C-6C"和"SX-C-8C"分别替换为"SX-C-6D"
和"SX-C-8D"。

第 6 行代码更新数据透视表。

在更新后的数据透视表中，第一列"型号"数据中已经没有了"SX-C-6C"和"SX-C-8C"，
取而代之的是"SX-C-6D"和"SX-C-8D"，如图 16-25 所示。

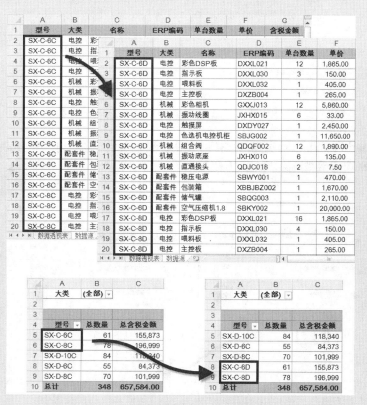

图 16-25　更新原始数据并更新数据透视表

单击行字段"型号"右侧的下拉按钮，在下拉列表中已经出现更新后的新型号"SX-C-6D"
和"SX-C-8D"，但是原型号"SX-C-6C"和"SX-C-8C"仍然存在，并没有随着数据的改变而
消失，如图 16-26 所示。

通过修改数据透视表缓存对象的属性，在更新数据透视表时将自动删除下拉列表的"垃圾条目"。

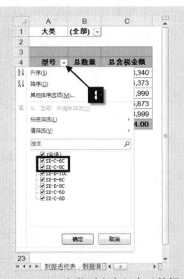

图 16-26　字段列表中包含旧数据

```
#001  Sub ClearMissingItems()
#002     Dim objPvtTblCache As PivotCache
#003     For Each objPvtTblCache In ThisWorkbook.PivotCaches
#004        With objPvtTblCache
#005           .MissingItemsLimit = xlMissingItemsNone
#006           .Refresh
#007        End With
#008     Next objPvtTblCache
#009  End Sub
```

运行 ClearMissingItems 过程，单击行字段"型号"右侧的下拉按钮，下拉列表中的"SX-C-6C"和"SX-C-8C"已经被删除，如图 16-27 所示。

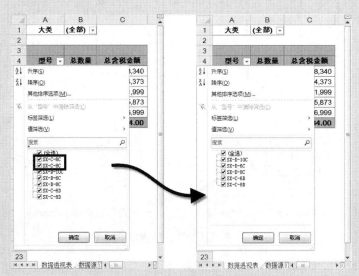

图 16-27　更新后的字段下拉列表

代码解析：

第 3 行代码循环遍历当前工作簿中的全部 PivotCache 对象。

第 5 行代码修改数据透视表缓存的 MissingItemsLimit 属性为 xlMissingItemsNone，即不保留数据透视表字段的唯一项。

第 7 行代码用于更新数据透视表缓存。

此外，也可以利用示例 3.5 讲述的方法，手工操作修改数据透视表设置来清理这些多余的条目。

16.9 利用数据透视表快速汇总多个工作簿

如果数据源保存在多个工作簿中，并且每个工作簿中又包含多个工作表，手工汇总这些数据时，需要逐个打开工作簿，将所有的原始数据汇总到一个新的工作表中，然后以此工作表为数据源创建数据表。保存原始数据的工作簿中任何数据变更之后，都需要重复上面的繁琐步骤来汇总新数据。

本示例利用数据透视表的外部连接数据源，可以实现方便快捷的汇总和数据更新。

示例 16.12 利用数据透视表快速汇总多个工作簿

在示例文件所在的目录中有 4 个季度明细数据工作簿（Q1.XLSX、Q2.XLSX、Q3.XLSX 和 Q4.XLSX），每个工作簿包含该季度 3 个月份的明细数据工作表，这些工作表中的数据表结构完全相同，如图 16-28 所示。

	A	B	C	D	E	F
1	月	日	凭证号数	部门	科目划分	发生额
2	1	29	记-0023	一车间	邮寄费	5
3	1	29	记-0021	一车间	出租车费	14.8
4	1	31	记-0031	二车间	邮寄费	20
5	1	29	记-0022	二车间	过桥过路费	50
6	1	29	记-0023	二车间	运费附加	56
7	1	24	记-0008	财务部	独子费	65
8	1	29	记-0021	二车间	过桥过路费	70
9	1	29	记-0022	销售1部	出差费	78
10	1	29	记-0022	经理室	手机电话费	150

M1 M2 M3

	A	B	C	D	E	F
1	月	日	凭证号数	部门	科目划分	发生额
2	4	24	记-0030	二车间	出租车费	30.1
3	4	4	记-0006	二车间	运费附加	33
4	4	6	记-0003	销售1部	出差费	36
5	4	6	记-0008	二车间	其他	40
6	4	27	记-0037	二车间	出租车费	43.9
7	4	28	记-0045	财务部	独子费	55
8	4	27	记-0037	二车间	运费附加	60
9	4	4	记-0002	二车间	出租车费	85.6
10	4	4	记-0002	二车间	过桥过路费	147

M4 M5 M6

	A	B	C	D	E	F
1	月	日	凭证号数	部门	科目划分	发生额
2	7	25	记-0076	一车间	过桥过路费	4
3	7	25	记-0076	一车间	出租车费	13.1
4	7	3	记-0007	一车间	运费附加	15.3
5	7	11	记-0030	一车间	出租车费	16
6	7	19	记-0047	二车间	运费附加	24
7	7	25	记-0073	销售1部	出差费	36
8	7	3	记-0007	二车间	出租车费	43.9
9	7	25	记-0075	二车间	运费附加	50
10	7	4	记-0011	二车间	邮寄费	50

M7 M8 M9

	A	B	C	D	E	F
1	月	日	凭证号数	部门	科目划分	发生额
2	10	23	记-0032	一车间	过桥过路费	16
3	10	16	记-0015	二车间	计算机耗材	20
4	10	16	记-0018	二车间	过桥过路费	50
5	10	8	记-0001	二车间	办公用品	57.6
6	10	25	记-0057	二车间	过桥过路费	65
7	10	23	记-0044	财务部	独子费	70
8	10	8	记-0002	二车间	出租车费	70.1
9	10	8	记-0002	销售1部	出差费	100
10	10	23	记-0034	经理室	手机电话费	100

M10 M11 M12

图 16-28 数据源保存在 4 个工作簿中

打开示例文件“利用数据透视表快速汇总多个工作簿.xlsm”，运行其中的 MultiWKPvt 过程，在“数据透视表”工作表中将创建如图 16-29 所示的数据透视表。任何工作簿中的数据变更之后，只需要刷新数据透视表就能获得最新的汇总结果。

	A	B	C	D	E	F	G	H	I	J
1	科目划分	(全部)								
2										
3	发生总额	月								
4	部门	1	2	4	5	7	8	10	11	总计
5	财务部	18461.74	18518.58	19016.85	29356.87	17355.71	23079.69	22863.39	36030.86	184683.69
6	二车间	9594.98	10528.06	20374.62	23034.35	21916.07	27112.05	14478.15	26340.45	153378.73
7	技改办			11317.6	154307.23	54955.4	72145		5438.58	298163.81
8	经理室	3942	7055	4121	28371.9	19747.2	10608.38	14538.85	21643.45	110027.78
9	人力资源部	2392.25	2131	2070.7	2822.07	2103.08	3776.68	21223.89	4837.74	41357.41
10	销售1部	7956.2	11167	13854.4	36509.35	70604.39	64152.12	41951.8	26150.48	272345.74
11	销售2部	13385.2	16121	27905.7	33387.31	79620.91	52661.83	16894	96658.5	336634.45
12	一车间	31350.57	18	5760.68	70760.98	4838.9	19	16	20755.79	133519.92
13	总计	87082.94	65538.64	104421.55	378550.06	271141.66	253554.75	131966.08	237855.85	1530111.53

数据透视表

图 16-29 汇总多个工作簿生成的数据透视表

```
#001   Sub MultiWKPivotTable()
#002       Dim strPath As String
#003       Dim strFullName As String
#004       Dim objPvtCache As PivotCache
#005       Dim objPvtTbl As PivotTable
#006       Dim i As Integer
#007       Application.ScreenUpdating = False
#008       For Each objPvtTbl In Sheets("数据透视表").PivotTables
#009           objPvtTbl.TableRange2.Clear
#010       Next objPvtTbl
#011       strPath = ThisWorkbook.Path
#012       strFullName = ThisWorkbook.FullName
#013       Set objPvtCache = ActiveWorkbook.PivotCaches.Add _
                      (SourceType:=xlExternal)
#014       With objPvtCache
'ODBC Connection
#015           .Connection = Array("ODBC;DSN=Excel Files;DBQ=" & _
                   strFullName& ";DefaultDir=" & strPath)
'       OLEDB Connection
#016           '.Connection = _
'           Array("OLEDB;Provider=Microsoft.ACE.OLEDB.12.0;" & _
'               "Data Source=" & strFullName & _
'               ";Extended Properties=""Excel 12.0;HDR=Yes"";")
#017           .CommandType = xlCmdSql
#018           .CommandText = Array("SELECT * FROM `" & strPath & _
           "\Q1.XLSX`.`M1$` UNION ALL SELECT * FROM `" & strPath & _
           "\Q1.XLSX`.`M2$` UNION ALL SELECT * FROM `" & strPath & _
           "\Q1.XLSX`.`M3$`", _
           "UNION ALL SELECT * FROM `" & strPath & _
           "\Q2.XLSX`.`M4$` UNION ALL SELECT * FROM `" & strPath & _
           "\Q2.XLSX`.`M5$` UNION ALL SELECT * FROM `" & strPath & _
           "\Q2.XLSX`.`M6$`", _
           "UNION ALL SELECT * FROM `" & strPath & _
           "\Q3.XLSX`.`M7$` UNION ALL SELECT * FROM `" & strPath & _
           "\Q3.XLSX`.`M8$` UNION ALL SELECT * FROM `" & strPath & _
           "\Q3.XLSX`.`M9$`", _
           "UNION ALL SELECT * FROM `" & strPath & _
           "\Q4.XLSX`.`M10$` UNION ALL SELECT * FROM `" & strPath & _
           "\Q4.XLSX`.`M11$` UNION ALL SELECT * FROM `" & strPath & _
           "\Q4.XLSX`.`M12$`")
#019       End With
#020       Set objPvtTbl = objPvtCache.CreatePivotTable(TableDestination:= _
                   Sheets("数据透视表").Cells(3, 1), _
                   TableName:="MultiWKobjPvtTbl")
#021       With objPvtTbl
#022           .ManualUpdate = True
```

```
#023            .AddFields RowFields:="部门", ColumnFields:="月", _
                    PageFields:="科目划分"
#024            .AddDataField Field:=objPvtTbl.PivotFields("发生额"), _
                    Caption:="发生总额", Function:=xlSum
#025        For i = 1 To 4
#026                .PivotFields("月").PivotItems(i * 3).Visible = False
#027            Next i
#028            .ManualUpdate = False
#029        End With
#030        Application.ScreenUpdating = True
#031        Set objPvtTbl = Nothing
#032        Set objPvtCache = Nothing
#033  End Sub
```

代码解析:

第 7 行代码禁止屏幕更新,提高代码运行效率。

第 8 行代码到第 10 行代码清除"数据透视表"工作表的数据透视表。

第 11 行代码获取示例文件所在的目录名称。

第 12 行代码获取示例文件目录名称和文件名。

第 13 行代码到第 19 行代码指定 ODBC 为数据透视表缓存的外部数据源。此部分代码涉及 SQL 查询和 ODBC 数据源等相关知识,限于篇幅无法进行详细讲解。读者如果希望了解这些语句的具体含义,请参考相关书籍。

第 15 行代码设置 ODBC 连接属性。

第 16 行代码设置 OLE DB 连接属性。

注意
◼◼■➔

> 本示例中既可以使用 ODBC 连接外部数据源,也可以使用 OLEDB 连接外部数据源,但是两者的连接参数并不相同。

第 17 行代码设置 CommandType 属性为 xlCmdSql,即使用一个 SQL 查询语句返回的数据集作为创建数据透视表的数据源。

第 18 行代码创建 SQL 查询语句。

第 20 行代码在"数据透视表"工作表中创建名称为"MultiWKobjPvtTbl"的数据透视表。

第 22 行代码设置数据透视表为手动更新方式。

第 23 行代码添加数据透视表的行字段、列字段和筛选字段。

第 24 行代码添加值字段"发生额",并设定其汇总方式为"求和",字段标题为"发生总额"。

第 25 行代码到第 27 行代码隐藏"月"字段的部分条目。

第 28 行代码恢复数据透视表的自动更新方式。

第 30 行代码恢复屏幕更新。

第 31 行代码和第 32 行代码释放对象变量。

第
16
章

16.10 数据透视表缓存

数据透视表缓存即 PivotCache 对象是一个非常重要的"幕后英雄",这一点在 16.4.2 小节中已经提到过,下面将更深入地介绍有关该对象的用法。

16.10.1 显示数据透视表的缓存索引和内存使用量

Excel 应用程序使用索引编号来标识工作簿中的数据透视表缓存,每个数据透视表缓存都拥有一个唯一的索引号,在创建数据透视表时系统将自动为新产生的数据透视表缓存分配索引号。

示例 16.13 显示数据透视表的缓存索引和内存使用量

打开示例文件"显示数据透视表的缓存索引和内存使用量.xlsm",在名称为"数据透视表"的工作表中已经创建了 4 个数据透视表,如图 16-30 所示。

图 16-30 工作表中的 4 个数据透视表

下面的代码将在"结果"工作表中输出所有的数据透视表缓存信息,如图 16-31 所示。由结果可以看出,4 个数据透视表分别使用不同的数据透视表缓存,每个缓存都占用了 65 592 个字节的内存。

数据透视表名称	数据透视表缓存序号	内存使用量(字节)
数据透视表3	2	65596
数据透视表2	3	65596
数据透视表1	4	65596
数据透视表4	1	65596

图 16-31 数据透视表索引号与内存使用量

```
#001  Sub ListPvtCaches()
#002      Dim objPvtTbl As PivotTable
#003      Dim lRow As Long
#004      Dim objSht As Worksheet
#005      On Error Resume Next
#006      Application.DisplayAlerts = False
#007      Err.Clear
```

```
#008        Set objSht = Sheets("结果")
#009        If Err.Number = 9 Then
#010          Set objSht = Sheets.Add
#011          objSht.Name = "结果"
#012        Else
#013          objSht.Cells.ClearContents
#014        End If
#015        Application.DisplayAlerts = True
#016        On Error GoTo 0
#017        With objSht
#018          .Range("A1:C1").Value = Array("数据透视表名称", _
                 "数据透视表缓存序号", "内存使用量（字节）")
#019          lRow = 2
#020          For Each objPvtTbl In Worksheets("数据透视表").PivotTables
#021              .Cells(lRow, 1) = objPvtTbl.Name
#022              .Cells(lRow, 2) = objPvtTbl.CacheIndex
#023              .Cells(lRow, 3) = objPvtTbl.PivotCache.MemoryUsed
#024              lRow = lRow + 1
#025          Next
#026          .Activate
#027        End With
#028  End Sub
```

代码解析：

第 5 行代码用于忽略运行时错误，发生运行时错误时程序将继续执行。

第 6 行代码禁止系统显示错误提示信息。

第 7 行代码清除系统错误信息，这样可以确保第 9 行代码捕获的错误是由本过程产生的。

第 8 行代码为 objSht 变量赋值，如果工作簿中没有名称为"结果"的工作表，那么将产生错误号为 9 的运行时错误。

第 9 行代码判断是否产生了错误号为 9 的运行时错误。

第 10 行代码在当前工作簿中添加一个新的工作表，用于保存代码执行的结果。

第 11 行代码修改新建工作表的名称为"结果"。

如果工作簿中已经存在"结果"工作表，第 13 行代码将清空该工作表中的内容。

第 15 行代码恢复系统错误提示功能。

第 16 行代码恢复系统错误处理机制。

第 18 行代码用于设置结果的标题行。

第 20 行代码到第 25 行代码循环遍历"数据透视表"工作表中的数据透视表。

第 21 行代码将数据透视表的 Name 属性写入"结果"工作表的第 1 列。

第 22 行代码将数据透视表的 CacheIndex 属性写入"结果"工作表的第 2 列。

第 16 章

第 23 行代码将数据透视表的 MemoryUsed 属性写入 "结果" 工作表的第 3 列。

第 26 行代码激活 "结果" 工作表。

16.10.2 合并数据透视表缓存

在默认情况下，系统会为每个数据透视表分配数据透视表缓存，也就是每个数据透视表独占一个数据透视表缓存。如果工作簿中的数据透视表数目比较多时，将耗费大量的系统内存，甚至影响整个电脑的运行效率。在 Excel 中多个数据透视表可以共享一个数据透视表缓存，这样将会大大节省系统资源。

示例 16.14 合并数据透视表缓存

```
#001  Sub MergePvtCaches()
#002    Dim objPvtTbl As PivotTable
#003    With Worksheets("数据透视表")
#004      For Each objPvtTbl In .PivotTables
#005        objPvtTbl.CacheIndex = .PivotTables(1).PivotCache.Index
#006      Next objPvtTbl
#007    End With
#008  Call ListPvtCaches
#009  MsgBox "工作簿中共有" & ThisWorkbook.PivotCaches.Count & _
        "个数据透视表缓存", vbInformation
#010  End Sub
```

打开示例文件 "合并数据透视表缓存.xlsm"，在名称为 "数据透视表" 的工作表中有 4 个数据透视表。这 4 个数据透视表分别使用不同的数据透视表缓存，其序号为 1 到 4。运行 MergePvt Caches 过程，将 4 个数据透视表全部关联到索引号为 1 数据透视表缓存，此时整个工作簿中只有一个数据透视表缓存，应用程序释放了其余 3 个数据透视表缓存所占用的系统资源，如图 16-32 所示。

代码解析：

第 4 行代码到第 6 行代码循环遍历工作表中的数据透视表，并修改其 CacheIndex 属性。

第 5 行代码中利用 PivotCache.Index 获得第一个数据透视表的数据透视表缓存索引号。

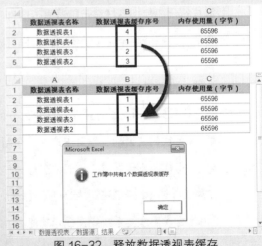

图 16-32 释放数据透视表缓存

第 9 行代码使用消息框显示当前工作簿中所包含的数据透视表缓存的个数。

> **注意**
>
> 在 VBA 代码中既可以用 <PivotTable 对象>.PivotCache.Index 获得数据透视表缓存索引号，也可以直接查询数据 PivotTable 对象的 CacheIndex 属性，但是修改数据透视表所归属的数据透视表缓存时，只能使用 CacheIndex 属性。

深入了解

合并数据透视表缓存除了可以节约系统资源外，也让数据透视表更新操作更方便，使用 PivotCache 对象的 Refresh 方法刷新数据透视表缓存时，所有归属于此 PivotCache 对象的数据透视表将同时被刷新。

在合并数据透视表缓存时，需要注意合理选择目标数据透视表缓存，即最终被多个数据透视表使用的数据透视表缓存。

假设需要将数据透视表 A 和数据透视表 B 所使用的数据透视表缓存进行合并，如果数据透视表 A 和数据透视表 B 中包含完全相同的字段，那么可以选择任何一个数据透视表缓存作为目标数据透视表缓存。如果数据透视表 A 中的字段是数据透视表 B 中字段的有效子集，也就是说数据透视表 B 中部分字段在数据透视表 A 中并不存在，此时只能选择数据透视表 B 所归属的数据透视表缓存作为目标数据透视表缓存，否则数据透视表 B 所拥有的不存在于数据透视表 A 中的字段将无法显示。

16.11　保护数据透视表

众所周知，Excel 的"保护工作表"功能可以防止用户修改工作表内容，包括工作表中的数据透视表。如果用户希望仅保护数据透视表，而不保护透视表以外的单元格区域，那么可以利用代码对数据透视表进行多种不同的保护。

16.11.1　限制数据透视表字段的下拉选择

一般情况下，数据透视表的行字段、列字段和筛选字段都会提供下拉按钮，利用这个按钮可以编辑该字段中各项的显示状态。如果不希望其他用户修改这些字段项的显示状态，可以利用代码在用户界面中禁止使用下拉按钮的功能。

示例 16.15　限制数据透视表字段的下拉选择

```
#001  Sub DisableFilter()
#002    Dim objPvtTbl As PivotTable
#003    Dim objPvtFd As PivotField
#004    Set objPvtTbl = ActiveSheet.PivotTables(1)
#005    For Each objPvtFd In objPvtTbl.PivotFields
#006      objPvtFd.EnableItemSelection = False
#007    Next objPvtFd
#008  End Sub
```

打开示例文件"限制数据透视表字段的下拉选择.xlsm"，工作表中有如图 16-33 所示的数据透视表，行字段"部门"和列字段"月"所在单元格右侧都有下拉按钮。运行 DisableFilter 过程后，数据透视表中行字段和列字段的下拉按钮都被隐藏了。

代码解析：

第 5 行代码到第 7 行代码循环遍历数据透视表中的字段。

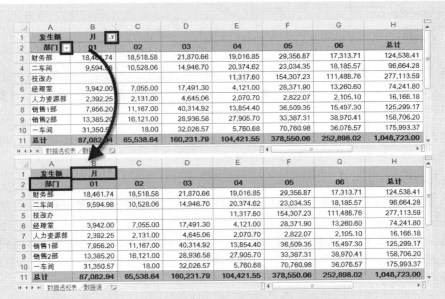

图 16-33　数据透视表字段的下拉选择按钮

第 6 行代码设置数据透视表字段的 EnableItemSelection 属性为 False，在用户界面中禁止使用下拉按钮的功能。

运行示例文件中的 EnableFilter 过程，可以恢复数据透视表的下拉按钮功能。

```
#001  Sub EnableFilter()
#002      Dim objPvtTbl As PivotTable
#003      Dim objPvtFd As PivotField
#004      Set objPvtTbl = ActiveSheet.PivotTables(1)
#005      For Each objPvtFd In objPvtTbl.PivotFields
#006          objPvtFd.EnableItemSelection = True
#007      Next objPvtFd
#008  End Sub
```

16.11.2　限制更改数据透视表布局

Excel 数据透视表的布局调整虽然可以在【数据透视表字段列表】对话框内通过鼠标拖放来实现，但是在提供了方便性的同时，也使得数据透视表布局很容易被用户的意外操作所破坏，为了保护数据透视表的完整性，可以禁止用户更改数据透视表布局。

示例 16.16　限制更改数据透视表布局

```
#001  Sub ProtectPivotTable()
#002      Dim myPvtFd As PivotField
#003      With Sheets("数据透视表").PivotTables(1)
#004          For Each myPvtFd In .PivotFields
#005              With myPvtFd
#006                  .DragToRow = False
```

```
#007                    .DragToColumn = False
#008                    .DragToData = False
#009                    .DragToPage = False
#010                    .DragToHide = False
#011             End With
#012          Next myPvtFd
#013             .EnableFieldList = False
#014          End With
#015   End Sub
```

打开示例文件"限制更改数据透视表布局.xlsm"，在数据透视表中任意单元格（如 C6）上单击鼠标右键，在弹出的快捷菜单上可以使用【显示字段列表】命令或者【隐藏字段列表】命令来控制【数据透视表字段列表】对话框的显示状态。在【数据透视表字段列表】对话框中，用户可以非常容易地调整当前数据透视表的布局，如图 16-34 所示。

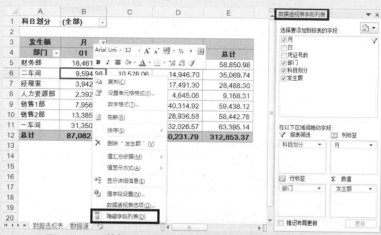

图 16-34　数据透视表和【数据透视表字段列表】对话框

运行 ProtectPivotTable 过程将禁用数据透视表的布局调整功能，Excel 窗口中不再显示【数据透视表字段列表】对话框。在数据透视表中的任意单元格（如 C6）上单击鼠标右键，弹出的快捷菜单上【显示字段列表】命令已被禁用，如图 16-35 所示。

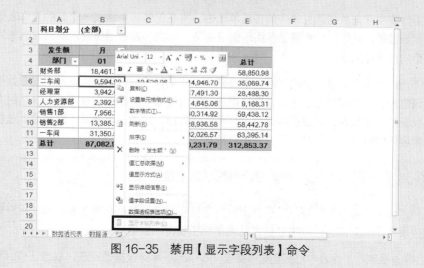

图 16-35　禁用【显示字段列表】命令

代码解析：

第 4 行代码到第 12 行代码循环遍历数据透视表中的全部字段，分别设置其属性。

第 6 行代码禁止将该字段拖动到行字段位置上。

第 7 行代码禁止将该字段拖动到列字段位置上。

第 8 行代码禁止将该字段拖动到值字段位置上。

第 9 行代码禁止将该字段拖动到筛选字段位置上。

第 10 行代码禁止将该字段拖离数据透视表而隐藏该字段。

第 13 行代码禁止显示数据透视表字段列表。

运行示例文件中的 unProtectPivotTable 过程将恢复上述被禁用的数据透视表功能。

```
#001  Sub unProtectPivotTable()
#002      Dim myPvtFd As PivotField
#003      With Sheets("数据透视表").PivotTables(1)
#004        For Each myPvtFd In .PivotFields
#005            With myPvtFd
#006                .DragToRow = True
#007                .DragToColumn = True
#008                .DragToData = True
#009                .DragToPage = True
#010                .DragToHide = True
#011            End With
#012        Next myPvtFd
#013        .EnableFieldList = True
#014      End With
#015  End Sub
```

16.11.3 禁用数据透视表的显示明细数据功能

在工作表中双击数据透视表中的任意单元格，将在工作簿中添加一个新的工作表显示该数据透视表的明细数据，具体操作步骤请参阅示例 2.9 节。如果构建数据透视表的源数据意外丢失，可以利用这个功能重建数据源。

这个功能为用户带来方便的同时，也带来一个非常棘手的问题，这就是在发布数据透视表时如何保护源数据，使得用户无法随意查看数据透视表的源数据。利用 2.9.3 小节讲述的方法通过修改数据透视表的相关属性，可以暂时禁用"显示明细数据"功能，但是对于熟悉数据透视表的用户，可以非常容易地修改这个属性，然后获得源数据。

示例 16.17 禁用数据透视表的显示明细数据功能

利用工作表的系统事件可以实现禁用数据透视表的显示明细数据功能，即使用户修改数据透视表的相关属性，也无法通过双击数据透视表单元格获得源数据。

"数据透视表"工作表中已经创建了如图 16-36 所示的数据透视表，双击 E12 单元格，Excel

将在当前工作簿中添加一个新的工作表，并在其中显示数据透视表的全部源数据。

图 16-36　双击数据透视表单元格显示明细数据

步骤 1 → 打开示例文件"禁用数据透视表的显示明细数据功能.xlsm"，单击【安全警告】消息栏上的【启用内容】按钮，如图 16-37 所示。

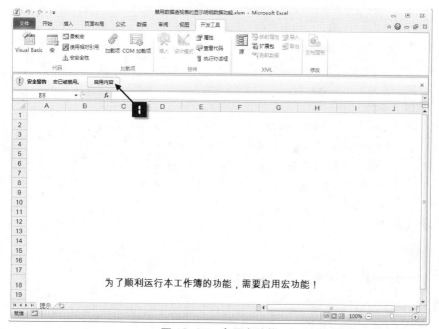

图 16-37　启用宏功能

步骤 2 → 双击数据透视表的 E12 单元格，将显示如图 16-38 所示的警告信息。单击【确定】按钮关闭警告信息对话框。

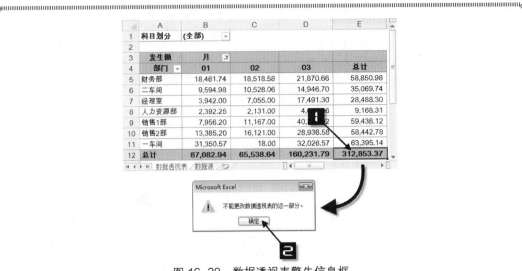

图 16-38　数据透视表警告信息框

> **注意** → 如果在步骤1中未单击【启用内容】按钮，那么示例文件工作簿只显示"提示"工作表，用户无法查看数据透视表。

```
'=== 以下代码位于 ThisWorkbook 模块中 ===
#001  Private Sub Workbook_Open()
#002      Dim objPvtTbl As PivotTable
#003      Sheets("数据源").Visible = xlSheetVisible
#004      Sheets("数据透视表").Visible = xlSheetVisible
#005      Sheets("提示").Visible = xlVeryHidden
#006      For Each objPvtTbl In Sheets("数据透视表").PivotTables
#007          objPvtTbl.EnableDrilldown = False
#008      Next
#009  End Sub
#010  Private Sub Workbook_BeforeClose(Cancel As Boolean)
#011      Sheets("提示").Visible = xlSheetVisible
#012      Sheets("数据源").Visible = xlVeryHidden
#013      Sheets("数据透视表").Visible = xlVeryHidden
#014      Me.Save
#015  End Sub
```

代码解析：

第1行代码到第9行代码为工作簿的 Open 事件代码。

第3行代码显示"数据源"工作表。

第4行代码显示"数据透视表"工作表。

第5行代码隐藏"提示"工作表。

第6行代码到第8行代码遍历"数据透视表"工作表中的数据透视表。

第 7 行代码修改数据透视表的 EnableDrilldown 属性，禁用显示明细数据功能。

第 10 行代码到第 15 行代码为工作簿的 BeforeClose 事件代码。

第 11 行代码显示"提示"工作表。

第 12 行代码隐藏"数据源"工作表。

第 13 行代码隐藏"数据透视表"工作表。

运行示例文件中的 EnablePvtDrilldown 过程可以恢复数据透视表的显示明细数据功能。

```
#001  Sub EnablePvtDrilldown()
#002      Dim objPvtTbl As PivotTable
#003      For Each objPvtTbl In Sheets("数据透视表").PivotTables
#004          objPvtTbl.EnableDrilldown = True
#005      Next
#006  End Sub
```

16.12 选定工作表中的数据透视表区域

如果工作表中存在多个数据透视表，只有使用鼠标进行多次操作，才能选中全部数据透视表区域。利用代码可以快捷而准确地完成这个任务。

示例 16.18 选定工作表中的数据透视表区域

打开示例文件"选定工作表中的数据透视表区域.xlsm"，在"数据透视表"工作表中已经创建了两个数据透视表。运行 SelectPvtRange 过程，工作表中高亮显示的单元格区域被选中，如图 16-39 所示。不难发现，代码并没有选中全部的数据透视表区域，工作表中左侧数据透视表的筛选字段区域没有被选中。

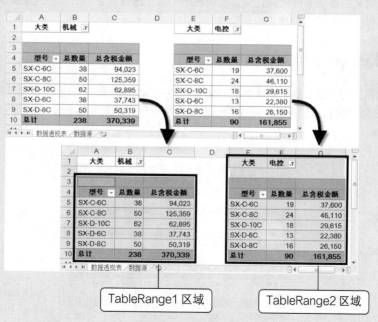

图 16-39 TableRange1 区域和 TableRange2 区域

335

```
#001    Sub SelectPvtRange()
#002        Dim objRng As Range
#003        With Worksheets("数据透视表")
#004            Set objRng = .PivotTables(1).TableRange1
#005            Set objRng = Application.Union(objRng, _
                        .PivotTables(2).TableRange2)
#006        End With
#007        objRng.Select
#008    End Sub
```

代码解析:

第 4 行代码用于获取第一个数据透视表（图 16-39 中左侧的数据透视表）的 TableRange1 区域,并赋值给对象变量 objRng。

第 5 行代码利用 Union 方法将第 2 个数据透视表（图 16-39 中右侧的数据透视表）的 TableRange2 区域合并到 Range 类型变量 objRng 中。

第 10 行代码选中 objRng 所代表的单元格区域。

数据透视表对象的 TableRange1 属性和 TableRange2 属性的区别在于: TableRange1 属性用于返回不包含筛选字段区域在内的数据透视表表格所在区域,而 TableRange2 属性用于返回包含筛选字段区域在内的全部数据透视表区域。知道了这两个属性的区别,在代码中就可以根据不同需要来决定使用那个属性返回数据透视表的相应区域。

16.13　多个数据透视表联动

在实际应用中,如果需要在一个工作簿内保存多个具有相同布局的数据透视表,为了保持位于不同工作表中的数据透视表的一致性,用户不得不逐个修改数据透视表的布局或者显示内容。利用数据透视表对象的系统事件代码,可以实现在一个数据透视表更新时,相应更新其他的多个数据透视表,进而保持所有数据透视表的一致性。

示例 16.19　多个数据透视表联动

打开示例文件“多个数据透视表联动.xlsm”,在“数据透视表 1”和“数据透视表 2”工作表有如图 16-40 所示的数据透视表,两个数据透视表布局和显示的内容完全相同。

图 16-40　两个数据透视表保持同步

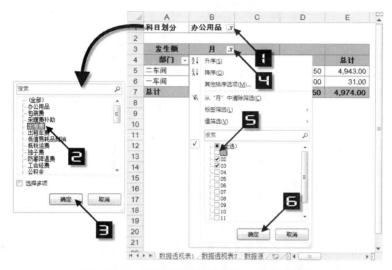

图 16-41　调整数据透视表筛选字段和列字段

步骤3 → 单击工作表标签选中"数据透视表 2"工作表，其中的数据透视表也已经进行了同步
更新，如图 16-42 所示。

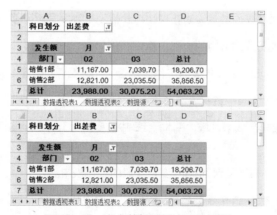

图 16-42　两个数据透视表同步更新

本示例的事件代码如下：

```
'=== 以下代码位于 ThisWorkbook 模块中 ===
#001  Private Sub Workbook_SheetPivotTableUpdate(ByVal Sh As Object, _
                       ByVal Target As PivotTable)
#002    Dim objSht As Worksheet
#003    Dim objPvtTbl As PivotTable
#004    Dim strPvtTblName As String
```

```
#005        Application.ScreenUpdating = False
#006        Application.EnableEvents = False
#007        For Each objSht In Worksheets
#008          If objSht.Name <> Sh.Name And objSht.Name <> "数据源" Then
#009            With objSht.PivotTables(1)
#010                strPvtTblName = .Name
#011                .TableRange2.Clear
#012            End With
#013            Target.TableRange2.Copy objSht.Range("A1")
#014            objSht.PivotTables(1).Name = strPvtTblName
#015          End If
#016        Next objSht
#017        Set objPvtTbl = Nothing
#018        Set objSht = Nothing
#019        Application.EnableEvents = True
#020        Application.ScreenUpdating = True
#021 End Sub
```

代码解析：

本示例代码利用工作簿对象的数据透视表更新事件保持两个数据透视表的同步更新，工作簿中的任意透视表被更新时都会触发此事件，执行预先定义事件代码。

第 1 行代码用于声明工作簿对象的 SheetPivotTableUpdate 事件过程，其中 Sh 参数代表数据透视表所在的工作表对象，Target 参数代表被更新的数据透视表对象。

第 5 行代码禁止屏幕更新，可以提高代码的执行效率。

第 6 行代码禁止系统事件激活，防止系统事件被重复触发导致死循环。

第 7 行代码循环遍历工作簿中的全部工作表。

第 8 行代码判断 objSht 变量代表的工作表是否为"数据源"或者数据透视表所在的工作表。

第 10 行代码保存工作表中透视表的名称。

第 11 行代码清除数据透视表区域，在本行代码中需要使用 TableRange2 属性而不是 TableRange1 属性。

第 13 行代码将透视表拷贝到 objSht 变量代表的工作表中。

第 14 行代码恢复数据透视表的名称，以保证原有代码中对于该数据透视表的名称引用仍然有效。

第 17 行代码和第 18 行代码释放对象变量所占用的系统资源。

第 19 行代码恢复系统事件的响应机制。

第 20 行代码恢复屏幕更新。

注意
事件代码必须放置于指定模块中才可正常运行，例如本示例的代码是工作簿对象的 SheetPivotTableUpdate 事件，那么就应放置于"ThisWorkbook"模块中，如图 16-43 所示。

图 16-43　ThisWorkbook 模块中的事件代码

16.14　快速打印数据透视表

16.14.1　单筛选字段数据透视表快速分项打印

前面介绍了如何手工操作实现单个筛选字段数据透视表的数据项打印功能，其实使用 VAB 代码可以快速地实现类似效果。

示例 16.20　单筛选字段数据透视表快速分项打印

打开示例文件"单筛选字段数据透视表快速分项打印.xlsm"，在"数据透视表"工作表中已经创建了如图 16-44 所示的数据透视表，其筛选字段为"规格型号"，其中共有 7 个字段项。

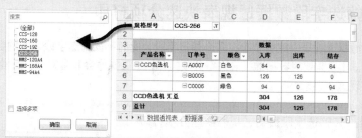

图 16-44　单个筛选字段数据透视表

按筛选字段逐项打印数据透视表的代码如下：

```
#001  Sub PrintPvtTblByPageFields()
#002      Dim objPvtTbl As PivotTable
#003      Dim objPvtTblIm As PivotItem
#004      Dim sCurrentPvtFld As String
#005      Set objPvtTbl = Sheets("数据透视表").PivotTables(1)
#006      With objPvtTbl
```

```
#007            sCurrentPvtFld = .PageFields(1).CurrentPage
#008            For Each objPvtTblIm In .PageFields(1).PivotItems
#009                .PageFields(1).CurrentPage = objPvtTblIm.Name
#010    Sheets("数据透视表").PrintOut
'               Sheets("数据透视表").PrintPreview
#011            Next objPvtTblIm
#012            .PageFields(1).CurrentPage = sCurrentPvtFld
#013        End With
#014        Set objPvtTblIm = Nothing
#015        Set objPvtTbl = Nothing
#016  End Sub
```

代码解析：

第 7 行代码保存筛选字段的当前值，由于本示例中的数据透视表只有一个筛选字段，所以可以直接使用 objPvtTbl.PageFields(1) 引用数据透视表中的页面字段。CurrentPage 属性将返回数据透视表的当前页名称，这个属性仅对筛选字段有效。

第 8 行代码到第 11 行代码循环遍历筛选字段中的 PivotItem 对象。

第 9 行代码修改筛选字段的 CurrentPage 属性。

第 10 行代码打印"数据透视表"工作表。

第 12 行代码恢复筛选字段的当前页设置。

运行 PrintPvtTblByPageFields 过程将按照筛选字段中条目的顺序依次打印 7 个数据透视表。

> **注意** → 如果读者的计算机中没有安装任何打印机，PrintOut 方法会出现运行时错误。读者可以将代码中的 PrintOut 方法改为 PrintPreview，这样可以利用 Excel 的打印预览功能查看代码的运行效果。

16.14.2 多筛选字段数据透视表快速分项打印

在复杂的数据透视表中往往会存在多个筛选字段，此时不同筛选字段之间的数据项组合将按照几何级数增长。如果需要对数据透视表进行分项打印，手工操作会非常繁琐，而借助 VBA 程序可以非常轻松地实现这个要求。

示例 16.21 多筛选字段数据透视表快速分项打印

打开示例文件"多筛选字段数据透视表快速分项打印.xlsm"，在"数据透视表"工作表中存在如图 16-45 所示的数据透视表，其中有 3 个筛选字段，分别是"规格型号"、"颜色"和"版本号"。

按筛选字段的不同组合来打印数据透视表的代码如下：

```
#001  Sub PrintPvtTblblByMultiPageFlds()
#002      Dim objPvtTbl As PivotTable
#003      Dim objPvtTblFld As PivotField
#004      Dim objPvtTblIm As PivotItem
#005      Dim i As Integer
```

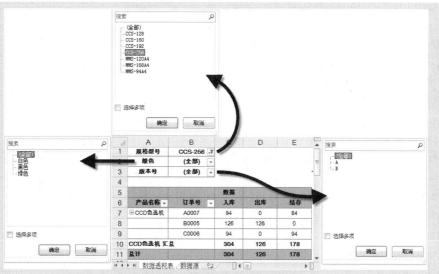

图 16-45　多筛选字段数据透视表

```
#006      Dim astrCurrentPageFld() As String
#007      Set objPvtTbl = Sheets("数据透视表").PivotTables(1)
#008      With objPvtTbl
#009          If .PageFields.Count = 0 Then
#010              MsgBox "当前数据透视表中没有筛选字段！", vbInformation, "提示"
#011              Exit Sub
#012          End If
#013          ReDim astrCurrentPageFld(1 To .PageFields.Count)
#014          For i = 1 To .PageFields.Count
#015              astrCurrentPageFld(i) = .PageFields(i).CurrentPage
#016          Next
#017          For Each objPvtTblIm In .PageFields(1).PivotItems
#018              .PageFields(1).CurrentPage = objPvtTblIm.Name
#019              If .PageFields.Count = 1 Then
#020                  .Parent.PrintOut
'                    .Parent.PrintPreview
#021              Else
#022                  Call PrintPvtTbl(objPvtTbl, 2)
#023              End If
#024          Next
#025          For i = 1 To UBound(astrCurrentPageFld)
#026              .PageFields(i).CurrentPage = astrCurrentPageFld(i)
#027          Next
#028      End With
#029  End Sub
#030  Sub PrintPvtTbl(ByVal objPvtTbl As PivotTable, _
                      ByVal iPageFldIndex As Integer)
#031      Dim objPvtTblIm As PivotItem
#032      With objPvtTbl
```

```
#033        If iPageFldIndex = .PageFields.Count Then
#034          For Each objPvtTblIm In .PageFields(iPageFldIndex).PivotItems
#035            .PageFields(iPageFldIndex).CurrentPage = objPvtTblIm.Name
#036            .Parent.PrintOut
'              .Parent.PrintPreview
#037          Next
#038          Exit Sub
#039        Else
#040          For Each objPvtTblIm In .PageFields(iPageFldIndex).PivotItems
#041            .PageFields(iPageFldIndex).CurrentPage = objPvtTblIm.Name
#042            Call PrintPvtTbl(objPvtTbl, iPageFldIndex + 1)
#043          Next
#044        End If
#045      End With
#046  End Sub
```

代码解析:

第 9 行代码判断数据透视表中是否有筛选字段,如果当前数据透视表中没有筛选字段,第 10 行代码将显示图 16-46 所示的提示消息框,第 11 行代码将结束打印程序的运行。

图 16-46　提示消息框

第 13 行代码为动态数组 astrCurrentPageFld 分配存储空间,用于保存数据透视表筛选字段的当前值。

第 14 行代码到第 16 行代码循环遍历数据透视表中的筛选字段。

第 15 行代码将数据透视表筛选字段的当前值保存到数组 astrCurrentPageFld 中。

第 17 行代码到第 24 行代码循环遍历数据透视表中第一个筛选字段的 PivotItem 对象。

第 18 行代码修改筛选字段的当前值,即 CurrentPage 属性。

第 19 行代码判断数据透视表中筛选字段的数量,如果仅有一个筛选字段,第 20 行代码将打印数据透视表所在的工作表,否则第 22 行代码将调用 PrintPvtTbl 过程。

第 25 行到代码第 27 行代码用于恢复数据透视表筛选字段的当前值。

第 30 行代码到第 46 行代码为 PrintPvtTbl 过程,该过程有两个参数:objPvtTbl 参数是 PivotTable 对象,iPageFldIndex 参数是 Integer 变量,用于保存当前正在处理的筛选字段序号。

第 33 行代码中如果 lPageFldIndex 等于数据透视表中筛选字段的数量,那么当前正在处理的筛选字段为数据透视表中的最后一个筛选字段。

第 34 行到代码第 37 行代码循环遍历筛选字段中的 PivotItem 对象。

第 35 行代码修改筛选字段的当前值,即 CurrentPage 属性。

第 36 行代码将打印数据透视表所在的工作表。

第 38 行代码循环遍历结束后将结束当前调用过程。

如果当前正在处理的筛选字段并不是数据透视表中的最后一个筛选字段，第 40 行代码将遍历该筛选字段中的 PivotItem 对象，第 42 行代码再次调用 PrintPvt 过程实现递归调用。

注意 →
> PrintPvt 过程是一个递归调用过程，是编程中一种特殊的嵌套调用，过程中包含再次调用自身的代码，因此 38 行代码只是结束当前的调用过程，并不一定结束整个程序的执行。

运行 PrintAllPvtPages 过程，将根据数据透视表中筛选字段的全部数据项组合打印数据透视表，本示例将打印 42 个（7×3×2）不同的数据透视表。

第 17 章　发布数据透视表

使用 Excel 2010 制作的数据透视表在低版本 Excel 中可能会无法直接使用，并且有些用户的计算机上可能并没有安装微软 Office 应用程序，对于已经创建完成的数据透视表，该如何发布给最终用户呢？本章将讲述 3 种发布数据透视表的方法。

● 将数据透视表发布为网页。

● 将数据透视表保存到 Web。

● 将数据透视表保存到 SharePoint。

17.1　将数据透视表发布为网页

将数据透视表发布为网页的优点在于：用户可以通过公司内部网络或者互联网，利用任何一台电脑上的 Intenet 浏览器来浏览据透视表中的数据，而无需借助 Excel 软件。

示例 17.1　将数据透视表发布为网页

打开示例文件"将 Excel 数据透视表发布为网页.xlsx"，在名称为"数据透视表"的工作表中已经创建了一个数据透视表，如图 17-1 所示。

	A	B	C	D	E	F	G	H	I
1	科目划分	(全部)							
2									
3	月发生额		部门						
4	月	日	财务部	二车间	技改办	经理室	人力资源部	一车间	销售1部
5	⊟1	23		3600					
6		24	18461.74	180			2134.25		
7		29		5536.48		3664	258	31350.57	7606.2
8		31		278.5		278			350
9	1 汇总		18461.74	9594.98		3942	2392.25	31350.57	7956.2
10	⊟2	1				80			
11		5						18	1638
12		7		120.7		1058			108
13		8		95		150			
14		12		835					36
15		13	18518.58	7530.06		2420	2131		6955.9
16		14		1947.3		3347			2429.1
17	2 汇总		18518.58	10528.06		7055	2131	18	11167
18	⊞3		21870.66	14946.7		17491.3	4645.06	32026.57	40314.92
19	⊞4		19016.85	20374.62	11317.6	4121	2070.7	5760.68	13854.4
20	⊞5		29356.87	23034.35	154307.23	28371.9	2822.07	70760.98	36509.35
21	⊞6		17313.71	18185.57	111488.76	13260.6	2105.1	36076.57	15497.3
22	⊞7		17355.71	21916.07	54955.4	19747.2	2103.08	4838.9	70604.39
23	⊞8		23079.69	27112.05	72145	10608.38	3776.68	19	64152.12
24	⊞9		22189.46	13937.8	47264.95	21260.6	12862.2	14097.56	16241.57
25	⊞10		22863.39	14478.15		14538.85	21223.89	16	41951.8
26	⊞11		36030.86	26340.45	5438.58	21643.45	4837.74	20755.79	26150.48

图 17-1　示例文件中的数据透视表

如果用户希望将数据透视表发布为网页，请按照以下步骤进行操作。

步骤1 → 依次单击【文件】→【另存为】命令，在弹出的【另存为】对话框中，单击【保存类型】下拉按钮，在下拉列表中选中"网页（ *.htm；*.html ）"。

步骤2 → 在【文件名】组合框中输入"将数据透视表发布为网页.htm"，如图 17-2 所示。

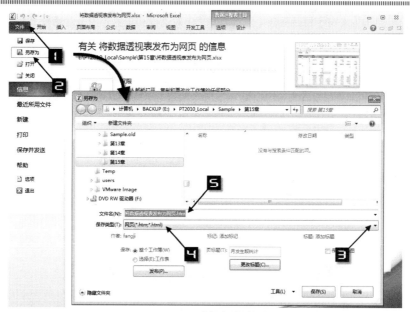

图 17-2 选择保存类型

步骤3→ 单击【更改标题】按钮修改 Web 页面中的数据透视表的页标题。

步骤4→ 在弹出的【输入文字】对话框中输入"月发生额统计"作为页标题。

步骤5→ 单击【确定】按钮关闭【输入文字】对话框返回【另存为】对话框，如图 17-3 所示。

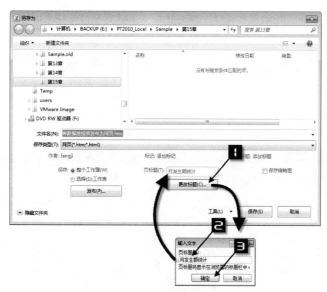

图 17-3 修改页标题

步骤6→ 单击【发布】按钮，在弹出的【发布为网页】对话框中，保持【选择】组合框中默认值【在数据透视表上的条目】。

步骤7→ 单击列表框中的"数据透视表"，Excel 将自动选中工作表中的数据透视表区域。

步骤8→ 保持默认勾选【在浏览器中打开已发布网页】复选框。

第 17 章

步骤9 → 单击【发布】按钮关闭【发布为网页】对话框和【另存为】对话框，如图 17-4 所示。

图 17-4 将数据透视表发布为网页发布为网页

步骤10 → 在弹出的 Internet Explorer 浏览器窗口中将显示如图 17-5 所示的静态报表。

月发生额统计

月发生额		部门								
月	日	财务部	二车间	技改办	经理室	人力资源部	一车间	销售1部	销售2部	总计
1	23		3600							3600
	24	18461.74	180			2134.25				20775.99
	29		5536.48		3664	258	31350.57	7606.2	2977.9	51393.15
	31		278.5		278			350	10407.3	11313.8
1 汇总		18461.74	9594.98		3942	2392.25	31350.57	7956.2	13385.2	87082.94
2	1				80					80
	5						18	1638	2300	3956
	7		120.7		1058			108	9438.5	10725.2
	8		95		150					245
	12		835					36	3382.5	4253.5
	13	18518.58	7530.06		2420	2131		6955.9	1000	38555.54
	14		1947.3		3347			2429.1		7723.4
2 汇总		18518.58	10528.06		7055	2131	18	11167	16121	65538.64
	3	21870.66	14946.7		17491.3	4645.06	32026.57	40314.92	28936.58	160231.79
	4	19016.85	20374.62	11317.6	4121	2070.7	5760.68	13854.4	27905.7	104421.55
	5	29356.87	23034.35	154307.23	28371.9	2822.07	70760.98	36509.35	33387.31	378550.06
	6	17313.71	18185.57	111488.76	13260.6	2105.1	36076.57	15497.3	38970.41	252898.02
	7	17355.71	21916.07	54955.4	19747.2	2103.08	4838.9	70604.39	79620.91	271141.66
	8	23079.69	27112.05	72145	10608.38	3776.68	19	64152.12	52661.83	253554.75
	9	22189.46	13937.8	47264.95	21260.6	12862.2	14097.56	16241.57	49964.33	197818.47
	10	22863.39	14478.15		14538.85	21223.89	16	41951.8	16894	131966.08
	11	36030.86	26340.45	5438.58	21643.45	4837.74	20755.79	26150.48	96658.5	237855.85
	12	46937.96	21892.09	206299.91	36269	3979.24	146959.74	39038.49	38984.12	540360.55
总计		292995.48	222340.89	663217.43	198309.28	64949.01	362680.36	383438.02	493489.89	2681420.36

图 17-5 IE 浏览器中的静态报表

在 Excel 2003 中将数据透视表发布为网页，可以保留数据透视表的交换功能。只要用户的计算机中安装了 Microsoft Office Web Components 和 Microsoft Internet Explorer 5.01（Service Pack 2）或更高版本，用户就可以在 IE 浏览器中使用数据透视表列表的交互功能，如图 17-6 所示。从 Excel 2007 版本开始中已经不再支持 Office Web 功能，所以使用 Excel 2010 将数据透视表发布为网页时只能生成一张不具备交互功能的静态报表。

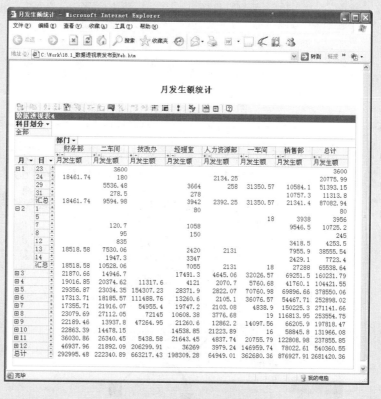

注意 ➡

图 17-6　使用 Excel 2003 将数据透视表发布为网页的效果

17.2　将数据透视表保存到 Web

Windows Live SkyDrive 是微软提供的一项免费服务，用户使用 Windows Live ID 登录 Windows Live SkyDrive 网站后，可以在 Windows Live 服务器上存储、管理和下载文件、照片和其他文件，用户可以在任何具有 Internet 连接的计算机上访问这些文件。

示例 **17.2**　将数据透视表保存到 Web

打开示例文件"将数据透视表保存到 Web.xlsx"，在名称为"数据透视表"的工作表中已经创建了一个数据透视表，如图 17-7 所示。

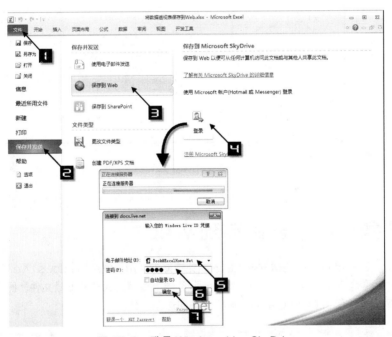

图 17-7　示例文件中的数据透视表

步 骤 1 → 依次单击【文件】→【保存并发送】→【保存到 Web】命令。

步 骤 2 → 单击【登录】按钮将弹出【正在连接服务器】和【连接到 docs.live.net】对话框。

步 骤 3 → 在【连接到 docs.live.net】对话框中输入"电子邮件地址"和"密码",单击【确定】按钮登录 Windows Live SkyDrive,如图 17-8 所示。

图 17-8　登录 Windows Live SkyDrive

步 骤 4 → 登录 Windows Live SkyDrive 之后,在右侧将显示 SkyDrive 中已经存在的文件夹,依次单击【Documents】→【另存为】命令将弹出【另存为】对话框。

步 骤 5 → 在【文件名】组合框中输入"将数据透视表保存到 Web.xlsx",单击【保存】按钮关闭【另存为】对话框,如图 17-9 所示。

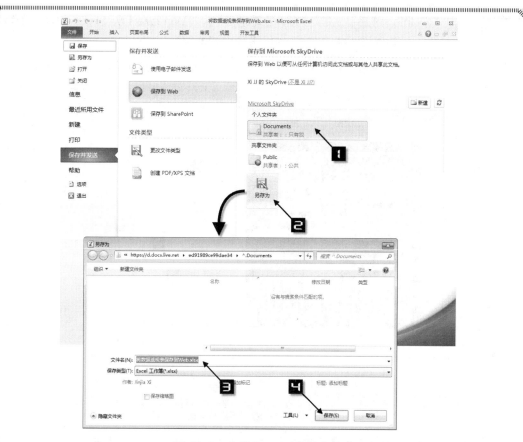

图 17-9 上传 Excel 工作簿文件

步骤6 → 在 Excel 窗体底部的状态栏上将显示【正在上载到服务器】进度条，如图 17-10 所示。

	A	B	C	D	E	F	G	H	I
1	科目划分	(全部)							
2									
3	发生额	部门							
4	月份	财务部	二车间	技改办	经理室	人力资源部	一车间	总计	
5	01	18,461.74	9,594.98		3,942.00	2,392.25	31,350.57	65,741.54	
6	02	18,518.58	10,528.06		7,055.00	2,131.00	18.00	38,250.64	
7	03	21,870.66	14,946.70		17,491.30	4,645.06	32,026.57	90,980.29	
8	04	19,016.85	20,374.62	11,317.60	4,121.00	2,070.70	5,760.68	62,661.45	
9	05	29,356.87	23,034.35	154,307.23	28,371.90	2,822.07	70,760.98	308,653.40	
10	06	17,313.71	18,185.57	111,488.76	13,260.60	2,105.10	36,076.57	198,430.31	
11	07	17,355.71	21,916.07	54,955.40	19,747.20	2,103.08	4,838.90	120,916.36	
12	08	23,079.69	27,112.05	72,145.00	10,608.38	3,776.68	19.00	136,740.80	
13	09	22,189.46	13,937.80	47,264.95	21,260.60	12,862.20	14,097.56	131,612.57	
14	10	22,863.39	14,478.15		14,538.85	21,223.89	16.00	73,120.28	
15	11	36,030.86	26,340.45	5,438.58	21,643.45	4,837.74	20,755.79	115,046.87	
16	12	46,937.96	21,892.09	206,299.91	36,269.00	3,979.24	146,959.74	462,337.94	
17	总计	292,995.48	222,340.89	663,217.43	198,309.28	64,949.01	362,680.36	1,804,492.45	

图 17-10 正在上载到服务器

注意 → 文件上载时间取决于用户的 Internet 连接带宽和 Excel 文件大小，有时可能会需要较长时间。上载完成后，进度条将消失。

步骤**7** → 打开 Internet Explorer 浏览器，在地址栏中输入 Windows Live SkyDrive 登录页面的
网址（https://skydrive.live.com）并按<Enter>键。

步骤**8** → 在登录界面中输入用户名和密码，单击【Sign in】按钮，如图 17-11 所示。

图 17-11　登录 SkyDrive

步骤**9** → 单击【Documents】文件夹，将显示文件夹中的所有文件，本示例中上传的 Excel
文件将显示为绿色。

步骤**10** → 在文件上单击右键，在弹出的快捷菜单中选择【Share】命令，如图 17-12 所示。

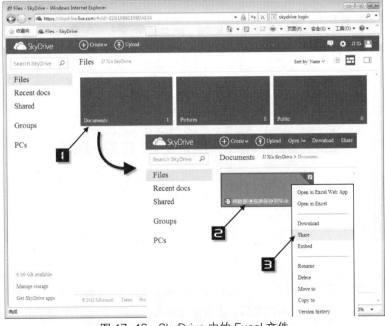

图 17-12　SkyDrive 中的 Excel 文件

步骤 **11** → 输入收件人的电子邮件地址和邮件内容，单击【Share】按钮，SkyDrive 中该文件的 URL 链接将发送至指定的电子邮箱中。

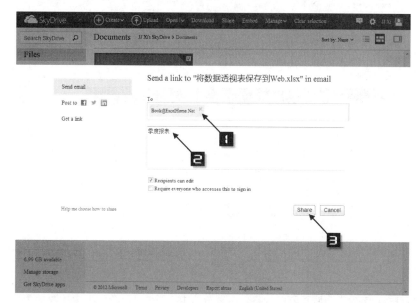

图 17-13　使用电子邮件发送文件链接

步骤 **12** → 除了直接发送电子邮件外，也可以直接获取文件的 URL 链接。依次单击【Get a link】→【Create】按钮，将生成相应的 URL 链接，如图 17-14 所示。

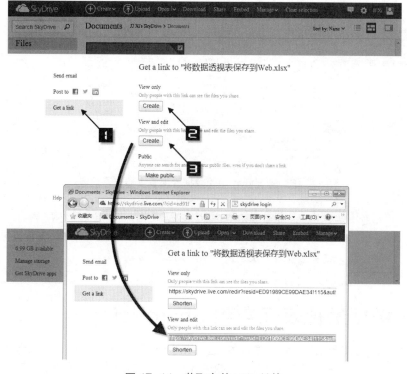

图 17-14　获取文件 URL 链接

普通用户无需登录 Windows Live SkyDrive，就可以使用共享链接在 Internet Explorer 浏览器中查看或者编辑共享的 Excel 工作簿，如图 17-15 所示。

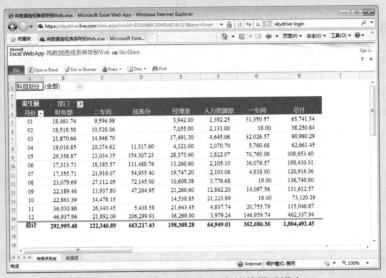

图 17-15　查看 SkyDriver 中的数据透视表

与将数据透视表发布为网页不同的是：在浏览器中打开的 SkyDrive 中的数据透视表仍然支持交互功能，如图 17-16 所示。

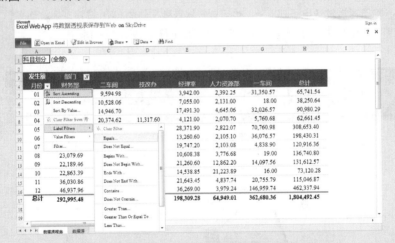

图 17-16　SkyDrive 中的数据透视表支持交互功能

注意

用户必须使用 IE 6.0 或者更新版本的浏览器，否则无法访问 Windows Live 登录页面。使用其他浏览器（例如 Chrome 或者 Firefox）可能会导致透视表的某些功能无法使用，或者透视表无法正常显示。

17.3　将数据透视表保存到 SharePoint

将数据透视表发布到 SkyDrive 共享数据透视表对于个人用户来说是个不错的选择，但是这种解决方案无法满足企业客户对于安全性和用户权限等诸多方面的需求。对于企业客户来说，可以使用 Excel 2010 中的将 Excel 文件保存到 SharePoint 的功能来实现 Excel 文件的共享。

> SharePoint 是面向企业级用户的产品，其运行的软件和硬件环境要求很高。首先需
> 要配置运行 Microsoft Windows Server 2003 SP1 或更高版本的服务器，其次还需
> 要安装运行 Microsoft Office SharePoint Server 企业版和 Microsoft SQL Server。

注意

示例 **17.3** 将数据透视表保存到 SharePoint

打开示例文件"将数据透视表保存到 SharePoint.xlsx"，在"数据透视表"工作表中已经创建了一个数据透视表，如图 17-17 所示。

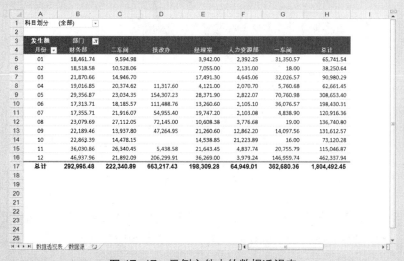

发生额 部门							
月份	财务部	二车间	技改办	经理室	人力资源部	一车间	总计
01	18,461.74	9,594.98		3,942.00	2,392.25	31,350.57	65,741.54
02	18,518.58	10,528.06		7,055.00	2,131.00	18.00	38,250.64
03	21,870.66	14,946.70		17,491.30	4,645.06	32,026.57	90,980.29
04	19,016.85	20,374.62	11,317.60	4,121.00	2,070.70	5,760.68	62,661.45
05	29,356.87	23,034.35	154,307.23	28,371.90	2,822.07	70,760.98	308,653.40
06	17,313.71	18,185.57	111,488.76	13,260.60	2,105.10	36,076.57	198,430.31
07	17,355.71	21,916.07	54,955.40	19,747.20	2,103.08	4,838.90	120,916.36
08	23,079.69	27,112.05	72,145.00	10,608.38	3,776.68	19.00	136,740.80
09	22,189.46	13,937.80	47,264.95	21,260.60	12,862.20	14,097.56	131,612.57
10	22,863.39	14,478.15		14,538.85	21,223.89	16.00	73,120.28
11	36,030.86	26,340.45	5,438.58	21,643.45	4,837.74	20,755.79	115,046.87
12	46,937.96	21,892.09	206,299.91	36,269.00	3,979.24	146,959.74	462,337.94
总 计	292,995.48	222,340.89	663,217.43	198,309.28	64,949.01	362,680.36	1,804,492.45

图 17-17 示例文件中的数据透视表

步骤**1** 依次单击【文件】→【保存并发送】→【保存到 SharePoint】命令，双击【浏览位置】选择在 SharePoint 服务器上的保存位置，如图 17-18 所示。

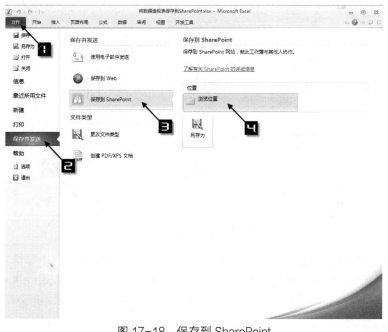

图 17-18 保存到 SharePoint

步骤**2** 在弹出的【另存为】对话框的目录组合框中输入"http://sql05:10000/Shared Documents/PT2010",并按<Enter>键。在弹出的【Windows 安全】对话框中输入 SharePoint 用户名和密码,单击【确定】按钮关闭【Windows 安全】对话框,如图 17–19 所示。

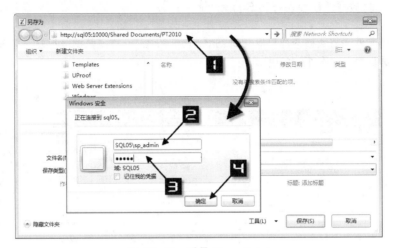

图 17–19　登录 SharePoint

注意 "SQL05"是 Share Point 服务器的名称,登录服务器所用的用户名需要具备相应的访问权限,否则无法成功地将文件保存到 SharePoint。

步骤**3** 在【文件名】组合框中输入"将数据透视表保存到 SharePoint.xlsx",单击【保存】按钮关闭【另存为】对话框,如图 17–20 所示。

图 17–20　设置文件名

步骤**4** 打开 Internet Explorer 浏览器,在地址栏中输入该文件的 URL 链接(http://sql05:10000/Shared%20Documents/PT2010/将数据透视表保存到 SharePoint.xlsx)并按<Enter>键,Internet Explorer 浏览器中将显示如图 17–21 所示的数据透视表。

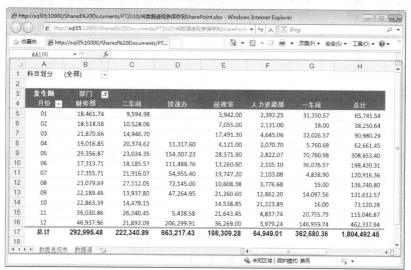

图 17-21　在 IE 中查看保存到 SharePoint 的数据透视表

保存到 SharePoint 中的数据透视表具备 Excel 中数据透视表的绝大多数的交互功能，如图 17-22 所示。

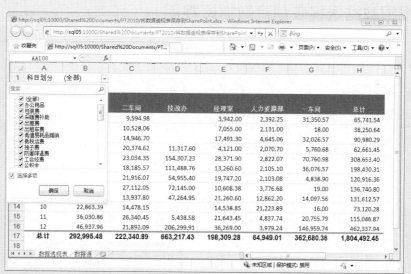

图 17-22　SharePoint 中的数据透视表具备交互功能

用户可以在 Internet Explorer 浏览器中交互浏览数据，具有相应权限的用户还可以直接使用 Excel 打开和修改保存到 SharePoint 中的 Excel 文件。

第 18 章　用图形展示数据透视表数据

数据透视表为我们提供了灵活、快捷的数据计算和组织工具。而 Excel 2010 更为我们提供了多种以图形方式直观、动态地展现数据透视表数据的工具，包括数据透视图和迷你图等。

Excel 2010 中的数据透视图较 Excel 之前的版本的数据透视图有了很大的改进，与普通图表完全融合；还新增加了迷你图功能，用简捷的图形形式反映数据透视表数据的变化趋势或数据对比。本章将介绍 Excel 2010 数据透视图、迷你图的创建和使用方法。

18.1　创建数据透视图

创建数据透视图的方法非常简单，基本方法有以下 3 种方法：

1. 根据已经创建好的数据透视表创建数据透视图。

2. 根据数据源表直接创建数据透视图。

3. 根据数据透视表创建向导创建数据透视图。

18.1.1　根据数据透视表创建数据透视图

示例 18.1　根据数据透视表创建数据透视图

图 18-1 所示是根据一张销售记录清单创建的数据透视表，如果需要根据这张数据透视表来创建数据透视图直观地分析数据，请参照以下步骤。

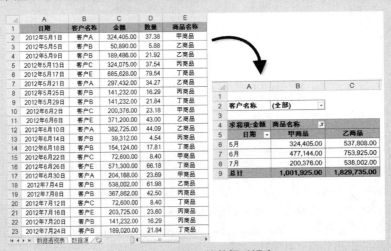

图 18-1　创建好的数据透视表

步骤 1 → 选中数据透视表中的任意单元格（如 B6）。

步骤 2 → 在【数据透视表工具】的【选项】选项卡中单击【数据透视图】按钮，弹出【插入图表】对话框。

在【插入图表】对话框中根据需要选择图表类型，本例选择【柱形图】→【柱形图】，如图 18-2 所示。

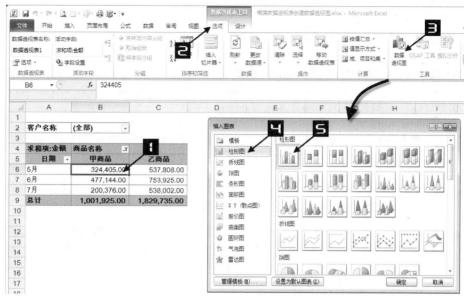

图 18-2　创建数据透视图

单击【确定】按钮，即可生成初步的数据透视图，如图 18-3 所示。

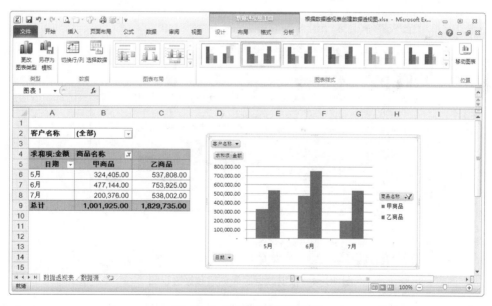

图 18-3　创建的数据透视图

提 示

Excel 2010 版本的数据透视图保留了与 Excel 2003 类似的筛选按钮设计，而放弃了 Excel 2007 的【数据透视图筛选窗格】对话框设计。

第 **18** 章

18.1.2 根据数据源表创建数据透视图

如果数据透视表尚未创建时，用户可以根据数据源表直接创建数据透视图。

示例 18.2 利用数据源表直接创建数据透视图

根据数据源表直接创建数据透视图，请参照以下步骤。

步骤1 → 选中数据源表中的任意一个单元格（如 A2）。

步骤2 → 在【插入】选项卡中单击【数据透视表】下拉按钮，在弹出的下拉菜单中选择【数据透视图】命令，打开【创建数据透视表及数据透视图】对话框。

步骤3 → 在【创建数据透视表及数据透视图】对话框中，Excel 会自动选中【选择一个表或区域】单选项，并在【表/区域】编辑框中自动添加当前数据源表的数据区域。

步骤4 → 如果用户需要将数据透视图放置在已存在的工作表中，如"数据透视表"工作表，则需要在【选择放置数据透视表及数据透视图的位置】选项下，选择【现有工作表】，并单击"数据透视表"工作表中放置数据透视图的单元格位置（如"数据透视表!$A$2"），操作过程如图 18-4 所示。

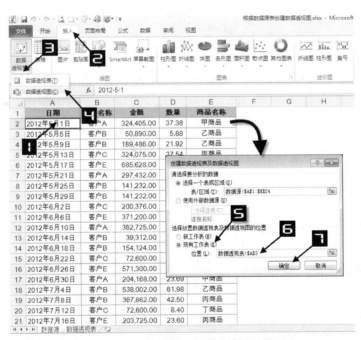

图 18-4 根据数据源表创建数据透视图

步骤5 → 单击【确定】按钮，进入数据透视图设置状态，左侧是数据透视表区域，中间是数据透视图区域，右侧是【数据透视表字段列表】对话框，如图 18-5 所示。

步骤6 → 【数据透视表字段列表】对话框中，勾选相应字段，并调整拖动字段到相应区域，即可创建出数据透视表，同时生成数据透视表相对应的默认类型的数据透视图，结果如图 18-6 所示。

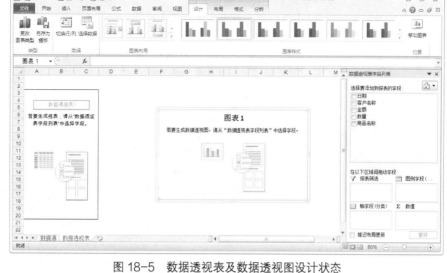

图 18-5　数据透视表及数据透视图设计状态

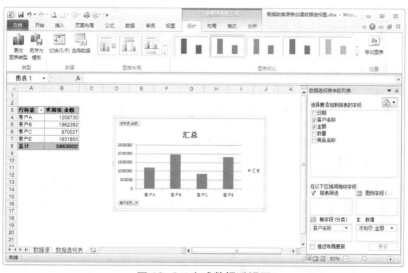

图 18-6　生成数据透视图

18.1.3　根据数据透视表向导创建数据透视图

数据透视表向导是 Excel 2003 版本创建数据透视表和数据透视图的重要工具，虽然 Excel 2010
版本提供了更为便捷的创建数据透视表和数据透视图的方法，但同时它也保留了数据透视表向导。
用户可以利用这一工具来创建数据透视表和数据透视图。

示例18.3　通过数据透视表和数据透视图向导创建数据透视图

步骤**1**→　在数据源表中单击任意单元格（如 A2），依次按下<Alt>、<D>、<P>组合键，弹出【数
据透视表和数据透视图向导—步骤 1（共 3 步）】对话框。

步骤2 → 在【数据透视表和数据透视图向导—步骤1（共3步）】对话框中，选择【数据透视图（及数据透视表）】单选钮，单击【下一步】按钮，如图 18-7 所示。

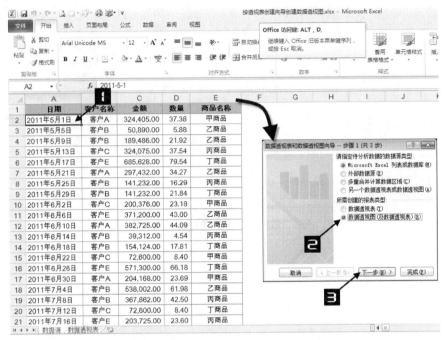

图 18-7 打开【数据透视表和数据透视图向导—步骤1（共3步）】对话框

步骤3 → 在弹出的【数据透视表和数据透视图向导—步骤2（共3步）】对话框中的【选定区域】编辑框中 Excel 已经自动添加了数据源表区域，单击【下一步】按钮。

步骤4 → 在弹出的【数据透视表和数据透视图向导—步骤3（共3步）】对话框中，单击【现有工作表】单选钮，在编辑框中输入"数据透视表!$A$2"，单击【完成】按钮，如图 18-8 所示。

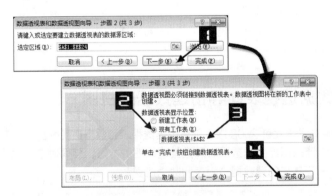

图 18-8 数据透视表和数据透视图向导—步骤2、3

步骤5 → 用户可以根据实际需要，在【数据透视表字段列表】对话框中对数据透视表和数据透视图进行布局，最后创建的数据透视图如图 18-9 所示。

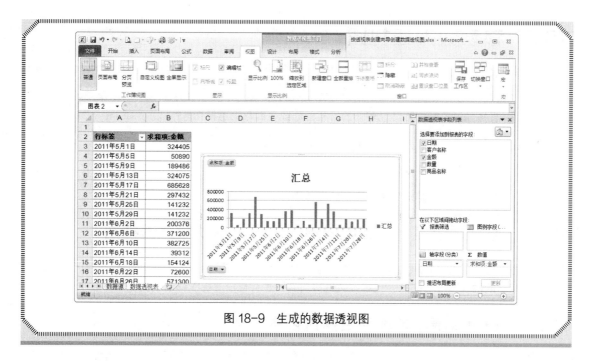

图 18-9　生成的数据透视图

18.1.4　直接在图表工作表中创建数据透视图

示例 18.4　在图表工作表中创建数据透视图

　　默认情况下，Excel 2010 将数据透视图与数据透视表创建在同一个工作表中。当然，数据透视图也可以直接创建在图表工作表中，请参照以下步骤。

步骤1→ 单击数据透视表中的任意单元格（如 A6）。

步骤2→ 按下<F11>功能键，直接将数据透视图创建在新建的图表工作表（Chart1）中，如图 18-10 所示。

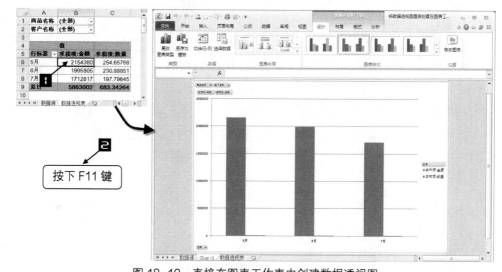

图 18-10　直接在图表工作表中创建数据透视图

18.2 移动数据透视图

数据透视图与普通图表一样，可以根据用户需要移动到当前工作表之外的其他工作表中，或移动到图表专用的工作表中。移动数据透视图主要有以下几种方法。

(1) 直接通过复制、粘贴或剪切的方式移动或复制数据透视图。

(2) 通过快捷菜单将数据透视图移动到其他工作表中。

(3) 通过功能菜单移动数据透视图。

(4) 将数据透视图移动到图表专用的工作表中。

18.2.1 直接通过复制、粘贴或剪切的方式移动数据透视图

数据透视图可以如同文本对象一样，直接通过复制和粘贴的方式被复制到当前或其他的工作表中创建新的数据透视图副本，也可以通过剪切的方法将数据透视图移动到其他工作表中。

18.2.2 通过快捷菜单移动数据透视图

示例 18.5 移动数据透视图

用户可以通过右键的快捷菜单移动数据透视图，请参照以下步骤。

步骤 1 → 在数据透视图图表区域上单击鼠标右键，在弹出的快捷菜单中选择【移动图表】命令，打开【移动图表】对话框，如图 18-11 所示。

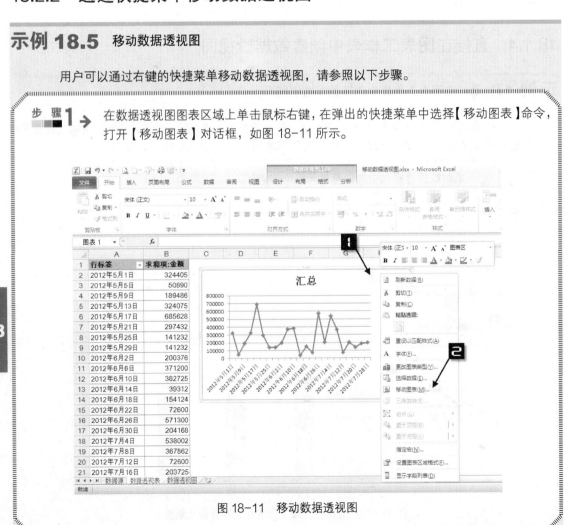

图 18-11 移动数据透视图

步 骤**2** → 在【移动图表】对话框的【对象位于】下拉列表中，选择已有的工作表名称，如"数据透视图"，单击【确定】按钮，数据透视图将被移动到"数据透视图"工作表中，如图 18-12 所示。

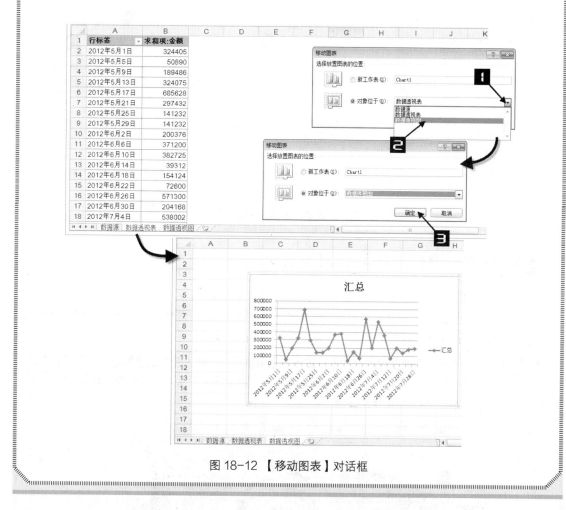

图 18-12 【移动图表】对话框

18.2.3　通过功能菜单移动数据透视图

用户也可以通过【数据透视图工具】移动数据透视图，请参照以下步骤。

步 骤**1** → 选中数据透视图，功能菜单中将会新增【数据透视图工具】功能区选项。

步 骤**2** → 在【数据透视图工具】的【设计】选项卡中单击【移动图表】按钮，打开【移动图表】对话框。

步 骤**3** → 在【移动图表】对话框中的【对象位于】下拉列表框中，选择数据透视图需要移动的位置，如"数据透视图"工作表，单击【确定】按钮，完成数据透视图的移动，如图 18-13 所示。

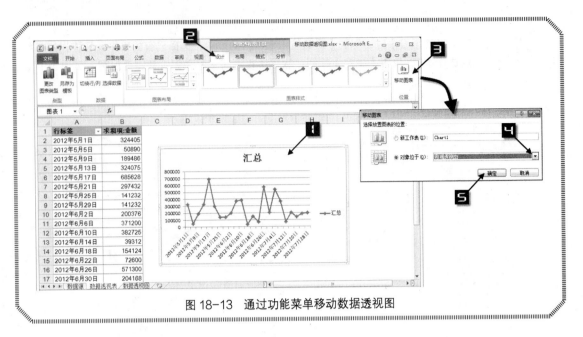

图 18-13　通过功能菜单移动数据透视图

18.2.4　将数据透视图移动到图表工作表中

数据透视图与普通图表一样，也可以被移动至图表工作表中。

步骤1→ 重复操作上例的步骤 1。

步骤2→ 在【移动图表】对话框的【新工作表】编辑框中，输入图表工作表名称，默认的工作表名称为 "Chart1"，单击【确定】按钮。数据透视图立即被移动到新建的 "Chart1"工作表中，如图 18-14 所示。

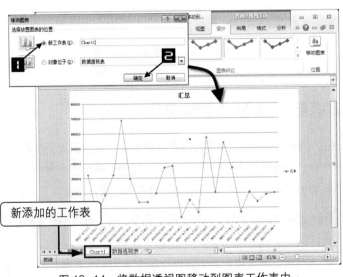

图 18-14　将数据透视图移动到图表工作表中

提示 如果需要将图表工作表中的数据透视图再移动到普通工作表中，只需按 18.2.2 小节所示方法操作即可，移动后的图表工作表将会被自动删除。

18.3 数据透视图的结构布局

数据透视图与普通图表结构十分相似，同时它的布局又受到数据透视表的制约，当数据透视表布局改变时数据透视图的布局也将发生改变。

18.3.1 数据透视图的字段列表

数据透视表和数据透视图的【数据透视表字段列表】对话框极为相似，只是数据透视表中的【列标签】与【行标签】在数据透视图中被分别称为【图例字段（系列）】和【轴字段（分类）】，如图 18-15 所示。

图 18-15　数据透视表和数据透视图显示的【数据透视表字段列表】对话框

用户可以直接通过移动数据透视图字段列表对话框中字段来改变数据透视图的布局，同时也改变了相关联的数据透视表布局。

用户可以单击数据透视图，在【数据透视图工具】的【分析】选项卡中单击【字段列表】按钮，打开数据透视图的【数据透视表字段列表】对话框，如图 18-16 所示。

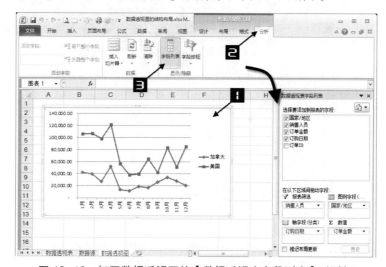

图 18-16　打开数据透视图的【数据透视表字段列表】对话框

用户还可以在数据透视图上单击鼠标右键，在弹出的快捷菜单中单击【显示字段列表】命令，打开【数据透视表字段列表】对话框，如图 18-17 所示。

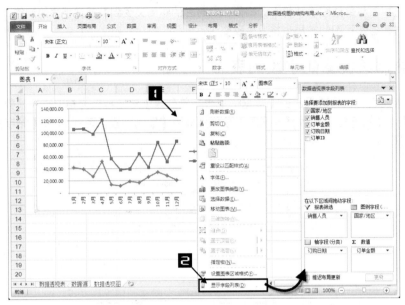

图 18-17 通过快捷菜单打开【选择数据透视表字段列表】对话框

18.3.2 显示或隐藏数据透视图字段按钮

与 Excel 2003 版本类似，Excel 2010 版本在数据透视图中设计了字段按钮，供用户对数据透视图进行条件选择。显示或隐藏数据透视图字段按钮的方法如下。

单击数据透视图，在【数据透视图工具】的【分析】选项卡中单击【字段按钮】命令，该命令图标分为上下两个部分，上半部是一个开关键，单击一次可以显示数据透视图中的字段按钮，再次单击则隐藏数据透视图中的字段按钮；该命令的下半部为复选按钮，单击后会打开下拉菜单，在下拉菜单中勾选需要显示的字段类型，数据透视图中则显示出勾选的字段按钮，如果用户需要将所有的字段均隐藏起来，可以单击【全部隐藏】命令，如图 18-18 所示。

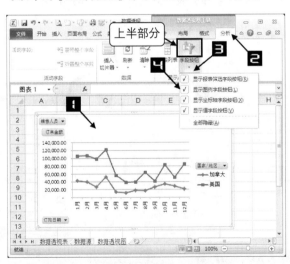

图 18-18 显示或隐藏数据透视图字段按钮

当用户只希望在数据透视表图中显示部分字段按钮，可以单击【字段按钮】命令的下半部，在下拉菜单中勾选需要显示的字段按钮，勾选后的字段将显示在数据透视图中，未被勾选的字段将不显示在数据透视图中，如图 18-19 所示。

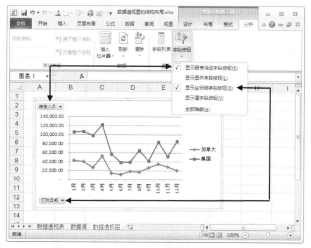

图 18-19　勾选显示字段

18.3.3　数据透视图与数据透视表之间的相互影响

数据透视表与数据透视图之间存在着密切的关联，数据透视图是在数据透视表基础之上创建的，对数据透视表高度依存，在数据透视表或数据透视图中进行字段筛选都会引起两者的同时变化。下面以图 18-20 所示的数据透视表与数据透视图为例，介绍两者之间的相互影响。

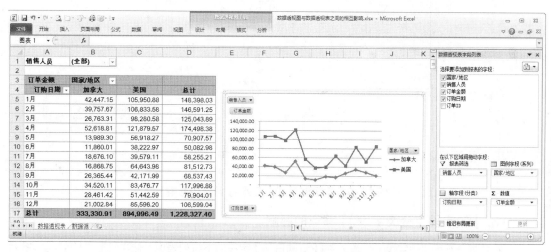

图 18-20　相互关联的数据透视表与数据透视图

1.【报表筛选】字段筛选的影响

在数据透视表报表筛选字段"销售人员"的下拉列表中，勾选【选择多项】复选框，同时勾选"林丹"数据项，单击【确定】按钮，数据透视表和数据透视图立即同时发生改变，与此同时在"销售人员"字段筛选列表中的【选择多项】和"林丹"字段项的复选框也已经被勾选，如图 18-21 所示。

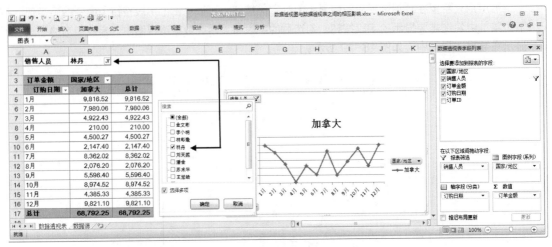

图 18-21 【报表筛选】字段筛选的影响

2.【图例字段（系列字段）】筛选的影响

在数据透视图中【图例字段】的下拉列表中，勾选"美国"数据项的复选框，单击【确定】按钮，数据透视表和数据透视图也会同时发生相应变化，结果如图 18-22 所示。

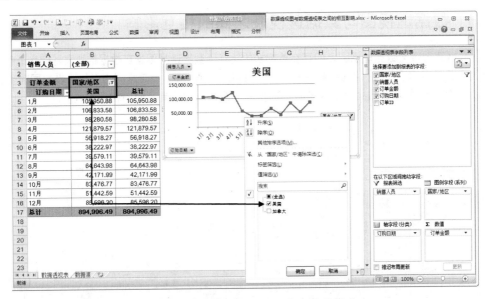

图 18-22 【图例字段（系列）】筛选的影响

3.【轴字段（分类字段）】筛选的影响

在数据透视图"轴字段（分类）"的【订购日期】字段的下拉列表中，依次勾选"1月"至"6月"字段项的复选框，单击【确定】按钮，数据透视表和数据透视图会立即同时发生改变，如图 18-23 所示。

4. 字段位置调整的影响

如果将数据透视表【列标签】字段"国家/地区"移动至【行标签】字段区域，数据透视表将形成双"行标签"字段，此时数据透视图立即发生改变，在【数据透视图筛选窗格】对话框中，【轴字段（分类）】字段也变为"国家/地区"和"订购日期"两个字段，如图 18-24 所示。

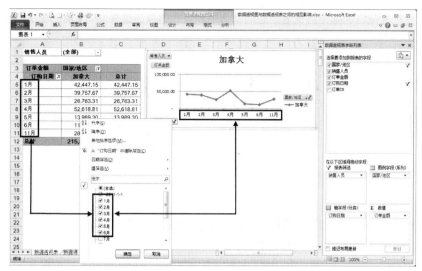

图 18-23　轴字段（分类）筛选的影响

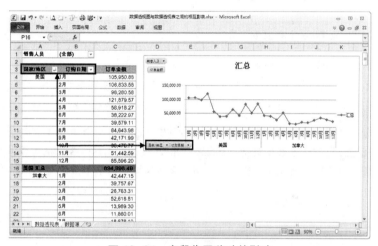

图 18-24　字段位置移动的影响

18.4　编辑美化数据透视图

初步创建的数据透视图，往往需要通过进一步的编辑美化才能达到用户展现数据的需求。图 18-25 所示展示了一张由"计划表"和"实绩表"创建的计划完成情况的数据透视表。

图 18-25　根据计划完成情况表创建的数据透视表

369

根据计划完成情况数据透视表创建的默认图表类型的数据透视图，如图 18-26 所示。

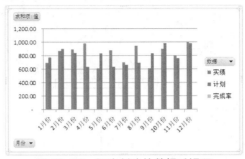

图 18-26　初步创建的数据透视图

默认情况下，创建的数据透视图为"簇状柱形图"，图形不够美观；另外，"完成率"字段因数值相对过小，无法在当前数据透视图中显示出来。

18.4.1　调整数据透视图的大小

示例 18.6　编辑美化数据透视图

步骤1→ 单击图表区域，选中整张数据透视图，在【开始】选项卡中单击"字号"的下拉按钮，在弹出的下拉列表中选取需要设置的字号（数据透视图默认字号为 10 号）。

步骤2→ 选中数据透视图后，将鼠标指针移动到数据透视图 4 个角或 4 个边框中间时，数据透视图上将会在这 8 个方向上出现操作柄，通过拖动这些操作柄可以调整图表的大小，将数据透视图调整到分类轴"月份"文字呈现正常水平横向排列，如图 18-27 所示。

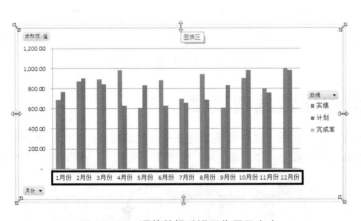

图 18-27　调整数据透视图位置及大小

18.4.2　显示并更改不可见系列数据的图表类型

为了将"完成率"系列在数据透视图中显示出来，需要将其设置为次坐标。

步骤1→ 选中数据透视图，单击【数据透视图工具】的【布局】选项卡。

步骤 2 → 在【当前所选内容】的下拉列表中选择"系列'完成率'"选项，此时数据透视图中的"完成率"系列显示为被选中状态，如图 18-28 所示。

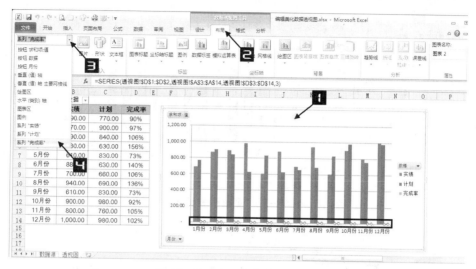

图 18-28 选取隐藏的数据系列

步骤 3 → 在【当前所选内容】命令组中单击【设置所选内容格式】命令，打开【设置数据系列格式】对话框。

步骤 4 → 在【设置数据系列格式】对话框的【系列绘制在】选项区中选择【次坐标轴】单选钮，单击【关闭】按钮，如图 18-29 所示。

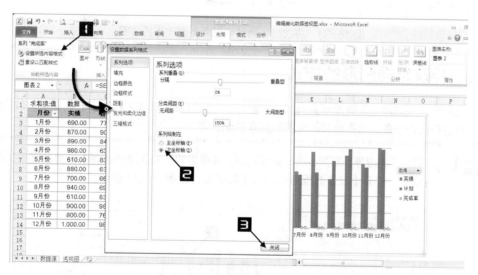

图 18-29 选择次坐标轴

步骤 5 → 在【设计】选项卡中单击【更改图表类型】按钮，打开【更改图表类型】对话框，如图 18-30 所示。

步骤 6 → 在【更改图表类型】对话框中，单击【折线图】→【带数据标记的折线图】，单击【确定】按钮关闭对话框，"完成率"系列以折线图形式展现在数据透视图中，如图 18-31 所示。

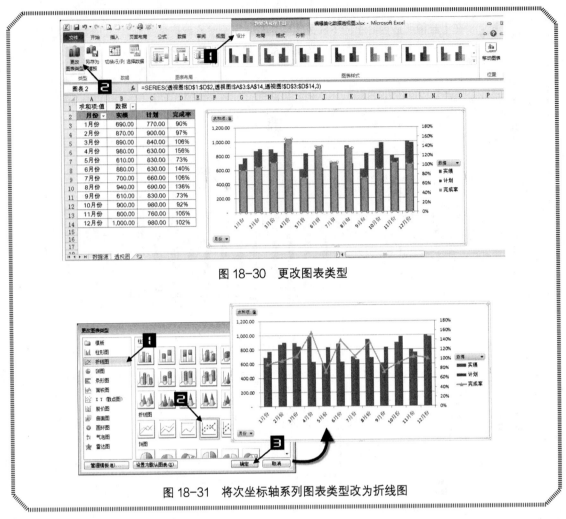

图 18-30　更改图表类型

图 18-31　将次坐标轴系列图表类型改为折线图

18.4.3　修改数据图形的样式

为了使"完成率"系列图形更为突出和醒目，可以对图形样式进行进一步的美化，包括修改图形的数据标记的外形、填充色和改变图形线条的颜色等。

步骤1→ 选中"完成率"系列，单击鼠标右键，在弹出的快捷菜单中选择【设置数据系列格式】命令，打开【设置数据系列格式】对话框，如图 18-32 所示。

图 18-32　打开【设置数据系列格式】对话框

步骤2 → 在【设置数据系列格式】对话框的左侧单击【数据标记选项】，在右侧的【数据标记类型】中选择【内置】单选钮，在【类型】下拉列表中选择"圆形"，将数据标记设置为圆形。

步骤3 → 在【设置数据系列格式】对话框的左侧单击【数据标记填充】，在右侧的【数据标记填充】选项中选择【纯色填充】单选钮，在【颜色】调色板中选择"白色"作为标志的底色，绘制成一个白色底色的空心圆，如图 18-33 所示。

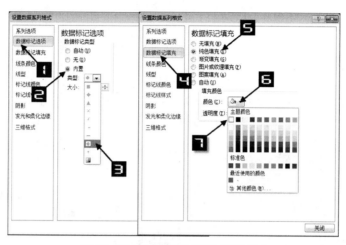

图 18-33　设置"完成率"系列样式

步骤4 → 在【设置数据系列格式】对话框的左侧单击【线条颜色】，在右侧的【线条颜色】选项中选择【实线】单选钮，在【颜色】调色板中选择"红色"。

步骤5 → 在【设置数据系列格式】对话框的左侧单击【标记线颜色】，在右侧的【标记线颜色】选项中选择【实线】，在【颜色】调色板中选择"红色"，然后单击【关闭】按钮完成设置，如图 18-34 所示。

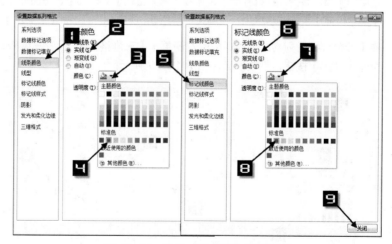

图 18-34　设置"完成率"系列样式

设置完成的数据透视图中"完成率"系列变为红色折线，数据标记为白底红圈，这样，"完成率"系列线条比较醒目并且标记清晰，如图 18-35 所示。

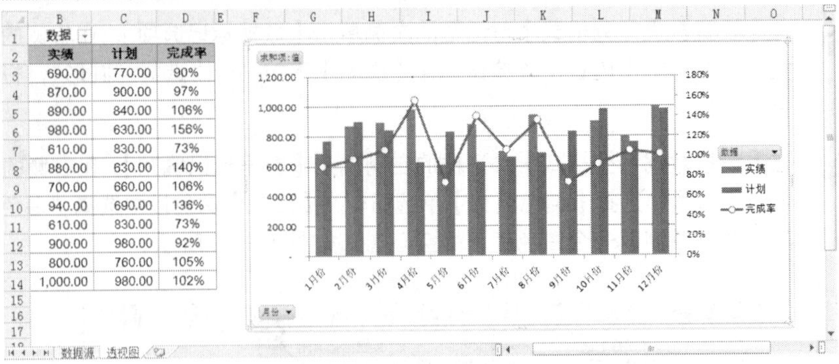

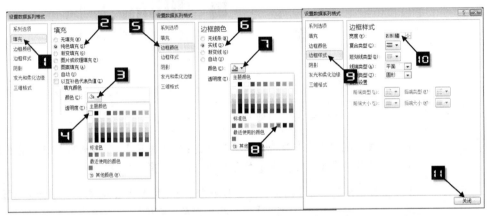

图 18-35 修改完成后的"完成率"系列效果

步骤 **6** → 选中"计划"系列，在打开的【设置数据系列格式】对话框中，将图形【填充】设置为"纯色填充"，填充颜色设置为"白色"，【边框颜色】设置为"实线"和"蓝色"，【边框样式】中的【宽度】设置为"2.5磅"，如图 18-36 所示。

图 18-36 设置"计划"系列格式

步骤 **7** → 选中"实绩"系列，在打开的【设置数据系列格式】对话框中，将图形【填充】设置为【纯色填充】中的"水绿色，强调文字颜色5，淡色60%"，将【透明度】设置为50%。

步骤 **8** → 在【设置数据系列格式】对话框的左侧单击【三维格式】，设置三维格式为【棱台】，单击【关闭】按钮，完成设置，如图 18-37 所示。

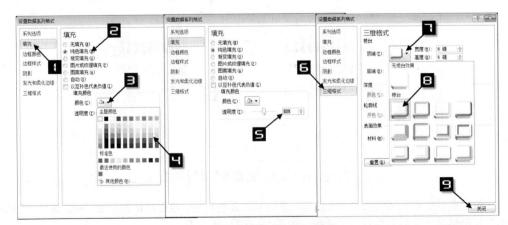

图 18-37 设置"实绩"系列

步 骤**9** → 设置数据透视图大小，修改设置后的效果如图 18-38 所示。

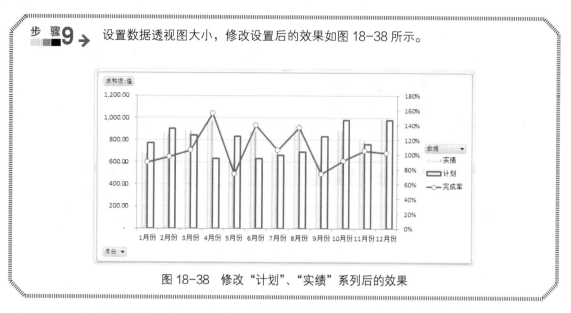

图 18-38　修改"计划"、"实绩"系列后的效果

18.4.4　设置系列重叠并调整系列次序

选中"实绩"系列，单击鼠标右键，在弹出的快捷菜单中选择【设置数据系列格式】命令，在【设置数据系列格式】对话框中单击【系列选项】选项卡，将【系列重叠】设置为 100%，单击【关闭】按钮关闭对话框，设置后的效果如图 18-39 所示。

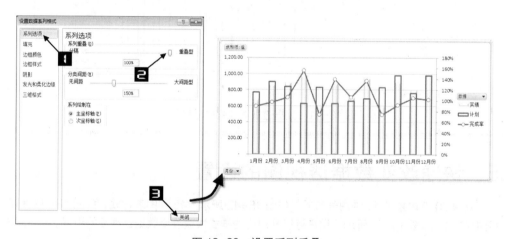

图 18-39　设置系列重叠

18.4.5　设置图表区域及绘图区域底色

用户还可以直接在功能菜单中选择 Excel 2010 预置的样式，对数据透视图进行快速格式设置。

 → 选中数据透视图的"图表区域"，在【数据透视图工具】的【格式】选项卡的【形状样式】命令组中，打开"样式库"，单击【细微效果-蓝色，强调颜色 1】样式，数据透视图"图表区域"底色立即发生变化，如图 18-40 所示。

第

18

章

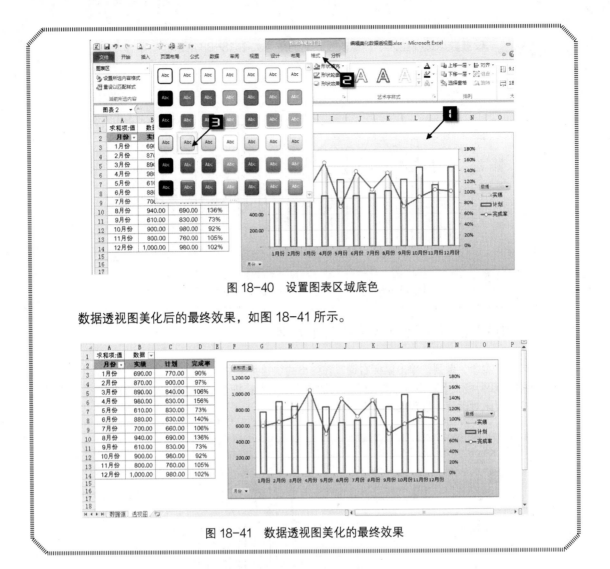

图 18-40 设置图表区域底色

数据透视图美化后的最终效果，如图 18-41 所示。

图 18-41 数据透视图美化的最终效果

18.5 快速改变数据透视图的设置

Excel 2010 内置了 11 种图表布局，如图 18-42 所示。48 种图表样式，如图 18-43 所示。42 种形状样式，如图 18-44 所示。用户可以利用这些样式快速改变数据透视图的设置。

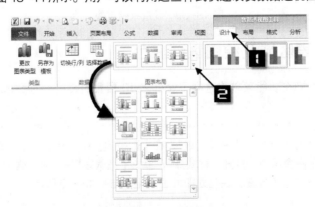

图 18-42 11 种图表布局

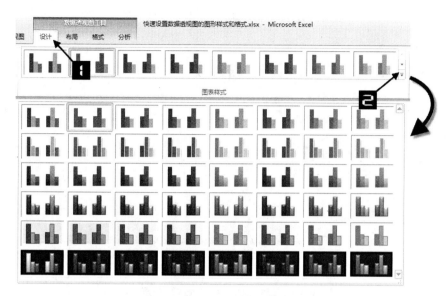

图 18-43　48 种图表样式

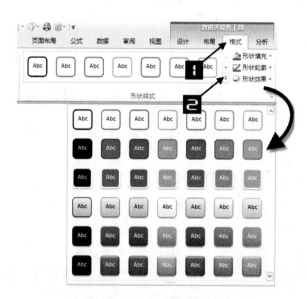

图 18-44　42 种形状样式

18.5.1　快速制作带数据表的数据透视图

示例 18.7　快速制作带数据表的数据透视图

如果用户希望将初步创建的数据透视图改变成带数据表的数据透视图，请参照以下步骤。

步骤 1 →　选中数据透视图，在【数据透视图工具】的【设计】选项卡中单击【图表布局】的下拉按钮，打开【图表布局】库。

步骤 2 →　在【图表布局】库中选中"布局 5"样式，如图 18-45 所示。

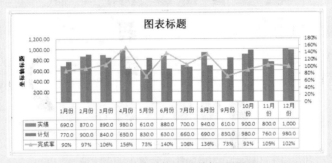

图 18-45 快速制作带数据表的数据透视图

设置完成的数据透视图，如图 18-46 所示。

图 18-46 带数据表的数据透视图

注意 在数据透视图中，使用【图表布局】中的布局样式添加数据表时，数据透视图的布局将按选定样式发生改变，图 18-46 所示的数据透视图中原有的字段按钮被删除。

如果用户希望保留数据透视图的原有布局设计，可以直接通过【数据透视图】工具栏中的【模拟运算表】功能，在数据透视图中添加、修改或删除数据表，具体操作步骤如下。

步骤1 选中数据透视图，在【数据透视图】工具栏中单击【布局】选项卡，在【标签】命令组中单击【模拟运算表】命令。

步骤2 在打开的【模拟运算表】命令菜单中，可以选择【无】用于删除数据透图中已创建的数据表；选择【显示模拟运算表】用于创建不带图例的数据表；选择【显示模拟运算表和图例项标示】用于创建带图例的数据表，如图 18-47 所示。

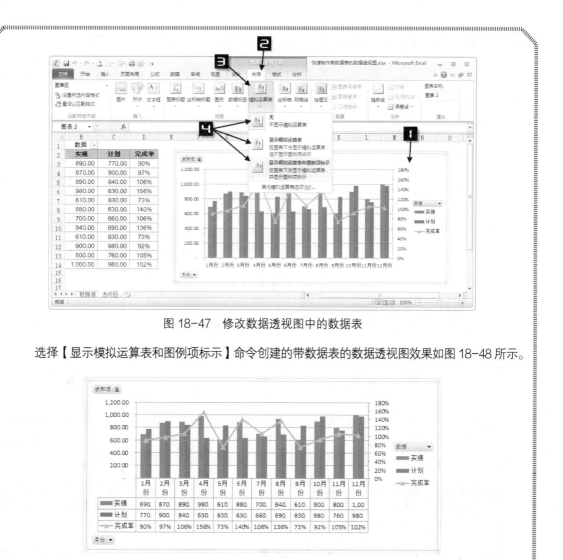

图 18-47 修改数据透视图中的数据表

选择【显示模拟运算表和图例项标示】命令创建的带数据表的数据透视图效果如图 18-48 所示。

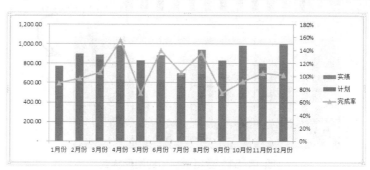

图 18-48 创建带图例的数据表

18.5.2 快速设置数据透视图的图形样式

图 18-49 所示展示的是一张初步创建的数据透视图,用户可以使用 Excel 2010 内置的数据透视图的"图表样式"和"形状样式"快速设置数据透视图的样式,使得数据透视图更具表现力。

图 18-49 初步创建的数据透视图

示例 **18.8** 快速设置数据透视图的图形样式

步 骤1 → 选中数据透视图，在【数据透视图工具】的【设计】选项卡中选取"样式 26"，如图 18-50 所示。

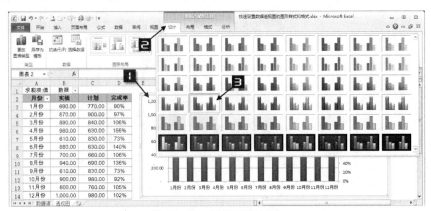

图 18-50 设置图表样式

步 骤2 → 在"计划"系列上单击鼠标右键，在弹出的快捷菜单中选择【设置数据系列格式】命令，打开【设置数据系列格式】对话框，设置"计划"系列的【边框线】为"白色"；【填充】为"无填充"；【边框样式】的【宽度】为"1.75 磅"。

步 骤3 → 在"完成率"系列上单击鼠标右键，在弹出的快捷菜单中选择【设置数据系列格式】命令，打开【设置数据系列格式】对话框，单击【数据标记选项】选项卡，将【数据标记类型】设置为【内置】，【类型】设置为"圆形"，【大小】设置为"10"。

步 骤4 → 选中数据透视图，在【数据透视图工具】→【格式】选项卡的【形状样式】命令组中打开"样式库"，选择"强烈效果—水绿色，强调颜色 5"，将数据透视表图形区域设置为蓝色立体效果。

步 骤5 → 在数据透视表图中选中"绘图区域"，在"形状样式"图库中选择"细微效果—水绿色，强调颜色 5"，将绘图区域设置为淡蓝色。最终设置的结果如图 18-51 所示。

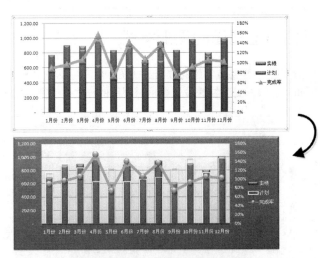

图 18-51 数据透视图的图形样式

18.5.3　使用图表模板

当用户设置好数据透视图后，可以将其另存为模板，再次创建数据透视图的时候可以快速调用。

示例 18.9　使用图表模板

步骤1 → 选中已创建好的数据透视图，在【数据透视图工具】的【设计】选项卡中单击【另存为模板】按钮，打开【保存图表模板】对话框，如图 18-52 所示。

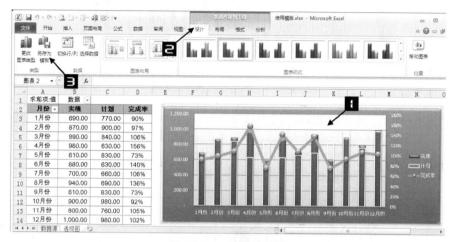

图 18-52　另存为模板

步骤2 → 在【保存图表模板】对话框中的【文件名】编辑框中输入模板的名称，如"模板 1"，单击【保存】按钮，关闭对话框，如图 18-53 所示。

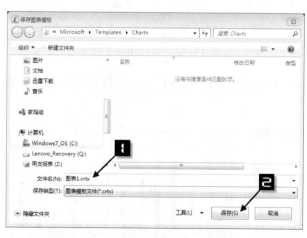

图 18-53　【保存图表模板】对话框

当用户再次创建数据透视图的时候，可以直接调用保存的图表模板来快速设置数据透视图。

步骤1 → 选中数据透视图，在【数据透视图工具】的【设计】选项卡中单击【更改图表类型】按钮，弹出【更改图表类型】对话框，如图 18-54 所示。

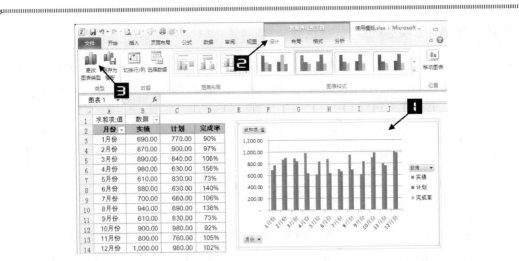

图 18-54 调用数据透视图模板

步 骤2 → 在弹出的【更改图表类型】对话框中单击【模板】选项卡，在右侧的【我的模板】选项框内，单击已保存的模板，最后单击【确定】按钮完成设置，如图 18-55 所示。

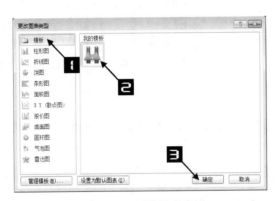

图 18-55 更改图表类型

步 骤3 → 将数据透视图的宽度调整到适合的宽度，最后生成的数据透视图如图 18-56 所示。

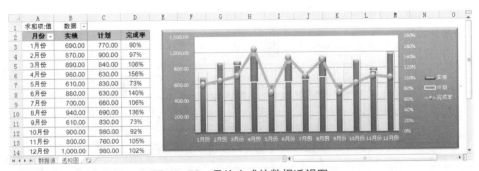

图 18-56 最终生成的数据透视图

18.5.4 使用主题快速改变数据透视图的设置

用户还可以使用"主题"来对数据透视图的"颜色"、"字体"和"效果"进行快速修改。

示例 18.10 使用主题快速设置数据透视图

图 18-57 所示是初步创建的数据透视图，用户可以使用"主题"对数据透视图进行修改，具体步骤如下。

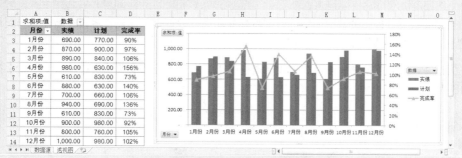

图 18-57 初步创建的数据透视图

步骤1 → 选中数据透视图，在【页面布局】选项卡中单击【主题】按钮，打开主题库。

步骤2 → 在打开的主题库中选择自己需要的主题，如：选择内置主题【夏至】，单击该主题即可完成设置，如图 18-58 所示。

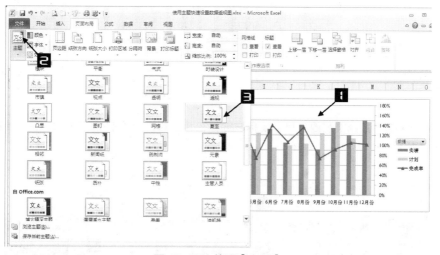

图 18-58 使用【主题】

设置主题后，数据透视图中的数字、图形系列颜色等会随之发生改变，如图 18-59 所示。

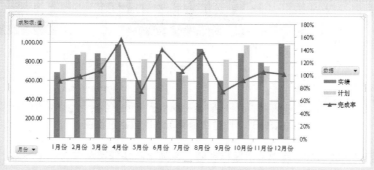

图 18-59 修改后的数据透视图

18.6　刷新和删除数据透视图

18.6.1　刷新数据透视图

当创建数据透视图的数据源中的数据发生变动后，数据透视图需要经过刷新才会得到最新的数据信息。刷新数据透视图有以下两种方法。

方法 1　选中数据透视图，在【数据透视图工具】的【分析】选项卡中单击【刷新】按钮，如图 18-60 所示。

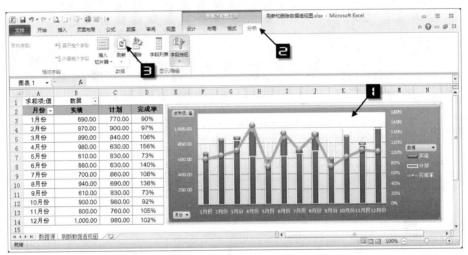

图 18-60　刷新数据透视图

方法 2　选中数据透视图，单击鼠标右键，在弹出的快捷菜单中选择【刷新数据】命令，如图 18-61 所示。

图 18-61　通过快捷菜单刷新数据透视图

用户也可以在数据透视表中单击鼠标右键，在弹出的快捷菜单中选择【刷新】命令，刷新数据透视表，也可以实现刷新数据透视图的目的。

方法 3　选中数据透视图，按下<Alt+F5>组合键也可以刷新数据透视图。

18.6.2　删除数据透视图

用户如果需要删除数据透视图，可以选中数据透视图，在【数据透视图工具】的【分析】选项卡中单击【清除】按钮，在弹出的下拉菜单中选择【全部清除】命令，如图 18-62 所示。

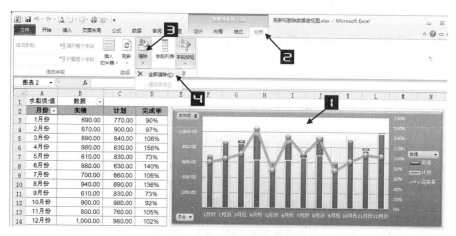

图 18-62　删除数据透视图

采用这种方式删除数据透视图后，相对应的数据透视表也一同被删除，只保留了个空的"图表区"，结果如图 18-63 所示。

注意

图 18-63　删除数据透视图的结果

如果用户希望只删除数据透视图，而保留数据透视表，最快捷的方法是：选中数据透视图，直接按<Del>键进行删除。

18.7　将数据透视图转为静态图表

数据透视图是基于数据透视表创建的，数据透视表的变动会直接在数据透视图中反映出来。但用户有时可能更需要一张静态的数据透视图，不受数据透视表变动的影响，具体方法有以下几种。

18.7.1　将数据透视图转为图片形式

将数据透视图转为静态图表最直接的方法是将数据透视图转为图片形式。

步 骤 1 → 选中数据透视图，单击鼠标右键，在弹出的快捷菜单中选择【复制】命令。

步 骤 2 → 在需要存放图片的单元格上单击鼠标右键，在弹出的快捷菜单中选择【选择性粘贴】命令。

步 骤 3 → 在打开的【选择性粘贴】对话框中的【方式】中选择所需的图形格式，然后单击【确定】按钮，关闭对话框。

此时数据透视图已转为图片形式，形成静态图表样式。

此方法的优点是：操作方便，可以快速将数据透视图以图片的方式复制到 Word 文档，或 QQ 等网络上传递。

缺点是：此时图片形式的"数据透视图"已不再是图表，不能对其图表系列进行直接修改。

18.7.2　直接删除数据透视表

另一种方法是，全部选中数据透视表，直接按下<Del>键，删除数据透视表，此时数据透视图仍然存在，但数据透视图的系列数据被转为常量数组形式，从而形成静态的图表。

该方法的优点是：保留了数据透视图的图表形态，操作同样便捷。

缺点是：与数据透视图相关的数据透视表被删除，破坏了数据透视表数据的完整性。

18.7.3　将数据透视表复制成普通数据表

如果用户希望在将数据透视图转为静态图表后，仍然保留相对应的数据透视表的数据，可以按如下方法操作。

步 骤 1 → 选中整张数据透视表。

步 骤 2 → 单击鼠标右键，在弹出的快捷菜单中依次进行【复制】→【选择性粘贴】→【数值】的操作，将数据透视表复制粘贴成普通数据表。

步 骤 3 → 选中整张数据透视表，按下<Del>键，删除数据透视表。

相关联的数据透视图的系列数据被转为常量数组形式，从而形成静态的图表。

该方法优点是：保留了数据透视表数据的完整性，同时实现了将数据透视图转为静态图表的目的。

缺点是：数据透视表图转为静态的同时，数据透视表也转为静态，丧失了数据透视表的功能。

18.7.4　真正实现断开数据透视图与数据透视表之间的链接

如果用户希望在保留数据透视表功能的同时，将相应的数据透视图转为静态图表，请参照以下步骤。

步骤1 → 选中整张数据透视表，将其复制到另一个单元格区域，制作一个新的数据透视表拷贝。

步骤2 → 删除与数据透视图相关联的数据透视表，将数据透视图转为静态图表。

步骤3 → 将数据透视表与静态图表调整到合适的位置。

该方法优点是：既保留了数据透视表数据及相应的功能，同时将数据透视图转为静态图表。真正实现了断开数据透视图与数据透视表之间的链接的目的。

18.8 数据透视图的使用限制

Excel 2010 数据透视图较之以前的版本已有了很大改进，数据透视图与普通图表的功能基本一致，但仍然存在一些限制。

无法创建图表类型为 XY（散点）图、气泡图和股价图的数据透视图。当用户试图在数据透视图中创建 XY（散点）图等特定图表类型时，系统会发出如图 18-64 所示的提示信息。

在数据透视图中，无法调整图形系列的位置顺序。用户打开【选择数据源】对话框，其中的【系列】位置调整按钮均呈现为灰色不可用状态，如图 18-65 所示。

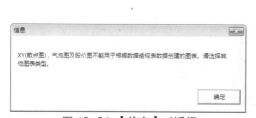

图 18-64 【信息】对话框

图 18-65 【选择数据源】对话框

如果在数据透视图中添加了趋势线，那么当在它所基于的数据透视表中添加或删除字段时，这些趋势线可能会丢失。

由于数据透视图完全依赖于数据透视表，因此在不改变数据透视表布局的情况下，无法删除透视图中的图形系列，也无法直接通过修改透视图系列公式的参数值来修改图形，而在普通图表中，可以通过这一方法来直接修改图形。

18.9 数据透视图的应用技巧

虽然 Excel 2010 的数据透视图存在一些限制，但用户可以使用一些特殊技巧来突破这些限制，制作出满足需要的数据透视图。

18.9.1 处理多余的图表系列

在图 18-66 中，左侧是根据销售数据创建的数据透视表，右侧是根据数据透视表创建的数据透视图。在数据透视表中"数量"、"销价"和"金额"3 个字段的数值差异很大，在数据透视图中也反映出图形系列之间的反差很大，"销价"系列甚至因数值太小而无法显示出来，如图 18-66 所示。

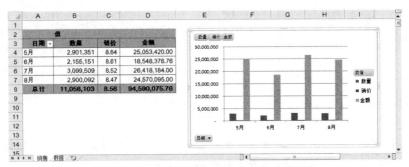

图 18-66 初步创建的数据透视表和透视图

示例 **18.11** 处理多余的图表系列

为了更好地反映数量和价格之间的关系，需要将"金额"系列从数据透视图中删除，但这样一来数据透视表就不能完整地反映量、价和金额的数据关系。用户可以通过采用隐藏的方法来处理多余的图表系列，请参照以下步骤。

步骤1 将"销价"系列设置在"次坐标轴"上，并将图表类型改为"带数据标记的折线图"，效果如图 18-67 所示。

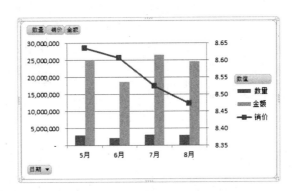

图 18-67 设置"销价"图形系列

步骤2 选中"金额"系列，将【系列重叠】设置为"100%"，并将系列的【填充】设置为"无填充"，【边框颜色】设置为"无线条"，设置后的效果如图 18-68 所示。

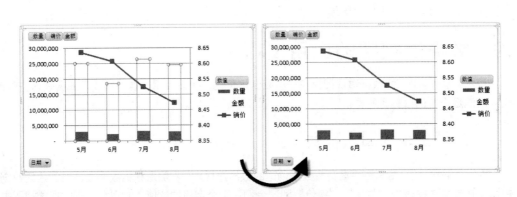

图 18-68 隐藏"金额"系列

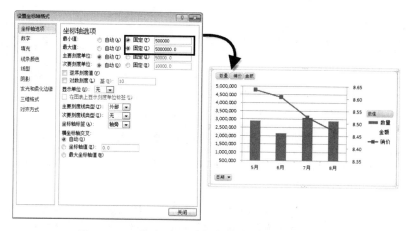

步骤 3 → 选中"纵坐标",在【设置坐标轴格式】对话框中,将【坐标轴选项】中的【最小值】
设置为固定"500000",将【最大值】设置为"3500000",设置后的效果如图 18-69
所示。

图 18-69 修改"垂直坐标轴"的最小值和最大值

步骤 4 → 在"图例"中删除"金额"系列的图例,最终得到的量价图形结果,如图 18-70 所示。

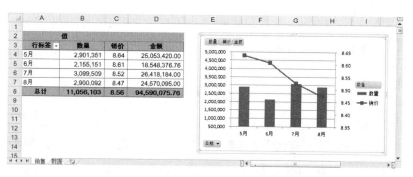

图 18-70 "量价"透视图结果图

本例是在不改变透视表布局和不删除数据透视图系列的情况下,采用将多余系列设置为透明的
方法,处理掉数据透视图中多余的图表系列。

18.9.2 定义名称摆脱透视图的限制

如果要彻底摆脱透视图的限制,而又能发挥透视表快速灵活的特点,用户可以通过定义名称引
用透视表数据序列的方法来实现动态图表的创建。

示例 18.12 南欣石油公司销售分析

图 18-71 所示是南欣石油公司 SAP 系统生成的 2011 年 1 月份销售明细数据表(数据为虚拟
数据),要求按部门和品种进行量价分析生成动态图表,并将最高价和最低价圈示出来,请参照以下
步骤。

	销售办事处	物料号	物料名称	发票日期	销售单价	含税金额	数量	税额	不含税金额
1188	南欣白桥站	20000361	-10号柴油	2011-12-30	5.02	8,228.29	1,637.95	1,195.57	7,032.72
1189	南欣本部	20000361	-10号柴油	2011-12-30	5.35	42,800.00	8,000.00	6,218.80	36,581.20
1190	南欣本部	20000361	-10号柴油	2011-12-30	5.10	153,000.00	30,000.00	22,230.77	130,769.23
1191	南欣公园站	20000361	-10号柴油	2011-12-30	5.02	3,272.06	651.35	475.43	2,796.63
1192	南欣公园站	20000361	-10号柴油	2011-12-30	5.02	3,070.85	611.30	446.19	2,624.66
1193	南欣南天站	20000361	-10号柴油	2011-12-30	5.02	49,269.05	9,807.66	7,158.74	42,110.31
1194	南欣南天站	20000361	-10号柴油	2011-12-30	5.02	14,755.47	2,937.28	2,143.96	12,611.51
1195	南欣长海站	20000361	-10号柴油	2011-12-30	5.02	24,635.64	4,904.05	3,579.55	21,056.09
1196	南欣长海站	20000361	-10号柴油	2011-12-30	5.02	3,783.37	753.13	549.72	3,233.65
1197	南欣安门站	20000361	-10号柴油	2011-12-31	5.02	15,269.99	3,039.73	2,218.72	13,051.27
1198	南欣安门站	20000361	-10号柴油	2011-12-31	5.02	8,241.01	1,640.48	1,197.41	7,043.60
1199	南欣白桥站	20000361	-10号柴油	2011-12-31	5.02	24,109.57	4,799.33	3,503.10	20,606.47
1200	南欣白桥站	20000361	-10号柴油	2011-12-31	5.02	4,978.44	991.02	723.36	4,255.08
1201	南欣公园站	20000361	-10号柴油	2011-12-31	5.02	5,394.98	1,073.94	783.89	4,611.09
1202	南欣公园站	20000361	-10号柴油	2011-12-31	5.02	2,776.21	552.65	403.38	2,372.83
1203	南欣南天站	20000361	-10号柴油	2011-12-31	5.02	19,084.30	3,798.98	2,772.93	16,311.37
1204	南欣南天站	20000361	-10号柴油	2011-12-31	5.02	10,176.03	2,025.67	1,478.57	8,697.46
1205	南欣长海站	20000361	-10号柴油	2011-12-31	5.02	5,686.45	1,131.96	826.24	4,860.21
1206	南欣长海站	20000361	-10号柴油	2011-12-31	5.02	1,204.75	239.81	175.05	1,029.70

图 18-71　南欣石油公司销售数据表

步骤1　根据销售数据表，在新工作表中创建数据透视表，并将新工作表名改为"透视图"，如图 18-72 所示。

步骤2　对数据透视表行标签字段项进行手动分组，将油品分为柴油和汽油两大类，如图 18-73 所示（有关数据透视表项目分组的方法，请参阅第 7 章）。

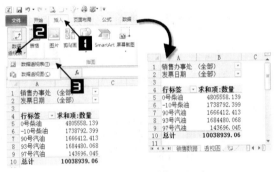

图 18-72　创建数据透视表

图 18-73　将油品项目手动分组

步骤3　调整数据透视表布局，修改字段名称，如图 18-74 所示。

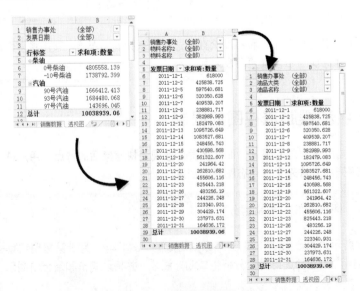

图 18-74　调整透视表布局

步骤**4** → 添加计算字段,将原以"公斤"表示的"数量"改为以"吨"表示的"销量","销量=数量/1000",另将每公斤的单位的"单价"转为每吨的单位的"销价",并保留2位小数,"销价=ROUND(含税金额/销量,2)",如图18-75所示。

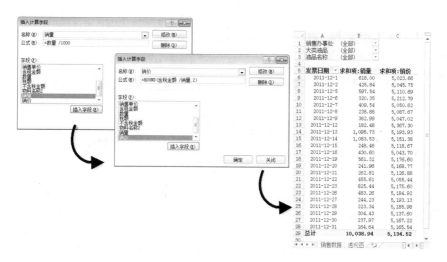

图 18-75 添加计算字段

步骤**5** → 对数据透视表进行必要的美化,再选中透视表中C8:C30单元格区域,利用【项目选取规则】设置条件格式,标注出"销价"中的最大值和最小值,如图18-76所示。

图 18-76 标注最高价、最低价

步骤**6** → 在当前窗口的【公式】选项卡中单击【名称管理器】按钮,打开【名称管理器】对话框,分别定义名称date、num、DJ、L_price、S_price,分别动态引用"日期"、"销量"、"销价"、"最高销价"、"最低销价"等相应单元格区域,公式如下。

日期:date=OFFSET(透视图!$A$5,1,,COUNT(透视图!$A$5:$A$100))

销量:num=OFFSET(透视图!$A$5,1,1,COUNT(透视图!$A$5:$A$100))

销价：DJ=OFFSET(透视图!$A$5,1,2,COUNT(透视图!$A$5:$A$100))

最高销价：L_price=IF(MAX(DJ)=DJ,DJ,NA())

最低销价：S_price=IF(MIN(DJ)=DJ,DJ,NA())

步骤7→ 单击数据透视表以外的任意单元格，在【插入】选项卡的【图表】命令组中单击【柱形图】按钮，在弹出的快捷菜单中选择【簇状柱形图】，插入一张空白图表。

步骤8→ 在空白图表中单击鼠标右键，在弹出的快捷菜单中选择【选择数据】命令，打开【选择数据源】对话框，按图 18-77 所示方法添加"销量"图表系列。

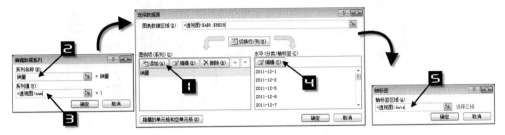

图 18-77　添加"销量"图形系列

步骤9→ 按步骤 8 的方法添加"销价"图表系列，如图 18-78 所示。

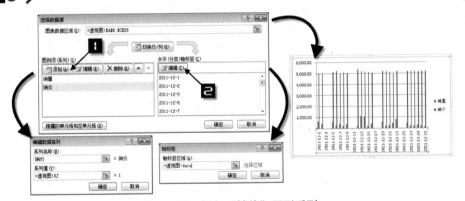

图 18-78　添加"销价"图形系列

步骤10→ 选中"销价"图表系列，将图表类型改为"带数据标志的折线图"，并将图表系列更改为"绘制在次坐标"上，修改后的效果如图 18-79 所示。

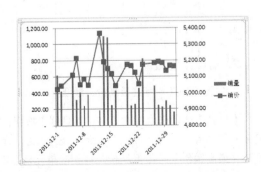

图 18-79　修改"销价"图形系列后的效果

步骤11→ 选中"横坐标轴",单击鼠标右键,在打开的快捷菜单中单击【设置坐标轴格式】命令,打开【设置坐标轴格式】对话框,将【坐标轴类型】设置为【文本坐标轴】,如图 18-80 所示。

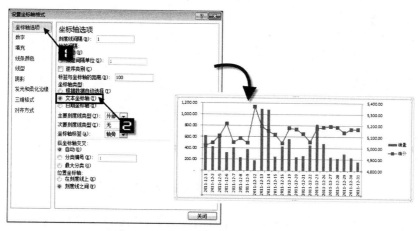

图 18-80　修改"水平(类别)坐标轴"类型

步骤12→ 对数据透视图做进一步美化,如图 18-81 所示。

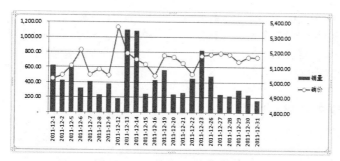

图 18-81　美化图形后的效果

步骤13→ 向数据透视图中添加"最高价"和"最低价"图形系列,如图 18-82 所示。

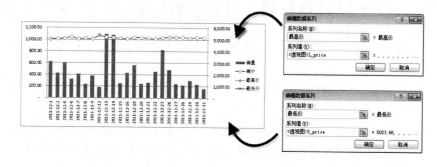

图 18-82　添加"最高价"、"最低价"图形系列

步骤14→ 选中次要纵坐标轴,单击鼠标右键,在弹出的快捷菜单中选择【设置坐标轴格式】命令,打开【设置坐标轴格式】对话框,将【坐标轴选项】的【最小值】设置为【固定】的"4000",如图 18-83 所示。

第 **18** 章

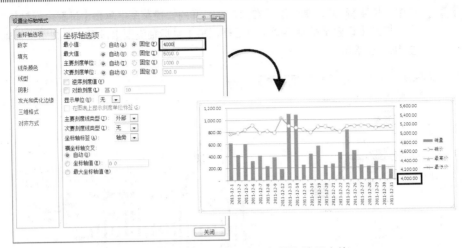

图 18-83 设置"次要纵坐标轴"的最小值

步骤**15**→ 修改"最高价"系列,将【数据标记类型】选为【内置】的"圆形",【大小】设为"18",【数据标记填充】设为"无填充",【线条颜色】设为"无线条",【标记线颜色】设为"实线"、【颜色】设为"红色",【标记线样式】的【宽度】设为"1.75",形成空心的红色大圆环。

步骤**16**→ 修改"最低价"系列,将【数据标记类型】选为【内置】的"圆形",【大小】设为"14",【数据标记填充】设为"无填充",【线条颜色】设为"无线条",【标记线颜色】设为"实线"、【颜色】设为"红色",【标记线样式】的【宽度】设为"1.75",形成空心的红色小圆环。

设置后的效果如图 18-84 所示。

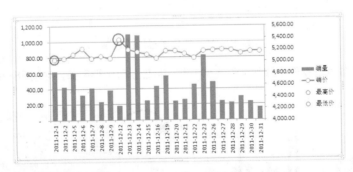

图 18-84 添加"最高价"、"最低价"后的效果

步骤**17**→ 选中"最高价"图表系列,在【图表工具】的【布局】命令组中单击【数据标签】,在弹出的下拉菜单中选择【其他数据标签选项】命令,打开【设置数据标签格式】对话框,如图 18-85 所示。

步骤**18**→ 在【设置数据标签格式】对话框的【标签选项】中勾选【系列名称】和【值】,在【标签位置】中选择【靠上】,在【分隔符】下拉列表中选择【分行符】,如图 18-86 所示。

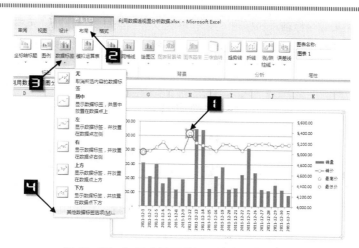

图 18-85   打开【设置数据标签格式】对话框

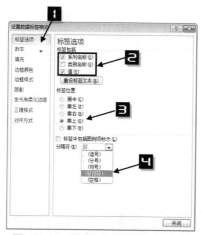

图 18-86   设置系列数据标签格式

此外，在【设置数据标签格式】对话框中设置【填充】→【纯色填充】→【白色】，将标签底色设为"白色"；再设置【边框颜色】→【实线】→【颜色】→【黑色】，将标签边框设为"黑色"。

步 骤 19→ 重复操作步骤 17，设置"最低价"的系列数据标签格式，并删除图例中的"最高价"、"最低价"图例，如图 18-87 所示。

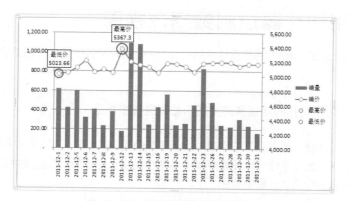

图 18-87   设置数据标签后的效果

步骤**20**→ 为主要纵坐标轴添加标题"吨"，并为次要纵坐标添加标题"元/吨"，删除图例中的"最高价"和"最低价"，最后添加图表标题，对图表位置进行进一步调整，最后的完成的效果如图 18-88 所示。

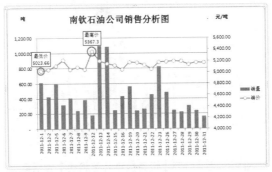

图 18-88　最终完成的分析图

用户可以对不同的部门、油品大类和具体的品种进行筛选，如部门选为"南欣本部"、油品大类选为"柴油类"、油品名称选择"-10 号柴油"，筛选后的数据透视表和数据透视图如图 18-89 所示。

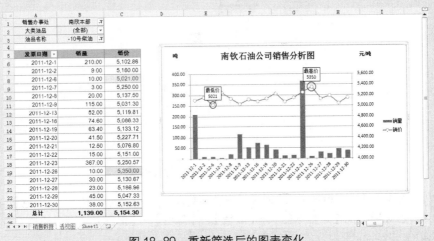

图 18-89　重新筛选后的图表变化

18.10　使用切片器控制数据透视图

切片器是 Exce 2010 新增的最具特色的功能之一，用户可以使用切片器功能对数据透视图进行有效的控制。

示例 **18.13**　使用切片器功能多角度展示数据透视表数据

图 18-90 所示中的"数据源"工作表中展示了某公司 2011 年 5、6、7 三个月的销售情况数据，并在"数据数据透视表"工作表中按客户和产品两个角度创建了同源数据透视表，最后在"数据透视图"工作表中分别创建了数据透视图。

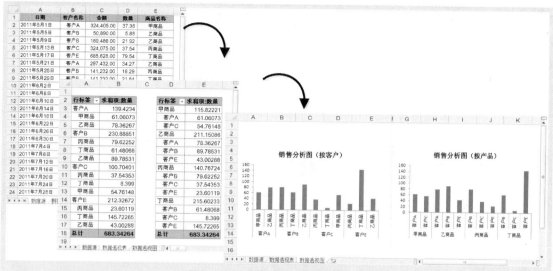

图 18-90　多角度创建数据透视图

　　用户可以在"数据透视图"工作表中使用切片器功能对数据透视图实施联动控制，具体方法如下。

步骤1 → 在"数据透视图"工作表中选中"销售分析图（按客户）"数据透视图，在【插入】选项卡的【筛选器】选项卡中单击【切片器】命令，打开【插入切片器】对话框，如图 18-91 所示。

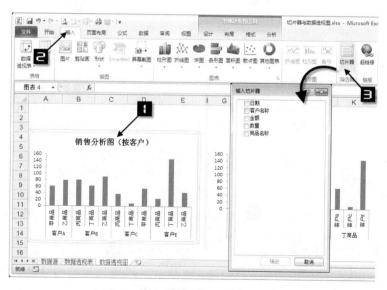

图 18-91　打开【切片器】对话框

步骤2 → 在【切片器】对话框中勾选"日期"复选项，单击【确定】按钮关闭对话框，生成"日期"字段的切片器，如图 18-92 所示。

步骤3 → 选中"切片器"，单击鼠标右键，在弹出的快捷菜单中单击"数据透视表连接"命令，打开【数据透视表连接（日期）】对话框，勾选"数据透视表2"，单击【确定】按钮，创建"数据透视表1"与"数据透视表2"之间的连接，如图 18-93 所示。

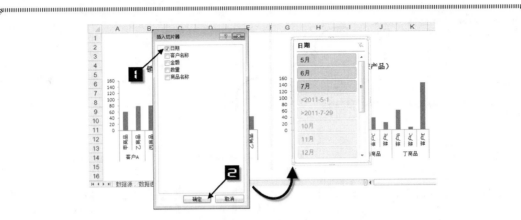

图 18-92 生成"日期"字段的切片器

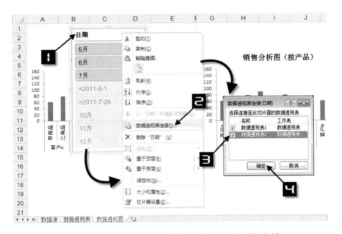

图 18-93 创建多个数据透视图之间的连接

 步 骤 **4** → 选中"日期"切片器，单击鼠标右键，在弹出的快捷菜单中单击【大小和属性】命令，在弹出的【大小和属性】对话框中，单击【位置和版式】选项，在右侧的【位置和版式】设置项中将【列数】设置为"3"，单击【关闭】对话框完成设置，如图 18-94 所示。

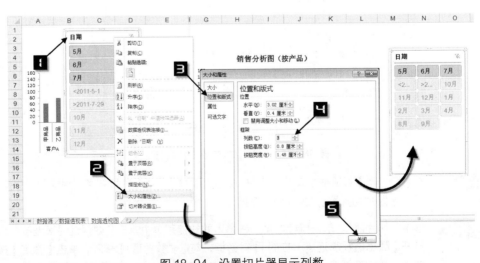

图 18-94 设置切片器显示列数

步骤**5** → 设置"日期"切片器的大小及显示外观，完成的效果如图 18-95 所示。

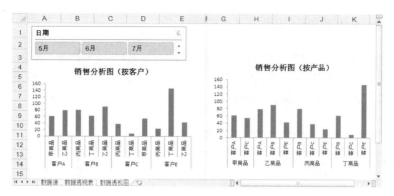

图 18-95 完成切片器设置后的效果

步骤**6** → 当在"日期"切片器中单击"5 月"选项，两个数据透视图同时发生相应的联动变化，当在"日期"切片器中再单击"7 月"选项，两个数据透视图再次同时发生相应的联动变化，变化效果如图 18-96 所示（有关切片器详细设置及使用的方法请参阅第 6 章）。

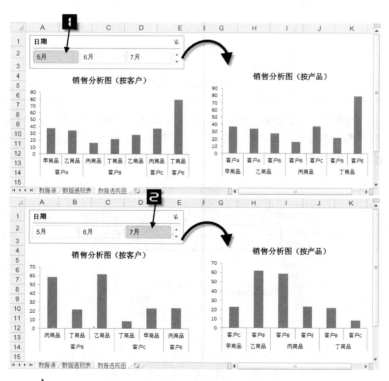

图 18-96 选择不同日期后两个数据透视图发生的变化

18.11 在数据透视表中插入迷你图

迷你图是 Excel 2010 的一个全新的功能，它可以在工作表的单元格中创建出一个微型图表，用于展示数据序列的趋势变化或用于一组数据的对比。迷你图主要包括拆线图、柱形图和盈亏图。用户可以将迷你图插入到数据透视表内，以图表形式展示数据透视表中的数据。

示例 18.14 利用迷你图分析数据透视表数据

图 18-97 所示展示了南欣公司 2011 年 12 月各油站的销售情况数据，并根据数据创建了分析用的数据透视表。用户可以在这张数据透视表中插入迷你图，更形象地反映 12 月份全月各种油品销售的趋势变化情况，具体设置步骤如下。

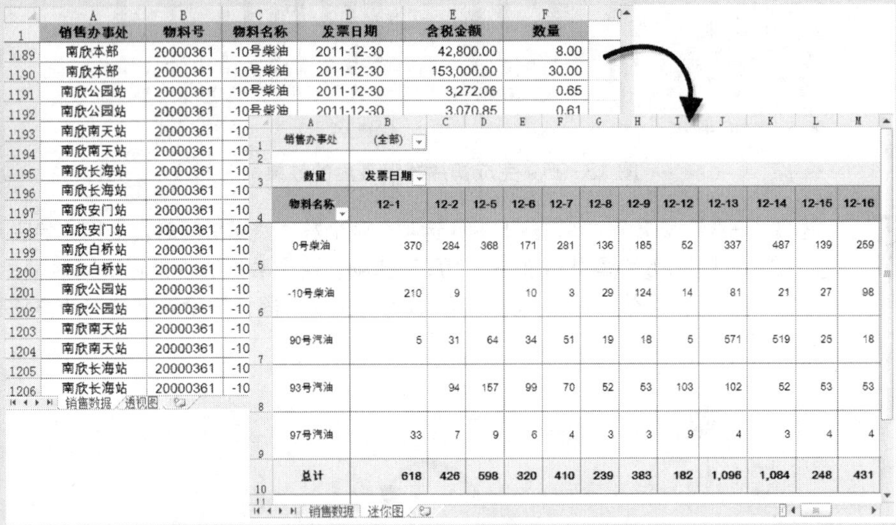

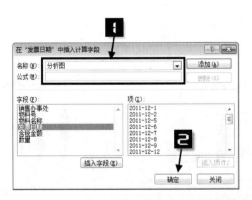

图 18-97 应用数据透视表创建数据分析表

步骤1→ 在"迷你图"工作表中，选中数据透视表 B2 单元格的"发票日期"字段名称，在"发票日期"字段中插入一个计算项，计算项名称设置为"分析图"，公式设置为空，如图 18-98 所示。

图 18-98 在"发票日期"字段中插入空计算项

步骤2→ 将插入的空白计算项"分析图"移动到 B 列，用于存放迷你图，如图 18-99 所示。

步骤3→ 选中数据透视表的 B4:B10 单元格区域，在【插入】选项卡的【迷你图】命令组中单击【折线图】命令，在打开的【创建迷你图】对话框中，设置【数据范围】为 C5:Y10，如图 18-100 所示。

物料名称	分析图	12-1	12-2	12-5	12-6	12-7	12-8	12-9	12-12	12-13	12-14	12-15
销售办事处	(全部)											
数量	发票日期											
0号柴油		370	284	368	171	281	136	185	52	337	487	139
-10号柴油		210	9		10	3	29	124	14	81	21	
90号汽油		5	31	64	34	51	19	18	5	571	519	25
93号汽油			94	157	99	70	52	53	103	102	52	53
97号汽油		33	7	9	6	4	3	3	9	4	3	
总计		618	426	598	320	410	239	383	182	1,096	1,084	248

图 18-99 调整插入的空计算项"分析图""排列顺序

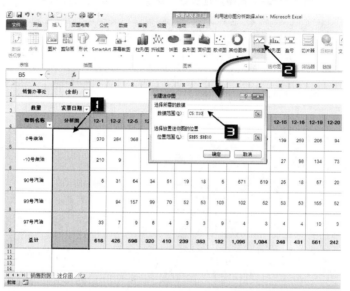

物料名称	分析图	12-1	12-2	12-5	12-15	12-16	12-19	12-20
销售办事处	(全部)							
数量	发票日期							
0号柴油		370	284	368	139	259	206	94
-10号柴油		210	9		27	98	134	73
90号汽油		5	31	64	25	18	57	20
93号汽油			94	157	52	53	155	52
97号汽油		33	7	9	4	4	10	3
总计		618	426	598	248	431	561	242

图 18-100 设置迷你图的数据范围

步骤 4 → 在【创建迷你图】对话框中，单击【确定】按钮完成设置，如图 18-101 所示。

物料名称	分析图	12-1	12-2	12-5	12-6	12-7	12-8	12-9	12-12	12-13	12-14	12-15
销售办事处	(全部)											
数量	发票日期											
0号柴油	∿	370	284	368	171	281	136	185	52	337	487	139
-10号柴油	∿	210	9		10	3	29	124	14	81	21	27
90号汽油	∿	5	31	64	34	51	19	18	5	571	519	25
93号汽油	∿		94	157	99	70	52	53	103	102	52	53
97号汽油	∿	33	7	9	6	4	3	3	9	4	3	
总计	∿	618	426	598	320	410	239	383	182	1,096	1,084	248

图 18-101 完成迷你图的创建

步骤5 → 在数据透视表中选择"物料名称"字段不同的字段项，迷你图也会随"物料名称"字段不同的选择进行相应的变动，如图 18-102 所示。

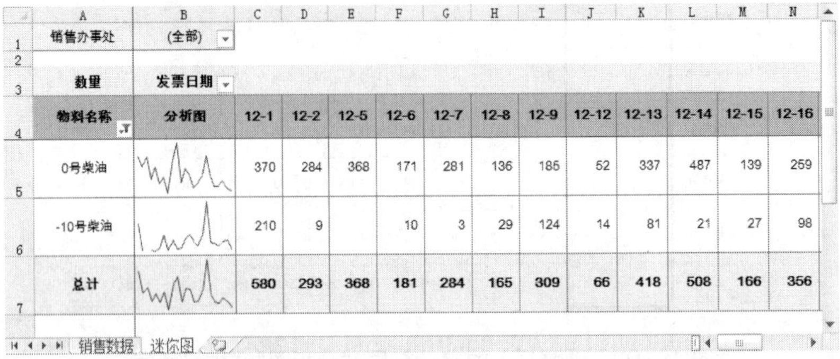

	A	B	C	D	E	F	G	H	I	J	K	L	M	N
1	销售办事处	(全部)												
2														
3	数量	发票日期												
4	物料名称	分析图	12-1	12-2	12-5	12-6	12-7	12-8	12-9	12-12	12-13	12-14	12-15	12-16
5	0号柴油		370	284	368	171	281	136	185	52	337	487	139	259
6	-10号柴油		210	9		10	3	29	124	14	81	21	27	98
7	总计		580	293	368	181	284	165	309	66	418	508	166	356

图 18-102　重新复选数据透视表后迷你图的变化结果

第 19 章　数据透视表打印技术

出于个人使用习惯或者公司档案存放等相关要求，数据透视表并不是总以电子表格的方式呈现，常常需要打印出来以纸质报表的方式上报领导审阅或者由相关部门存放归档。本章介绍数据透视表的打印技术。

本章学习要点：

- 设置数据透视表的打印标题。

- 数据透视表分页打印。

- 报表筛选字段分页快速打印。

19.1　设置数据透视表的打印标题

当一张数据透视表的打印区域"面积"过大时，很难在一页中打印完整，需要打印多页，但是多页打印的页面中可能造成表头的缺失，本章节将用一个实例演示如何应对这种情况。

19.1.1　利用数据透视表选项设置打印表头

示例 19.1　打印各部门费用统计表

图 19-1 所示展示了一张由数据透视表创建的某公司各事业部工资表，在对这张数据透视表进行分页打印时，如果希望数据透视表的行列标题固定成为每页的打印标题，请参照以下步骤。

	A	B	C	D	E	F	G	H
1	xx公司1-4月工资表							
2								
3	求和项:月工资(元)			月份				
4	事业部	岗位	姓名	1月	2月	3月	4月	总计
5		品牌经理	王华	8,800	8,800	8,800	8,800	35,200
6			于洋	8,360	8,360	7,980	8,360	33,060
7			张朝阳	9,240	9,240	8,820	8,400	35,700
8		销售客服	李增波	1,364	1,364	1,364	1,364	5,456
9	B事业部		刘惠	1,533	1,387	1,460	1,460	5,840
10			温荣荣	2,814	2,814	1,608	3,082	10,318
11		运营	韩函	4,026	4,026	3,843	3,843	15,738
12			刘鸣	3,916	3,560	3,916	3,738	15,130
13			齐秀波	3,916	2,670	3,916	3,560	14,062
14	B事业部 汇总			43,969	42,221	41,707	42,607	170,504
15		品牌经理	许宏涛	6,600	6,300	5,100	6,600	24,600
16			张晓静	6,720	6,720	6,720	6,720	26,880
17			靳玉静	1,870	1,870	1,700	1,615	7,055
18		销售客服	吴昊	2,684	2,684	2,440	2,684	10,492
19	C事业部		吴维	1,092	1,092	1,144	988	4,316
20			臧天歆	1,716	1,638	1,248	1,482	6,084

图 19-1　某公司各事业部工资表

在数据透视表的任意单元格上（如 B4）单击鼠标右键，在弹出的快捷菜单中选择【数据透视表选项】命令，在【数据透视表选项】对话框中单击【打印】选项卡，勾选【设置打印标题】复选框，最后单击【确定】按钮完成设置，如图 19-2 所示。

打印预览的效果如图 19-3 所示。

此时，在【页面布局】选项卡中单击【打印标题】按钮，则会看到在【页面设置】对话框中自动设置了【顶端标题行】与【左端标题列】，如图 19-4 所示。

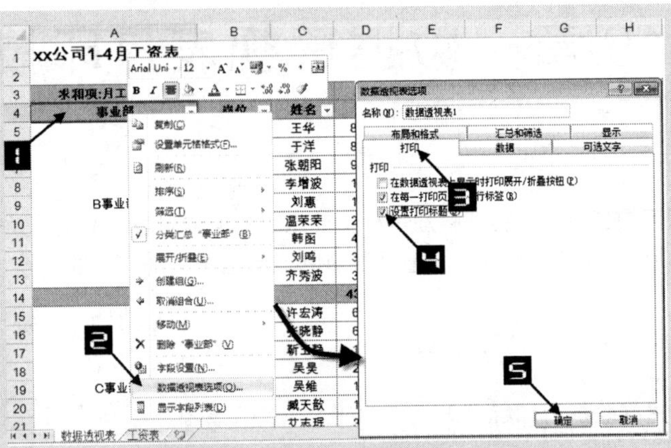

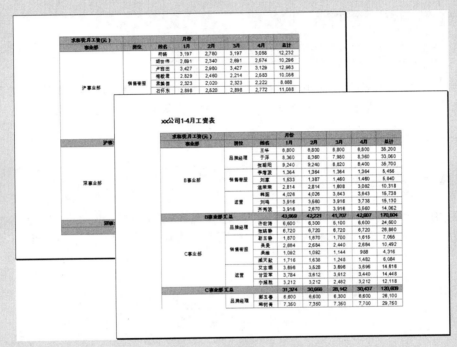

图 19-2　设置打印的标题和行标签

图 19-3　打印预览的效果

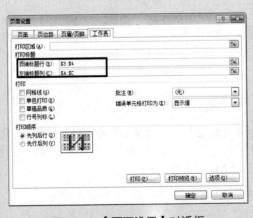

图 19-4　【页面设置】对话框

19.1.2 "在每一打印页上重复行标签"的应用

示例 19.2 打印成本明细表

当数据透视表中的某一个行字段项占用页面较长并形成跨页时，即便设置了【顶端标题行】打印，这个行字段项的标签还是不能在每张页面上都被打印出来，如图 19-5 所示。

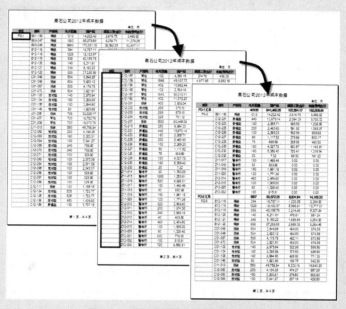

图 19-5 设置前打印预览的效果

如果希望行字段项的标签能够在每张页面上都打印出来，请参照以下步骤。

在数据透视表中的任意单元格上（如 B5）单击鼠标右键，在弹出的快捷菜单中选择【数据透视表选项】命令，在弹出的【数据透视表选项】对话框中单击【打印】选项卡，在【打印】选项区中勾选【在每一打印页上重复行标签】复选框，最后单击【确定】按钮完成设置，如图 19-6 所示。

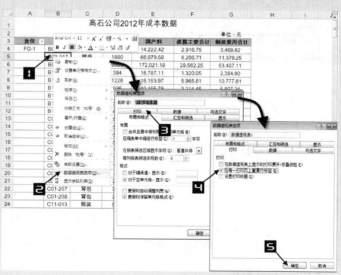

图 19-6 设置【在每一打印页上重复行标签】

405

设置好的数据透视表打印预览效果如图 19-7 所示。

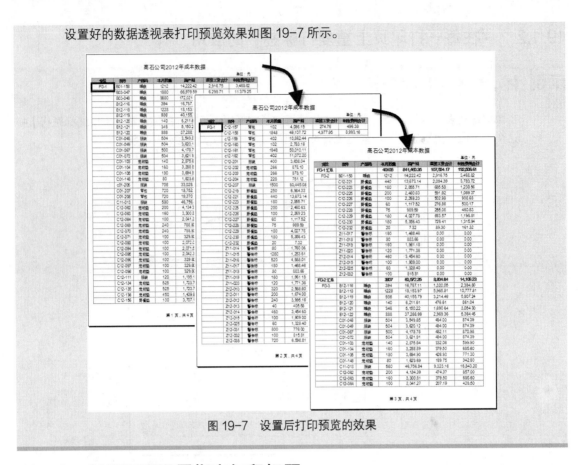

图 19-7 设置后打印预览的效果

19.1.3 利用页面设置指定打印标题

如果用户希望将数据透视表区域以外的行、列也包含在每页打印的标题中，可以将【顶端标题行】设置为 "$1:$4"，【左端标题列】设置为 "$A:$C" 即可，如图 19-8 所示。

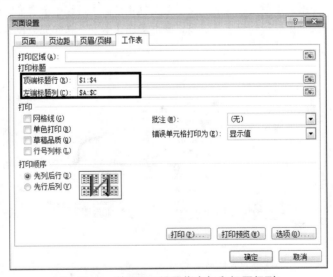

图 19-8 利用页面设置指定打印标题行列

打印预览的效果如图 19-9 所示。

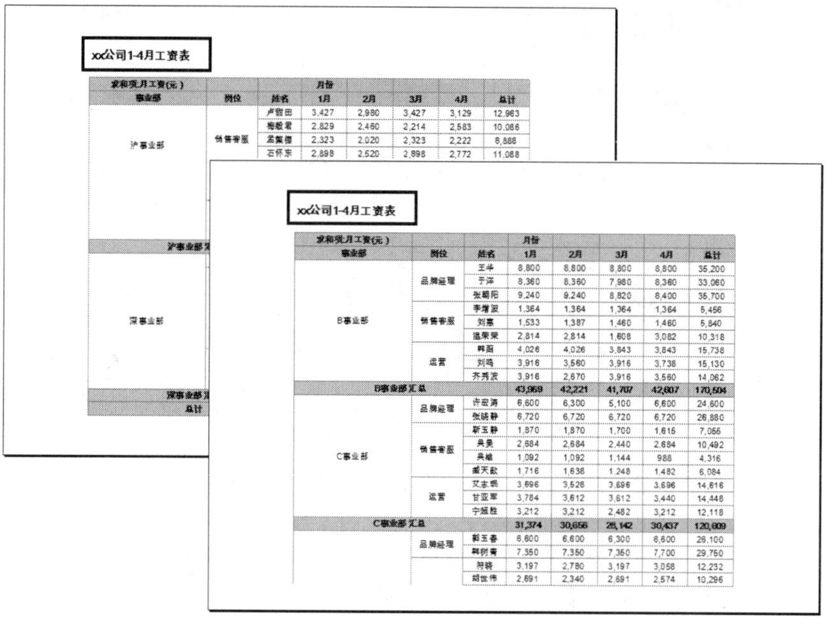

图 19-9 打印预览的效果。

19.2 为数据透视表每一分类项目分页打印

数据透视表还允许为每一分类项目设置分页打印，使得每一分类项目可以单独打印成一张报表。

示例 19.3 分部门打印工资表

仍然以示例 19.1 中的数据为例，图 19-10 所示展示了一张用数据透视表创建的某公司分事业部的工资表。如果希望将这张数据透视表分部门进行打印，请参照以下步骤。

	A	B	C	D	E	F	G	H
1	xx公司1-4月工资表							
2								
3	求和项:月工资(元)			月份				
4	事业部	岗位	姓名	1月	2月	3月	4月	总计
5	B事业部	品牌经理	王华	8,800	8,800	8,800	8,800	35,200
6			于洋	8,360	8,360	7,980	8,360	33,060
7			张朝阳	9,240	9,240	8,820	8,400	35,700
8		销售客服	李增波	1,364	1,364	1,364	1,364	5,456
9			刘惠	1,533	1,387	1,460	1,460	5,840
10			温荣荣	2,814	2,814	1,608	3,082	10,318
11		运营	韩函	4,026	4,026	3,843	3,843	15,738
12			刘鸣	3,916	3,560	3,916	3,738	15,130
13			齐秀波	3,916	2,670	3,916	3,560	14,062
14	B事业部 汇总			43,969	42,221	41,707	42,607	170,504
15	C事业部	品牌经理	许宏涛	6,600	6,300	5,100	6,600	24,600
16			张晓静	6,720	6,720	6,720	6,720	26,880
17		销售客服	靳玉静	1,870	1,870	1,700	1,615	7,055
18			吴昊	2,684	2,684	2,440	2,684	10,492
19			吴维	1,092	1,092	1,144	988	4,316
20			臧天歆	1,716	1,638	1,248	1,482	6,084

图 19-10 某公司各事业部工资表

步骤1 在“事业部”字段标题上（如 A4）单击鼠标右键，在弹出的快捷菜单中选择【字段设置】命令，打开【字段设置】对话框，单击【布局和打印】选项卡，勾选【每项后面插入分页符】复选框，单击【确定】按钮关闭【字段设置】对话框完成设置，如图 19-11 所示。

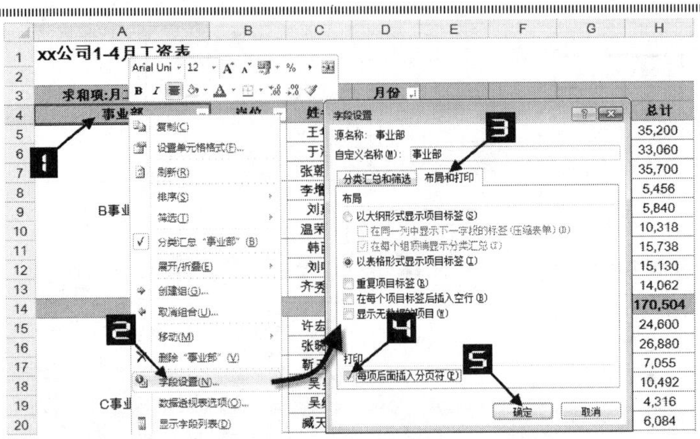

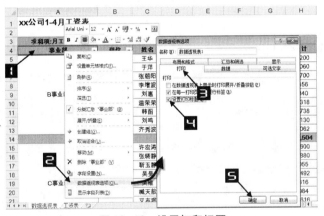

图 19-11　每个片区项后插入分页符

步骤2→ 在数据透视表中的任意一个单元格上（如 A4）单击鼠标右键，在弹出的快捷菜单中选择【数据透视表选项】命令，在打开的【数据透视表选项】对话框中单击【打印】选项卡，勾选【设置打印标题】复选框，最后单击【确定】按钮关闭【数据透视表选项】对话框完成设置，如图 19-12 所示。

图 19-12　设置打印标题

打印预览的效果如图 19-13 所示。

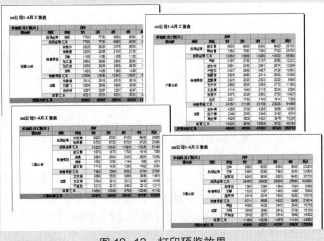

图 19-13　打印预览效果

第 **19** 章

19.3 根据报表筛选字段数据项快速分页打印

利用数据透视表报表筛选字段的"分页显示"功能，可以依照数据透视表报表筛选字段的项目分别创建多个工作表，用以呈现不同项目选择下的数据透视表的结果。利用这一功能可以实现快速分页打印。

示例 19.4 分片区打印品种覆盖率表

图 19-14 所示展示了一张分片区的品种覆盖率的数据透视表，如果希望按照不同片区将数据透视表分页打印，请参照以下步骤。

	A	B	C	D	E	F	G	H
1	片区	(全部)						
2								
3	求和项:覆盖率	品种						
4	城市	af	ffa	ppl	xgc	xkc	xzk	zkj
55	宿迁	53.09%	21.19%	31.68%	20.53%	10.38%	2.43%	28.92%
56	徐州	43.04%	7.72%	25.06%	9.48%	3.97%	0.29%	14.96%
57	雅安	25.58%	7.56%	14.53%	8.72%	11.63%	0.58%	10.47%
58	盐城	31.14%	13.04%	25.64%	16.25%	7.14%	1.06%	27.79%
59	扬州	37.82%	16.46%	30.11%	22.40%	4.05%	0.98%	29.85%
60	阳江	21.20%	1.89%	35.29%	5.33%	0.22%		5.22%
61	宜宾	31.91%	4.76%	14.97%	6.34%	3.27%	4.26%	12.78%
62	云浮	47.25%	2.75%	32.77%	20.06%	1.05%	2.27%	18.04%
63	湛江	65.37%	0.82%	19.20%	13.95%	0.16%		3.13%
64	肇庆	42.83%	0.47%	20.23%	38.50%	2.30%	5.95%	13.67%
65	镇江	36.04%	12.45%	28.17%	23.75%	9.91%	1.56%	25.96%
66	中山	43.57%	8.18%	46.22%	38.11%	1.64%	2.42%	19.33%
67	舟山	19.78%	5.42%	30.46%	26.48%	4.94%	5.58%	17.86%
68	珠海	38.29%	8.96%	47.05%	31.57%	3.26%	1.63%	28.72%
69	资阳	69.85%	3.37%	11.47%	5.62%	2.36%	24.97%	13.27%
70	自贡	30.30%	1.52%	16.16%	10.35%		0.76%	3.54%
71	总计	2280.24%	457.50%	1622.50%	1293.99%	272.95%	136.11%	1114.04%

图 19-14 设置了"报表筛选"字段的品种覆盖率表

单击数据透视表中的任意单元格（如 A4），在【数据透视表工具】的【选项】选项卡的【数据透视表】命令组中单击【选项】的下拉按钮，在打开的下拉菜单中选择【显示报表筛选页】命令，在弹出的【显示报表筛选页】对话框中，选择一个需要分页的报表筛选字段，本例中默认选择"片区"字段，单击【确定】按钮完成设置，如图 19-15 所示。

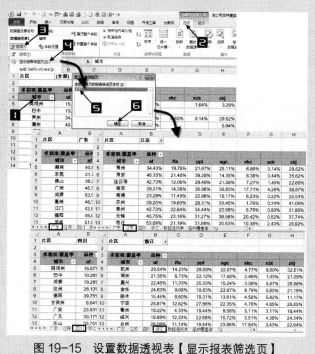

图 19-15 设置数据透视表【显示报表筛选页】

设置完成后即可分别打印每张数据透视表。

第 20 章　数据透视表技术的综合运用

本章以多个独立的实际案例来展示如何综合各种数据透视表技术来进行数据分析和报表制作，每个案例中涉及的知识点均来自本书的其他章节。

注意

> 本章节示例默认的执行路径为 D 盘根目录。

20.1　利用数据透视表制作教师任课时间表

示例 20.1　标识教师任课时间表

利用条件格式中的"图标集"显示样式可以将数据透视表内的数据以图标的形式在数据透视表内显示，使数据透视表变得更加易懂和专业。

	A	B	C	D	E	F	G	H	I	J
1	老师	张国栋 ▼								
2										
3	计数项:使用时间					班级 ▼				
4	日期 ▼	开始时间 ▼	时间 ▼	结束时间 ▼	课程 ▼	301	401	402	403	404
5	2012/3/6	14:00:00	14:00-14:45	14:45:00	生物		1			
6		16:00:00	16:00-16:45	16:45:00	生物	1				
7	2012/3/5	14:00:00	14:00-14:45	14:45:00	地方		1			
8		15:00:00	15:00-15:45	15:45:00	地方			1	1	1
9	2012/3/4	14:00:00	14:00-14:45	14:45:00	生物			1	1	1
10		15:00:00	15:00-15:45	15:45:00	生物		1			
11	2012/3/7				地方	1				

图 20-1　未进行格式设置的数据透视表

如果希望对图 20-1 所示的数据透视表值区域中的"使用时间"的计数项数据以条件格式中的红色"三色旗"图标显示，请参照以下步骤。

步骤 1 → 单击数据透视表值区域中的任意单元格（如 F5），在【开始】选项卡中单击【条件格式】按钮，在出现的扩展列表中选则【新建规则】命令，打开【新建格式规则】对话框，如图 20-2 所示。

步骤 2 → 在【新建格式规则】对话框中选择【规则应用于】项下【所有显示"计数项：使用时间"值的单元格】单选钮；选择【格式样式】为"图标集"，【图标样式】为"三色旗"，同时单击【反转图标次序】按钮并勾选【仅显示图标】复选框，如图 20-3 所示。

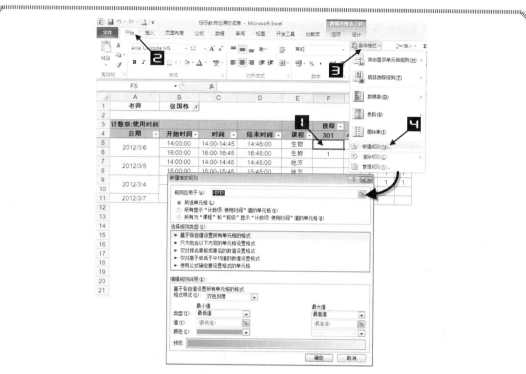

图 20-2　新建条件格式规则

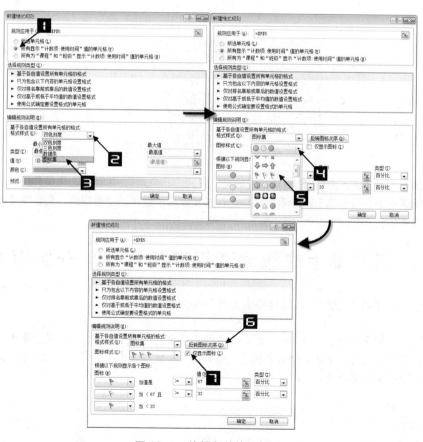

图 20-3　编辑条件格式规则

步骤3 单击【新建格式规则】对话框中的【确定】按钮完成设置，如图 20-4 所示。

	A	B	C	D	E	F	G	H	I	J
1	老师	张国栋								
2										
3	计数项:使用时间					班级				
4	日期	开始时间	时间	结束时间	课程	301	401	402	403	404
5	2012/3/6	14:00:00	14:00-14:45	14:45:00	生物		⚑			
6		16:00:00	16:00-16:45	16:45:00	生物	⚑				
7	2012/3/5	14:00:00	14:00-14:45	14:45:00	地方		⚑			
8		15:00:00	15:00-15:45	15:45:00	地方			⚑	⚑	⚑
9	2012/3/4	14:00:00	14:00-14:45	14:45:00	生物			⚑	⚑	⚑
10		15:00:00	15:00-15:45	15:45:00	生物		⚑			
11	2012/3/7				地方	⚑				

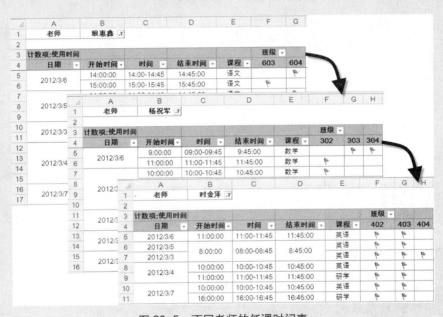

图 20-4 三色旗图标显示的教师任课时间表

最后，通过对报表筛选字段“老师”的不同选择还可以得到不同老师的任课时间表，如图 20-5 所示。

图 20-5 不同老师的任课时间表

本例利用 Excel 2010 条件格式“图标集”中的“三色旗”，并通过选择条件格式规则的应用范围使数据透视表在报表筛选状态下能够将条件格式应用于整张数据透视表，最终完成带有显著标记的不同教师的任课时间表。

20.2 利用方案生成数据透视表盈亏平衡分析报告

示例 20.2 利用方案生成数据透视表盈亏平衡分析报告

图 20-6 所示展示了一张某公司甲产品的盈亏平衡的试算表格。此表格的上半部分是销售及成本等相关指标的数值，下半部分则是根据这些数值用公式统计出的总成本、收入及利润和盈亏平衡的状况，这些公式分别为：

```
B8=B4*B5
B9=B6+B8
B10=B3*B4
B11=B10-B9
```

B12=B6/(B3-B5)

B13=B12*B3

	A	B
1	甲产品盈亏平衡试算表	
2		
3	销售单价	350
4	销量	6000
5	单位变动成本	70
6	固定成本	550,000
7		
8	总变动成本	420,000
9	总成本	970,000
10	销售收入	2,100,000
11	利润	1,130,000
12	盈亏平衡销量	1964
13	盈亏平衡销售收入	687,500

图 20-6　甲产品盈亏平衡试算表

在这个试算模型中，单价、销量和单位变动成本都直接影响着盈亏平衡销量，如果要对比分析理想状态、保守状态和最差状态的盈亏平衡销量并最终形成方案数据透视表报告，请参照以下步骤。

步骤1 → 选定 A3:B13 单元格区域，在【公式】选项卡中单击【根据所选内容创建】按钮，在弹出的【以选定区域创建名称】对话框中勾选【最左列】复选框，单击【确定】按钮，将试算表的计算指标定义成名称，如图 20-7 所示。

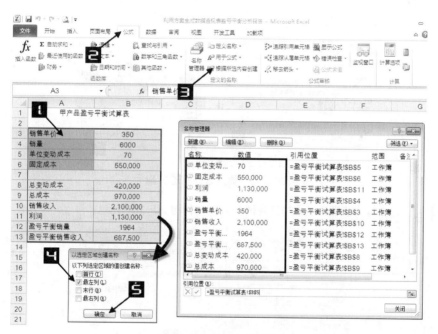

图 20-7　批量定义名称

步骤2 → 在【数据】选项卡中单击【模拟分析】的下拉按钮，在弹出的下拉菜单中选择【方案管理器】命令，弹出【方案管理器】对话框，如图 20-8 所示。

步骤3 → 在【方案管理器】对话框中单击【添加】按钮，在弹出的【编辑方案】对话框中设置【方案名】为"理想状态"，【可变单元格】区域为"$B$3:$B$5"，单击【确定】按钮后输入在"理想状态"下每个变量的具体数值，输入完毕后单击【确定】按钮，完成第一个方案的添加，如图 20-9 所示。

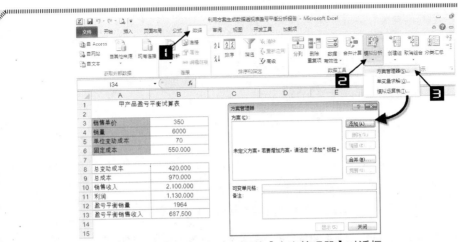

图20-8 初次打开的【方案管理器】对话框

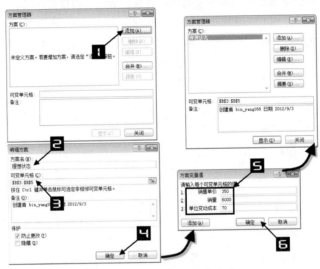

图20-9 添加理想状态方案

步 骤**4** → 重复操作步骤3，添加另外两个方案，如图 20-10 所示。

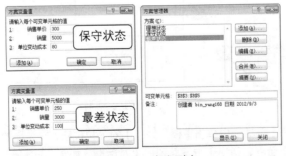

图20-10 方案列表

步 骤**5** → 在【方案管理器】对话框中单击【摘要】按钮，在弹出的【方案摘要】对话框的【报表类型】中选择【方案数据透视表】单选钮，在【结果单元格】编辑框内输入"B3,B4,B5, B9, B10, B11, B12"，单击【确定】按钮生成一张"方案数据透视表报告"，如图 20-11 所示。

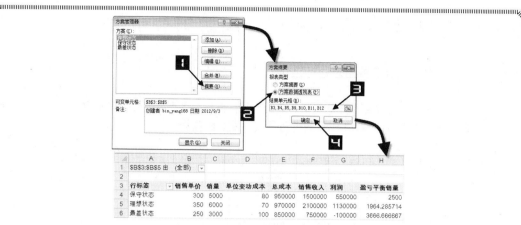

图 20-11　方案数据透视表报告

步　骤6 ➡ 整理数据透视表布局并美化数据透视表，最终的结果如图 20-12 所示。

结果单元格	列标签		
	保守状态	理想状态	最差状态
销售单价	300	350	250
销量	5,000	6,000	3,000
单位变动成本	80	70	100
总成本	950,000	970,000	850,000
销售收入	1,500,000	2,100,000	750,000
利润	550,000	1,130,000	-100,000
盈亏平衡销量	2,500	1,964	3,667

图 20-12　方案数据透视表报告

注意 ➡ 如果希望生成的方案透视表报告在保存后仍保留完整的数据透视表功能，在保存文件前，应打开【数据透视表选项】对话框，在【数据】选项卡中勾选【保存文件及源数据】复选项，如图 20-13 所示。

图 20-13　勾选【保存文件及源数据】复选项

　　本例通过运用【假设分析】中的【方案管理器】功能生成方案数据透视表报告，来轻松解决盈亏平衡量试算过程中的复杂问题。

20.3 利用数据透视表制作常用费用分析表

示例 20.3 多年度制造费用差异对比分析表

图 20-14 所示展示了某公司制造费用数据列表，该数据列表中的数据是从财务软件系统中导出的，记录了该公司 2010～2011 年度制造费用实际发生额数据。

	B	C	D	E	F	G	H	I	J	K
1	月	日	凭证号数	科目编码	科目名称	摘要	借方	贷方	方向	余额
1417	12	08	记-0017	41050404	过桥过路费	略	179.00	0.00	借	8,641.00
1418	12	12	记-0026	41050404	过桥过路费	略	175.00	0.00	借	8,816.00
1419	12	15	记-0036	41050404	过桥过路费	略	560.00	0.00	借	9,376.00
1420	12	18	记-0039	41050404	过桥过路费	略	20.00	0.00	借	9,396.00
1421	12	21	记-0047	41050404	过桥过路费	略	179.00	0.00	借	9,575.00
1422	12	21	记-0048	41050404	过桥过路费	略	109.00	0.00	借	9,684.00
1423	12	29	记-0069	41050404	过桥过路费	略	117.00	0.00	借	9,801.00
1424	12	31	记-0080	41050404	过桥过路费	略	540.00	0.00	借	10,341.00
1425	12	31	记-0082	41050404	过桥过路费	略	49.00	0.00	借	10,390.00
1426	12	31	记-0086	41050404	过桥过路费	略	0.00	10,390.00	平	0.00
1427	12	15	记-0038	41050405	抵税运费	略	13,345.50	0.00	借	85,784.13
1428	12	31	记-0086	41050405	抵税运费	略	0.00	85,784.13	平	0.00
1429	12	29	记-0074	41050406	运费附加	略	175.00	0.00	借	2,171.00
1430	12	31	记-0086	41050406	运费附加	略	0.00	2,171.00	平	0.00
1431	12	06	记-0013	410505	劳保用品	略	81.20	0.00	借	1,806.48
1432	12	07	记-0014	410505	劳保用品	略	50.00	0.00	借	1,856.48
1433	12	31	记-0086	410505	劳保用品	略	0.00	1,856.48	平	0.00
1434	12	31	记-0083	410507	设备使用费	略	14,097.66	0.00	借	14,097.66
1435	12	31	记-0086	410507	设备使用费	略	0.00	14,097.66	平	0.00
1436	12	31	记-0092	410507	设备使用费	略	-29,271.56	0.00	贷	29,271.56
1437	12	31	记-0092	410507	设备使用费	略	29,271.56	0.00	平	0.00
1438	12	31	记-0092	410507	设备使用费	略	-14,097.66	0.00	贷	14,097.66
1439	12	31	记-0092	410507	设备使用费	略	14,097.66	0.00	平	0.00
1440	12	31	记-0086	410510	其他	略	0.00	15.00	平	

图 20-14　制造费用数据列表

面对上千行的跨年度数据进行分析，首先需要创建动态的数据透视表来满足动态数据分析的要求，并通过对相同字段在数据透视表中设置不同的数据显示方式来求得实际发生额数据不同年度的占比和差异，最后对数据透视表应用条件格式，突出显示差异异常的数据作为重点关注的项目，具体操作步骤如下。

步骤1 为"制造费用"数据源定义动态名称，如图 20-15 所示。

`Data=OFFSET(制造费用!$A$1,,,COUNTA(制造费用!$A:$A),COUNTA(制造费用!$1:$1))`

图 20-15　为"制造费用"数据源定义动态名称

步骤2 以名称"Data"为数据源在"差异分析"工作表中创建如图 20-16 所示的数据透视表。

步骤3 对数据透视表"科目名称"字段进行手工分组，以归纳费用属性，可控费用属于可以控制并加以重点关注的费用项目，不可控费用属于必须支出无法控制的费用，如图 20-17 所示。

步骤4 将【数据透视表字段列表】中的"求和项：借方"字段连续移动至【∑数值】区域两次，如图 20-18 所示。

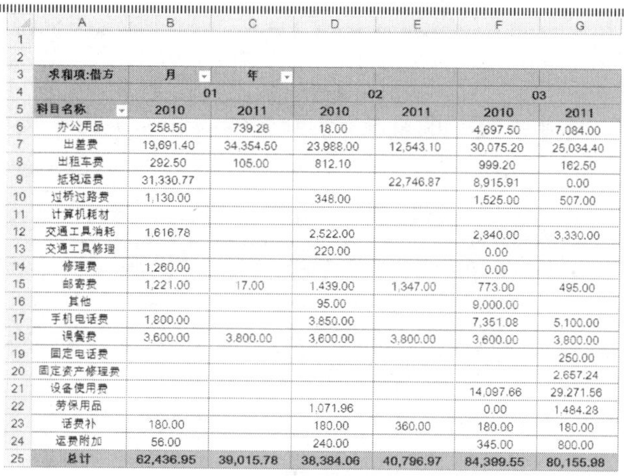

图 20-16　创建数据透视表

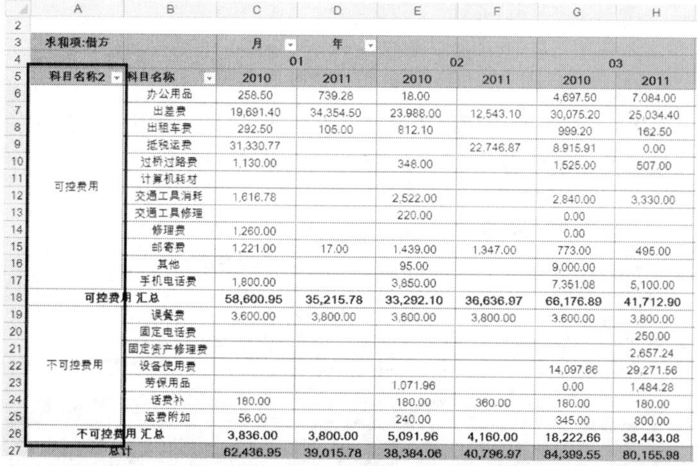

图 20-17　对数据透视表进行分组

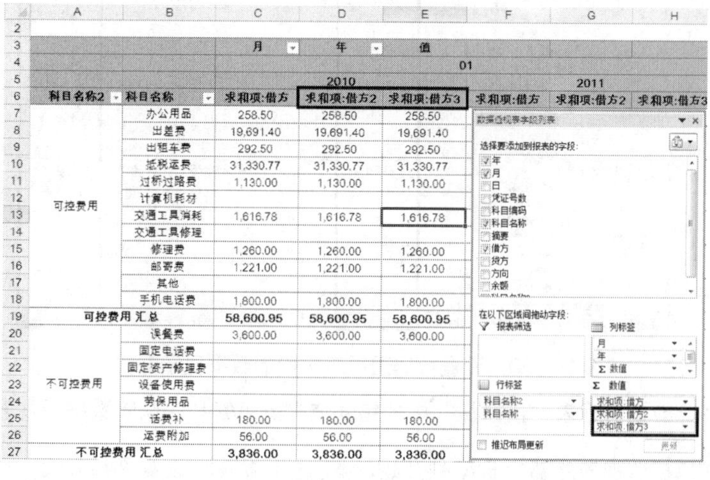

图 20-18　布局数据透视表

步骤5 → 将数据透视表中"求和项：借方"、"求和项：借方2"、"求和项：借方3"字段的名称依次更改为"金额"、"占比"和"差异率%"，如图20-19所示。

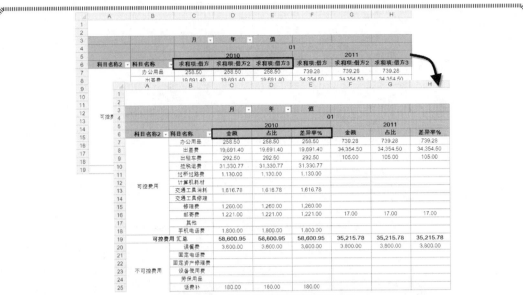

图 20-19　更改数据透视表字段名称

步骤6 → 将"占比"字段在数据透视表中的"值显示方式"设置为"列汇总的百分比","差异"
字段设置为"差异百分比",如图 20-20 所示。

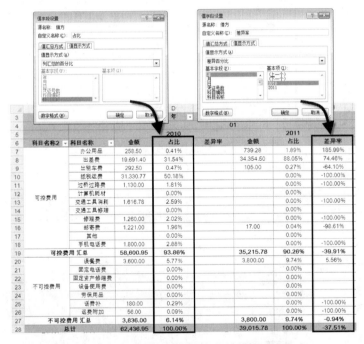

图 20-20　设置数据透视表字段的数据显示方式

步骤7 → 消除数据透视表"值区域"中的错误值"#DIV/0!",删除数据透视表的"行总计"。

步骤8 → 在数据透视表外部的 BW 列开始,添加总计标题,设置求和公式,如图 20-21 所示。

```
BW8={SUM(GETPIVOTDATA("借方",$A$4,"年",2010,"月",TEXT(COLUMN(A:L),"00"),"科目名称",B8))}
BX8=BW8/$BW$29
BZ8={SUM(GETPIVOTDATA("借方",$A$4,"年",2011,"月",TEXT(COLUMN(A:L),"00"),"科目名称",B8))}
```

```
CA8=BZ8/$BZ$29
CB8=IFERROR((BZ8-BW8)/BW8,"")
BW20 =SUM(BW8:BW19)
BZ20 =SUM(BZ8:BZ19)
BW28=SUM(BW21:BW27)
BZ28=SUM(BZ21:BZ27)
BW29=SUM(BW20,BW28)
BZ29=SUM(BZ20,BZ28)
```

	A	B	C	BW	BX	BY	BZ	CA	CB
5			01				总计		
6			2010		2010			2011	
7	科目名称2	科目名称	金额	金额	占比	差异率%	金额	占比	差异率%
8		办公用品	258.50	27,332.40	2.22%		21,076.57	2.04%	-22.89%
9		出差费	19,691.40	577,967.80	47.02%		364,499.10	35.21%	-36.93%
10		出租车费	292.50	10,588.50	0.86%		10,082.80	0.97%	-4.78%
11		抵税运费	31,330.77	73,095.24	5.95%		220,905.69	21.34%	202.22%
12		过桥过路费	1,130.00	35,912.50	2.92%		27,568.50	2.66%	-23.23%
13	可控费用	计算机耗材		3,830.37	0.31%		3,489.00	0.34%	-8.91%
14		交通工具消耗	1,616.78	61,133.44	4.97%		61,516.71	5.94%	0.63%
15		交通工具修理		18,735.12	1.52%		19,906.69	1.92%	6.25%
16		修理费	1,260.00	3,210.00	0.26%		348.00	0.03%	-89.16%
17		邮寄费	1,221.00	12,001.50	0.98%		11,516.45	1.11%	-4.04%
18		其他		76,222.00	6.20%		18,921.00	1.83%	-75.18%
19		手机电话费	1,800.00	66,294.02	5.39%		42,875.90	4.14%	-35.32%
20	可控费用 汇总		58,600.95	966,322.89	78.61%		802,706.41	77.54%	-16.93%
21		误餐费	3,600.00	42,669.00	3.47%		44,712.00	4.32%	4.79%
22		固定电话费		10,472.28	0.85%		12,927.67	1.25%	23.45%
23	不可控费用	固定资产修理费		0.00	0.00%		0.00	0.00%	
24		设备使用费		127,252.62	10.35%		101,912.34	9.84%	-19.91%
25		劳保用品		13,678.98	1.11%		8,008.35	0.77%	-41.46%
26		话费补	180.00	2,160.00	0.18%		2,160.00	0.21%	0.00%
27		运费附加	56.00	66,647.30	5.42%		62,799.20	6.07%	-5.77%
28	不可控费用 汇总		3,836.00	262,880.18	21.39%		232,519.56	22.46%	-11.55%
29	总计		62,436.95	1,229,203.07	100.00%		1,035,225.97	100.00%	-15.78%

图 20-21 设置求和公式

步骤 9 → 在"差异分析"工作表内对所有显示为"差异率%"值的单元格应用条件格式，将差异率大于 10% 或小于 -10% 的数据突出显示，作为重点关注的项目，如图 20-22 所示。

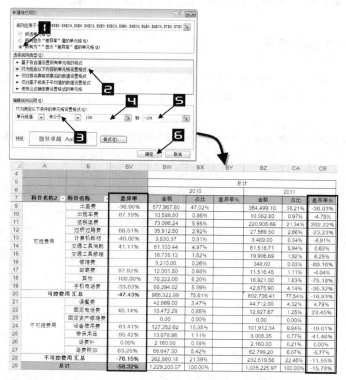

图 20-22 对数据透视表应用条件格式

步骤10→ 依次隐藏数据透视表中每个月里"2010"字段的"差异率%"项，同时对数据透视表进行美化，最后效果如图 20-23 所示。

图 20-23 多年度制造费用差异对比分析表

本例通过对数据透视表中的相同字段设置不同的数据显示方式来求得不同年度费用实际发生额的占比和差异率，并通过在数据透视表内应用条件格式，突出显示差异异常的数据作为决策者重点关注的项目，从而完成最终的多年度制造费用差异对比分析。

20.4 利用数据透视表制作外加工订单

示例 20.4 外加工订单模板

图 20-24 所示展示的生产计划工作表中记录了某公司 2012 年需要进行外加工的生产订单明细数据，客户资料工作表中记录了该公司的客户信息。

图 20-24 生产计划数据列表

如果用户希望通过"生产计划"数据列表自动生成向外加工单位下达的生产订单，请参照以下步骤。

步骤1 → 向"生产计划"数据列表定义名称 DATA。

=OFFSET(生产计划!$A$1,,,COUNTA(生产计划!$A:$A),COUNTA(生产计划!$1:$1))

步骤2 → 以名称"DATA"为数据源在"外加工订单"工作表中创建动态数据透视表,如图 20-25 所示。

	A	B	C	D	E	F	G
1	外加工单位	(全部)					
2							
3						值	
4	ERPCO#	工单号	款号	产品码	订单交期	订单数量	加工费总额
5	C014441-001	A01-001	00584307RL	FG11	2013/2/15	1450	2,884.29
6	C014441-005	A01-143	00584307RL	FG11	2013/2/15	70	367.35
7	C014441-006	A01-144	00584307LL	FG11	2013/2/15	60	55.15
8	C014441-007	A01-145	00584607RR	FG11	2013/2/15	75	506.78
9	C014441-008	A01-146	00584607LR	FG11	2013/2/15	35	244.27
10	C014554-016	A04-016	139709	FG01B	2013/5/14	54	10.05
11	C014554-017	A04-017	139710	FG01B	2013/5/14	36	263.49
12	C014554-018	A04-018	139711	FG01B	2013/5/14	192	384.29
13	C014554-019	A04-019	139712	FG01B	2013/5/14	108	236.13
14	C014554-020	A04-020	139713	FG01B	2013/5/14	78	656.55
15	C014554-021	A04-021	139714	FG01B	2013/5/14	36	352.03
16	C014570-015	A03-015	139709	FG01B	2013/3/26	42	247.93
17	C014570-016	A03-016	139710	FG01B	2013/3/26	30	250.34
18	C014570-017	A03-017	139711	FG01B	2013/3/26	150	599.70
19	C014570-018	A03-018	139712	FG01B	2013/3/26	84	478.22
20	C014570-019	A03-019	139713	FG01B	2013/3/26	60	193.36

图 20-25 创建数据透视表

步骤3 → 在数据透视表中插入计算字段"单价",计算公式为"单价= 加工费总额/订单数量",如图 20-26 所示。

	A	B	C	D	E	F	G	H
1	外加工单位	(全部)						
2								
3							值	
4	ERPCO#	工单号	款号	产品码	订单交期	订单数量	加工费总额	单 价
5	C014441-001	A01-001	00584307RL	FG11	2013/2/15	1450	2,884.29	1.99
6	C014441-005	A01-143	00584307RL	FG11	2013/2/15	70	367.35	5.25
7	C014441-006	A01-144	00584307LL	FG11	2013/2/15	60	55.15	0.92
8	C014441-007	A01-145	00584607RR	FG11	2013/2/15	75	506.78	6.76
9	C014441-008	A01-146	00584607LR	FG11	2013/2/15	35	244.27	6.98
10	C014554-016	A04-016	139709	FG01B	2013/5/14	54	10.05	0.19
11	C014554-017	A04-017	139710	FG01B	2013/5/14	36	263.49	7.32
12	C014554-018	A04-018	139711	FG01B	2013/5/14	192	384.29	2.00
13	C014554-019	A04-019	139712	FG01B	2013/5/14	108	236.13	2.19
14	C014554-020	A04-020	139713	FG01B	2013/5/14	78	656.55	8.42
15	C014554-021	A04-021	139714	FG01B	2013/5/14	36	352.03	9.78
16	C014570-015	A03-015	139709	FG01B	2013/3/26	42	247.93	5.90
17	C014570-016	A03-016	139710	FG01B	2013/3/26	30	250.34	8.34
18	C014570-017	A03-017	139711	FG01B	2013/3/26	150	599.70	4.00
19	C014570-018	A03-018	139712	FG01B	2013/3/26	84	478.22	5.69
20	C014570-019	A03-019	139713	FG01B	2013/3/26	60	193.36	3.22

图 20-26 添加计算字段

注意 → 插入的计算字段是"单 价",而不是"单价",中间有一个空格,否则将会与数据透视表原有字段重复,会出现错误提示。

步骤4 → 在"外加工订单"工作表的第 2 行 A2、C2、E2 和 G2 单元格中输入客户资料的项目并在 B2、D2、F2、H2 单元格中使用公式引用"客户资料"工作表中的数据,同时,还可以根据数据透视表筛选字段"外加工单位"的选择结果显示详细信息,如图 20-27 所示。

B2、D2、F2、H2 单元格的公式分别为:

B2=VLOOKUP($B$1,客户资料!$A:$E,MATCH(SUBSTITUTE(外加工订单!A2,":",""),客户资料!$A$1:$E$1,),)

```
D2=VLOOKUP($B$1,客户资料!$A:$E,MATCH(SUBSTITUTE(外加工订单!C2,":",""),客户资料!$A$1:$E$1,),)
F2=VLOOKUP($B$1,客户资料!$A:$E,MATCH(SUBSTITUTE(外加工订单!E2,":",""),客户资料!$A$1:$E$1,),)
H2=VLOOKUP($B$1,客户资料!$A:$E,MATCH(SUBSTITUTE(外加工订单!G2,":",""),客户资料!$A$1:$E$1,),)
```

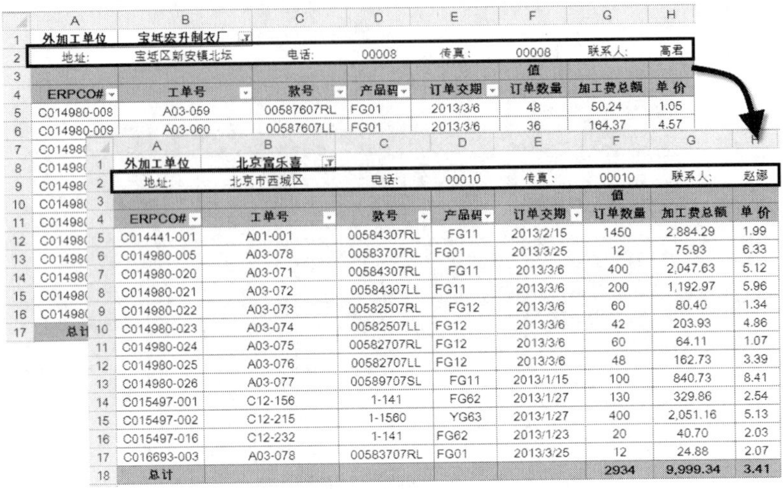

外加工单位	宝坻宏升制衣厂						
地址:	宝坻区新安镇北坛	电话:	00008	传真:	00008	联系人:	高君
					值		
ERPCO#	工单号	款号	产品码	订单交期	订单数量	加工费总额	单 价
C014980-008	A03-059	00587607RL	FG01	2013/3/6	48	50.24	1.05
C014980-009	A03-060	00587607LL	FG01	2013/3/6	36	164.37	4.57

外加工单位	北京富乐喜						
地址:	北京市西城区	电话:	00010	传真:	00010	联系人:	赵娜
					值		
ERPCO#	工单号	款号	产品码	订单交期	订单数量	加工费总额	单 价
C014441-001	A01-001	00584307RL	FG11	2013/2/15	1450	2,884.29	1.99
C014980-005	A03-078	00583707RL	FG01	2013/3/25	12	75.93	6.33
C014980-020	A03-071	00584307RL	FG11	2013/3/6	400	2,047.63	5.12
C014980-021	A03-072	00584307LL	FG11	2013/3/6	200	1,192.97	5.96
C014980-022	A03-073	00582507RL	FG12	2013/3/6	60	80.40	1.34
C014980-023	A03-074	00582507LL	FG12	2013/3/6	42	203.93	4.86
C014980-024	A03-075	00582707RL	FG12	2013/3/6	60	64.11	1.07
C014980-025	A03-076	00582707LL	FG12	2013/3/6	48	162.73	3.39
C014980-026	A03-077	00589707SL	FG11	2013/1/15	100	840.73	8.41
C015497-001	C12-156	1-141	FG62	2013/1/27	130	329.86	2.54
C015497-002	C12-215	1-1560	YG63	2013/1/27	400	2,051.16	5.13
C015497-016	C12-232	1-141	FG62	2013/1/23	20	40.70	2.03
C016693-003	A03-078	00583707RL	FG01	2013/3/25	12	24.88	2.07
总计					2934	9,999.34	3.41

图 20-27 设置显示外加工单位信息的公式

步骤5 → 在数据透视表上方插入 4 行空白行，输入外加工订单的其他相关资料，如公司名称、地址和订单约定条款等，如图 20-28 所示。

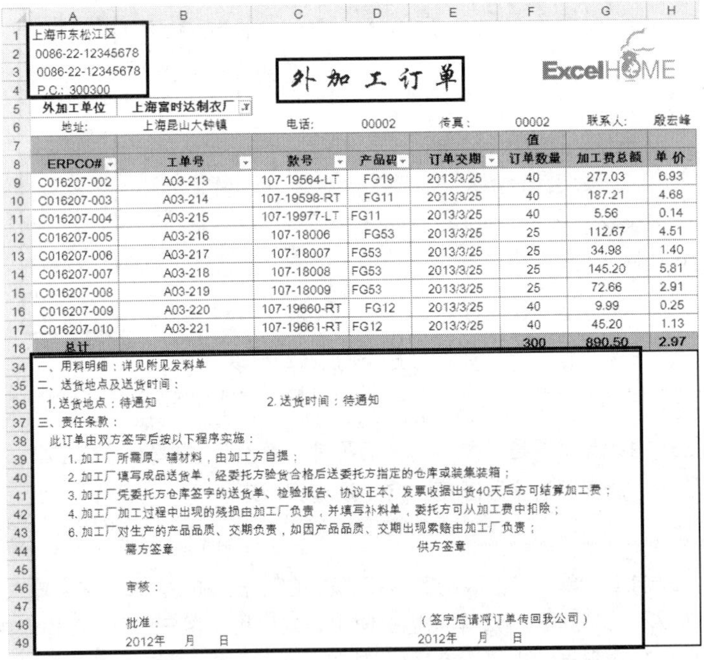

上海市东松江区
0086-22-12345678
0086-22-12345678
P.C.: 300300

外 加 工 订 单

外加工单位	上海富时达制衣厂						
地址:	上海昆山大钟镇	电话:	00002	传真:	00002	联系人:	殷宏峰
					值		
ERPCO#	工单号	款号	产品码	订单交期	订单数量	加工费总额	单 价
C016207-002	A03-213	107-19564-LT	FG19	2013/3/25	40	277.03	6.93
C016207-003	A03-214	107-19598-RT	FG11	2013/3/25	40	187.21	4.68
C016207-004	A03-215	107-19977-LT	FG11	2013/3/25	40	5.56	0.14
C016207-005	A03-216	107-18006	FG53	2013/3/25	25	112.67	4.51
C016207-006	A03-217	107-18007	FG53	2013/3/25	25	34.98	1.40
C016207-007	A03-218	107-18008	FG53	2013/3/25	25	145.20	5.81
C016207-008	A03-219	107-18009	FG53	2013/3/25	25	72.66	2.91
C016207-009	A03-220	107-19660-RT	FG12	2013/3/25	40	9.99	0.25
C016207-010	A03-221	107-19661-RT	FG12	2013/3/25	40	45.20	1.13
总计					300	890.50	2.97

一、用料明细：详见附见发料单
二、送货地点及送货时间：
1. 送货地点：待通知　　2. 送货时间：待通知
三、责任条款：
此订单由双方签字后按以下程序实施：
1. 加工厂所需原、辅材料，由加工方自提；
2. 加工厂填写成品送货单，经委托方验货合格后送委托方指定的仓库或装集装箱；
3. 加工厂凭委托方仓库签字的送货单、检验报告、协议正本、发票收据出货40天后方可结算加工费；
4. 加工厂加工过程中出现的残损由加工厂负责，并填写补料单，委托方可从加工费中扣除；
6. 加工厂对生产的产品品质、交期负责，如因产品品质、交期出现索赔由加工厂负责；
需方签章　　供方签章
审核：
批准：　　（签字后请将订单传回我公司）
2012年 月 日　　2012年 月 日

图 20-28 输入外加工订单相关资料

步骤6 → 美化数据透视表，最后效果如图 20-29 所示。

图 20-29 美化数据透视表

本例通过对生产计划数据库创建动态数据透视表结合 Excel 函数公式生成动态的"外加工订单"模板，并通过对数据透视表筛选字段"外加工单位"的选择迅速生成各个加工单位的订单，极大地提高了下达订单的规范性和准确性。

20.5 利用数据透视表进行销售分析

示例 20.5 多角度的销售分析表和销售分析图

图 20-30 所示展示的"销售数据"工作表中记录了某公司一定时期内的销售及成本明细数据。

	A	B	C	D	E	F	G	H	I	J	K	L
1	客户代码	销售月份	销售部门	销售人员	发票号	工单号	ERPCO号	产品名称	款式号	数量	金额	成本
2	C000002	1月	销售三部	刘辉	H00012769	A12-086	C014673-004	睡袋	00583207LF	16	19,270	18,983
3	C000002	1月	销售三部	刘辉	H00012769	A12-087	C014673-005	睡袋	00583707RU	40	39,465	40,893
4	C000002	1月	销售三部	刘辉	H00012769	A12-088	C014673-006	睡袋	00583707LU	20	21,016	22,294
5	C000002	1月	销售三部	刘辉	H00012769	A12-089	C014673-007	睡袋	00583107RU	20	23,710	24,318
6	C000002	1月	销售三部	刘辉	H00012769	A12-090	C014673-008	睡袋	00583107LU	16	20,015	20,257
7	C000002	1月	销售三部	刘辉	H00012769	A12-091	C014673-009	睡袋	00584507RF	200	40,014	43,538
8	C000002	1月	销售三部	刘辉	H00012769	A12-092	C014673-010	睡袋	00584507LF	100	21,424	22,917
9	C000002	1月	销售三部	刘辉	H00012769	A12-093	C014673-011	睡袋	00584307RU	200	40,014	44,258
10	C000002	1月	销售三部	刘辉	H00012769	A12-094	C014673-012	睡袋	00584307LU	400	84,271	92,391
11	C000002	1月	销售三部	刘辉	H00012769	A12-095	C014673-013	睡袋	00584307LU	212	48,706	51,700
12	C000002	1月	销售三部	刘辉	H00012769	A12-096	C014673-014	睡袋	00584407RU	224	47,192	50,558
13	C000002	1月	销售三部	刘辉	H00012769	A12-097	C014673-015	睡袋	00584407LU	92	21,136	22,115
14	C000002	1月	销售三部	刘辉	H00012769	A12-098	C014673-016	睡袋	00584806LU	100	27,500	30,712
15	C000002	1月	销售三部	刘辉	H00012769	A12-101	C014673-017	睡袋	00584607LF	140	29,994	32,727
16	C000002	1月	销售三部	刘辉	H00012774	A11-155	C015084-001	睡袋	00581307RU	108	34,683	35,739
17	C000002	1月	销售三部	刘辉	H00012774	A11-156	C015084-002	睡袋	00581507007	72	12,493	11,099
18	C000002	1月	销售三部	刘辉	H00012769	A12-083	C014673-001	睡袋	00583807RF	32	30,449	29,398
19	C000002	1月	销售三部	刘辉	H00012769	A12-084	C014673-002	睡袋	00583807LF	12	12,125	11,642
20	C000002	1月	销售三部	刘辉	H00012769	A12-085	C014673-003	睡袋	00583207RF	20	22,921	22,707
21	C000002	1月	销售三部	刘辉	H00012774	A12-178	C015240-001	睡袋	00581307SU	60	17,795	18,667

图 20-30 销售数据明细表

面对这样一个庞大的数据列表进行数据分析，首先需要创建动态的数据透视表并通过对数据透视表的重新布局得到按"销售月份"、"销售部门"和"销售人员"等不同角度的分类汇总分析表，再通过不同的数据透视表生成相应的数据透视图得到一系列的详细分析报表，具体请参照以下步骤。

步骤1 → 新建一个 Excel 工作簿，将其命名为"多角度的销售分析表和销售分析图.xlsx"，打开该工作簿。将 Sheet1 工作表改名为"销售分析"，然后删除其余的工作表。

步骤2 → 在【数据】选项卡中单击【现有连接】按钮，弹出【现有连接】对话框，单击【浏览更多】按钮，打开【选取数据源】对话框，如图 20-31 所示。

图 20-31　激活【选取数据源】对话框

步骤3 → 在【选取数据源】对话框中，选择要导入的目标文件的所在路径，双击"销售分析数据源.xlsx"，打开【选择表格】对话框，如图 20-32 所示。

图 20-32　打开【选择表格】对话框

步骤4 → 保留【选择表格】对话框中对名称的默认选择，单击【确定】按钮，激活【导入数据】
对话框，单击【数据透视表】单选钮，指定数据透视表的位置为现有工作表的"$A$3"，
单击【确定】按钮生成一张空白的数据透视表，如图 20-33 所示。

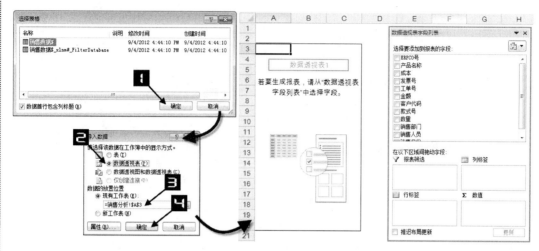

图 20-33　生成空白的数据透视表

步骤5 → 向数据透视表中添加相关字段，并在数据透视表中插入计算字段"毛利"，计算公式
为"毛利=金额−成本"，如图 20-34 所示。

	A	B	C	D
1				
2				
3	行标签	金额	成本	毛利
4	1月	13,879,466.41	12,220,359.69	1,659,106.73
5	2月	8,234,095.70	7,142,040.44	1,092,055.26
6	3月	2,355,833.87	1,933,252.26	422,581.61
7	4月	13,854,727.58	11,763,719.16	2,091,008.42
8	5月	12,469,612.31	10,939,728.23	1,529,884.09
9	6月	298,392.88	304,045.74	-5,652.86
10	7月	3,818,984.37	3,499,676.80	319,307.57
11	8月	15,160,033.95	11,323,762.35	3,836,271.61
12	9月	3,962,590.03	3,289,422.75	673,167.28
13	10月	6,322,667.91	5,867,749.00	454,918.91
14	11月	1,670,214.71	1,537,529.11	132,685.61
15	12月	2,632,032.77	2,265,277.44	366,755.32
16	总计	84,658,652.50	72,086,562.96	12,572,089.54

图 20-34　按销售月份汇总的数据透视表

步骤6 → 单击数据透视表中的任意单元格（如 B8），在【数据透视表工具】的【选项】选项卡
中单击【数据透视图】按钮，在弹出的【插入图表】对话框中选择【折线图】选项卡
中的"折线图"图表类型，单击【确定】按钮创建数据透视图，如图 20-35 所示。

步骤7 → 对数据透视图进行格式美化后如图 20-36 所示。

步骤8 → 复制图 20-34 所示的数据透视表，对数据透视表重新布局，创建数据透视图，图表类
型选择"三维饼图"，得到销售人员销售金额汇总表和销售比重图，如图 20-37 所示。

步骤9 → 再次复制图 20-34 所示的数据透视表，对数据透视表重新布局，创建数据透视图，
图表类型选择"三维簇状柱形图"，得到按销售部门反映的收入及成本利润汇总表和
不同部门的对比分析图，如图 20-38 所示。

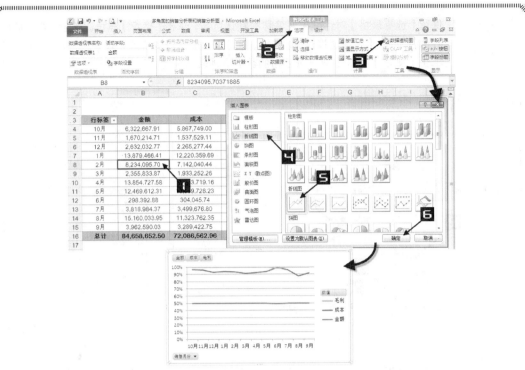

图 20-35　按月份的收入及成本利润走势分析图

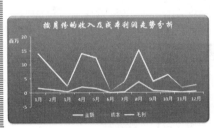

图 20-36　美化数据透视图

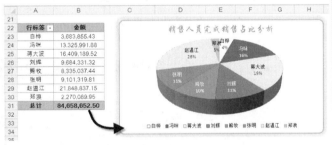

图 20-37　销售人员完成销售占比分析图

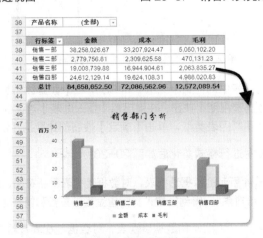

图 20-38　销售部门分析图

通过对筛选字段"产品名称"的下拉选择，还可以针对每种产品进行销售部门的分析。

本例通过对同一个数据透视表的不同布局得到各种不同角度的销售分析汇总表并通过创建数据透视图来进行销售走势、销售占比和部门对比等各种图表分析，完成图文并茂的多角度销售分析报表，可以满足不同用户的分析要求。

20.6 "Microsoft Query"查询不重复数据

示例 20.6 使用 Microsoft Query 查询不重复数据创建数据透视表

"Microsoft Query"是由 Microsoft Office 提供的一个查询工具。它使用 SQL 语言生成查询语句，并将这些语句传递给数据源，从而可以更精准地从外部数据源中导入匹配条件的数据到 Excel 中。

图 20-39 所示列示了某公司员工 2012-5-2 的考勤打卡记录，因考勤机故障，致使导出的打卡记录中部分记录出现重复，现在需要将重复的数据删除并且还要统计员工的打卡次数，请参照以下步骤。

	A	B	C	D	E
1	卡号	工号	姓名	打卡日期	打卡时间
2	0839967648	278	杨一民	2012/5/2	00:05:28
3	0839967648	278	杨一民	2012/5/2	00:05:28
4	0839967648	278	杨一民	2012/5/2	08:23:57
5	0839967648	278	杨一民	2012/5/2	08:23:57
6	0839967648	278	杨一民	2012/5/2	12:25:07
7	0839967648	278	杨一民	2012/5/2	12:25:07
8	0839967648	278	杨一民	2012/5/2	16:01:56
9	0839967648	278	杨一民	2012/5/2	16:01:56
10	0839967649	279	周媛媛	2012/5/2	00:04:11
11	0839967649	279	周媛媛	2012/5/2	00:04:11
12	0839967649	279	周媛媛	2012/5/2	08:03:18
13	0839967649	279	周媛媛	2012/5/2	08:03:18
14	0839967650	270	陈斌	2012/5/2	00:01:12
15	0839967650	270	陈斌	2012/5/2	00:01:12
16	0839967650	270	陈斌	2012/5/2	16:23:15
17	0839967650	270	陈斌	2012/5/2	16:23:15
18	0839967651	271	赵拥	2012/5/2	00:04:48
19	0839967651	271	赵拥	2012/5/2	00:04:48
20	0839967651	271	赵拥	2012/5/2	07:03:34
21	0839967651	271	赵拥	2012/5/2	07:03:34

图 20-39 某公司员工 2011-5-2 的考勤打卡记录

步骤1 新建一个 Excel 工作簿，将其命名为"使用 Microsoft Query 查询不重复数据创建数据透视表.xlsx"，打开该工作簿，将 Sheet1 工作表改名为"考勤统计"，然后删除其余的工作表。

步骤2 在【数据】选项卡中单击【自其他来源】按钮，在出现的扩展列表中选取【来自 Microsoft Query】，弹出【选择数据源】对话框，单击【数据库】选项卡，在编辑框中选中"Excel Files*"类型的数据源，并取消【使用"查询向导"创建/编辑查询】复选框的勾选，如图 20-40 所示。

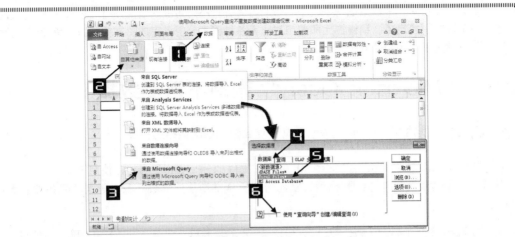

图 20-40 【选择数据源】对话框

> **注意** →　必须取消"使用'查询向导'创建/编辑查询"复选框的勾选，否则将进入"查询向导"模式，而不是"Microsoft Query"。

步骤3 → 单击【确定】按钮，"Microsoft Query"自动启动，并弹出【选择工作簿】对话框。选择要导入的目标文件的所在路径，单击【确定】按钮，激活【添加表】对话框，如图 20-41 所示。

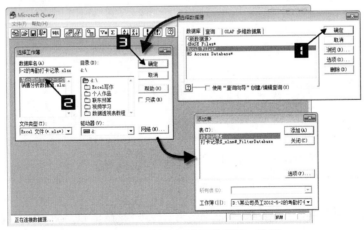

图 20-41 按路径选择数据源工作簿

步骤4 → 在【添加表】对话框的【表】编辑框中选中"打卡记录$"，单击【添加】按钮向"Microsoft Query"添加数据列表，如图 20-42 所示。

步骤5 → 单击【关闭】按钮关闭【添加表】对话框，在【打卡记录$】编辑框中双击"*"（星号）向数据窗格中添加所有数据记录，如图 20-43 所示。

步骤6 → 依次在【Microsoft Query】菜单栏中单击【视图】→【查询属性】，弹出【查询属性】对话框，勾选【不选重复的记录】复选框，然后单击【确定】按钮关闭对话框，如图 20-44 所示。

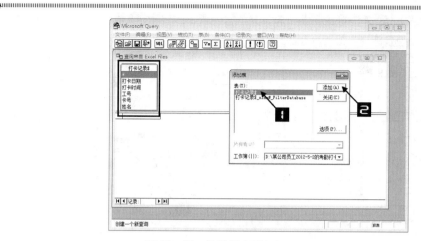

图 20-42　将数据表添加至 Microsoft Query

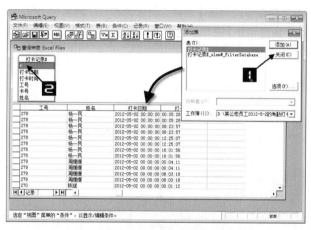

图 20-43　向数据窗格中添加数据

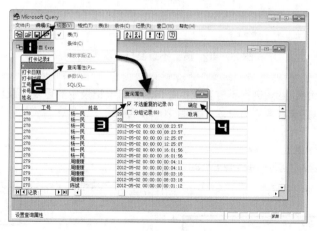

图 20-44　不选重复的记录

步骤 **7** → 单击【Microsoft Query】工具栏中的 按钮，将数据返回到 Excel，此时 Excel 窗口中将弹出【导入数据】对话框，单击【数据透视表】单选钮并指定【数据的放置位置】为现有工作表的 "$A$3"，单击【确定】按钮生成数据透视表，如图 20-45 所示。

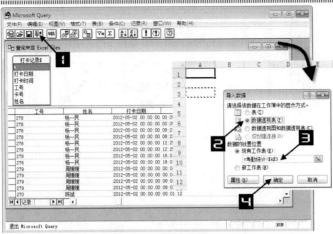

图 20-45　将数据返回到 Excel

步 骤 **8** → 将【数据透视表字段列表】中的 "打卡日期"、"姓名"、"打卡时间" 和 "计数项：打卡时间" 字段拖动至【在以下区间拖动字段】的相关区域中，完成数据透视表的创建，如图 20-46 所示。

	A	B	C
1	打卡日期	(全部)	
2			
3	姓名	打卡时间	计数项:打卡时间
4		00:00:43	1
5	车军	00:05:28	1
6		07:57:51	1
7		16:10:32	1
8	车军 汇总		4
9	陈斌	00:01:12	1
10		16:23:15	1
11	陈斌 汇总		2
12		13:04:32	1
13	董涵	14:05:04	1
14		15:06:41	1
15		15:09:33	1
16	董涵 汇总		4
17		09:02:31	1
18	黄劲	10:01:42	1
19		11:05:32	1
20		12:04:28	1
21	黄劲 汇总		4

图 20-46　员工不重复打卡次数统计

利用 Microsoft Query 进行不重复数据查询后，打卡记录中的重复记录将不被计入统计，如员工 "陈斌" 的实际打卡次数应为 2 次，如图 20-47 所示。

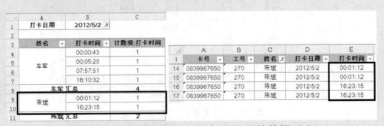

图 20-47　原始数据和不重复查询后的数据对比

本例通过利用 "Microsoft Query" 进行数据查询，并利用查询属性中 "不选重复的记录" 特性对原始数据进行筛选，最终得到满足用户需要的数据透视表。

20.7 利用 SQL 语句编制每天刷卡汇总数据透视表

图 20-48 所示展示了某实验室在 2012 年 3 月份每天进出实验室刷卡记录数据列表，该数据列表保存在 D 盘根目录下的"2012 年 3 月实验室出入刷卡记录.xlsx"文件中。

	A	B	C	D
1	工号	姓名	日期	刷卡时间
984	10	河东健	2012/3/21	21:48:39
985	5	黄蓉	2012/3/8	21:48:52
986	9	郑成	2012/3/15	21:49:51
987	2	李四	2012/3/29	21:49:59
988	1	张三	2012/3/2	21:50:01
989	3	王五	2012/3/26	21:51:01
990	1	张三	2012/3/21	21:51:35
991	10	河东健	2012/3/31	21:53:14
992	4	郭靖	2012/3/24	21:53:19
993	2	李四	2012/3/16	21:54:07
994	4	郭靖	2012/3/26	21:55:38
995	9	郑成	2012/3/24	21:56:49
996	6	欧阳锋	2012/3/1	21:58:09
997	6	欧阳锋	2012/3/2	21:58:16
998	8	郭襄	2012/3/24	21:58:20
999	4	郭靖	2012/3/9	21:58:59
1000	3	王五	2012/3/10	21:59:19

图 20-48　刷卡记录数据列表

示例 20.7　编制每天刷卡汇总数据透视表

如果希望对图 20-48 所示的数据列表，查询每天实验室人员的刷卡情况，请参照以下步骤。

步骤1 → 新建一个 Excel 工作簿，将其命名为"编制每天刷卡汇总数据透视表.xlsx"，打开该工作簿，将 Sheet1 工作表改名为"出入汇总"，然后删除其余的工作表。

步骤2 → 打开 D 盘根目录下的目标文件"2012 年 3 月实验室出入刷卡记录.xlsx"，弹出【选择表格】对话框，如图 20-49 所示。

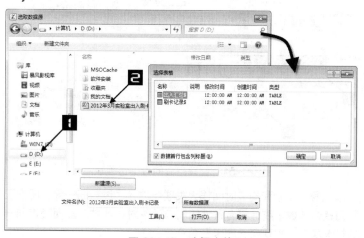

图 20-49　选择表格

步骤3 → 保持【选择表格】对话框的默认选择，单击【确定】按钮，在弹出的【导入数据】对话框中选择【数据透视表】单选钮，【数据的放置位置】选择【现有工作表】单选钮，单击"出入汇总"工作表中的 A1 单元格，再单击【属性】按钮打开【连接属性】对话框，单击【定义】选项卡，如图 20-50 所示。

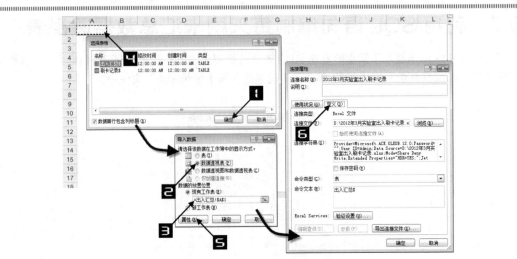

图 20-50　打开【连接属性】

步骤4 → 清空【命名文本】文本框中的内容，输入以下 SQL 语句：

　　SELECT A.工号,A.姓名,A.日期,A.刷卡时间,COUNT(B.刷卡时间) AS 打卡次序 FROM [刷卡记录$]A INNER JOIN [刷卡记录$]B

　　ON A.工号=B.工号 AND A.日期=B.日期 AND A.刷卡时间>=B.刷卡时间

　　GROUP BY A.工号,A.姓名,A.日期,A.刷卡时间

　　单击【确定】按钮返回【导入数据】对话框，再次单击【确定】按钮创建一张空白的数据透视表，如图 20-51 所示。

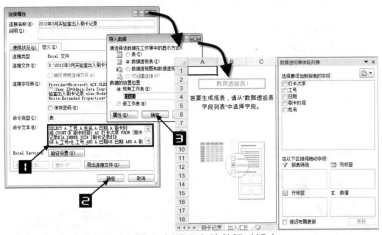

图 20-51　创建空白的数据透视表

　　思路解析：以工号、日期和刷卡时间作为关联条件，通过对同一天、同一工号下的不同刷卡时间进行比较，利用聚合函数来统计符合条件的刷卡记录对比次数，从而获得同一天、同一工号不同刷卡记录对应的打卡次序，实现每天刷卡汇总查询。

步骤5 → 在【数据透视表字段列表】中，将工号、姓名和日期字段移动至【行标签】区域内，将"打卡次序"字段移动至【列标签】区域内，将"刷卡时间"字段移动至【Σ数值】区域内，并更改"刷卡时间"字段的值汇总方式为"求和"，设置"数字格式"为时间格式，最后对数据透视表进一步美化，最终完成的数据透视表如图 20-52 所示。

	A	B	C	D	E	F	G	H	I	J	K
1	求和项:刷卡时间			打卡次序							
2	工号	姓名	日期	1	2	3	4	5	6	7	8
287	9	郑成	2012/3/16	15:06:41	19:05:24	19:29:02	21:10:27				
288	9	郑成	2012/3/17	12:57:12							
289	9	郑成	2012/3/18	10:35:17	18:56:20						
290	9	郑成	2012/3/19	18:16:58	20:01:05						
291	9	郑成	2012/3/20	11:13:18	15:12:34	15:18:29	19:35:34				
292	9	郑成	2012/3/21	9:58:52	11:08:10	16:08:14	18:24:59				
293	9	郑成	2012/3/22	16:05:02							
294	9	郑成	2012/3/23	16:15:43	18:03:25	20:48:53					
295	9	郑成	2012/3/24	13:50:09	14:44:31	21:56:49					
296	9	郑成	2012/3/25	12:13:55	18:42:17	20:27:45					
297	9	郑成	2012/3/26	8:06:12	11:03:03	13:01:26	21:28:07				
298	9	郑成	2012/3/27	14:41:36	15:56:15						
299	9	郑成	2012/3/28	11:05:40	11:27:24	12:13:40	12:53:56	13:45:52	20:37:55		
300	9	郑成	2012/3/29	17:05:06	18:55:27	19:05:43	21:38:11				
301	9	郑成	2012/3/30	17:46:10							
302	9	郑成	2012/3/31	12:42:42	13:36:37	19:38:39	21:38:17				

刷卡记录 出入汇总

图 20-52 最终完成的数据透视表

本例利用 SQL 连接语句结合聚合函数统计符合条件的数据记录，日常工作中有着非常广泛的应用，例如生成排名等，但使用 JOIN 连接，需要注意关联条件的设置，条件设置不当，容易产生笛卡尔积，导致数据虚增。

20.8 制作复杂结构的计划完成情况分析表

分析计划完成情况是一项常见的管理工作内容，如果遇到实绩与计划数据表结构不同的情况，可以使用数据透视表进行复杂的计划完成情况分析。

示例 20.8 利用数据透视表制作复杂结构的计划完成情况表

图 20-53 所示是 ABC 集团公司各分公司 2012 年 8 月份销售计划表和日销售实绩数据表。这两个数据表的结构完全不同，如果希望利用数据透视表创建反映每个分公司日销售量情况的报表并进行计划完成情况分析，请参照以下步骤。

	A	B	C	D	E	F
1	分公司	物料号	品种	开票日期	销售金额	数量
987	安门分公司	40000361	-10号柴油	2012-8-30	8,718.82	1.74
988	白桥分公司	40000361	-10号柴油	2012-8-30	89,295.23	17.78
989	白桥分公司	40000361	-10号柴油	2012-8-30	8,228.29	1.64
990	公园分公司	40000361	-10号柴油	2012-8-30	3,272.06	0.65
991	公园分公司	40000361	-10号柴油	2012-8-30	3,070.85	0.61
992	南天分公司	40000361	-10号柴油	2012-8-30	49,269.05	9.81
993	南天分公司	40000361	-10号柴油	2012-8-30	14,755.47	2.94
994	长海分公司	40000361	-10号柴油	2012-8-30	24,635.64	4.90
995	长海分公司	40000361	-10号柴油	2012-8-30	3,783.37	0.75
996	安门分公司	40000361	-10号柴油	2012-8-31	15,269.99	3.04
997	安门分公司	40000361	-10号柴油	2012-8-31	8,241.01	1.64
998	白桥分公司	40000361	-10号柴油	2012-8-31	24,109.57	4.80
999	白桥分公司	40000361	-10号柴油	2012-8-31	4,978.44	0.99
1000	公园分公司	40000361	-10号柴油	2012-8-31	5,394.98	1.07
1001	公园分公司	40000361	-10号柴油	2012-8-31	2,776.21	0.55
1002	南天分公司	40000361	-10号柴油	2012-8-31	19,084.30	3.80
1003	南天分公司	40000361	-10号柴油	2012-8-31	10,176.03	2.03
1004	长海分公司	40000361	-10号柴油	2012-8-31	5,686.45	1.13
1005	长海分公司	40000361	-10号柴油	2012-8-31	1,204.75	0.24

计划完成情况 实绩 计划

	A	B
1	分公司	计划销量
2	安门分公司	850.00
3	白桥分公司	2,100.00
4	彩云分公司	700.00
5	长海分公司	500.00
6	公园分公司	850.00
7	南天分公司	650.00

计划完成情况 实绩 计划

图 20-53 ABC 集团各分公司 2012 年 8 月份销售计划与实绩数据表

步骤 1 → 运用导入外部数据的方法打开【连接属性】对话框，在【定义】选项卡的【命令文本】框中输入如下 SQL 语句并创建数据透视表，如图 20-54 所示。

```
select 分公司,开票日期,数量,"实绩" as 类别 from [实绩$] union all select 分公司,null,计划销量,"计划" as 类别 from [计划$]
```

第 20 章

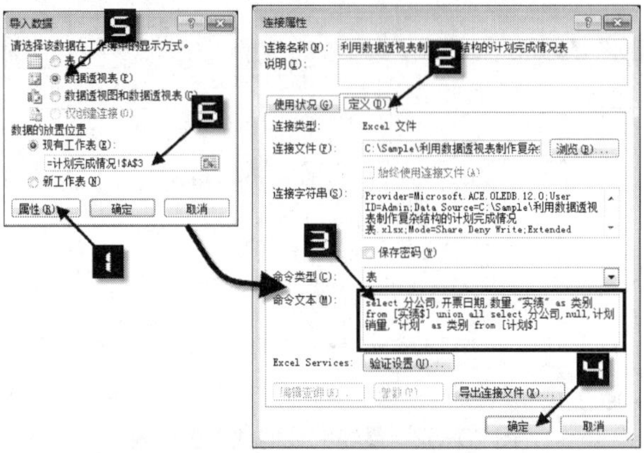

图 20-54　输入 SQL 语句

思路解析：

select 分公司,开票日期,数量,"实绩" as 类别 from [实绩$]

使用 select 命令，从"实绩"工作表中选择"分公司"、"开票日期"、"数量"等字段用于数据合并，并添加"类别"字段及字段项"实绩"。

select 分公司,null,计划销量,"计划" as 类别 from [计划$]

使用 select 命令，从"计划"工作表中相对应地选择"分公司"，因"计划"工作表中无"开票日期"字段，因此用 null 值代替，以及"计划销量"等字段用于数据合并，并添加"类别"字段及字段项"计划"。

union all

两个 select 命令之间用 union all 相连接表示完全合并。

在"计划完成情况表"工作表中初步生成的数据透视表，如图 20-55 所示。

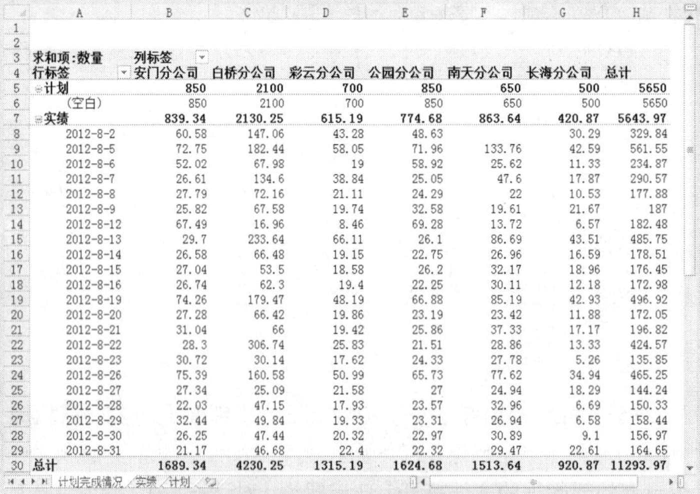

求和项:数量	列标签						
行标签	安门分公司	白桥分公司	彩云分公司	公园分公司	南天分公司	长海分公司	总计
⊟计划	850	2100	700	850	650	500	5650
(空白)	850	2100	700	850	650	500	5650
⊟实绩	839.34	2130.25	615.19	774.68	863.64	420.87	5643.97
2012-8-2	60.58	147.06	43.28	48.63		30.29	329.84
2012-8-5	72.75	182.44	58.05	71.96	133.76	42.59	561.55
2012-8-6	52.02	67.98	19	58.92	25.62	11.33	234.87
2012-8-7	26.61	134.6	38.84	25.05	47.6	17.87	290.57
2012-8-8	27.79	72.16	21.11	24.29	22	10.53	177.88
2012-8-9	25.82	67.58	19.74	32.58	19.61	21.67	187
2012-8-12	67.49	16.96	8.46	69.28	13.72	6.57	182.48
2012-8-13	29.7	233.64	66.11	26.1	86.69	43.51	485.75
2012-8-14	26.58	66.48	19.15	22.75	26.96	16.59	178.51
2012-8-15	27.04	53.5	18.58	26.2	32.17	18.96	176.45
2012-8-16	26.74	62.3	19.4	22.25	30.11	12.18	172.98
2012-8-19	74.26	179.47	48.19	66.88	85.19	42.93	496.92
2012-8-20	27.28	66.42	19.86	23.19	23.42	11.88	172.05
2012-8-21	31.04	66	19.42	25.86	37.33	17.17	196.82
2012-8-22	28.3	306.74	25.83	21.51	28.86	13.33	424.57
2012-8-23	30.72	30.14	17.62	24.33	27.78	5.26	135.85
2012-8-26	75.39	160.58	50.99	65.73	77.62	34.94	465.25
2012-8-27	27.34	25.09	21.58	27	24.94	18.29	144.24
2012-8-28	22.03	47.15	17.93	23.57	32.96	6.69	150.33
2012-8-30	32.44	49.84	19.33	23.31	26.94	6.58	158.44
2012-8-31	26.25	47.44	20.32	22.97	30.89	9.1	156.97
2012-8-31	21.17	46.68	22.4	22.32	29.47	22.61	164.65
总计	1689.34	4230.25	1315.19	1624.68	1513.64	920.87	11293.97

图 20-55　初步生成的数据透视表

步骤2 → 在"计划完成情况"工作表中，双击数据透视表 A5 单元格的"计划"字段项，隐藏该项的明细数据，结果如图 20-56 所示。

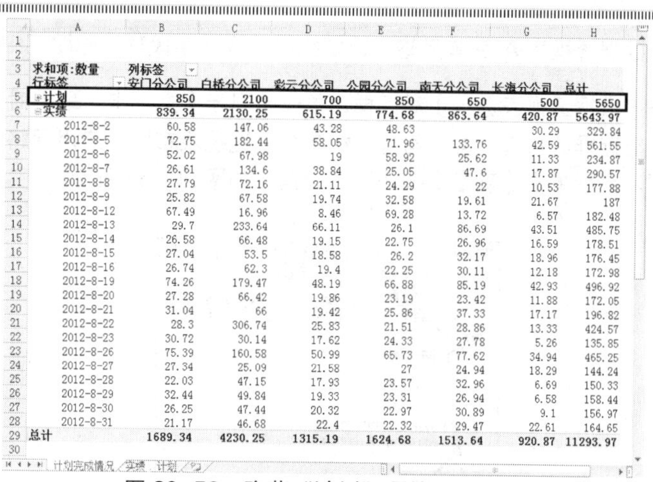

图 20-56 隐藏"计划"项的明细数据

步骤3 → 单击数据透视表 A4 单元格,在"类别"字段中添加"计划完成情况=实绩-计划"计算项,如图 20-57 所示。

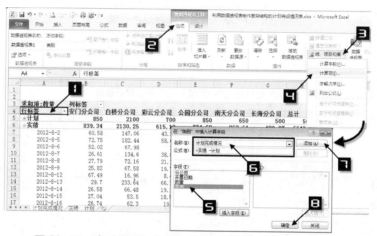

图 20-57 在"类别"字段中添加"计划完成情况"计算项

添加计算项后数据透视表的效果,如图 20-58 所示。

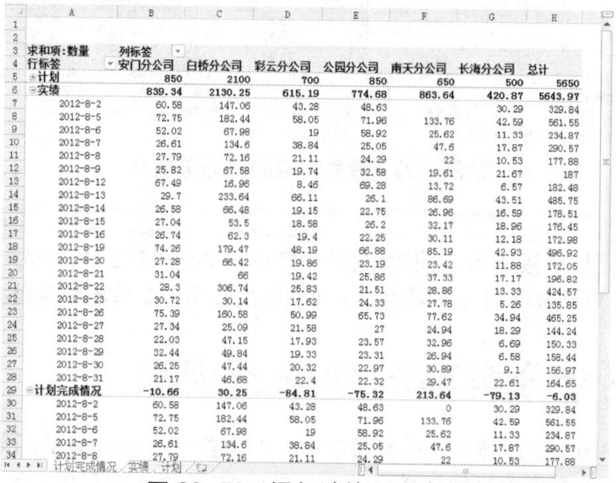

图 20-58 添加计算项的效果

步骤4 → 双击数据透视表 A29 单元格 "计划完成情况" 字段项，隐藏明细数据。

步骤5 → 打开【数据透视表选项】对话框，单击【显示】选项卡，取消对【显示展开/折叠按钮】复选框的勾选，同时勾选【经典数据透视表布局（启用网络中的字段拖动）】复选框，最后单击【确定】按钮结束设置，如图 20-59 所示。

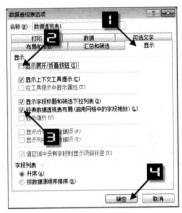

图 20-59　调整透视表显示布局

步骤6 → 对数据透视表做进一步美化，最后的结果如图 20-60 所示。

ABC公司2012年8月份计划完成情况分析表

单位：吨

类别	开票日期	安门分公司	白桥分公司	影云分公司	公园分公司	南天分公司	长海分公司	总计
计划		850.00	2,100.00	700.00	850.00	650.00	500.00	5,650.00
实绩	2012-8-2	60.58	147.06	43.28	48.63		30.29	329.84
	2012-8-5	72.75	182.44	58.05	71.96	133.76	42.59	561.55
	2012-8-6	52.02	67.98	19.00	58.92	25.62	11.33	234.87
	2012-8-7	26.61	134.60	38.84	25.05	47.60	17.87	290.57
	2012-8-8	27.79	72.16	21.11	24.29	22.00	10.53	177.88
	2012-8-9	25.82	67.58	19.74	32.58	19.61	21.67	187.00
	2012-8-12	67.49	16.96	8.46	69.28	13.72	6.57	182.48
	2012-8-13	29.70	233.64	66.11	26.10	86.69	43.51	485.75
	2012-8-14	26.58	66.48	19.15	22.75	22.75	16.59	178.51
	2012-8-15	27.04	53.50	18.58	26.20	32.17	18.96	176.45
	2012-8-16	26.74	62.30	19.40	22.25	30.11	12.18	172.98
	2012-8-19	74.26	179.47	48.19	66.88	85.19	42.93	496.92
	2012-8-20	27.28	66.42	19.86	23.19	23.42	11.88	172.05
	2012-8-21	31.04	66.00	19.42	25.86	37.33	17.17	196.82
	2012-8-22	28.30	306.74	25.83	21.51	28.86	13.33	424.57
	2012-8-23	30.72	30.14	17.62	24.33	27.78	5.26	135.85
	2012-8-26	75.39	160.58	50.99	65.73	77.62	34.94	465.25
	2012-8-27	27.34	25.09	21.58	27.00	24.94	18.29	144.24
	2012-8-28	22.03	47.15	17.93	23.57	32.96	6.69	150.33
	2012-8-29	32.44	49.84	19.33	23.31	28.94	6.58	158.44
	2012-8-30	26.25	47.44	20.32	22.97	30.89	9.10	156.97
	2012-8-31	21.17	46.68	22.40	22.32	29.47	22.61	164.65
实绩 汇总		839.34	2,130.25	615.19	774.68	863.64	420.87	5,643.97
计划完成情况		-10.66	30.25	-84.81	-75.32	213.64	-79.13	-6.03
总计		1,678.68	4,260.50	1,230.38	1,549.36	1,727.28	841.74	11,287.94

图 20-60　最后完成的数据透视表

本例通过利用 SQL 连接语句，巧妙地将两个结构完全不同的工作中的字段进行对应调整与合并，并通过添加计算项和对计算项明细数据的显示和隐藏的运用，制作出复杂结构的计划完成情况表。

20.9　制作复合分类项的数据透视表

对数据透视表中同一字段按不同的分类标准进行分类产生的分类项，被称为复合分类项。Excel 数据透视表并不能直接产生这样的复合分类，但借助 SQL 语句则可以实现。

示例 **20.9** 制作具有复合分类项的员工统计表

图 20-61 中所示"员工数据"工作表中共有 4547 条数据记录，如果希望利用数据透视表，创建"透视表"工作表中的具有复合分类项的"员工分类统计表"，请参照以下步骤。

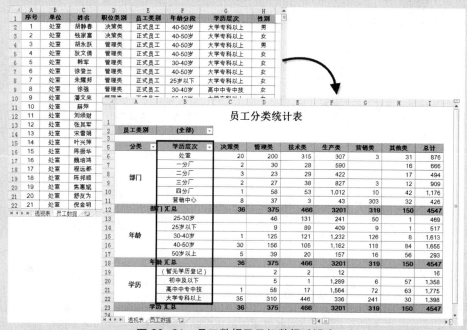

图 20-61 员工数据及目标数据透视表

步骤 **1** 运用导入外部数据的方法打开【连接属性】对话框，在【定义】选项卡的【命令文本】框中输入如下 SQL 语句并创建数据透视表，如图 20-62 所示。

select 职位类别,员工类别,学历层次,"学历" as 分类 from [员工数据$] union all select 职位类别,员工类别,年龄分段,"年龄" as 分类 from [员工数据$] union all select 职位类别,员工类别,单位,"部门" as 分类 from [员工数据$]

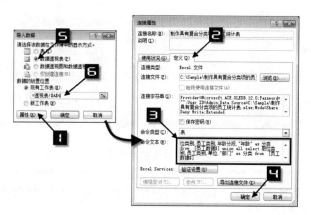

图 20-62 输入 SQL 语句

思路解析：

(1) 3 次使用 select 语句，都引用"员工数据"工作表的"职位类别"、"员工类别"作为前两个字段，分别引用了“学历层次”、“年龄分段”、“单位”作为第3个字段，这是实现复合分类项的关键。

(2) 使用“as 分类 from”语句，定义“分类”字段，分别添加“学历”、“年龄”、“部门”3个分类项。

(3) 最后用 union all 将3个 select 语句连接起来，用于数据合并。

初步创建的数据透视表效果，如图 20-63 所示。

员工类别	(全部)						
计数项:分类	列标签						
行标签	管理类	技术类	决策类	其他类	生产类	营销类	总计
部门	375	466	36	150	3201	319	4547
处室	200	315	20	31	307	3	876
二分厂	23	29	3	17	422		494
三分厂	27	38	2	12	827	3	909
四分厂	58	53	1	42	1012	10	1176
一分厂	30	28	2	16	590		666
营销中心	37	3	8	32	43	303	426
年龄	375	466	36	150	3201	319	4547
25-30岁	46	131		1	241	50	469
25岁以下	9	89		1	409	9	517
30-40岁	125	121	1	8	1232	126	1613
40-50岁	156	105	30	84	1162	118	1655
50岁以上	39	20	5	56	157	16	293
学历	375	466	36	150	3201	319	4547
（暂无学历登记）	2	2			12		16
初中及以下	5	1		57	1289	6	1358
大学专科以上	310	446	35	30	336	241	1398
高中中专中技	58	17	1	63	1564	72	1775
总计	1125	1398	108	450	9603	957	13641

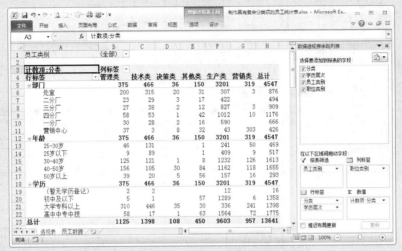

图 20-63　初步创建的数据透视表

步骤2 → 在数据透视表中，手动调整“学历层次”和“职位类别”字段的字段项顺序，并对数据透视表进行美化，最后的结果如图 20-64 所示。

员工分类统计表

员工类别	(全部)							
分类	学历层次	决策类	管理类	技术类	生产类	营销类	其他类	总计
部门	处室	20	200	315	307	3	31	876
	一分厂	2	30	28	590		16	666
	二分厂	3	23	29	422		17	494
	三分厂	2	27	38	827	3	12	909
	四分厂	1	58	53	1,012	10	42	1,176
	营销中心	8	37	3	43	303	32	426
部门 汇总		36	375	466	3201	319	150	4547
年龄	25-30岁		46	131	241	50	1	469
	25岁以下		9	89	409	9	1	517
	30-40岁	1	125	121	1,232	126	8	1,613
	40-50岁	30	156	105	1,162	118	84	1,655
	50岁以上	5	39	20	157	16	56	293
年龄 汇总		36	375	466	3201	319	150	4547
学历	（暂无学历登记）		2	2	12			16
	初中及以下		5	1	1,289	6	57	1,358
	高中中专中技	1	58	17	1,564	72	63	1,775
	大学专科以上	35	310	446	336	241	30	1,398
学历 汇总		36	375	466	3201	319	150	4547

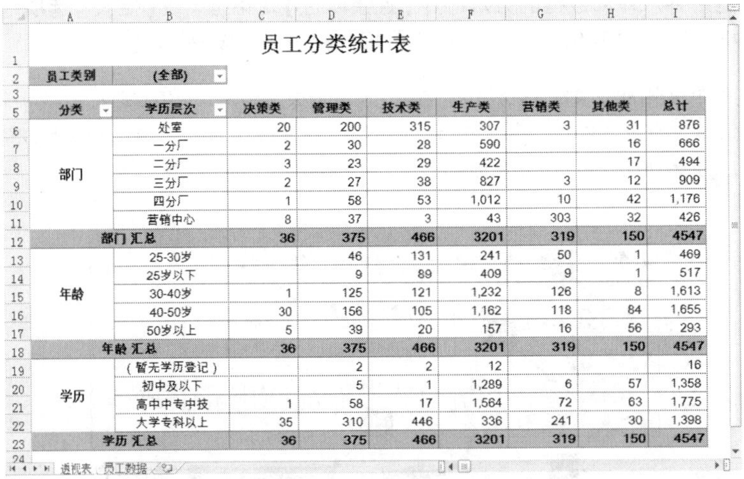

图 20-64　最终的数据透视表

本例利用 SQL 连接语句对同一数据源表的相关字段在同一位置上进行多次引用，从而构建出复合分类项的数据透视表。

20.10 运用数据透视表制作会计三栏账

制作会计三栏账，是会计工作电算化中的一项重要工作，运用数据透视表也能实现这一目标。

示例 20.10 制作通用标准三栏账

图 20-65、图 20-66 和图 20-67 展示的是"年初（期初）科目余额明细表"、"会计凭证清单"和"科目明细表"等会计资料，如果用户希望根据这些资料制作通用的会计三栏账，请参照以下步骤。

年初（期初）余额明细表

序号	日期	凭证号	摘要	科目代码1	一级科目	科目代码2	二级科目	借方	贷方
1	2010年12月31日	-	上年结转	1001	现金	1001		11,344.46	-
2	2010年12月31日	-	上年结转	1002	银行存款	1002001	北京银行城东	319,048.03	-
3	2010年12月31日	-	上年结转	1131	应收账款	1131008	南汽	83,014.50	-
4	2010年12月31日	-	上年结转	1131	应收账款	1131035	中石化	123,981.21	-
5	2010年12月31日	-	上年结转	1133	其他应收款	1133002	其他	50,000.00	-
6	2010年12月31日	-	上年结转	1301	待摊费用	1301001	车辆保险	4,414.58	-
7	2010年12月31日	-	上年结转	1501	固定资产	1501		1,954,939.37	-
8	2010年12月31日	-	上年结转	1502	累计折旧	1502		-	197,681.93
9	2010年12月31日	-	上年结转	2181	其他应付款	2181001	大顺集团	-	200,000.00
10	2010年12月31日	-	上年结转	2181	其他应付款	2181004	代付职工费用	-	95,000.00
11	2010年12月31日	-	上年结转	2181	其他应付款	2181008	恒基伟业	-	481,892.82
12	2010年12月31日	-	上年结转	3101	实收资本（或股本）	3101		-	2,272,700.00
13	2010年12月31日	-	上年结转	3141	未配利润	3141		700,532.60	-

期初余额 凭证清单 科目表

图 20-65 期初余额表

会计凭证清单

借方 23,441,999.16 贷方：23,441,999.16

平均校验通过！

单位名称： ABC公司

单位金额:元

序号	日期	凭证号	摘要	科目代码	一级科目	科目代码2	二级科目	借方	贷方
1	2011年1月1日	1	取现	1001	现金	1001		459,581.00	-
2	2011年1月1日	1	取现	1002	银行存款	1002001	北京银行城东	-	459,581.00
3	2011年1月31日	2	存现	1002	银行存款	1002001	北京银行城东	27,490.00	-
4	2011年1月31日	2	存现	1001	现金	1001		-	27,490.00
5	2011年1月31日	3	工本费、手续费	5503	财务费用	5503001	工本费	5.00	-
6	2011年1月31日	3	工本费、手续费	5503	财务费用	5503002	手续费	24.72	-
7	2011年1月31日	3	工本费、手续费	1002	银行存款	1002001	北京银行城东	-	29.72
8	2011年1月31日	4	存现	1002	银行存款	1002003	江南银行	30.00	-
9	2011年1月31日	4	存现	1001	现金	1001		-	30.00
10	2011年1月31日	5	工本费、手续费	5503	财务费用	5503001	工本费	5.00	-
11	2011年1月31日	5	工本费、手续费	5503	财务费用	5503002	手续费	65.00	-
12	2011年1月31日	5	工本费、手续费	1002	银行存款	1002001	北京银行城东	-	20.00
13	2011年1月31日	5	工本费、手续费	1002	银行存款	1002002	北京银行山西路	-	20.00
14	2011年1月31日	5	工本费、手续费	1002	银行存款	1002003	江南银行	-	30.00

期初余额 凭证清单 科目表

图 20-66 会计凭证清单

科目明细表

一级科目代码	一级科目	二级科目代码	二级科目
1001	现金	1001	
1002	银行存款	1002001	北京银行城东
1002	银行存款	1002002	北京银行山西路
1002	银行存款	1002003	江南银行
1131	应收账款	1131002	顺风油运
1131	应收账款	1131003	陕西基建
1131	应收账款	1131006	华浦高科
1131	应收账款	1131007	四方制桶
1131	应收账款	1131008	南汽
1131	应收账款	1131009	新实力
1131	应收账款	1131010	四公司
1131	应收账款	1131011	金斯曼
1131	应收账款	1131015	丹阳中超
1131	应收账款	1131016	基邦运输
1131	应收账款	1131017	徐工
1131	应收账款	1131018	天宇
1131	应收账款	1131019	大圣物流

期初余额 凭证清单 科目表

图 20-67 科目表

步骤 1 → 将"期初余额"和"凭证清单"两个工作表中的数据分别定义名称"data0"和"data1"，如图 20-68 所示。

期初余额：data0=期初余额!$A$4:$J$17

凭证清单：data2=凭证清单!$A$6:$J$665

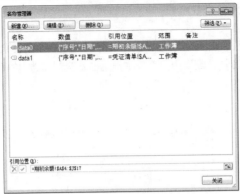

图 20-68 定义名称

步骤2 → 为了动态分析"期初余额"和"凭证清单"工作表中的数据,分别将两个工作表的数据区域设置成"表",并将"凭证清单"工作表中的"表"的表样式设置为"无",保留数据原有的格式。

步骤3 → 插入一张新工作表,并命名为"三栏账",运用导入外部数据的方法打开【连接属性】对话框,在【定义】选项卡的【命令文本】框中输入如下 SQL 语句,如图 20-69 所示。

select 日期,day(日期) as 日,凭证号,摘要,科目代码 1,一级科目,科目代码 2,二级科目,借方,贷方,序号 from [data0]

　　union all

select 日期,day(日期) as 日,凭证号,摘要,科目代码 1,一级科目,科目代码 2,二级科目,借方,贷方,序号 from [data1]

思路解析:

两次使用 select 语句,分别从"data0"和"data1"两个定义的数据区域中选取"日期"、"凭证号"、"摘要"、"科目代码 1"、"一级科目"、"科目代码 2"、"二级科目"、"借方"、"贷方"、"序号"等字段。

day(日期) as 日,用于使用 day 函数取得"日期"字段中的"日"。

用 union all 将 2 个 select 语句连接起来,进行数据合并。

图 20-69 输入 SQL 语句

步骤4 → 在"三栏账"工作表中创建数据透视表，并对"日期"按"年"和"月"分组，初步创建的数据透视表，如图 20-70 所示。

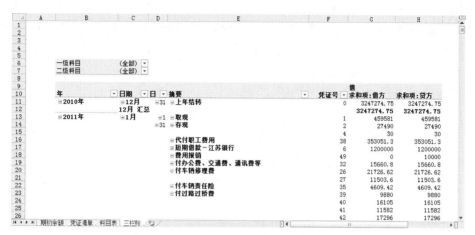

图 20-70 初步创建的数据透视表

步骤5 → 定义名称 code2，用于根据 C6 单元格的数据透视表"报表筛选"字段的选择项，动态获取"二级科目"名称：

code2=OFFSET(科目表!$B$1,MATCH(三栏账!$C$6,科目表!$B$1:$B$998,)-1,2, COUNTIF(科目表!$B$4:$B$998,三栏账!$C$6))

步骤6 → 在"三栏账"工作表的 H6 单元格中输入"二级科目"字样，合并 I6:J6 单元格区域，并设置如图 20-71 所示的数据有效性。

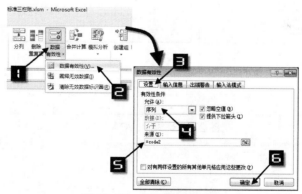

图 20-71 设置数据有效性

步骤7 → 在 I11 单元格中输入公式，并向下填充足够的行数（本例填充至 I236 行），取余额的值用于设置余额方向，公式如下：

=IF(J11="","",ROUND(J11,2))

步骤8 → 在 J11 单元格中输入公式，并向下填充足够的行数（本例填充至 J236 行），用于计算三栏账的余额：

=IF(SUM(G11:H11)<>0,IF(ISNUMBER(FIND(" 总 ",C11)),N(J10),ROUND(N(J10)+G11- H11, 2)),"")

步骤9 → 在 J11：J236 数据区域设置自定义单元格格式，用于将数字设置为"会计专用"格式，并将负数用正数显示。

自定义代码：#,##0.00_);#,##0.00_)

步骤10 → 在 I11：I236 数据区域设置自定义单元格格式，用于设置余额方向，如图 20-72 所示。

自定义代码：[>0]"借";[<0]"贷";"平"

图 20-72 设置条件格式

步骤11 → 按下<Alt+F11>组合键，打开 VBE 窗口，插入模块，输入 VBA 代码，用于将 I6 单元格选择的数据传递给数据透视表"二级科目"报表筛选字段，如图 20-73 所示。

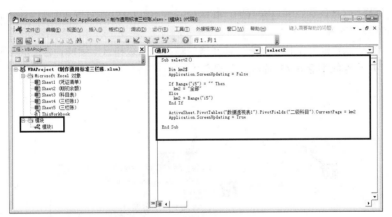

图 20-73 输入 VBA 代码

代码如下：

```
Sub select2()
    Dim km2$
    Application.ScreenUpdating = False
    If Range("i6") = "" Then
        km2 = "全部"
    Else
        km2 = Range("i6")
    End If
ActiveSheet.PivotTables("数据透视表1").PivotFields("二级科目").CurrentPage = km2
    Application.ScreenUpdating = True
End Sub
```

步骤 12→ 将文件另存为 "Excel 启用宏的工作簿" 类型的文件。

步骤 13→ 在 "Excel 启用宏的工作簿" 文件的 "三栏账" 工作表中插入图片，如 "七角星"，
并为图片指定创建的宏 select2，如图 20-74 所示。

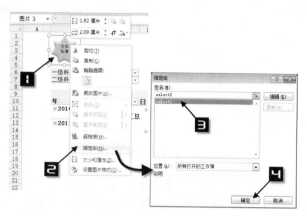

图 20-74　插入图片并指定宏

步骤 14→ 分别对 B11:B236、I11:I236 和 J11:J236 单元格区域设置 "条件格式"，如图 20-75
所示。

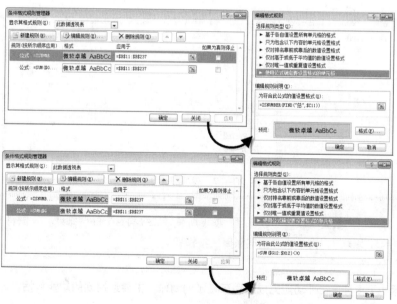

图 20-75　设置 B、I、J 列数据条件格式

设置条件格式的作用：

(1) 动态显示出单元格边框。

(2) 将各月汇总行所对应的单元格动态显示为 "绿色" 边框和 "淡蓝色" 底色。

步骤 15→ 对数据透视表作进一步美化设置，最终生成的结果如图 20-76 所示。

(全部) 明细账

生成账簿

一级科目 (全部)

二级科目

年	日期	日	凭证号	摘要	借方	贷方	方向	余额
2010年	12月	31	0	上年结转	3,247,274.75	3,247,274.75	平	0.00
	12月 汇总				3,247,274.75	3,247,274.75	平	0.00
2011年	1月	1	1	取现	459,581.00	459,581.00	平	0.00
		31	2	存现	27,490.00	27,490.00	平	0.00
			3	工本费、手续费	29.72	29.72	平	0.00
			4	存现	30.00	30.00	平	0.00
			5	工本费、手续费	70.00	70.00	平	0.00
			6	短期借款－江苏银行	1,200,000.00	1,200,000.00	平	0.00
			7	摊销规费	3,765.00	3,765.00	平	0.00
			8	折旧	37,512.24	37,512.24	平	0.00
			9	收入	10,970.00	10,970.00	平	0.00
			10	收入	35,950.00	35,950.00	平	0.00
			11	收入	28,824.35	28,824.35	平	0.00
			12	收入	22,350.00	22,350.00	平	0.00
			13	收入	5,550.00	5,550.00	平	0.00
			14	计提税金	6,094.77	6,094.77	平	0.00
			15	交纳税金	6,094.77	6,094.77	平	0.00

期初余额 凭证清单 科目表 三栏账

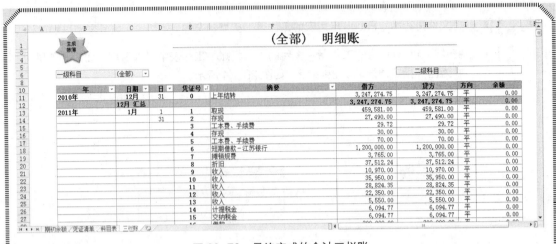

图 20-76 最终完成的会计三栏账

步骤16 当在"一级科目"字段的下拉列表中选择"银行存款"字段项，"二级科目"相应的单元格下拉列表中，只显示银行存款相应的子目选项。当选定具体子目后，单击"生成账簿"按钮，即可生成相应科目及其对应的明细科目三栏账，显示效果如图 20-77 所示。

银行存款 明细账

生成账簿

一级科目 银行存款

二级科目 北京银行城东

年	日期	日	凭证号	摘要	借方	贷方	方向	余额
2010年	12月	31	0	上年结转	319,048.03	-	借	319,048.03
	12月 汇总				319,048.03	-	借	319,048.03
2011年	1月	1	1	取现	-	459,581.00	贷	140,532.97
		31	2	存现	27,490.00	-	贷	113,042.97
			3	工本费、手续费	-	29.72	贷	113,072.69
			5	工本费、手续费	-	20.00	贷	113,092.69
			16	借款	-	300,000.00	贷	413,092.69
			17	兆基还款	300,000.00	-	贷	113,092.69
			20	银行往来	499,000.00	-	借	385,907.31
			21	物业款	3,600.00	-	借	389,507.31
			22	收款	91,845.56	-	借	481,352.87
			23	收款	9,790.00	-	借	491,142.87
			24	收款	38,650.00	-	借	529,792.87
			25	收款	21,130.00	-	借	550,922.87
			26	付车辆修理费	-	21,726.62	借	529,196.25
			28	计提工资	-	92,465.30	借	436,730.95
			30	付轮胎、运费等	-	25,744.50	借	410,986.45

期初余额 凭证清单 科目表 三栏账

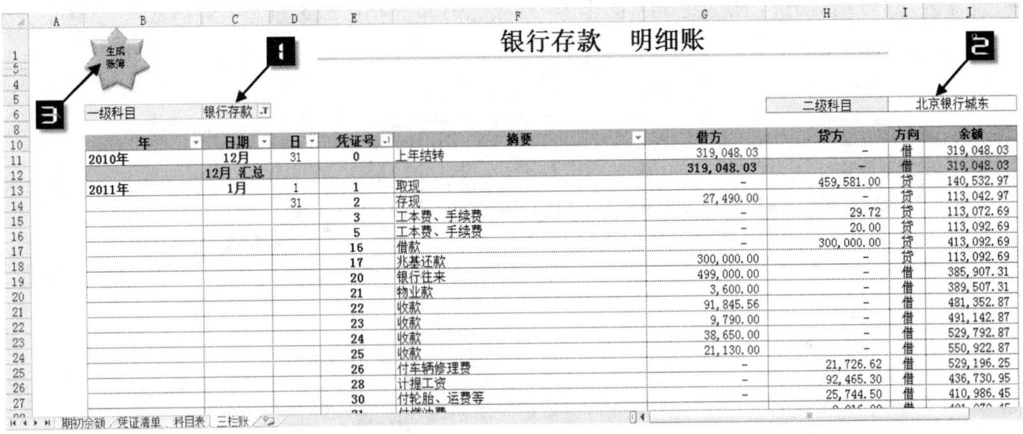

图 20-77 使用三栏账

提示 如果用户希望生成"一级科目"项下所有"二级科目"的明细账，只需将 I5 单元格的数据清空，再单击"生成账簿"按钮即可。

本例运用了多种 Excel 功能完成通用三栏账的制作，主要运用到的功能包括：

- 使用了定义名称和创建"表"功能保持数据的动态性。
- 使用 SQL 语句将"凭证清单"和"期初余额"两个数据表合并，并用数据透视表进行快速汇总。
- 使用数据有效性，将透视表中的报表筛选字段"一级科目"与"二级科目"进行联动。
- 运用函数公式设置账簿余额，摆脱了数据透视表自身的局限。
- 使用自定义单元格格式设置"余额"和"方向"字段。
- 使用单元格条件格式，设置表格边框、汇总行底色等。

● 使用简单的 VBA 语句，实现账簿生成的自动化。

20.11 制作带有本页小计和累计的数据表

在实际工作中，如果需要打印的表格有多页，并且希望在每页上都打印出本页小计，在最后一页上打印出累计数。利用数据透视表，可以比较快捷地完成这样的任务。

示例 20.11 利用数据透视表制作带有本页合计和累计的多页数据表

图 20-78 所示展示了一张固定资产明细表，包含了 160 项固定资产记录，需要使用 3~4 张 A4 纸打印。如果要实现在每页上都打印出“本页小计”项，并在最后一页上打印“累计”项，请参照以下步骤。

	A	B	C	D	E	F	G	H
1	固定资产明细表							
2	单位名称：	山东分公司						
3	序号	资产编号	资产名称	规格型号	数量	购置日期	原值	净值
147	144	85250000089	固定资产	0	1	2004/11/10	60,000.00	48,440.08
148	145	85250000823	固定资产	-	1	2005/12/10	1,052,538.92	882,378.43
149	146	86080000838	固定资产	联想逐日2000	1	2005/5/9	8,000.00	240.00
150	147	86080000836	固定资产	EOSON670K	1	2005/5/9	4,000.00	120.00
151	148	86040000553	固定资产	400A	1	2009/8/11	1,980.00	1,755.93
152	149	85080000083	固定资产	1723	1	2004/11/10	44,500.00	24,653.07
153	150	85080000383	固定资产	东富	10	2006/12/5	29,914.53	26,045.60
154	151	85040000042	固定资产	0	1	2003/12/9	2,079.29	1,154.81
155	152	85040000098	固定资产	0	1	2004/11/10	2,400.00	1,624.00
156	153	85040000092	固定资产		6	2004/11/10	20,034.00	13,556.37
157	154	85220000080	固定资产	-	1	2005/8/3	104,405.60	80,822.08
158	155	85220000079	固定资产	-	1	2005/12/10	8,600,000.00	7,057,733.37
159	156	85220000805	固定资产	-	1	2007/11/29	294,564.96	261,230.03
160	157	85220000243	固定资产	-	1	2008/10/15	8,272.95	7,704.52
161	158	85220000244	固定资产	-	1	2008/10/15	67,000.00	62,396.54
162	159	85220000245	固定资产	-	1	2008/10/15	76,079.55	70,852.25
163	160	86080000267	固定资产	联想开天4600	1	2006/5/6	7,500.00	376.58

图 20-78 固定资产明细表

步骤1 在 I3 单元格中输入“序号 1”，并在 I4:I163 单元格区域填充数字 1 到 160 作为顺序号，从而新建了一个辅助字段。

步骤2 为了能够动态引用数据源，定义名称“Data”，公式如下：

```
Data =OFFSET(数据源!$A$3,,,COUNTA(数据源!$A:$A)-2,COUNTA(数据源!$3:$3))
```

步骤3 使用名称“Data”作为数据源创建数据透视表，在对数据透视表布局时将“序号 1”字段设置为“行标签”的第 1 个字段，结果如图 20-79 所示。

	A	B	C	D	E	F	G	H	I
1									
2							值		
3	序号1	序号	资产编号	资产名称	规格型号	购置日期	数量	原值	净值
4	1	1	85080000086	固定资产1	0	2002/8/5	1	1,540.00	621.96
5	2	2	85040000069	固定资产2	0	2004/9/10	1	20,715.47	15,156.13
6	3	3	85040000848	固定资产3	0	2004/12/28	1	16,080.00	12,154.61
7	4	4	85070000002	固定资产4	0	1984/12/11	1	186,531.00	92,297.76
8	5	5	85890000003	固定资产5	0	1984/12/11	1	45,484.00	20,376.83
9	6	6	85890000004	固定资产6	0	1984/12/11	1	419,729.00	120,287.80
10	7	7	85890000007	固定资产7	8KW	1997/9/22	1	7,200.00	2,740.06
11	8	8	85890000036	固定资产8	0	2002/12/10	1	21,984.00	15,232.18
12	9	9	85890000802	固定资产9	钢筋混凝土	2004/9/10	1	78,983.88	65,363.46
13	10	10	85890000389	固定资产10	地下卧式样	1988/11/10	1	114,000.00	3,752.32
14	11	11	85890000390	固定资产11	地下卧式	1997/12/10	1	38,000.00	17,696.13
15	12	12	85220000256	固定资产12	0	2008/10/15	6	221,160.00	205,964.46
16	13	13	85220000287	固定资产13	0	2008/11/19	0	500,000.00	467,666.67
17	14	14	85220000288	固定资产14	0	2008/11/19	0	335,920.00	314,197.17
18	15	15	85220000289	固定资产15	0	2008/11/19	1	99,133.41	92,722.78
19	16	16	85220000290	固定资产16	0	2008/11/19	5	123,200.00	115,233.07
20	17	17	85220000298	固定资产17	0	2008/11/19	1	46,690.00	43,670.71

图 20-79 创建的数据透视表

步骤4→ 对“序号 1”字段进行组合，根据每页可容纳的数据记录数量设置组合步长。如果每页需要容纳 45 行记录，则设置组合步长为 45，组合后的结果如图 20-80 所示。

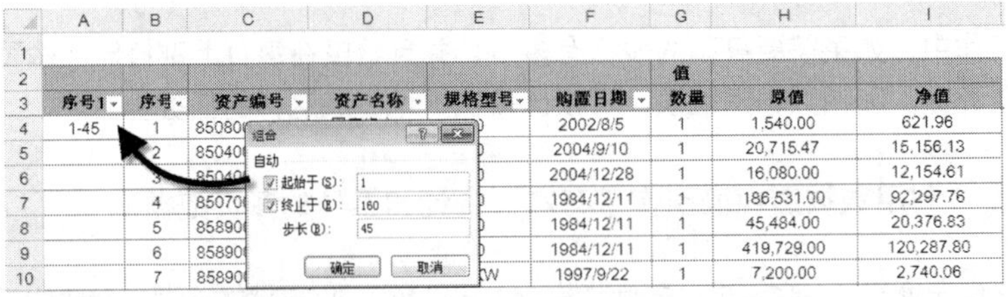

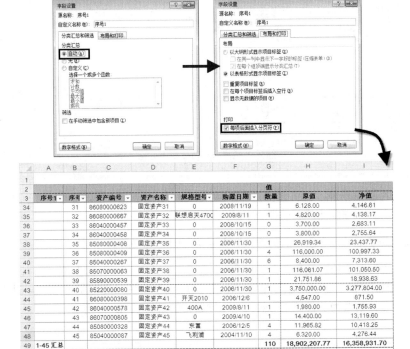

图 20-80 对“序号 1”字段进行组合

步骤5→ 将“序号 1”字段的【分类汇总】方式设置为【自动】，并在【布局和打印】选项卡中的【打印】中勾选【每项后面插入分页符】，为每一分类汇总项进行分页打印，如图 20-81 所示。

行	序号1	序号	资产编号	资产名称	规格型号	购置日期	数量	原值	净值
34		31	86080000623	固定资产31	0	2008/11/19	1	6,128.00	4,146.61
35		32	86080000667	固定资产32	联想启天4700	2009/8/11	1	4,820.00	4,138.17
36		33	86040000457	固定资产33	0	2008/10/15	0	3,700.00	2,683.11
37		34	86040000458	固定资产34	0	2008/10/15	0	3,800.00	2,755.64
38		35	85080000408	固定资产35	0	2006/11/30	1	26,919.34	23,437.77
39		36	85080000409	固定资产36	0	2006/11/30	4	116,000.00	100,997.33
40		37	85040000267	固定资产37	0	2006/11/30	6	8,400.00	7,313.60
41		38	85070000063	固定资产38	0	2006/11/30	1	116,061.07	101,050.50
42		39	85890000539	固定资产39	0	2006/11/30	1	21,751.86	18,938.63
43		40	85220000080	固定资产40	0	2006/11/30	1	3,750,000.00	3,277,804.00
44		41	86080000398	固定资产41	开天2010	2006/12/6	1	4,547.00	871.50
45		42	86040000578	固定资产42	400A	2009/8/11	1	1,980.00	1,755.93
46		43	86070000805	固定资产43	0	2009/4/10	1	14,400.00	13,119.60
47		44	85080000328	固定资产44	东富	2006/12/5	4	11,965.82	10,418.25
48		45	85040000087	固定资产45	飞利浦	2004/11/10	4	6,320.00	4,276.44
49	1-45 汇总						110	18,902,207.77	16,358,931.70

图 20-81 为“序号 1”字段设置自动分类汇总并插入分页符

步骤6→ 将数据透视表的【布局】设置为【合并且居中排列带标签的单元格】，然后【启用选定内容】功能批量选中所有汇总合计行，添加“橙色”填充颜色，最后隐藏 A 列，结果如图 20-82 所示。

步骤7→ 在【页面布局】选项卡中单击【打印标题】按钮，在【页面设置】对话框中单击【工作表】选项卡，设置【打印区域】为“A3:I168”；【顶端标题行】为“$3:$3”；并在【打印】中勾选【网格线】复选框，最后单击【确定】按钮结束设置，如图 20-83 所示。

步骤8→ 在【页面设置】对话框中，单击【页眉/页脚】选项卡，分别设置【自定义页眉】和【自定义页脚】，通过设置【自定义页眉】和【自定义页脚】为数据透视表添加表头和页码。设置方法如图 20-84 所示。

图 20-82 设置分类汇总合计

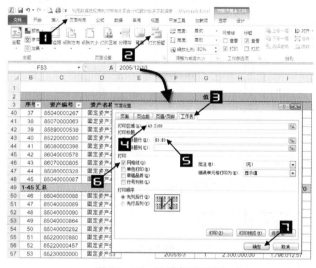

图 20-83 设置打印选项

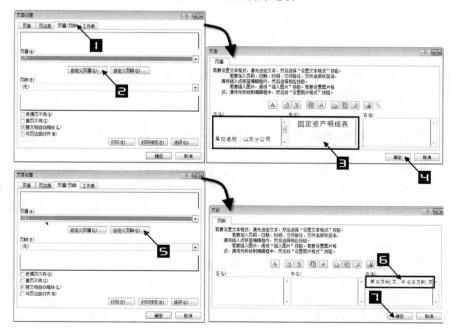

图 20-84 设置"页眉"和"页脚"

步骤**9** → 最后对数据透视表各列的宽度进行优化，设置完成后的"打印预览"效果如图 20-85 所示。

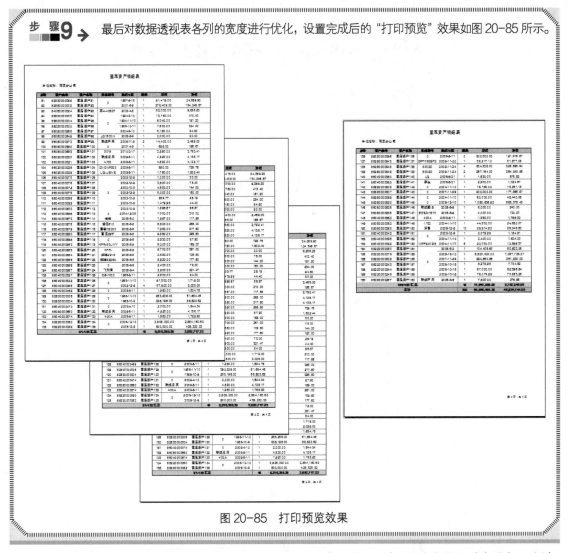

图 20-85　打印预览效果

本例利用数据透视表的组合功能控制每页显示的数据行数，通过对组合字段汇总实现每页小计，运用【每项后面插入分页符】命令实现分页打印，再通过数据透视表美化和打印设置，最终完成带有本页小计和累计的多页数据表的制作。

20.12　利用 PowerPivot for Excel 综合分析数据

PowerPivot for Excel，是针对 Excel 2010 的免费外接程序，用于增强 Excel 2010 的数据分析功能。借助 PowerPivot for Excel，用户可以在不使用任何 SQL 语句的情况下，轻而易举地在多表中进行关联并创建动态的数据透视表和数据透视图，从而利用 Excel 完成更高级和更复杂的计算和分析。

示例 20.12　利用 PowerPivot for Excel 综合分析数据

图 20-86 所示展示了某公司一定时期内的"销售数量"和"产品信息"数据列表，如果用户希望利用 PowerPivot for Excel 功能将这两张数据列表进行关联生成图文并茂的综合分析表，请参照以下步骤。

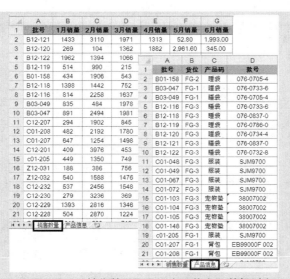

图 20-86　"销售数量"和"产品信息"数据列表

步骤1 → 为 PowerPivot 创建链接表，"销售数量"对应的链接表为"表 1"，"产品信息"对应的链接表为"表 2"，如图 20-87 所示。

图 20-87　PowerPivot 数据表"表 1"和"表 2"

步骤2 → 为 PowerPivot "表 1"和"表 2"以"批号"为基准创建关系，如图 20-88 所示。

步骤3 → 在【主页】选项卡中单击【数据透视表】按钮，在弹出的下拉列表中选择【图和表（垂直）】命令，弹出【创建数据透视图和数据透视表（垂直）】对话框，如图 20-89 所示。

步骤4 → 单击【确定】按钮后创建一张空白的数据透视表和数据透视图，如图 20-90 所示。

图 20-88 为 PowerPivot "表 1" 和 "表 2" 创建关系

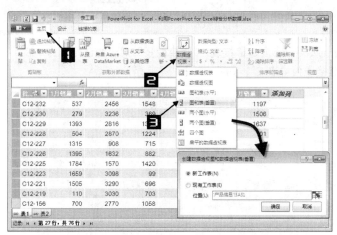

图 20-89 创建数据透视表和数据透视图

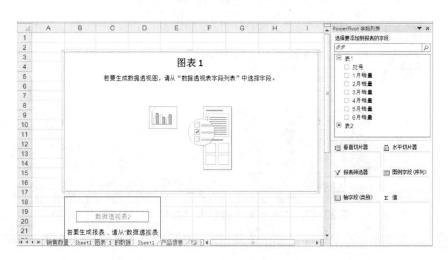

图 20-90 创建一张空白的数据透视表和数据透视图

步骤5 → 单击【图表 1】区域，在【PowerPivot 字段列表】对话框中依次对 "表 1" 项下 "1 月销量" ～ "6 月销量" 的复选框进行勾选，创建系统默认的 "簇状柱形图"，如图 20-91 所示。

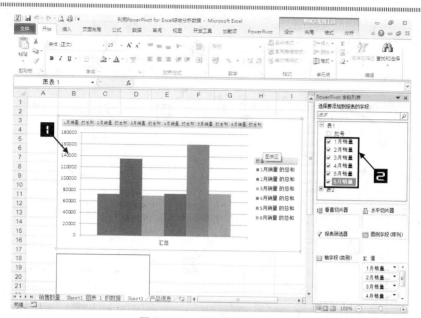

图 20-91　设置数据透视图

步　骤6 → 单击数据透视表，在【PowerPivot 字段列表】对话框中调整数据透视表的字段，创建如图 20-92 所示的数据透视表。

18	批号	款号	货位	1月销量 的总和	2月销量 的总和	3月销量 的总和	4月销量 的总和	5月销量 的总和	6月销量 的总和
19	B01-158	076-0705-4	FG-2	434	1906	543	1896	1560	1042
20	B03-047	076-0733-6	FG-1	891	2494	1981	1557	2930.4	452
21	B03-049	076-0705-4	FG-1	835	484	1978	1221	1622.4	1720
22	B12-116	076-0733-6	FG-3	814	2258	1637	1387	626.4	1083
23	B12-118	076-0837-0	FG-3	1398	1442	752	1697	1048.8	1107
24	B12-119	076-0786-0	FG-3	514	990	215	1786	3376.8	48
25	B12-120	076-0734-4	FG-3	269	104	1362	1882	2961.6	345
26	B12-121	076-0837-0	FG-3	1433	3110	1971	1313	52.8	1993
27	B12-122	076-0732-8	FG-3	1962	1394	1066	1777	211.2	1274
28	C01-048	SJM9700	FG-3	274	2448	1214	1699	1879.2	137
29	C01-049	SJM9700	FG-3	1513	126	371	355	2551.2	1519
30	C01-067	SJM9700	FG-3	1731	1376	414	843	1819.2	1666
31	C01-072	SJM9700	FG-3	1389	1034	1729	44	33.6	941
32	C01-103	38007002	FG-3	230	1086	164	1880	3732	191
33	C01-104	38007002	FG-3	935	920	1769	986	4495.2	1234
34	C01-105	38007002	FG-3	1390	1124	677	613	2035.2	1734
35	C01-148	38007002	FG-3	1708	3650	88	729	1173.6	1027
36	c01-205	SJM9700	FG-1	449	1350	749	9	2246.4	220
37	C01-207	EB99000F 002	FG-1	647	1254	1498	1928	4598.4	1500
38	C01-208	EB99000F 002	FG-1	482	2192	1780	744	2553.6	1581
39	C11-013	SJM9700	FG-1	724	396	1690	360	3808.8	455
40	C12-062	38007002	FG-3	682	2850	179	54	2407.2	1747
41	C12-063	38007002	FG-3	270	2352	517	517	4284	717

图 20-92　设置数据透视表

步　骤7 → 单击数据透视表中的任意单元格（如 F20），在【数据透视表工具】的【选项】选项卡中单击【插入切片器】的下拉按钮，在弹出的下拉菜单中单击【插入切片器】命令，弹出【插入切片器】对话框，勾选"表2"中"产品码"的复选框，创建的【产品码】切片器如图 20-93 所示。

步　骤8 → 单击切片器，在【切片器工具】的【选项】选项卡中单击【数据透视表连接】，在弹出的【数据透视表连接（产品码）】对话框中勾选"数据透视表 1"的复选框，如图 20-94 所示。

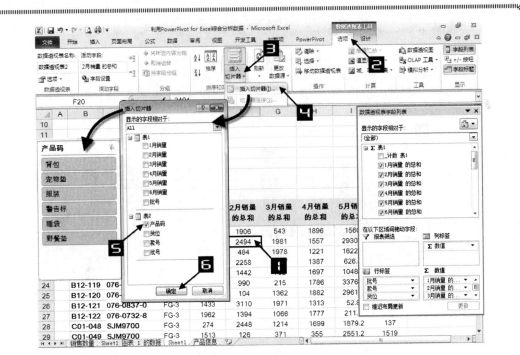

图 20-93 在数据透视表中插入切片器

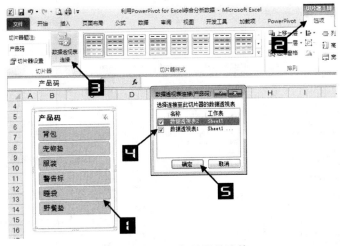

图 20-94 设置切片器的连接

步 骤9→ 在【PowerPivot for Excel】窗口中单击"表1"中的"添加列"中的任意单元格,输入公式,如图 20-95 所示。

CalculatedColumn1=('表1'[1月销量]+'表1'[2月销量]+'表1'[3月销量]+'表1'[4月销量]+'表1'[5月销量]+'表1'[6月销量])/6

CalculatedColumn2 ='表1'[1月销量]*0

步 骤10→ 将 CalculatedColumn1 和 CalculatedColumn2 字段添加进数据透视表,如图 20-96 所示。

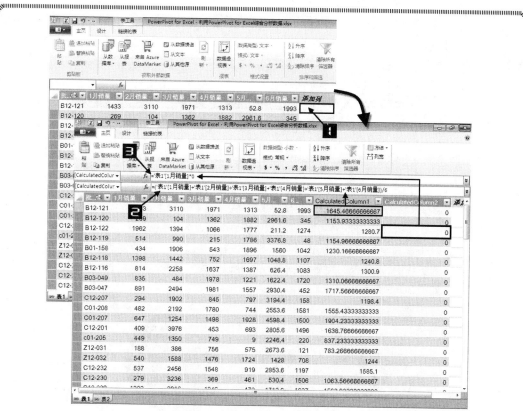

图 20-95　在"表1"中添加列

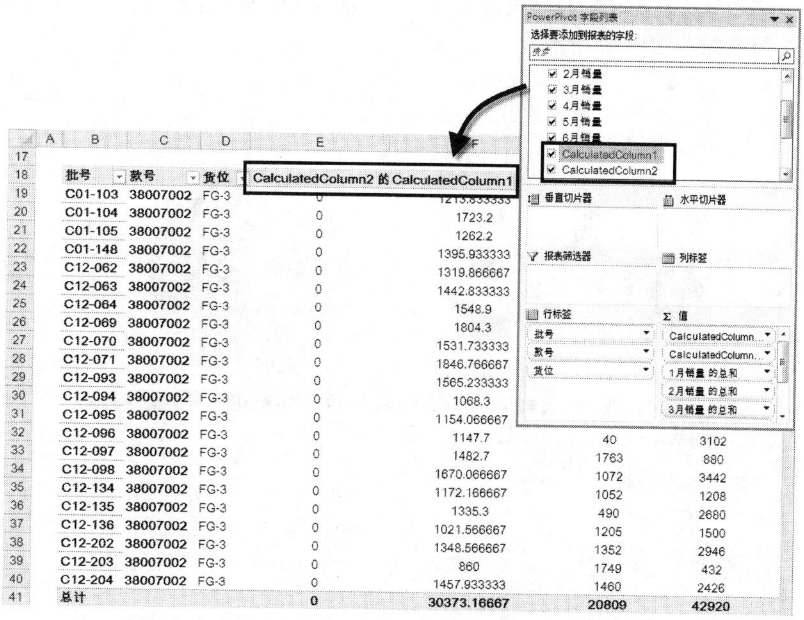

图 20-96　向数据透视表添加字段

步骤 **11** → 将数据透视表中的"CalculatedColumn2 的总和"字段标题更改为"销售走势"并插入"柱形图"迷你图，柱形图中的起点"平均销量"设置为红色；对整张工作表设置单元格零值不显示；依次修改数据透视表中的其他字段标题，如图 20-97 所示。

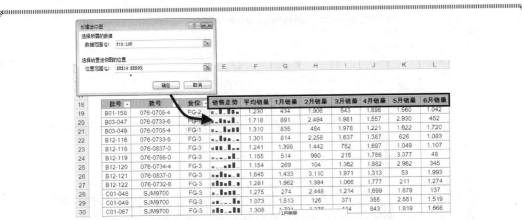

批号	款号	货位	销售走势	平均销量	1月销量	2月销量	3月销量	4月销量	5月销量	6月销量
B01-158	076-0705-4	FG-2		1,230	434	1,906	543	1,896	1,560	1,042
B03-047	076-0733-6	FG-1		1,718	891	2,494	1,981	1,557	2,930	452
B03-049	076-0705-4	FG-1		1,310	835	484	1,978	1,221	1,622	1,720
B12-116	076-0733-6	FG-3		1,301	814	2,258	1,637	1,387	626	1,083
B12-118	076-0837-0	FG-3		1,241	1,398	1,442	752	1,697	1,049	1,107
B12-119	076-0786-0	FG-3		1,155	514	990	215	1,786	3,377	48
B12-120	076-0734-4	FG-3		1,154	269	104	1,362	1,882	2,962	345
B12-121	076-0837-0	FG-3		1,645	1,433	3,110	1,971	1,313	53	1,993
B12-122	076-0732-8	FG-3		1,281	1,962	1,394	1,066	1,777	211	1,274
C01-048	SJM9700	FG-3		1,275	274	2,448	1,214	1,699	1,879	137
C01-049	SJM9700	FG-3		1,073	1,513	126	371	355	2,551	1,519
C01-067	SJM9700	FG-3		1,308	1,701	1,276	414	843	1,819	1,666

图 20-97　在数据透视表中插入迷你图

步骤 12→ 对步骤 5 中创建的数据透视图的数据进行行列切换，更改图表类型为"带数据标记的折线图"，复制、粘贴数据透视图并设置为"饼图"，最后进行数据透视图美化，如图 20-98 所示。

图 20-98　美化数据透视图

步骤 13→ 将数据透视图和切片器进行组合，进一步美化和调整数据透视表，最终完成的综合分析表如图 20-99 所示。

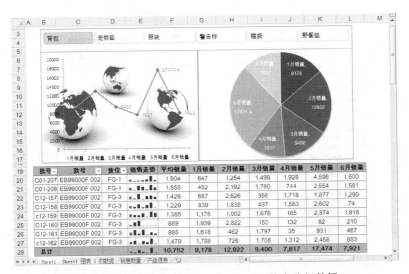

图 20-99　利用 PowerPivot for Excel 综合分析数据

本例利用 PowerPivot for Excel 对数据源中的两张数据列表进行关联后创建动态的数据透视表和数据透视图，并通过插入切片器和在数据透视表中添加迷你图完成了比较高级和复杂的综合计算和分析。

附录 A　数据透视表常见问题答疑解惑

本章针对用户在创建数据透视表过程中最容易出现的问题，列举了 20 个应用案例进行分析和解答。通过本章学习，用户可以快速地解决在创建数据透视表过程中遇到的常见问题。

问题 1： 为什么在 Excel 2003/2007 中无法显示用 Excel 2010 创建的数据透视表

为什么在 Excel 2003 和 Excel 2007 版本软件中无法正常显示，用 Excel 2010 版本创建的数据透视表？如图 A-1 和图 A-2 所示。

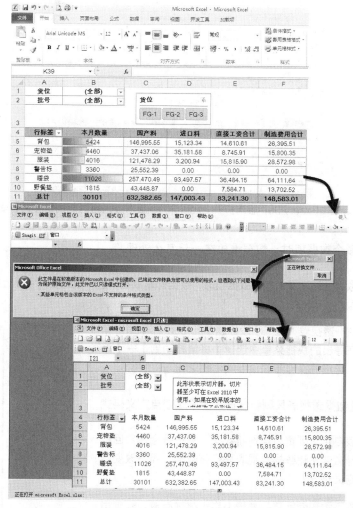

图 A-1　Excel 2003 版本打开 Excel 2010 版本的数据透视表

解答：此问题是由于不同 Excel 版本间的兼容性问题所致。Excel 2010 数据透视表无论是在容量上还是在应用条件格式的功能上都做了很多改进，如果用 Excel 2003 版本打开 Excel 2010 版本中创建的文件，数据透视表的缓存、对象和格式都会丢失，得到的只是数据透视表样式的基础数据，同时 Excel 2010 中新增加的"切片器"功能也不能在 Excel 2007 版本中正常显示。

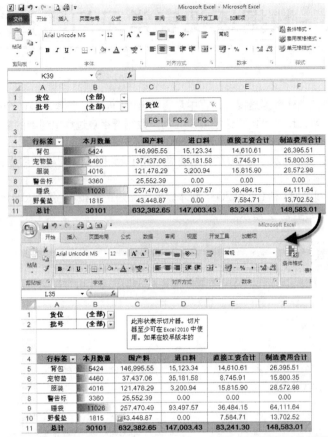

图 A-2 Excel 2007 版本打开 Excel 2010 版本应用新功能的数据透视表

问题 2：添加多个数据项时，数据堆放在一起怎么处理

为什么向数据透视表添加多个数据项时，数据都堆放在一起，如何在列字段上显示这些数据项？如图 A-3 所示。

解答：在数据透视表"值"字段标题单元格上（如 B1）单击鼠标右键，在弹出的快捷菜单中选择【将值移动到】→【移动值列】命令，详细的操作步骤请参阅示例 2.5。

问题 3：如何让数据透视表只刷新数据，而不改变自定义格式

数据透视表自定义列宽后再刷新数据，列宽就会调整回默认的宽度，有什么办法让数据透视表只刷新数据，而不改变数据透视表的自定义格式？

解答：在数据透视表任意单元格上单击鼠标右键，在弹出的快捷菜单中选择【数据透视表选项】命令，在弹出的【数据透视表选项】对话框中单击【布局和格式】选项卡，取消【格式】中对【更新时自动调整列宽】复选框的勾选，单击【确定】按钮，详细的操作步骤请参阅示例 4.4。

	A	B	C
1	产品码	值	
12	服装	国产料	121,478.29
13		本月数量	4016
14		进口料	3,200.94
15		直接工资合计	15,815.90
16		制造费用合计	28,572.98
17	警告标	国产料	25,552.39
18		本月数量	3360
19		进口料	0.00
20		直接工资合计	0.00
21		制造费用合计	0.00
22	睡袋	国产料	257,470.49
23		本月数量	11026
24		进口料	93,497.57
25		直接工资合计	36,484.15
26		制造费用合计	64,111.64
27	野餐垫	国产料	43,448.87
28		本月数量	1815
29		进口料	0.00
30		直接工资合计	7,584.71
31		制造费用合计	13,702.52
32	国产料汇总		632,382.65
33	本月数量汇总		30101
34	进口料汇总		147,003.43
35	直接工资合计汇总		83,241.30
36	制造费用合计汇总		148,583.01

图 A-3 值域垂直放置的字段

问题 4: 如何隐藏自动生成的行字段汇总

数据透视表创建完成后自动生成行字段汇总,如何隐藏?如图 A-4 所示。

	A	B	C	D	E	F	G
1	产品码	货位	国产料	本月数量	进口料	直接工资合计	制造费用合计
2	背包	FG-1	19,061.76	720	1,898.43	1,939.46	3,503.83
3		FG-3	127,933.79	4704	13,224.91	12,671.15	22,891.68
4	背包 汇总		146,995.55	5424	15,123.34	14,610.61	26,395.51
5	宠物垫	FG-3	37,437.06	4460	35,181.58	8,745.91	15,800.35
6	宠物垫 汇总		37,437.06	4460	35,181.58	8,745.91	15,800.35
7	服装	FG-1	58,555.64	1304	1,046.31	4,442.93	8,026.59
8		FG-3	62,922.65	2712	2,154.62	11,372.97	20,546.39
9	服装 汇总		121,478.29	4016	3,200.94	15,815.90	28,572.98
10	警告标	FG-1	11,959.91	2100	0.00	0.00	0.00
11		FG-2	13,592.48	1260	0.00	0.00	0.00
12	警告标 汇总		25,552.39	3360	0.00	0.00	0.00
13	睡袋	FG-1	119,500.38	5880	55,112.31	17,930.48	32,393.18
14		FG-2	14,222.42	1212	26.96	2,916.75	3,468.82
15		FG-3	123,747.68	3934	38,358.30	15,636.92	28,249.64
16	睡袋 汇总		257,470.49	11026	93,497.57	36,484.15	64,111.64
17	野餐垫	FG-2	32,757.34	1435	0.00	5,888.09	10,637.41
18		FG-3	10,691.52	380	0.00	1,696.62	3,065.11
19	野餐垫 汇总		43,448.87	1815	0.00	7,584.71	13,702.52
20	总计		632,382.65	30101	147,003.43	83,241.30	148,583.01

图 A-4 显示分类汇总的数据透视表

解答:首先,可以利用工具栏按钮删除,单击数据透视表中的任意单元格(如 A7),在【数据透视表工具】的【设计】选项卡中单击【分类汇总】按钮,在弹出的下拉菜单中选择【不显示分类汇总】命令。

其次,利用右键的快捷菜单也可以删除,在数据透视表中"产品码"及项下的任意单元格(如 A5)中单击鼠标右键,在弹出的快捷菜单中选择【分类汇总"产品码"】命令。

此外,通过字段设置也可以删除分类汇总,单击数据透视表中"产品码"及项下的任意单元格(如 A7),在【数据透视表工具】的【选项】选项卡中单击【字段设置】按钮,在弹出的【字段设置】对话框的【分类汇总】中选择【无】单选钮,单击【确定】按钮关闭【字段设置】对话框,详细的解决方法请参阅 2.5.2 小节。

问题 5: 如何消除因"0"值参与运算而出现的错误值

向数据透视表添加计算字段或计算项后,由于"0"值参与运算,有时会出现错误值,如何消除?如图 A-5 所示。

	A	B	C	D	E
3		数据			
4	规格型号	求和项:数量	求和项:合同金额	求和项:成本	求和项:利润率%
5	CCS-120	1	0.00	235,000.00	#DIV/0!
6	CCS-128	2	520,000.00	181,290.56	65.14%
7	CCS-192	2	600,000.00	216,185.26	63.97%
8	MMS-120A4	1	90,000.00	61,977.79	31.14%
9	SX-D-128	7	1,585,000.00	1,047,900.82	33.89%
10	SX-D-256	1	460,000.00	191,408.59	58.39%
11	SX-G-128	5	513,000.00	632,628.49	-23.32%
12	SX-G-192	4	375,000.00	358,559.18	4.38%
13	SX-G-192换代	1	0.00	32,427.60	#DIV/0!
14	SX-G-256	3	550,000.00	631,869.93	-14.89%
15	SX-G-256更换	1	0.00	177,625.24	#DIV/0!
16	销售零件	10	4,000.00	1,500.00	62.50%
17	总计	38	4,697,000.00	3,768,373.46	19.77%

图 A-5 数据透视表中的错误值

解答:在数据透视表中的任意单元格上(如 B7)单击鼠标右键,在弹出的快捷菜单中选择【数据透视表选项】命令,弹出【数据透视表选项】对话框。在【数据透视表选项】对话框中单击【布局和格式】选项卡,勾选【格式】中【对于错误值,显示】的复选框,单击【确定】按钮完成设置,详细的操作步骤请参阅示例 4.10。

问题 6：如何将显示为“（空白）”的区域快速填充

如何把数据透视表显示“(空白)”的区域快速填充为自定义的内容？如图 A-6 所示。

解答：如果数据源中存在空白单元格，创建数据透视表后，数据源中的空白单元格在数据透视表中将会显示为“(空白)”。如果希望没有任何显示或将“空白”显示为自定义的内容，请参阅示例 4.11。

问题 7：如何快速查看明细数据

创建数据透视表后如何快速查看数据透视表某部分的原始明细数据？如图 A-7 所示。

	A	B	C
1	产品名称	(全部)	
2			
3	产品编码	规格型号	求和项:入库数量
4	CCD052	CCS-128	27
5		(空白)	12
6	CCD053	CCS-128	2
7		CCS-160	15
8	CCD054	CCS-192	40
9		(空白)	
10	CCD055	CCS-192	1
11	CCD056	CCS-256	15
12	GDC011	MMS-96A4	114
13		(空白)	15
14	GDC013	MMS-144A4	54
15		(空白)	
16	GDC014	MMS-168A4	98
17		(空白)	
18	GDC015	MMS-168A4	17
19	总计		410

图 A-6　包含空白数据的数据透视表

	A	B	C	D
1	销售地区	(全部)		
2				
3			值	
4	销售人员	品名	求和项:数量	求和项:销售金额￥
5	毕春艳	微波炉	137	68500
6		显示器	202	303000
7	毕春艳 汇总		339	371500
8	林茂	跑步机	178	391600
9		微波炉	60	30000
10		显示器	128	192000
11		液晶电视	1	5000
12	林茂 汇总		367	618600
13	苏珊	按摩椅	13	10400
14		显示器	256	384000
15		液晶电视	101	505000
16	苏珊 汇总		370	899400
17	杨光	微波炉	69	34500
18		显示器	157	235500
19		液晶电视	87	435000
20	杨光 汇总		313	705000
21	总计		1389	2594500

	A	B	C	D	E	F	G	H
1	销售地区	销售人员	品名	数量	单价￥	销售金额￥	销售年份	销售季度
2	杭州	毕春艳	微波炉	1900/1/22	500	11000	38758	1
3	杭州	毕春艳	微波炉	1900/2/8	500	19500	38758	2
4	杭州	毕春艳	微波炉	1900/3/16	500	38000	38758	3
5	杭州	毕春艳	显示器	1900/1/24	1500	36000	38758	1
6	杭州	毕春艳	显示器	1900/2/22	1500	79500	38758	4
7	杭州	毕春艳	显示器	1900/2/18	1500	73500	38758	3
8	杭州	毕春艳	显示器	1900/3/16	1500	114000	38758	2

图 A-7　数据透视表

解答：用户如果希望查询如图 A-7 所示的数据透视表中销售人员“毕春艳”的所有销售数据，只需双击“毕春艳汇总”行最后一个单元格（如 D7）即可在另外一个工作表中生成关于销售人员“毕春艳”的所有原始明细数据，详细的操作步骤请参阅 2.9.2 小节。

问题 8：如何为汇总行批量填充底纹

数据透视表中有很多汇总行，怎样为所有汇总行快速填充底纹使数据更加醒目，而不必逐行地去设置？

解答：借助【启用选定内容】功能，用户可以在数据透视表中为某类项目批量设置格式。开启该功能的方法是：单击数据透视表中的任意单元格，在【数据透视表工具】的【选项】选项卡中，单击【选择】→【启用选定内容】切换按钮，详细的操作步骤请参阅示例 4.5。

问题 9：对字段重命名时提示“已有相同数据透视表字段名存在”怎么办

对数据透视表字段重命名时，经常遇到“已有相同数据透视表字段名存在”的错误提示，请问如何解决？如图 A-8 所示。

行标签	本月数量	求和项:进口料	求和项:制造费用合计	求和项:国产料	求和项:直接工资合计
背包	5424	15,123.34	26,395.51	146,995.55	14,610.61
宠物垫	4460	35,181.58	15,800.35	37,437.06	8,745.91
服装	4016	3,200.94	28,572.98	121,478.29	15,815.90
警告标	3360	0.00	0.00	25,552.39	0.00
睡袋	11026	93,497.57	64,111.64	257,470.49	36,484.15
野餐垫	1815	0.00	13,702.52	43,448.87	7,584.71
总计	30101	147,003.43	148,583.01	632,382.65	83,241.30

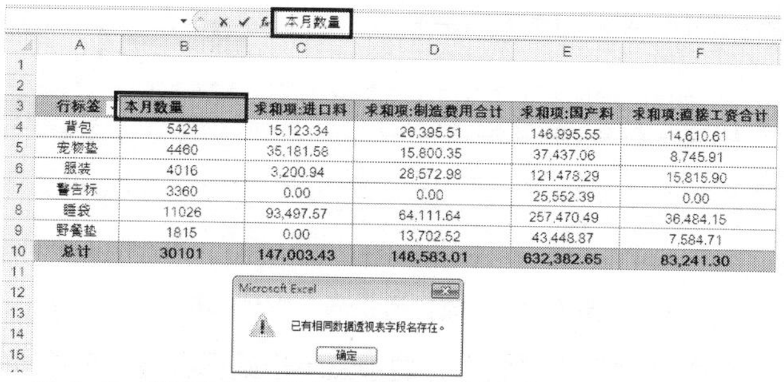

图 A-8 “已有相同数据透视表字段名存在”的错误提示

解答：数据透视表中每个字段的名称必须唯一，Excel 不接受任意两个字段具有相同的名称，即创建的数据透视表中各个字段的名称不能相同，创建的数据透视表字段名称与数据源表头标题行的名称也不能相同，否则将会出现错误提示，更详细的内容请参阅示例 2.4。

问题 10：如何使为“0”值的数据项不显示

怎样使数据透视表中为“0”值的数据项不显示？如图 A-9 所示。

解答：用户可以结合自动筛选功能，在数据透视表中筛选显示符合特定条件的记录，详细的操作步骤请参阅示例 8.24。

问题 11：如何在数据透视表中插入批注

解答：数据透视表不支持对选中的单元格通过单击鼠标右键打开快捷菜单的方法插入批注。如果希望在数据透视表内的单元格中插入批注，可以单击数据透视表中要插入批注的单元格（如 A4），在【审阅】选项卡中单击【新建批注】按钮，如图 A-10 所示。

规格型号	机器号	出库单	期初库存	入库单	结存
SX-D-128	07121404				0
	07121405				0
	08013401				0
	08030101				0
	08030102				0
	08030103				0
	08030104				0
	08030105				0
	08030301				0
	08030303				0
	08030304				0
	08030305				0
	08031101	12		110	98
	07085408				0
	07085410	23		150	127
	07091205				0
	07102603				0
	07112213				0

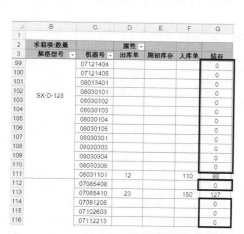

图 A-9 包含“0”值数据的数据透视表

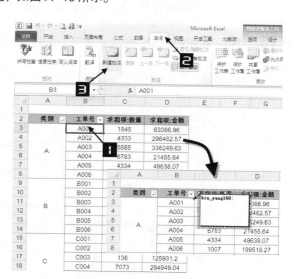

图 A-10 在数据透视表中插入批注

问题 12：怎样让“月”字段的列标题按“1～12”的顺序排列

数据透视表中“月”字段的列标题“10”、“11”、“12”排在了“1~9”的前面，怎样使“月”字段的列标题按常规的顺序“1～12”排列？如图 A-11 所示。

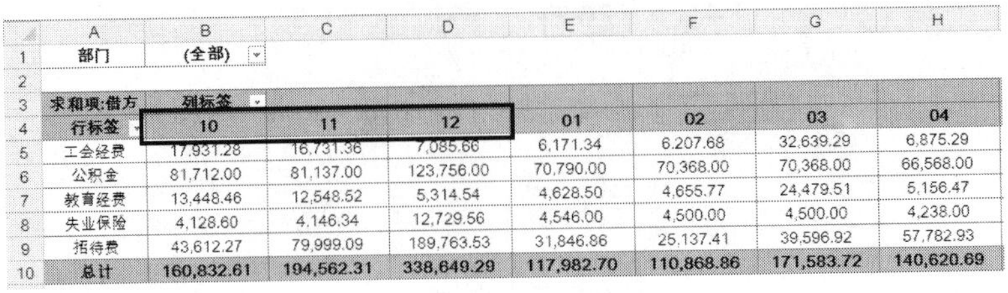

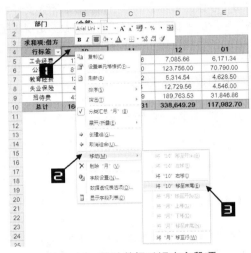

图 A-11　数据透视表非常规排序

解答：分别在"10"、"11"和"12"标题项上单击鼠标右键，在弹出的快捷菜单中单击【移动】→【将"10"移至末尾】，如图 A-12 所示。

图 A-12　移动数据透视表字段项

此外，还可以通过手工拖动鼠标的方法快速地进行排序，详细的操作步骤请参阅 5.3 节。

问题 13：如何将自定义的数据透视表样式复制到其他工作簿的【数据透视表样式】库中

如何将自定义的数据透视表样式复制到其他工作薄的【数据透视表样式】库中？如图 A-13 所示。

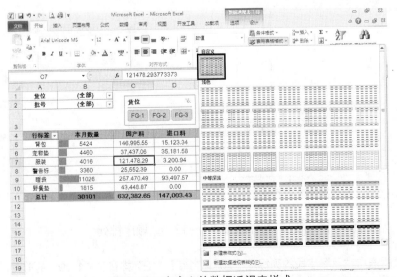

图 A-13　自定义的数据透视表样式

解答：在具有自定义数据透视表样式的工作薄中选中整张数据透视表（如 A1:F11 单元格区域），按下<Ctrl+C>组合键复制，切换到待复制自定义数据透视表样式的工作薄中，按下<Ctrl+V>组合键粘贴数据透视表，更详细的内容请参阅示例 4.3。

问题 14： 如何在 Excel 2010 版本中使用 Excel 2003 版本中的自动套用格式命令

如何在 Excel 2010 版本中使用 Excel 2003 版本中的自动套用格式命令？如图 A-14 所示。

解答：Excel 2010 版本的功能区中没有 Excel 2003 版本【自动套用格式】命令按钮，但是用户可以通过添加自定义按钮将【自动套用格式】按钮添加进【自定义快速访问工具栏】中供使用，更详细的内容请参阅示例 4.1。

问题 15： 如何从字段的下拉列表中去掉已删除的数据项

数据透视表创建完成后，删除了数据源中一些不再需要的数据，数据透视表被刷新后，删除的数据也从数据透视表中清除了，但是数据透视表字段的下拉列表中仍然存在着被删除的数据项，请问如何去掉？如图 A-15 所示。

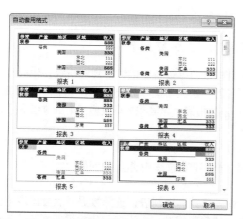

图 A-14 Excel 2003 版本中的【自动套用格式】

图 A-15 删除"7~12"数据项后的"行标签"字段下拉列表

解答：在数据透视表的任意单元格上（如 B5）单击鼠标右键，在弹出的快捷菜单中选择【数据透视表选项】命令，打开【数据透视表选项】对话框，单击【数据】选项卡，在【保留从数据源删除的项目】中单击【每个字段保留的项数】的下拉按钮，在出现的下拉列表框中选择【无】，单击【确定】按钮关闭对话框完成设置，更详细的内容请参阅示例 3.5。

问题 16： 如何按照页字段中显示的地区生成各个独立的报表

数据透视表创建完成后如何按照页字段中显示的地区生成各个独立的报表？如图 A-16 所示。

解答：虽然数据透视表包含报表筛选字段，可以容纳多个页面的数据信息，但它通常只显示在一张表格中。利用数据透视表的【显示报表筛选页】功能，用户就可以创建一系列链接在一起的数据透视表，每一张工作表显示报表筛选字段中的一项，详细的操作步骤请参阅示例 2.3。

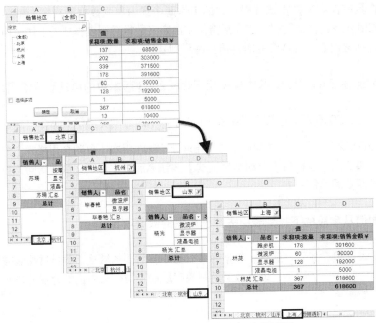

图 A-16 数据透视表的显示报表筛选页

问题 17： 如何填充数据透视表行字段中出现的空白数据项

如何填充数据透视表行字段中出现的空白数据项？如图 A-17 所示。

解答：数据透视表行字段中出现的空白数据项是由于数据透视表的计算规则所致，相同数据项的数据在数据透视表中被汇总后只显示一个数据项名称，如果希望将数据透视表中空白字段填充相应的数据，使复制后的数据透视表数据完整或满足特定的报表显示要求，可以使用【重复所有项目标签】命令，详细的操作步骤请参阅 2.5.1 小节。

问题 18： 如何解决编辑 "OLE DB" 查询创建数据透视表过程中遇到的问题

有时候通过导入外部数据编辑 "OLE DB" 查询创建数据透视表，选择数据源后会出现【数据链接属性】对话框，单击【确定】按钮以后，没有链接到数据源，也没有创建数据透视表，怎么解决这种情况？如图 A-18 所示。

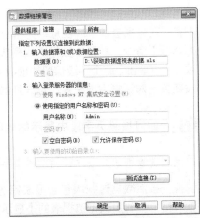

图 A-17 数据透视表中空白数据项   图 A-18 【数据链接属性】对话框

解答：出现这种情况的原因是【我的数据源】中已经保存的数据源文件过多，刷新或清空数据源文件即可。

首先在桌面双击【我的文档】文件夹，再双击【我的数据源】文件夹，在【我的数据源】文件夹中单击鼠标右键，在弹出的快捷菜单中选择【刷新】命令，或者清除已经存在的数据源文件，如图 A-19 所示。

图 A-19 刷新【我的数据源】

此外，如果待导入外部数据的工作表存在问题也会引起上述不能连接的问题，解决方法就是修复此工作表。

问题 19： 如何像引用普通表格数据那样引用数据透视表中的数据

引用数据透视表数据的时候总是出现数据透视表函数 GETPIVOTDATA，而且下拉公式得到的都是相同的结果，如何像引用普通表格数据那样引用数据透视表中的数据？如图 A-20 所示。

员工姓名	工号	生产数量总和	平均产量	最大产量	最小产量	
安俞帆	A001	4,139	=GETPIVOTDATA(...)			
陈方敏	A002	3,139	392	681	2	4139
戴励奖	A003	3,058	382	967	52	4139
郭晓亮	A004	4,138	517	906	193	4139
贺照璘	A005	3,772	472	851	48	4139
李恒前	A006	2,658	332	778	56	4139
李士净	A007	4,481	560	862	164	4139
李延伟	A008	5,861	733	991	28	4139
刘文挺	A009	3,256	407	980	62	4139
马丽娜	A010	2,901	363	991	11	4139
孟宪鑫	A011	3,474	434	957	9	4139
石峻	A012	4,931	616	886	247	4139
杨盛辉	A013	4,290	536	950	116	4139
瞿灵光	A014	4,877	610	875	154	4139
张庆华	A015	5,262	658	903	209	4139
总计		60,237	502	991	2	4139

图 A-20 引用数据透视表数据

解答：单击数据透视表中的任意单元格（如 A5），在【数据透视表工具】的【选项】选项卡中单击【选项】的下拉按钮，在弹出的下拉菜单中选择【生成 GetPivotDdata】命令，如图 A-21 所示。

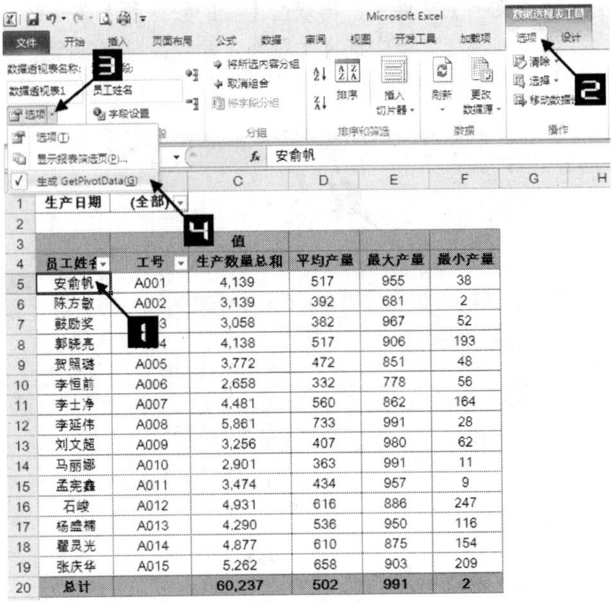

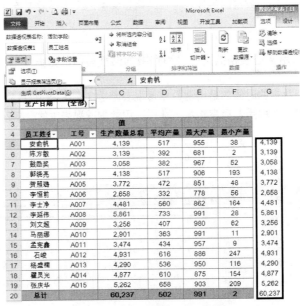

图 A-21　关闭【生成 GetPivotDdataGetPivotData】

此时，【生成 GetPivotDdata】命令前面的勾选已经被去掉，关闭了生成数据透视表函数 GetPivotDdata，这样就可以像引用普通表格的数据那样引用数据透视表中的数据了，如图 A-22 所示。

图 A-22　引用数据透视表数据

问题 20：如何在 PowerPoint 2010 中插入数据透视图和数据透视表

解答：在 PowerPoint 中插入数据透视图需要借助【开发工具】选项卡中【其他控件】的

"Microsoft Office Char 11.0" 控件来实现。

PowerPoint 2010 没有 "Micrsoft Office Char 11.0" 控件，需要用户安装 Office Web Components 组件（简称 OWC）才可以使用。

提 示

由于 OWC 以及 ODBC 的驱动程序的版本不尽相同，不能完全适用 Excel 2010 版本的 ".XLSX" 文件，导入文件过程中会出现 "外部表不是预期的格式" 错误提示；因此需要将插入到 Power Point 2010 中的 Excel 2010 版本文件另存为 Excel 2003 版本的文件类型后再进行插入数据透视图的相关操作。

在 PowerPoint 2010 中插入数据透视图的方法与在 Power Point 2007 中插入数据透视图的方法相同，具体情况请参见《Excel 2007 数据透视表应用大全》的第 16 章。

在 Power Point 2010 中插入数据透视表则需要 "Micrsoft Office PivotTable 11.0" 控件来实现。

附录 B　数据透视表中的快捷键

表 B-1　　　　　　　　　　　　　　　设置报表布局

按　　键	功　　能
F10	激活菜单栏
Ctrl+Tab	数据透视表字段列表
Ctrl+Shift+Tab	数据透视表字段列表
方向箭头↑或↓	向上或向下可选择所需字段
方向箭头←或→	向左或向右可打开或关闭一个可展开的字段
Tab	选择"添加到"列表，再按向下键打开该列表
方向箭头↑，Enter	向上可选择要移动字段的区域，然后按回车键
方向箭头↓，Enter	向下可选择要移动字段的区域，然后按回车键
Tab，Enter	选择"添加到"列表，然后按 Enter 键

表 B-2　　　　　　　　　　　【数据透视表和数据透视图向导】－布局对话框

按　　键	功　　能
方向箭头↑或↓	向上或向下选择右边列表中的上一个或下一个字段按钮
方向箭头←或→	当有两列或多列字段按钮时，向左或向右选择左侧或右侧的字段按钮
F11	可以将数据透视图创建在新建的图表工作表
Alt+F1	在当前工作表中创建数据透视图
Alt+F5	刷新数据透视图
Alt+R	将选定的字段移动至【行标签】区域内
Alt+C	将选定的字段移动至【列标签】区域内
Alt+D	将选定的字段移动至【Σ数值】区域内
Alt+P	将选定的字段移动至【报表筛选】区域内
Alt+L	显示选定字段的【数据透视表字段】对话框
Alt+D+P	调出 Excel 2003 创建数据透视表向导
Alt+N+V+T	调出 Excel 2007 创建数据透视表向导
Alt+N+V+C	调出 Excel 2007 创建数据透视表及数据透视图向导

表 B-3　　　　　　　　　　　　　　显示和隐藏字段中的项

按　　键	功　　能
Alt+方向箭头↓	显示数据透视表或数据透视图报表中的下拉列表
方向箭头↑	选择列表中的上一项
方向箭头↓	选择列表中的下一项
方向箭头←	对于下级已显示的项，隐藏其下级项
方向箭头→	对于含有可用的下级项的项，显示其下级项
Home	选择列表中的第一个可见项
End	选择列表中的最后一个可见项
空格键	选中、双重选中或清除列表中的复选项，双重选中可同时选定某项及其下级项
Tab	在列表、【确定】按钮和【取消】按钮之间切换

表 **B-4**	更改数据透视表的布局
按　　键	功　　能
Ctrl+Shift+*（星号）	选定整个数据透视表
Alt+Shift+→	对数据透视表字段中的选定项进行分组
Alt+Shift+←	取消对数据透视表字段中分组项的分组

附录 C　Excel 常用 SQL 语句解释

C.1　SELECT 查询

图 C-1 所示展示了某公司的员工信息数据列表。

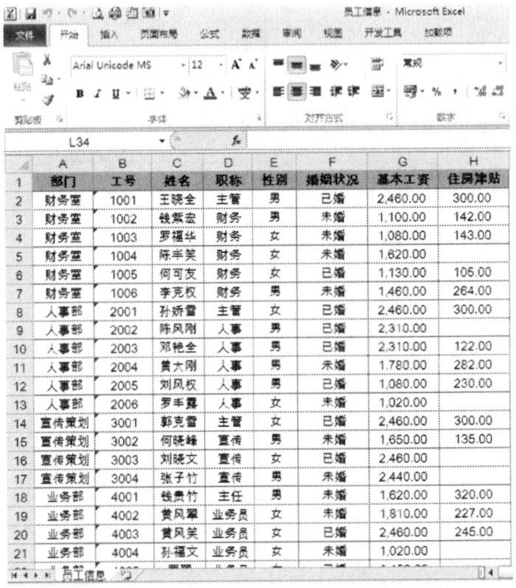

	A	B	C	D	E	F	G	H
1	部门	工号	姓名	职称	性别	婚姻状况	基本工资	住房津贴
2	财务室	1001	王晓全	主管	男	已婚	2,460.00	300.00
3	财务室	1002	钱紫宏	财务	男	未婚	1,100.00	142.00
4	财务室	1003	罗福华	财务	女	未婚	1,080.00	143.00
5	财务室	1004	陈丰笑	财务	女	未婚	1,620.00	
6	财务室	1005	何可友	财务	女	已婚	1,130.00	105.00
7	财务室	1006	李克权	财务	男	未婚	1,460.00	264.00
8	人事部	2001	孙娇雪	主管	女	已婚	2,460.00	300.00
9	人事部	2002	陈风刚	人事	男	已婚	2,310.00	
10	人事部	2003	邓艳全	人事	男	已婚	2,310.00	122.00
11	人事部	2004	黄大刚	人事	男	未婚	1,780.00	282.00
12	人事部	2005	刘风权	人事	男	已婚	1,080.00	230.00
13	人事部	2006	罗丰霖	人事	女	未婚	1,020.00	
14	宣传策划	3001	郭克雪	主管	女	已婚	2,460.00	300.00
15	宣传策划	3002	何晓峰	宣传	男	未婚	1,650.00	135.00
16	宣传策划	3003	刘晓文	宣传	女	已婚	2,460.00	
17	宣传策划	3004	张子竹	宣传	男	未婚	2,440.00	
18	业务部	4001	钱贵竹	主任	男	未婚	1,620.00	320.00
19	业务部	4002	黄风翠	业务员	女	未婚	1,810.00	227.00
20	业务部	4003	黄风笑	业务员	女	已婚	2,460.00	245.00
21	业务部	4004	孙福文	业务员	女	未婚	1,020.00	

图 C-1　公司员工信息数据列表

含义：从指定的表中返回符合条件的指定字段的记录。

语法：

```
SELECT {谓词} 字段 AS 别名 FROM 表
{WHEREE 分组前条件}
{GROUP BY 分组依据}
{HAVING 分组后条件}
{ORDER BY 指定排序}
```

SELECT 查询各部分的说明如表 C-1 所示。

表 C-1　SELECT 查询语句各部分的说明

部　分	说　明
SELECT	查询
FROM	从……返回
谓词	可选，包含 ALL、DISTINCT、TOP 等谓词。如缺省，则默认为 ALL，即返回所有记录
字段	包含要查询的记录的列标题，若要查询多个字段，则需要在字段之间使用逗号分隔，若要查询全部字段，可以使用“*”
AS	别名标志，使用 AS 可以对字段名称进行重命名
表	工作表或查询
WHERE	限制查询返回分组前的记录，使查询只返回符合分组前条件的记录

部　　分	说　　明
GROUPBY	分组依据,指明记录如何进行分组和合并
HAVING	限制查询返回分组后的记录,使查询只返回符合分组后的条件的记录
ORDER BY	对结果进行排序,其中 ASC 为升序,DESC 为降序

C.1.1　SELECT 查询的基本语句

如果希望在如图 C-1 所示的"员工信息"数据列表中,查询所有字段的数据记录,可以使用以下 SQL 语句。

`SELECT * FROM [员工信息$]`

如果希望在如图 C-1 所示的"员工信息"数据列表中,查询每个员工所在的部门及其婚姻状况的数据记录,可以使用以下 SQL 语句。

`SELECT 部门,姓名,婚姻状况 FROM [员工信息$]`

C.1.2　WHERE 子句

如果希望在如图 C-1 所示的"员工信息"数据列表中,查询员工性别为男的数据记录,可以使用以下 SQL 语句。

`SELECT * FROM [员工信息$] WHERE 性别='男'`

C.1.3　BETWEEN…AND 运算符

用于确定指定字段的记录是否在指定值范围之内。

如果希望在如图 C-1 所示的"员工信息"数据列表中,查询基本工资在 1500 到 2000 之间(含 1500 和 2000)的数据记录,可以使用以下 SQL 语句。

`SELECT * FROM [员工信息$] WHERE 基本工资 BETWEEN 1500 AND 2000`

C.1.4　NOT 运算符

表示取相反的条件。

如果希望在如图 C-1 所示的"员工信息"数据列表中,查询基本工资不在 1500 到 2000 之间(即基本工资小于 1500 或大于 2000)的所有记录,可以使用以下 SQL 语句。

`SELECT * FROM [员工信息$] WHERE NOT 基本工资 BETWEEN 1500 AND 2000`

C.1.5　AND、OR 运算符

当查询条件在两个或两个以上,需要使用 AND 或 OR 等运算符将不同的条件连接,其中,使用 AND 运算符表示连接的条件,只有同时成立才返回记录,使用 OR 运算符表示连接的条件中,只要有一个条件成立,即可返回记录。需要注意的是,AND 运算符执行次序比 OR 运算符优先,如果用户需要更改运算符的运算次序,请用小括号将需要优先执行的条件括起来。

如果希望在如图 C-1 所示的"员工信息"数据列表中,查询"财务室"部门员工的基本工资高于 2000 的数据记录, 可以使用以下语句。

```
SELECT * FROM [员工信息$] WHERE 部门='财务室' AND 基本工资>2000
```

如果希望在如图 C-1 所示的 "员工信息" 数据列表中, 查询 "财务室" 或 "业务部" 两个部门的数据记录, 可以使用以下语句。

```
SELECT * FROM [员工信息$] WHERE 部门='财务室' OR 部门='业务部'
```

C.1.6 IN 运算符

确定字段的记录是否在指定的集合之中。

如果希望在如图 C-1 所示的 "员工信息" 数据列表中, 查询 "陈丰笑"、"孙娇雪" 和 "刘风权" 等 3 位员工的数据记录, 可以使用以下 SQL 语句。

```
SELECT * FROM [员工信息$] WHERE 姓名 IN ('陈丰笑','孙娇雪','刘风权')
```

使用 NOT IN, 可以返回字段记录在指定集合之外的记录。

如果希望在如图 C-1 所示的 "员工信息" 数据列表中, 查询除 "陈丰笑"、"孙娇雪" 和 "刘风权" 等 3 位员工外的数据记录, 可以使用以下 SQL 语句。

```
SELECT * FROM [员工信息$] WHERE 姓名 NOT IN ('陈丰笑','孙娇雪','刘风权')
```

C.1.7 LIKE 运算符

返回与指定模式匹配的记录, 若需要返回与指定模式匹配相反的记录, 请使用 NOT LIKE, LIKE 运算符支持使用通配符。

LIKE 使用的通配符如表 C-2 所示。

表 C-2 通配符说明

通 配 符	说 明
%	零个或多个字符
_	任意单个字符
#	任意单个数字 (0~9)
[字符列表]	匹配字符列表中的任意单个字符
[!字符列表]	不在字符列表中的任意单个字符

提示 常用的字符列表包括数字字符列表 (0~9)、大写字母字符列表 (A~Z) 和小写字母字符列表 (a~z)。

如果希望在如图 C-1 所示的 "员工信息" 数据列表中, 查询姓名以 "陈" 开头的数据记录, 可以使用以下语句。

```
SELECT * FROM [员工信息$] WHERE 姓名 LIKE '陈%'
```

如果希望在如图 C-1 所示的 "员工信息" 数据列表中, 查询姓名不以 "陈" 开头的数据记录, 可以使用以下语句。

```
SELECT * FROM [员工信息$] WHERE 姓名 LIKE '[!陈]%'
```

也使用以下语句。

```
SELECT * FROM [员工信息$] WHERE 姓名 NOT LIKE '陈%'
```

如果希望在如图 C-1 所示的 "员工信息" 数据列表中, 查询姓名以 "翠" 结尾且姓名长度为 2

的数据记录，可以使用以下语句。

```
SELECT * FROM [员工信息$] WHERE 姓名 LIKE '_翠'
```

　　如果希望在如图 C-1 所示的"员工信息"数据列表中，查询姓名包含字母的数据记录，可以使用以下语句。

```
SELECT * FROM [员工信息$] WHERE 姓名 LIKE '%[a-zA-Z]%'
```

注意 → 在 Excel 2010 保存的工作簿中，使用 SQL 语句返回的记录不区分大小写，但以兼容形式另存为 Excel 2010 版本以下的工作簿时（如 Excel 97～2003 版本），记录区分大小写。

C.1.8　常量 NULL

　　表示未知值或结果未知。判断记录是否为空，可以用 ISNULL 或 IS NOT NULL。

　　如果希望在如图 C-1 所示的"员工信息"数据列表中，查询没有领取住房津贴的数据记录，可以使用以下语句。

```
SELECT * FROM [员工信息$] WHERE 住房津贴 IS NULL
```

　　如果希望在如图 C-1 所示的"员工信息"数据列表中，查询已领取住房津贴的数据记录，可以使用以下语句。

```
SELECT * FROM [员工信息$] WHERE 住房津贴 IS NOT NULL
```

　　已知员工的实际收入等于基本工资加上住房津贴，如果希望在如图 C-1 所示的"员工信息"数据列表中，统计每个部门的员工的实际收入，可以使用以下 SQL 语句。

```
SELECT 部门,姓名,基本工资+IIF(住房津贴 IS NULL,0,住房津贴) AS 实际收入 FROM [员工信息$]
```

提示 NULL 表示未知值或结果未知，如何与 NULL 进行的运算，其结果也是未知的，返回 NULL。所以，这里需要使用 IIF 函数，将住房津贴为 NULL 的值返回 0，否则返回住房津贴，然后再与基本工资相加，从而得到实际收入。

C.1.9　GROUP BY 子句

　　如果希望在如图 C-1 所示的"员工信息"数据列表中，统计每个部门的员工人数，可以使用以下 SQL 语句。

```
SELECT 部门,COUNT(姓名) AS 员工人数 FROM [员工信息$] GROUP BY 部门
```

C.1.10　HAVING 子句

　　如果希望在如图 C-1 所示的"员工信息"数据列表中，查询员工人数超过 7 人（含 7 人）的部门记录，可以使用以下 SQL 语句。

```
SELECT 部门 FROM [员工信息$]GROUP BY 部门 HAVING COUNT(姓名)>=7
```

提示 HAVING 子句通常结合 GROUP BY 子句使用。

C.1.11　聚合函数

　　聚合函数的说明如表 C-3 所示。

表 C-3 聚合函数

部　　分	说　　明
SUM()	求和
COUNT()	计数
AVG()	平均值
MAX()	最大值
MIN()	最小值
FIRST()	首次出现的记录
LAST()	最后一条记录

> **提示**
> 使用如表 C-3 所示的聚合函数中，除 FIRST 和 LAST 函数外，其余函数均忽略空值（NULL）。

如果希望在如图 C-1 所示的"员工信息"数据列表中，查询每个部门最高可领取的住房津贴的数据记录，可以使用以下 SQL 语句。

```
SELECT 部门,MAX(住房津贴) AS 最高住房津贴 FROM [员工信息$] GROUP BY 部门
```

C.1.12　DISTINCT 谓词

使用 DISTINCT 谓词，将忽略指定字段返回的重复记录，即重复的记录只保留其中一条。

如果希望在如图 C-1 所示的"员工信息"数据列表中，查询部门的不重复记录，可以使用以下 SQL 语句。

```
SELECT DISTINCT 部门 FROM [员工信息$]
```

C.1.13　ORDER BY 子句

使用 ORDER BY 子句，可以使结果根据一个或多个字段的指定排序方式进行排序。如果指定的字段没有指定排序模式，则默认为按此字段按升序排序。

> **提示**
> 在数据透视表中，字段的排序结果最终取决于数据透视表的字段排序方式。

C.1.14　TOP 谓词

使用 TOP 谓词，可以返回位于 ORDER BY 子句所指定范围内靠前或靠后的某些记录。

如果不指定排序方式，则返回此 TOP 谓词所对应表或查询的靠前的指定记录。

如果希望在如图 C-1 所示的"员工信息"数据列表中，查询前 10 条记录，可以使用以下 SQL 语句。

```
SELECT TOP 10 * FROM [员工信息$]
```

如果希望在如图 C-1 所示的"员工信息"数据列表中，查询基本工资在前 10 位的数据记录，可以使用以下 SQL 语句。

```
SELECT TOP 10 * FROM [员工信息$] ORDER BY 基本工资 DESC
```

结合使用PERCENT保留字可以返回位于ORDER BY子句所指定范围内靠前或靠后的一定百分比的记录。

如果希望在如图 C-1 所示的"员工信息"数据列表中，查询基本工资前 30%的数据记录，可以使用以下语句。

```
SELECT TOP 30 PERCENT * FROM [员工信息$] ORDER BY 基本工资 DESC
```

提示

> 如果使用 ORDER BY 子句，那么假如在指定范围内最后一条记录有多个相同的值，那么这些值对应的记录也会被返回。如果没有 OREDR BY 子句，那么在指定范围内最后一条记录即使有多个相同的值，也只会返回在指定范围内靠前的记录。

C.2　联合查询

图 C-2 展示了某连锁集团"三角头"、"江南"和"东山"3 间分店的销售数据列表。

含义：合并多个查询的结果集，这些查询具有相同的字段数目且包含相同或可以兼容的数据类型。

语法：

```
SELECT 字段 FROM 表1UNION {ALL}
……
SELECT 字段 FROM 表x
```

联合查询的特点：

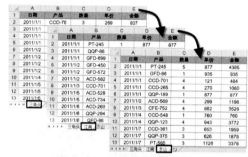

图 C-2　分店销售数据列表

(1) 使用联合查询，需要确保查询的字段数目相同，且包含相同或兼容的数据类型。

(2) 在联合查询中，最终返回的记录的字段名称以第一个查询的字段名称为准，其余进行联合查询的查询，使用的字段别名将被忽略。

(3) UNION 和 UNION ALL 的区别在于，UNION 会将所有进行联合查询的表的记录进行汇总，并返回不重复记录（即重复记录只返回其中一条记录），同时对记录进行升序排序，而 UNION ALL 则只将所有进行联合查询的表的记录进行汇总，不管记录是否重复，也不对记录进行排序。

提示

> "数字"和"文本"在联合查询中，是可以兼容的数据类型。

如果希望查询如图 C-2 所示的"三角头"、"江南"和"东山"3 间分店销售数据列表中，各分店所有产品不重复个数，可以使用以下 SQL 语句。

```
SELECT '三角头' AS 分店,产品 FROM [三角头$]UNION
SELECT '江南',产品 FROM [江南$]UNION
SELECT '东山',产品 FROM [东山$]
```

如果希望将如图 C-2 所示的"三角头"、"江南"和"东山"3 间分店销售数据列表进行汇总，可以使用以下 SQL 语句。

```
SELECT '三角头' AS 分店,* FROM [三角头$] UNION ALL
SELECT '江南',* FROM [江南$] UNION ALL
SELECT '东山',* FROM [东山$]
```

C.3 多表查询

图 C-3 展示了某班级"学生信息"、"科目"和"成绩表"3 张数据列表。

含义：根据约束条件，返回查询指定字段记录所有可能的组合。

语法：

SELECT{表名称}.字段 FROM 表 1,表 2,……表 x {WHERE 约束条件}

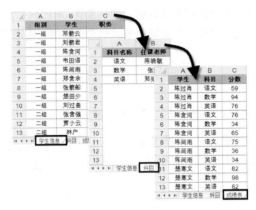

图 C-3 班级成绩数据列表

多表查询的特点：

(1) 在同一语句中，若需要查询的字段名称存在于多张表中，那么，此字段名称需要声明来源表，否则该字段可省略声明来源表。

(2) 当查询涉及多张表关联时，需要注意使用约束条件，没有约束条件或约束条件设置不当，将可能出现笛卡尔积，从而导致数据虚增。

如果希望在如图 C-3 所示的"科目"和"成绩表"数据列表中，查询各科目的平均成绩及各科目任课老师的数据记录，可以使用以下 SQL 语句。

SELECT A.科目名称,A.任课老师,AVG(B.分数) AS 平均分 FROM [科目$]A,[成绩表$]B WHERE A.科目名称=B.科目 GROUP BY A.科目名称,A.任课老师

设置"平均分"字段的数字格式为【数值】,【小数位数】为 0,最终生成的数据透视表如图 C-4 所示。

	A	B	C
1	**科目名称**	**任课老师**	**求和项:平均分**
2	⊟语文	陈晓敏	69
3	⊟数学	张刚	63
4	⊟英语	郑则楚	65
5	**总计**		**197**

图 C-4 科目任课老师和科目平均分数据列表

C.4 内部联接

含义：对于不同结构的表或查询，如果这些表或查询具有关联的字段，那么将这些表或查询指定字段的记录按关联的字段整合在一起。

(1) 使用单个内部联接的语法：

SELECT {表名称.}字段 FROM 表 1 INNER JOIN 表 2 ON 关联字段

如果希望在如图 C-3 所示的"学生信息"和"成绩表"数据列表中，查询参加考试学生的各科目成绩及其担任职务的数据记录，可以使用以下 SQL 语句。

SELECT A.*,B.职务 FROM [成绩表$]A INNER JOIN [学生信息$]B ON A.学生=B.学生 WHERE B.职务 IS NOT NULL

最终生成的数据透视表如图 C-5 所示。

(2) 使用多个内部联接的语法：

SELECT {表名称.}字段 FROM (……(表 1 INNER JOIN 表 2 ON 关联字段) INNER JOIN 表 3 ON 关联字段……)INNER JOIN 表 x ON 关联字段

	A	B	C	D	E	F
1	求和项:分数		科目			
2	学生	职务	数学	英语	语文	总计
3	邓具集	学习委员	97	99	45	241
4	贾笑韵	语文科代表	100	38	69	207
5	欧阳寒韵	英语科代表	58	74	87	219
6	张问余	班长	100	99	45	244
7	郑含余	数学科代表	37	97	78	212
	总计		392	407	324	1123

图 C-5 担任职务的学生成绩数据列表

如果希望在如图 C-3 所示的"学生信息"、"科目"和"成绩表"数据列表中，查询参加考试的学生担任的职务、各科目的成绩和各科目任课老师的数据记录，可以使用以下 SQL 语句。

SELECT A.学生,A.科目,A.分数,B.职务,C.任课老师 FROM ([成绩表$]A INNER JOIN [学生信息$]B ON A.学生=B.学生) INNER JOIN [科目$]C ON A.科目=C.科目名称

最终生成的数据透视表如图 C-6 所示。

	A	B	C	D	E	F
1	求和项:分数		科目	任课老师		
2			数学	英语	语文	总计
3	学生	职务	张刚	郑则楚	陈晓敏	
4	邓具集	学习委员	97	99	45	241
5	贾笑韵	语文科代表	100	38	69	207
6	欧阳寒韵	英语科代表	58	74	87	219
7	张问余	班长	100	99	45	244
8	郑含余	数学科代表	37	97	78	212
42	韦田语		34	64	75	173
43	总计		2439	2528	2701	7668

图 C-6 学生职务、科目成绩和科目任课老师数据列表

C.5 左外部联接和右外部联接

含义：左外部联接返回左表所有记录和右表符合关联条件的部分记录，右外部联接刚好与左外部联接相反，右外部联接返回的是右表所有记录和左表符合关联条件的部分记录。

单个左外部联接/右外部联接：

SELECT {表名称.}字段 FROM 表 1 LEFT JOIN/RIGHT JION 表 2 ON 关联条件

如果希望在如图 C-3 所示的"学生信息"和"成绩表"数据列表中，查询所有科目都缺考学生的学生信息，可以使用以下 SQL 语句。

SELECT A.* FROM [学生信息$]A LEFT JOIN [成绩表$]B ON A.学生=B.学生 WHERE B.分数 IS NULL

或使用以下 SQL 语句。

SELECT B.* FROM [成绩表$]A RIGHT JOIN [学生信息$]B ON A.学生=B.学生 WHERE A.分数 IS NULL

最终生成的数据透视表如图 C-7 所示。

	A	B	C
1	组别	学生	职务
2	四组	黄天聪	
3		张少军	
4	总计		

图 C-7 所有科目都缺考的学生信息数据列表

提示 ▶ 多个左外部联接/右外部联接的语法请参考多个内部联接。

C.6 子查询

3 种常用子查询语法：

```
SELECT (子查询) {AS 字段} FROM 表
SELECT 字段 FROM 表 WHERE 字段运算符 {谓词} (子查询)
SELECT 字段 FROM 表 WHERE {NOT} EXISTS (子查询)
```

如果希望在如图 C-3 所示的"成绩表"数据列表中，对参加考试的学生的总成绩进行排名，可以使用以下 SQL 语句。

```
SELECT *,(SELECT COUNT(学生) FROM (SELECT 学生,SUM(分数) AS 总分 FROM [成绩表$] GROUP BY
学生)A WHERE A.总分>B.总分)+1 AS 排名 FROM (SELECT 学生,SUM(分数) AS 总分 FROM [成绩表$] GROUP
BY 学生)B
```

最终生成的数据透视表如图 C-8 所示。

如果希望在如图 C-3 所示的"成绩表"数据列表中，查询各科目分数最高的学生成绩数据记录，可以使用以下 SQL 语句。

```
SELECT * FROM [成绩表$]A WHERE 分数=(SELECT MAX(分数) FROM [成绩表$]B WHERE A.科目=B.
科目 GROUP BY B.科目)
```

也使用以下 SQL 语句。

```
SELECT * FROM [成绩表$]A WHERE 分数 IN (SELECT MAX(分数) FROM [成绩表$]B WHERE A.科目
=B.科目 GROUP BY B.科目)
```

还可以使用以下 SQL 语句。

```
SELECT * FROM [成绩表$]A WHERE EXISTS (SELECT 最高分 FROM (SELECT 科目,MAX(分数) AS 最
高分 FROM [成绩表$] GROUP BY 科目)B WHERE A.科目=B.科目 AND A.分数=B.最高分)
```

最终生成的数据透视表如图 C-9 所示。

	A	B	C
1	学生	排名	求和项:总分
2	楚寒文	1	262
3	张问余	2	244
4	邓具集	3	241
5	杨鱼语	3	241
6	郑市船	5	236
7	黄小河	6	231
8	陈过肖	7	229
39	韦晓集	38	145
40	陈间雨	38	145
41	总计		7668

图 C-8　学生总分排名数据列表

	A	B	C	D	E
1	求和项:分数	科目			
2	学生	数学	英语	语文	总计
3	张问余	100	99		199
4	杨含曲			100	100
5	西门间雨	100			100
6	贾笑韵	100			100
7	邓具集		99		99
8	总计	300	198	100	598

图 C-9　各科目分数最高的学生数据列表

延伸阅读······ Excel 2010 应用大全

本书全面系统地介绍了 Excel 2010 的技术特点和应用方法，深入揭示了其更深层次的原理概念，并配合有大量典型实用的应用案例，帮助读者全面掌握 Excel 应用技术。全书分为 7 篇 50 章，主要内容包括 Excel 基本功能、公式与函数、图表与图形、Excel 表格分析与数据透视表、Excel 高级功能、使用 Excel 进行协同、宏与 VBA 等。附录中还提供了 Excel 的规范与限制、Excel 的快捷键以及 Excel 术语简繁英对照表等内容，方便读者随时查阅。

简要目录